高等院校艺术与设计规划教材·数字媒体艺术

中文版 Flash CS6 基础与案例教程（单色版）

王 超 编著

清华大学出版社

北京交通大学出版社

·北京·

内容简介

本书以理论知识、实例操作、拓展训练、课后练习、本章总结及教学视频5大部分为横向结构，以从易到难讲解Flash技术为依据，将本书划分成11个章节，并作为本书的纵向结构。依托编者多年的丰富教学经验，将横与纵完美地交织并融合在一起，帮助读者全方位学好Flash的各项关键技术。

针对本书中的理论知识，录制了300多分钟的多媒体视频教学课件，如果在学习中遇到问题可以通过观看这些多媒体视频解释疑惑，提高学习效率。

本书的光盘中包含了所有本书讲解过程中运用到的素材及效果文件，而且提供一些Flash网站、广告及Banner设计模板等资源，供读者学习和工作之用。

本书图文并茂、结构清晰、表达流畅、内容丰富实用，不仅适合相关设计专业的学生用作教材，也适合希望进入设计领域的自学者作为教学资料。

图书在版编目(CIP)数据

中文版Flash CS6基础与案例教程：单色版/王超编著.—北京：北京交通大学出版社；清华大学出版社，2014.1

（高等院校艺术与设计规划教材·数字媒体艺术）

ISBN 978-7-5121-1706-8

I. ①中… II. ①王… III. 动画制作软件–高等学校–教材 IV. TP391.41

中国版本图书馆CIP数据核字（2013）第275656号

责任编辑：韩素华　特邀编辑：黎涛
出版发行：清 华 大 学 出 版 社　邮编：100084　电话：010–62776969
　　　　　北京交通大学出版社　邮编：100044　电话：010–51686414
印 刷 者：北京艺堂印刷有限公司
经　销：全国新华书店
开　本：203×260　印张：16.5　字数：404千字　配光盘1张
版　次：2014年1月第1版　2014年1月第1次印刷
书　号：ISBN 978-7-5121-1706-8/TP•768
印　数：1～4 000册　定价：39.00元（含光盘）

本书如有质量问题，请向北京交通大学出版社质监组反映。对您的意见和批评，我们表示欢迎和感谢。
投诉电话：010-51686043，51686008；传真：010-62225406；E-mail：press@bjtu.edu.cn。

前 言

本书以理论知识、实例操作、拓展训练、课后练习、本章总结、教学视频6大部分为横向结构，以从易到难讲解Flash技术为依据，将本书划分成11章，并作为本书的纵向结构。以编者多年的丰富教学经验，将横与纵完美地交织并融合在一起，帮助读者全方位地学好Flash的各项关键技术。

关于本书横向与纵向结构的详细说明，请读者阅读下面的文字。

本书的横向结构

本书的横向结构列举如下。

- **理论知识：本书并非大而全、追求全面讲解Flash技术的图书，而是根据编者自身的经验，将其中最常用、最实用的技术知识筛选出来，通过恰到好处的实例，帮助读者尽快掌握这些技术，并力求能够解决实际工作中85%以上的问题，达到学有所用的最终目的。**
- **实例操作：为了让读者能够更透彻地理解和学习Flash技术，编者使用了大量操作实例配合技术知识的讲解，读者只需要按照其方法进行操作，就可以基本掌握该技术的使用方法。**
- **本章总结：总结了当前章节中最为重要的知识点，让读者在学习后，能够对整体的脉落有一个清晰的认识。**
- **拓展训练：在第2～10章的末尾，提供了一个对应的拓展训练，主旨在于帮助读者在学习相应章节的知识后，能够在此基础上或结合其他知识，结合光盘中给出的素材文件进行练习，以巩固学习成果。**
- **课后练习：本书提供了填空题、判断题及上机题3大类题型共110多个课后练习题，是针对当前章节中核心功能的练习题，通常大多数都是与其他功能结合应用，从而帮助读者更好地掌握技术，并对技术之间的搭配使用有一个明确的认知和感受。**
- **教学视频：以上均是以图书本身为依托的静态媒体上学习，为帮助读者更好地学习和理解Flash技术，本书录制了300多分钟的视频教程，对Flash技术做了完整、形象地讲解，甚至其中还包括了一些图书中未曾涉及的知识，以及编者多年来的工作经验，相信这对于帮助读者学习软件技术及日后的实际工作，都有着莫大的好处。**

本书的纵向结构

本书共分为11章，其简介如下。

第1～2章：在这2章中，是以引导读者对Flash有一个完整、全面的认识为目的，因此，编者从软件应用领域入手，讲解工作界面及其保存工作界面、文档与项目、视图设置、纠错操作及辅助线等基础操作，让读者对软件有一个细致的了解，以便于后面学习其他的知识。

第3～5章：在这3章中，讲解了Flash CS6中的绘制图形、编辑图形及文字等功能，这些在后面学习制作动画的具体内容时，都是比较常用且重要的技能。

第6～7章：这2章是本书最为重要的内容。其中将涉及与动画设计相关的重要知识，即元件、场景、帧及图层等，这些都属性动画制作的关键元素，以及Flash最为重要的动画功能，剖析了动画的工作原理，并详尽地讲解了Flash CS3及早期版本中一直存在的传统补间动画、遮罩动画、形状补间动画、逐帧动画、补间动画、补间引导动画、骨骼动画、3D动画，以及配合补间动画使用的“动画编辑器”面板等，同时，为了便于读者更好地理解和区分新、旧2种补间动画，本书还特别深入地分析了新补间动画与传统补间动画之间千丝万缕的关系。

第8章：对于绝大部分的Flash应用领域而言，如网络动画、MTV动画、视频广告或教育课件等，声音都是必不可少的元素，这也正是“多媒体动画”这一名词的来源，本章将讲解声音与视频文件的基本操作，及其常用的编辑处理操作。

第9章：本章详细讲解了Flash在最终输出时的常用格式，以便于为不同的应用环境设置输出参数。

第10章：ActionScript语言是Flash中一项极为重要的功能，它可以达到动画控制、特效制作及数据连接等多种功能，本章将对一些常用的行为及语言脚本进行讲解。

第11章：这是本书的实例章节，共包括了游戏设计、广告设计及多媒体光盘界面设计等实例，在制作过程中，涉及了从Flash绘图到位图控制、动画设计、ActionScript语言控制等多项知识，通过学习它们的制作方法，可以帮助读者将前面学习到的知识融会贯通，达到更好的学习效果。

本书配套的光盘资源

本书配套一张DVD-ROM光盘，其内容主要包含案例素材及设计素材两部分。其中案例素材包含了完整的案例及素材源文件，读者除了使用它们配合图书中的讲解进行学习外，也可以直接将之应用于商业作品中，以提高作品的质量；另外，光盘还提供了大量的Flash网站、广告及Banner设计模板，可以帮助读者在设计过程中，更好、更快地完成设计工作。

此外，针对本书中的理论知识，录制了300多分钟的多媒体视频教学课件，如果在学习中遇到问题可以通过观看这些多媒体视频释疑解惑，提高学习效率。

播放提示：由于本视频光盘采用了可以使文件更小的特殊压缩码TSCC，因此为了获得更好的播放效果，建议读者安装最新版本的暴风影音播放软件。

学习本书的软件环境

本书所使用的软件是Flash CS6中文版，操作系统为Windows 7，因此希望各位读者能够与本书统一起来，以避免可能在学习中遇到的障碍。由于Flash软件具有向下兼容的特性，因此如果各位读者使用的是Flash CS5或更早的版本，也能够使用本书学习，只是在局部操作方面可能略有差异，这一点希望引起各位读者的关注。

与笔者沟通的渠道

限于编者水平，本书在操作步骤、效果及表述方面定然存在不少不尽如人意之处，希望各位读者来信指正，笔者的邮件是LB26@263.net及Lbuser@126.com。

本书作者

本书是集体劳动的结晶，参与本书编著的包括以下人员：

王超、雷剑、吴腾飞、雷波、左福、范玉婵、刘志伟、李美、邓冰峰、詹曼雪、黄正、孙美娜、刑海杰、刘小松、陈红艳、徐克沛、吴晴、李洪泽、漠然、李亚洲、佟晓旭、江海艳、董文杰、张来勤、刘星龙、边艳蕊、马俊南、姜玉双、李敏、邰琳琳、李亚洲、卢金凤、李静、肖辉、寿鹏程、管亮、马牧阳、杨冲、张奇、陈志新、刘星龙、马俊南、孙雅丽、孟祥印、李倪、潘陈锡、姚天亮等。

版权声明

编者

2013年7月

Contents 目录

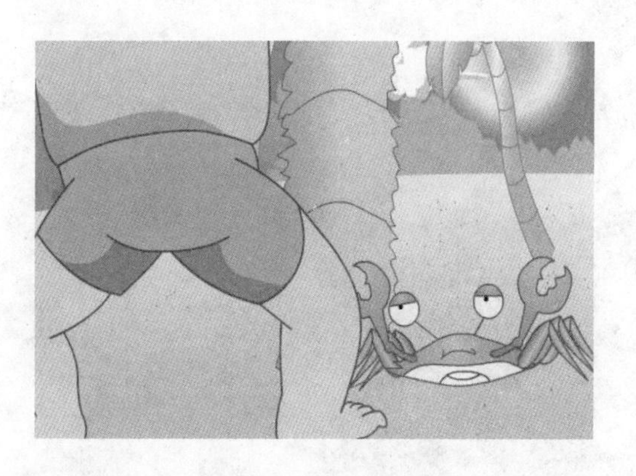

第1章 走进Adobe Flash CS6

第2章 创建与编辑文档

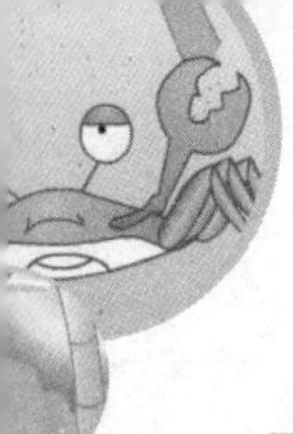

目 录 Contents

第3章 绘制与编辑图形

第4章 编辑与导入对象

Contents 目录

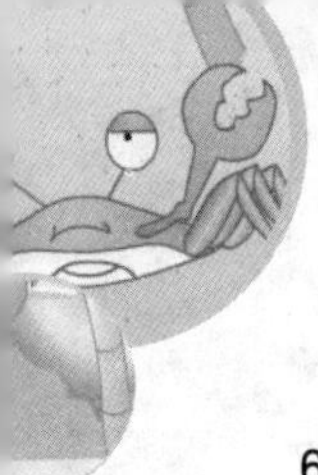

目 录 Contents

第7章 动画的原理与设计

PLAY

目 录 Contents

第8章 声音设置

第9章 动画的发布设置

第10章 Action Script与交互动画

第 1 章

走进Adobe Flash CS6

模样

1.1 Flash的应用领域

目前，随着Flash版本的升级、功能的完善，它被广泛应用于网页制作、MTV、课件、游戏等各个领域。

1.1.1 网页制作

Flash最初被开发时就是以在互联网上发布各式各样丰富的信息为目的的，虽然经过若干个版本的发展，其应用被扩展到了各个领域，但这一核心应用领域始终没有变化。

当进入大多数公司或个人的主页时，经常会发现这些主页完全或大部分是一个Flash互动作品，它们不仅有其他静态主页不具备的动感效果，而且有良好的交互性。

下面是一些网页的截图，如图1-1所示。

图1-1 网页截图

1.1.2 网络广告

随着网站的蓬勃发展,网络广告成为互联网中发展最快的一个设计领域，而在此领域中Flash扮演着不可缺少的角色。许多大的厂家正以各种方式招集各路“闪客”为其制作Flash形式的广告，以增加其产品知名度，同时使厂商自己更加贴近年青一代。

下面是一些网络广告的图片资料，如图1-2所示。

图1-2 Flash网络广告

1.1.3 二维动画

Flash擅长的是创建具有很强娱乐性的作品，如Flash动画短片。目前网络中已经有很多比较成功的二维动画短片系列，像“火柴人”、“兔斯基”、“胖狗狗”等。各位读者可以在互联网中通过搜索很容易地找到这些作品。

下面是一些二维动画的图片资料，效果如图1-3所示。

(a) 经典的《大话三国》系列动画

(b) 《CS幽默行动》系列动画

图1-3 二维动画

1.1.4 音乐MTV

用Flash制作的音乐MTV作品在网络上可谓比比皆是，它占用的空间小，制作的内容丰富，可以添加很多夸张的动作、造型，很受观众欢迎。

目前，使用Flash制作的优秀MTV作品已经很多，如“腾讯QQ动画”、“闪客帝国”等都有许多不错的作品，建议大家多去看一看。

下面是一些Flash音乐MTV的图片资料，效果如图1-4所示。

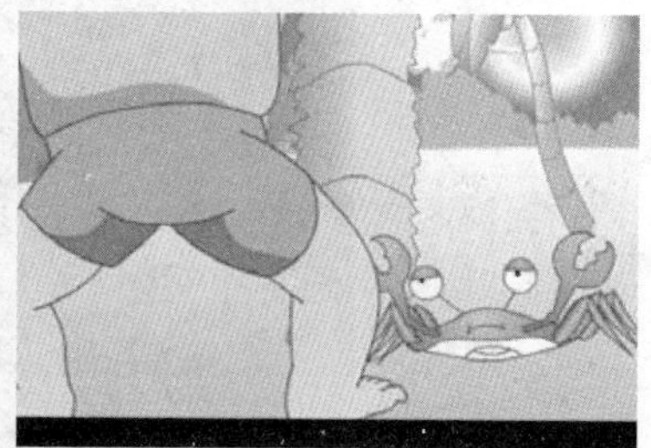

图1-4 Flash音乐MTV（《难兄难弟》MTV动画）

1.1.5 Flash贺卡

Flash贺卡特别流行，因为它可以使贺卡同时具有动画、音乐、情节等多个其他类型的贺卡所不具备的元素。

Flash贺卡可以是一个很复杂的故事，也可以是一个很幽默的情节，在技术上并不是很复杂，目前许多大的网站中有专门的贺卡频道，还有许多专业从事贺卡制作与销售的网站也在大量制作此类贺卡。

下面是一些Flash贺卡的图片资料，效果如图1-5所示。

图1-5 Flash贺卡

1.1.6 Flash游戏

与其他大型单机或网络游戏相比，Flash游戏只能是游戏业中一朵很小的浪花，有趣又方便、简单，由于它采用了大家喜闻乐见的形式，加之其很小的文件尺寸，使其成为很多人的最爱，效果如图1-6所示。

（a） 射击类游戏

（b） 格斗类游戏

图1-6 Flash游戏

1.1.7 课件

课件制作是Flash应用最为重要的领域之一，由于使用Flash制作的课件具有完成文件小、交互性强、表现形式丰富、制作容易、维护及更新方便等多种特点，成为时下最流行的教育课件制作软件。

下面是一些课件的图片资料，效果如图1-7所示。

（a）Flash学习课件

（b）安利培训课件

图1-7 Flash课件

1.2 矢量图形和位图图像

Flash是一个矢量软件，但由于在制作Flash作品中常会用到各类位图图像，因此在此帮大家理解一下位图图像和矢量图形的区别。

1.2.1 矢量图形

矢量图形是以数学公式的方式来表达内容的图形，图形文件中的每一条线段、每一种颜色都会对应于一个数学的符号或公式，这些符号或公式会记录线条坐标位置、粗细和颜色等信息。

所以当用户对矢量图形进行放大或缩小处理时，其实质只有数学公式输出数值的变化，不会影响到图形的外观质量，如图1-8所示。

（a）原图

（b）放大局部

图1-8 矢量图形放大后的效果

矢量图形显著的优点是文件所占的空间小，携带、共享、分发、下载方便，其缺点是不适合表现色调丰富或色调变化细腻的内容。

01 chapter P1—P12
02 chapter P13—P18
03 chapter P19—P44
04 chapter P45—P70
05 chapter P71—P86
06 chapter P87—P120
07 chapter P121—P166
08 chapter P167—P180
09 chapter P181—P188
10 chapter P189—P224
11 chapter P225—P250

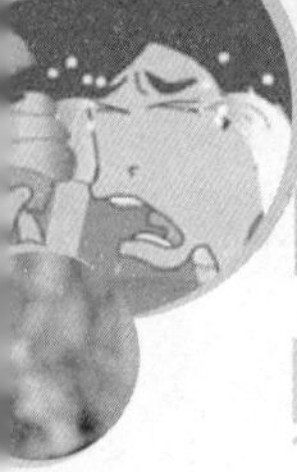

1.2.2 位图图像

位图图像能够表现出色彩丰富的内容，位图图像由像素点构成，位图图像的文件需要记录每一个像素点的信息，因此像素点越大则图像的质量越好，但文件也会越大。另外，由于使用像素点记录信息，当图像被放大数倍后，图像则会显示出明显的马赛克，如图1-9所示。

（a）原图

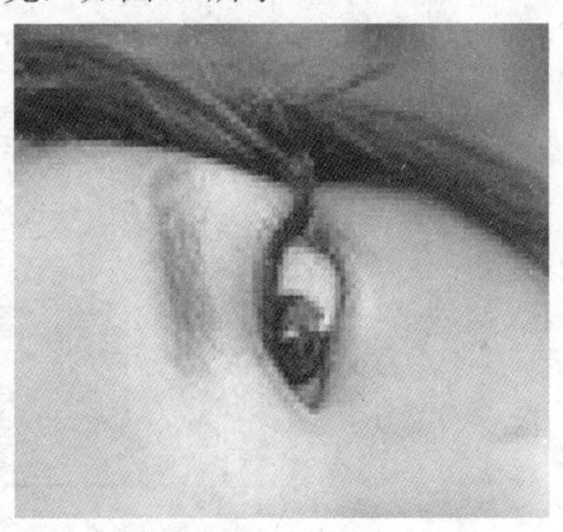

（b）局部放大

图1-9 位图放大后的效果

由于位图文件所占的空间比较大，处理时其速度也会很慢。

通常在制作Flash作品时，会根据需要选择是否调入外部的位图图像为作品增色，或将导入的位图图像转换成为一定质量的Flash矢量图形进行再次处理。

1.3 认识工作环境

运行Flash CS6后，将显示如图1-10所示的界面，下面分别讲解此界面中各个构成元素。

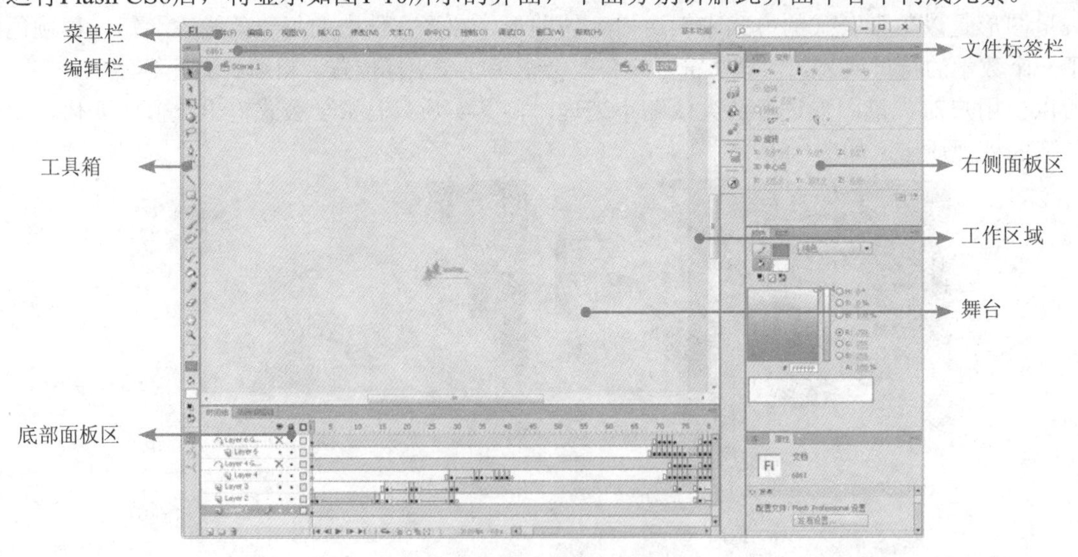

图1-10 Flash CS6基本界面

按F4键，可以隐藏所有的工具箱及面板等界面元素，再次按F4即可重新显示。

1.3.1 菜单栏

菜单命令是许多软件必需的组成部分，对于Flash CS6当然也不例外。利用Flash丰富的菜单命令，可以完成许多基础操作，如新建文件，保存文件，发布文件，复制、粘贴、新建元件，显示面板等，也可以进行调试影片、隐藏面板、编辑站点等操作。

Flash CS6的菜单栏中共有11个菜单，每个菜单又有多个子命令，如图1-11所示。因此11个菜单共包含了数百个命令，这些命令使每一个初学者都感觉到眼花缭乱，但实际上情况并非如此，只需要了解每一个菜单中命令的特点，然后通过这些特点就能够很容易地掌握这些菜单中的命令了。

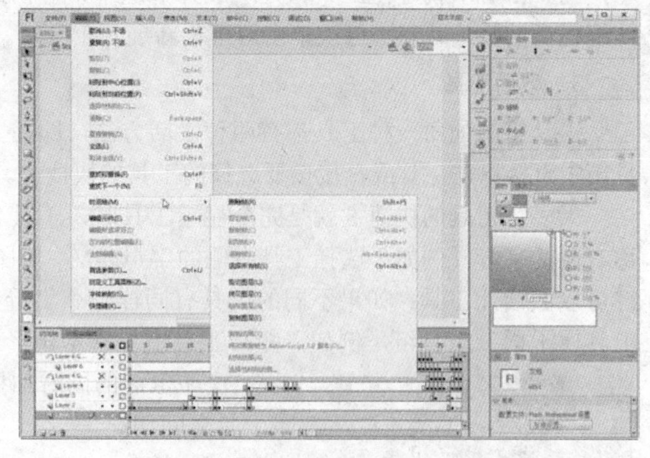

图1-11 菜单栏的下拉菜单

1.3.2 工具箱

1. 认识工具箱的基本结构

“巧妇难为无米之炊”，在Flash这个神奇的世界，单用手指是描绘不出思想的，此时需要一个工具箱，工具越齐全，功能越多样，绘制起来就会越方便。

选择“窗口”|“工具”命令，即可以显示Flash的工具箱，如图1-12所示。

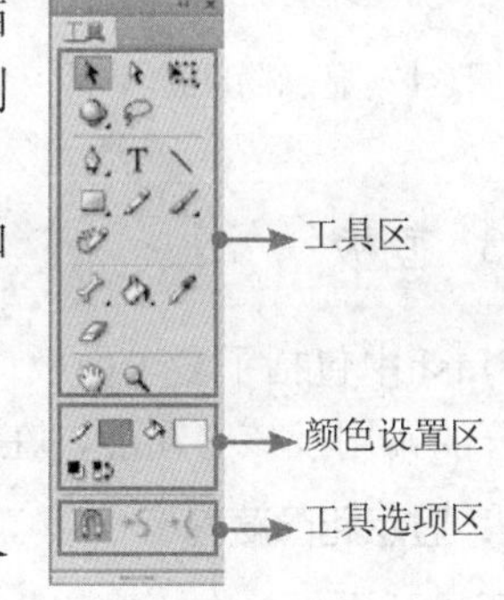

图1-12 工具箱

工具箱各组成部分的基本功能解释如下。

- 工具区：在此可以选择Flash提供的各种工具。
- 颜色设置区：在此可以为要绘制的或已选中的图形设置填充及线条色。
- 工具选项区：在选择不同工具的情况下，这里会显示出一些不同的选项。

2. 改变工具箱的形态

在Flash CS6中，工具箱可以进行更随意的调整，从而根据不同的需要改变成为不同的形态，或适应不同的位置。如图1-13所示是调整得到的不同的工作箱的状态。

另外，也可以通过工具箱顶部的伸缩栏，将工具箱改变成为收缩或扩展的状态。位于工具箱最上面呈灰色

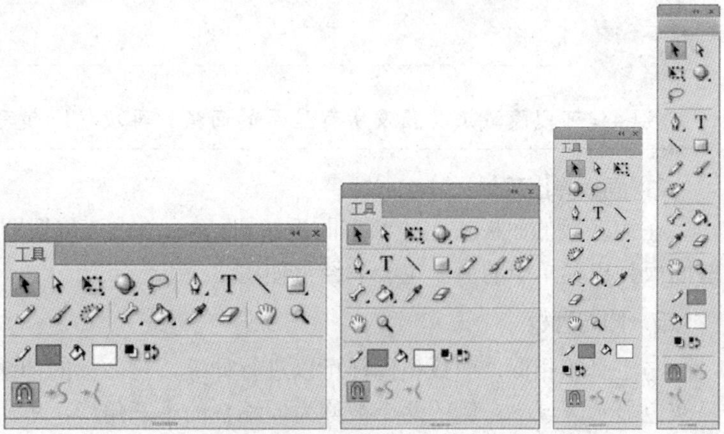

(a) (b) (c) (d)

图1-13 调整为不同状态时的工具箱

显示的区域，可以对工具箱的伸缩性功能进行控制，而其左侧的两个小三角形，则被称为伸缩栏，如图1-14所示，图1-15所示就是在工具箱处于展开情况下，单击此伸缩栏后的收缩状态，再次单击即可重新展开工具箱。

图1-14 工具箱的伸缩栏　图1-15 收缩后的工具箱

3. 激活工具

工具箱中的每一种工具都有两种激活方法，即在工具箱中直接单击工具或直接按要选择的工具的快捷键。

大多数工具的快捷键就是完全显示工具时，工具名称右侧的字母，例如，选择工具右侧的字母是V，如图1-16所示，则表示按V键可以激活此工具；如果不同的工具有同样一个字母快捷键，则表明这样的工具属于同一工具组，例如，矩形工具与基本矩形工具右侧的字母均为R，按R键的同时加按Shift键可以在这些工具之间切换。

图1-16 工具的快捷键

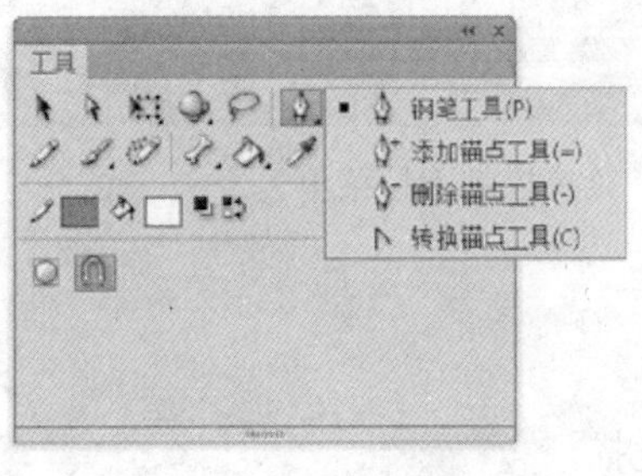

图1-17 显示隐藏的工具

4. 显示隐藏的工具

如果工具图标的右下角显示出一个黑色三角形，就表明其有隐藏工具。要显示隐藏工具，可以在此工具的图标上按住鼠标左键片刻，图1-17所示为钢笔工具组中所显示出的隐藏工具。

1.3.3 面板

Flash中包括了多个面板，如“属性”面板、“库”面板、“颜色”面板等，它们涵盖了Flash中大部分的常用及核心功能，在本小节中，首先来了解一下这些面板的基本操作方法。

1. 显示和隐藏面板

要显示面板，在“窗口”菜单中选择相对应的命令，再次选择此命令可以隐藏面板。

按F4键可以隐藏工具箱及所有显示的面板，再次按F4键可全部显示。

2. 面板弹出菜单

在大多数的面板右上角都有面板按钮，单击该按钮即可显示此面板的命令菜单，在操作中这些面板弹出菜单中的命令也会被经常使用。

3. 伸缩面板

与工具箱相似，面板也同样可以进行伸缩，对面板的伸缩性功能进行控制的同样是位于面板上方呈灰色显示区域中左侧的两个被称为伸缩栏的小三角形，单击其顶部的伸缩栏，可以将面板在图标显示状态或展开显示状态之间进行切换，如图 1-18 所示为将面板收缩为图标显示的状态。如图 1-19 所示为与其相反的将面板全部展开的显示状态。

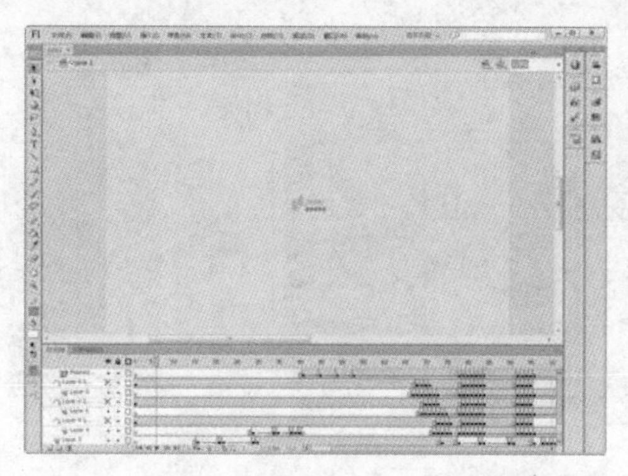

图1-18 收缩面板时的状态

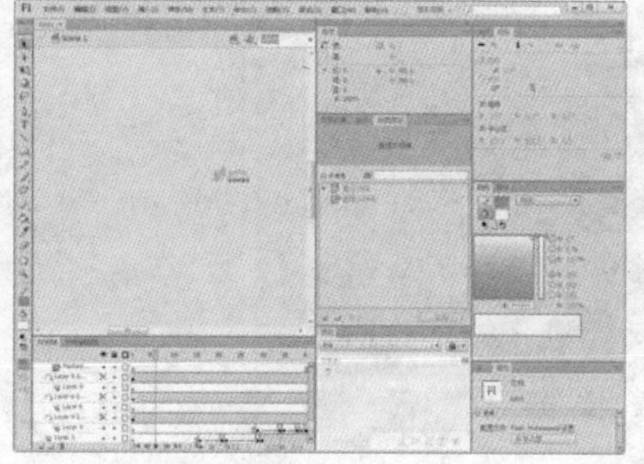

图1-19 展开面板时的状态

除此以外，不仅可以通过直接单击面板的标签名称来对面板进行切换，还可以通过双击面板的标签名称来对某个已经显示出来的面板进行隐藏。

4. 组合及拆分面板

可以根据不同的操作习惯将Flash的面板任意组合、折分，将两个或三个面板组合在一个面板中成为标签，也可以将一个面板中的所有标签拆分成单独的面板。

例如，图1-20所示是从三个面板组合成的一个面板中将其中一个向外拖拽出该面板外框，释放左键，则该标签将如图1-21所示，独立成为一个面板。此时在原包含“对齐”标签的面板中“对齐”标签消失，如图1-22所示。

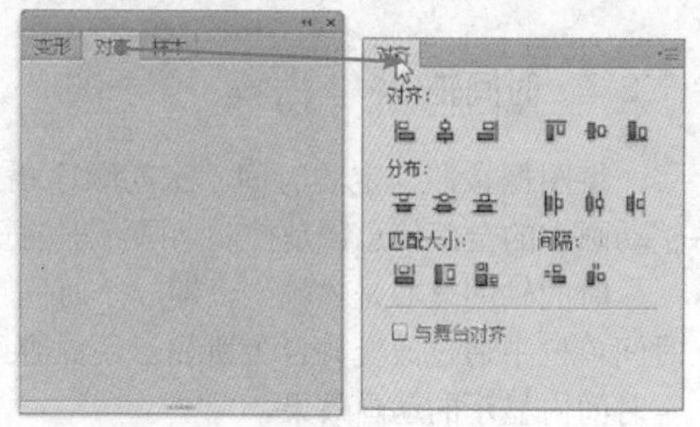

图1-20 拖动“变形”标签

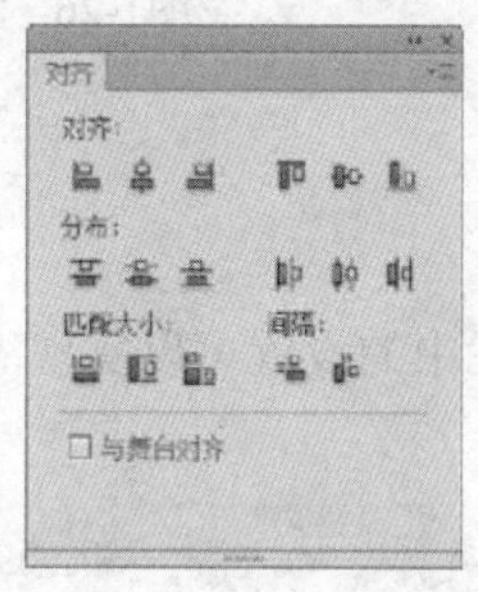

图1-21 “对齐” 标签独立成为一个面板

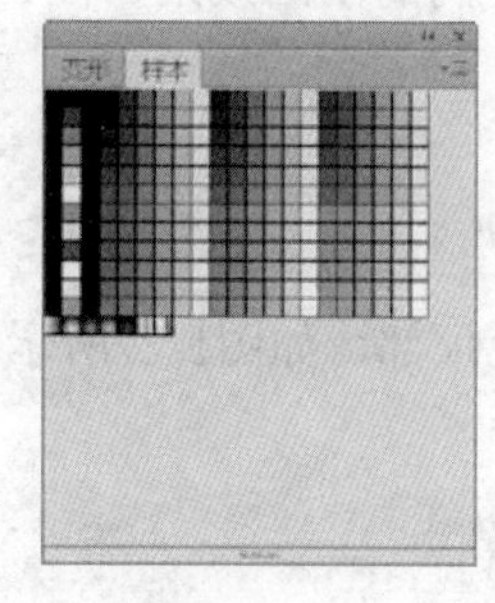

图1-22 拖曳后“对齐”标签消失

与拆分操作类似，要将某个面板组合至另一面板中，成为其标签，只需按住面板的标签，将其拖至另一面板中即可，此操作如图1-23所示。

5. 创建新的面板栏

在Flash中读者可以根据工作需要增加更多面板栏。增加面板栏的操作方法也同样非常简单，可用鼠标拖动需增加的面板至面板栏的最左侧边缘位置，当其边缘出现如图1-24所示的灰蓝相间的高光显示条时，释放鼠标，即可创建得到一个新的面板栏，如图1-25所示。

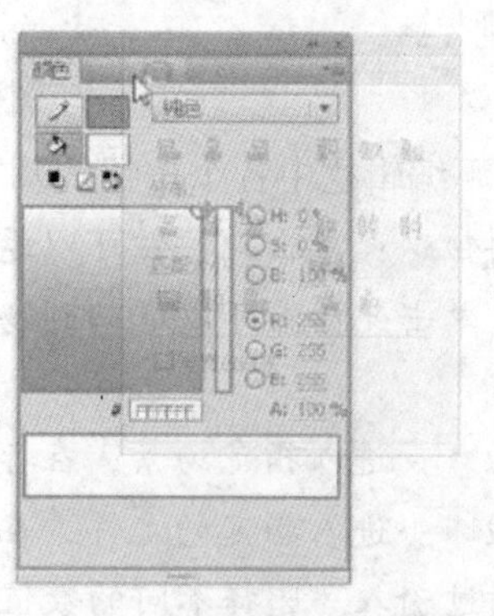

（a）组合前

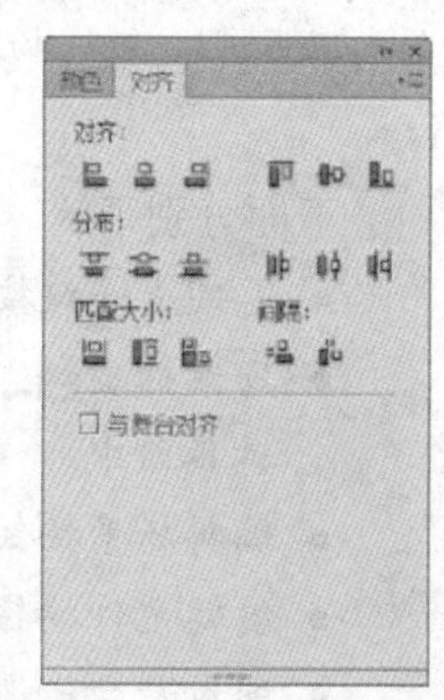

（b）组合后

图1-23 组合面板操作示例

01 chapter P1—P12
02 chapter P13—P18
03 chapter P19—P44
04 chapter P45—P70
05 chapter P71—P86
06 chapter P87—P120
07 chapter P121—P166
08 chapter P167—P180
09 chapter P181—P188
10 chapter P189—P224
11 chapter P225—P250

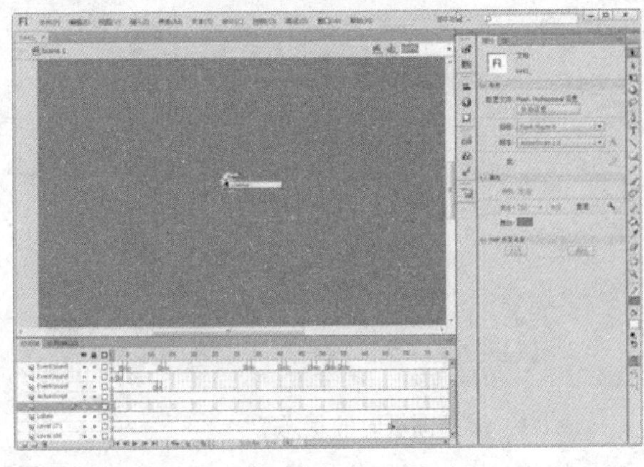

图1-24 拖动面板

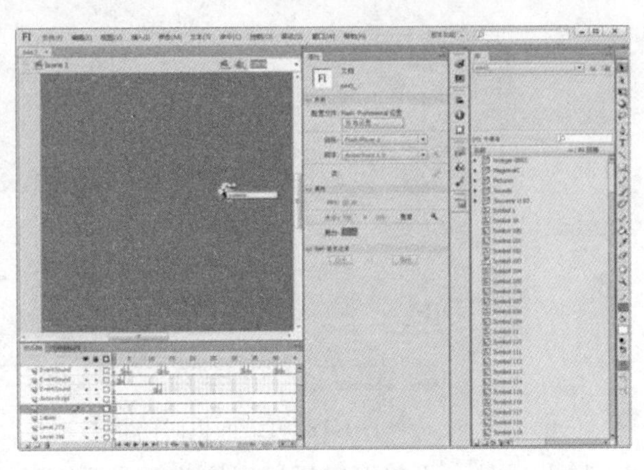

图1-25 增加面板栏后的状态

1.3.4 时间轴

将图像按照一定的时间、空间顺序播放，就形成了动画，而“时间轴”则用于表现、记录、调整动画中的全部信息，是控制动画流程的重要手段。

时间轴的核心是“帧”，即一个时间单位，在这个时间单位中通过改变舞台上所显示的内容则可以表示固定时间内显示的动画效果。

当在时间轴上通过操作改变了一系列帧的显示内容，则就创造出了不同的动画效果，图1-26所示为一个有多个帧的时间轴。

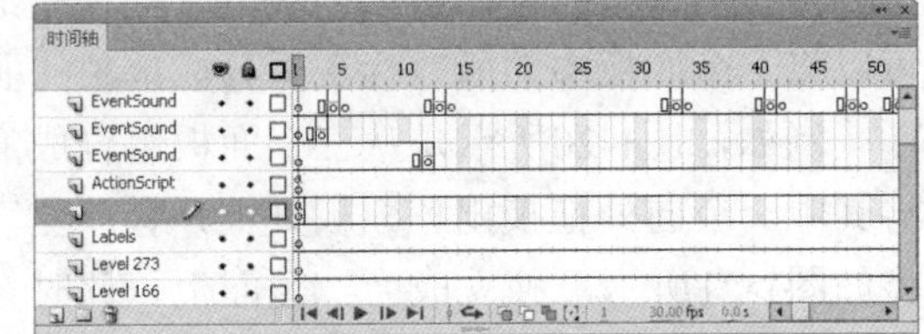

图1-26 “时间轴”面板

1.3.5 编辑栏

编辑栏位于舞台顶部，如图1-27所示。通过在编辑栏中的设置可以实现编辑场景、编辑元件及缩放舞台等操作。

图1-27 编辑栏

下面分别了解一下编辑栏中各个按钮的基本功能。

- 返回上一级按钮：单击此按钮可以返回到上一级的编辑界面中。
- 场景标签：单击此标签可以返回到场景1的编辑界面中，单击其他标签也可进入到相应的编辑界面中。
- 编辑场景按钮：进入指定场景，在各场景中进行切换。
- 编辑元件按钮：进入指定的元件，在各元件之间进行切换。
- 缩放舞台：通过输入、选择不同的数值改变舞台的显示比例。

1.3.6 文档标签栏

通过单击各个标签即可方便地切换至相应的文档，单击标签右侧的关闭按钮×，可以直接对相应的文档执行关闭操作，而不必切换至该文档中，以提高用户的工作效率。

1.3.7 舞台与工作区域

舞台是展示、播放、控制动画的地方，是动画与交互发生的地方。舞台上显示的内容总是当前选择帧中的内容，因此可以在舞台中修改或为当前帧创建所需要的内容。

舞台周围的灰度区域统称为工作区域，可以暂时将不需要在动画中出现的对象放在工作区域。

1.3.8 主工具栏

选择“窗口”|“工具栏”菜单下的命令，即可以显示“主工具栏”、“控制器”工具栏，在这些工具栏中有较常用的快捷操作按钮，如新建文件按钮、打开文件按钮、打印按钮等，如图1-28所示，单击这些按钮就可以快速执行相应的命令。

图1-28 工具栏面板

1.4 保存工作环境

在Flash中，不同用户可以按照自己的喜好布置工作界面并将其保存为自定义的工作界面。如果在工作一段时间后，工作界面变得很零乱，可以选择调用自定义工作界面的命令，将工作界面恢复至自定义后的状态。

1. 保存自定义工作界面

用户按自己的爱好布置好工作界面后，如果要保存自定义的工作界面，可以在菜单栏中选择“窗口”|“工作区”|“新建工作区”命令，在弹出的“新建工作区”对话框中输入自定义的名称，然后单击“存储”按钮即可，如图1-29所示。

2. 调用预设及自定义的工作界面

要调用已保存的工作界面，可以在菜单栏中选择“窗口”|“工作区”子菜单中的自定义工作界面的名称即可。

在Flash CS6版本中，可以更方便地选择和存储工作区，即直接通过菜单栏右侧的工作区控制器，在弹出的菜单中进行创建与调用，如图1-30所示。

图1-29“新建工作区”对话框

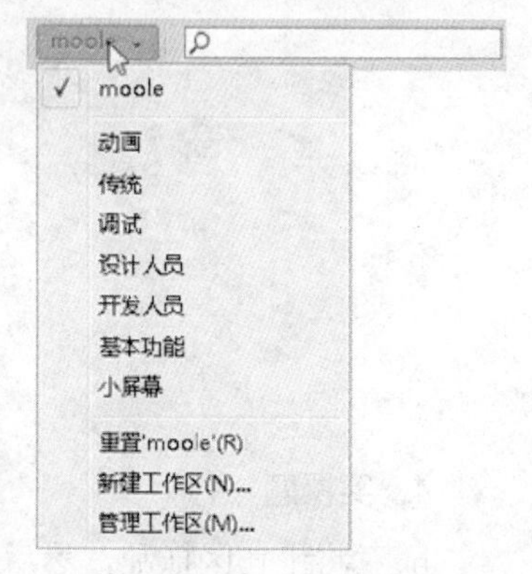

图1-30工作区菜单

总结：

在本章中，主要讲解了Flash的应用领域、位图与矢量图及Flash基本工作环境等知识。通过本章的学习，读者应该能够对Flash的应用有所了解，熟悉位图与矢量图的特点，掌握Flash的工作环境相关操作，从而为后面的深入学习打下良好的基础。

1.5 课后练习

1．选择题

（1）下列属于Flash应用领域的有（　　）。

A. 网络广告设计　　B. 游戏设计　　C. 课件设计　　D. 网页设计

（2）要显示或隐藏工具箱及面板等界面元素，可以按（　　）。

A. F2　　B. F3　　C. F4　　D. Tab

2．判断题

（1）Flash是一个矢量软件，但它也可以导入并对位图进行一定的编辑处理。（　　）

（2）在保存工作环境时，可以将界面的布局、快捷键设置等都保存起来。（　　）

3．上机题

（1）简述4种以上Flash软件的应用领域，并分别对其进行简单的描述。

（2）简述矢量图形与位图图像各自的优、缺点。

（3）参考图1-32所示的工作区布局进行调整，并将其保存起来。

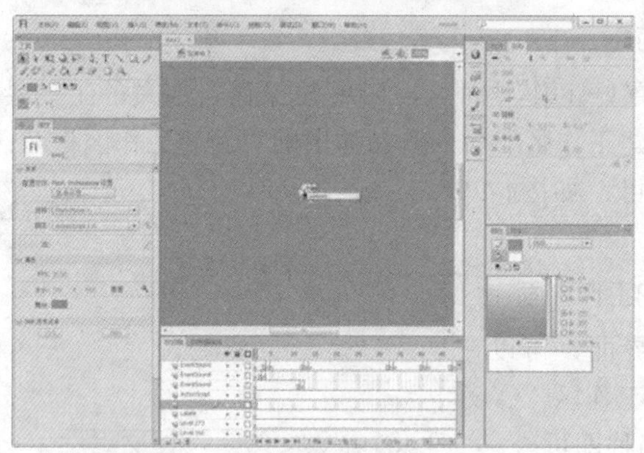

图1-32 手工调整得到的布局

4．实操题

随意将工作区拖乱，然后重新将其复位至前面保存的“我的工作区”状态。

第2章

创建与编辑文档

2.1 文档基本操作

2.1.1 创建一个全新的文档

要新建一个文档，有下面4种方法。

- 按Ctrl+N键。
- 选择“文件”|“新建”命令。
- 单击欢迎屏幕中的“新建”区域内选择需要新建的文档类型，如图2-1所示。
- 在“主工具栏”被显示的情况下，单击按钮即可依据最近一些新建“常规”文件的设置，自动创建一个新的文档。

前两种方法，都会弹出如图2-2所示的对话框，在该对话框中选择“常规”选项，选择需要新建的文档类型，单击“确定”按钮即可。

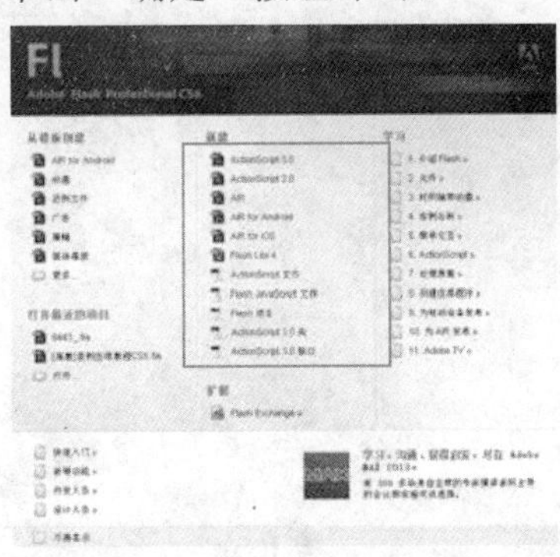

图2-1 在标题栏上新建

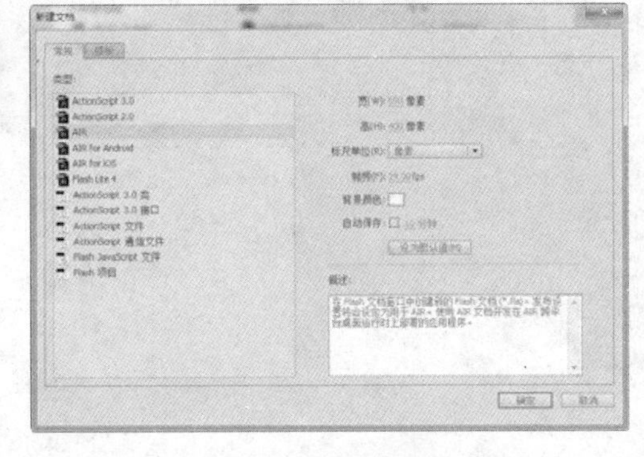

图2-2 创建一个全新的文档

提示：

Flash文档（ActionScript 3.0）主要满足于程序开发人员的需求，另外，一些特殊的功能，如3D功能及骨骼工具等，都需要ActionScript 3.0文档支持。

2.1.2 利用Flash自带的模板新建文档

除了创建一个全新的文档外，还可以利用Flash自带的模板来新建文档。利用模板新建文档有2种方法。

（1）选择“文件”|“新建”命令，在弹出的对话框中选择“模板”选项，并选择适当的模版类型，单击“确定”按钮即可。

（2）在Flash的欢迎屏幕最右侧的“从模板创建”选项下面，单击“广告”后，会弹出“从模板新建”对话框。

选择一个合适的模板后，如“120×240垂直”，如图2-3所示，单击“确定”按钮，则按照所选的广告模板，创建一个新文档。

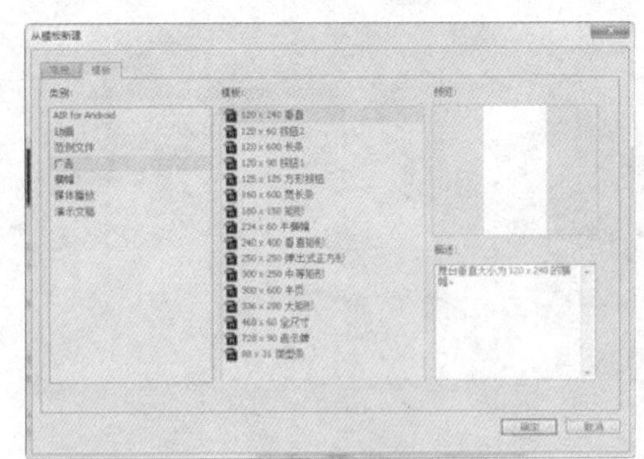

图2-3 “从模板新建”对话框

2.1.3 保存文档

要保存一个文档，有下面3种方法。

- 按Ctrl+S键。
- 选择“文件”|“保存”命令。
- 在“主工具栏”被显示的情况下，单击💾按钮即可。

如果当前文件已经保存在了磁盘上，那么此时再执行保存操作，就会依据当前对文件所做的修改，直接覆盖原来的文件。

2.1.4 打开文档

要打开一个文档，有下面4种方法。

- 按Ctrl+O键。
- 选择“文件”|“打开”命令。
- 默认情况下，单击欢迎屏幕中的“打开”按钮。
- 在“主工具栏”被显示的情况下，单击📂按钮即可。

2.1.5 关闭文档

要关闭文档，有下面5种方法。

- 按Ctrl+W键。
- 选择“文件”|“关闭”命令。
- 单击要关闭的文档右上角的✖按钮。
- 如果要关闭当前所有的文档，选择“文件”|“全部关闭”命令。

2.1.6 设置文档属性

在默认情况下Flash文档的舞台大小为550 px × 400 px，背景色为白色，帧频是24帧/秒，在制作动画的过程中，往往要根据动画的类型、大小等条件，改变舞台的大小，要改变舞台的大小操作步骤如下。

（1）按Ctrl+J键或选择“修改”|“文档”命令，弹出如图2-4所示的“文档设置”对话框。

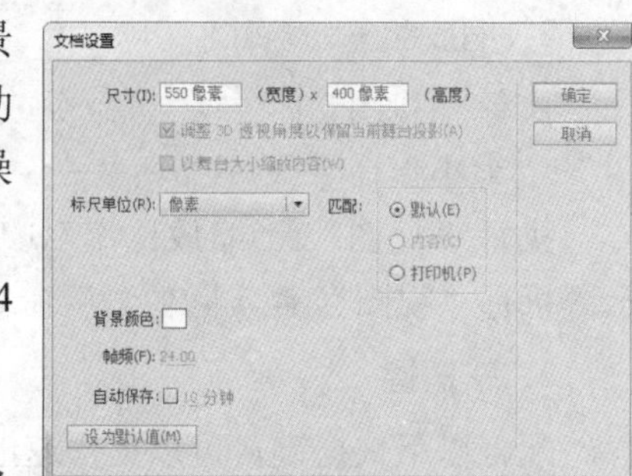

图2-4 “文档设置”对话框

“文档设置”对话框中的重要参数及选项如下所述。

- 尺寸：在“宽”和“高”数值输入框可以输入当前文档的宽度和高度值，单位是“像素”。
- 匹配：在此单击“打印机”按钮将匹配打印机的设置参数；单击“内容”按钮可使舞台的大小正好能容纳所有的对象；单击“默认值”按钮将“尺寸”数值恢复为系统默认的设置。
- 背景颜色：单击此按钮在弹出的调色板中可以选择舞台的背景颜色。
- 帧频：在此数值输入框中可以输入每秒钟播放的动画的帧数，此处的数值越大每秒播放的帧数越多，动画的视觉效果就会越流畅，反之则会有很强的停滞感。

对于大多数计算机显示的动画，特别是网站中播放的动画，帧频为8～15 fps 就足够了。更改帧速率时，新的帧速率将变成新文档的默认值。

- 标尺单位：在此下拉列表中可以选择标尺的单位。
- 设为默认值：单击此按钮可以将上述所有参数保存为默认值。

（2）在“文档设置”对话框的“尺寸”数值输入框中，分别输入需要的“宽”和“高”的数值，如图2-5所示。

（3）设置完成后，单击“确定”按钮退出对话框即可。

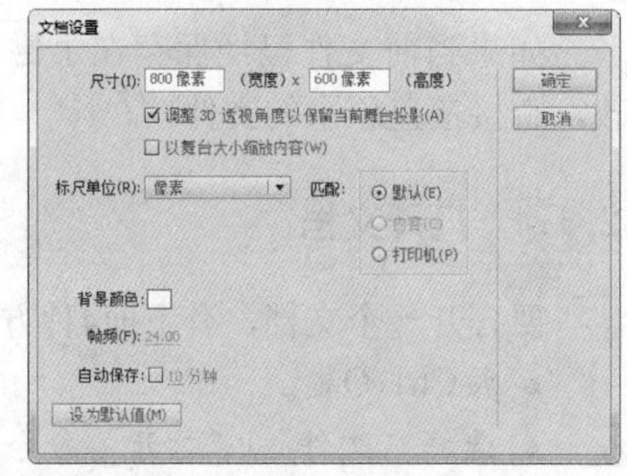

图2-5 改变参数

2.2 基本的页面视图操作

1. 缩放工具

缩放工具的使用方法如下。

（1）选择缩放工具，并选择放大工具，在舞台中单击，即可倍增查看内容。

（2）按住Alt键，放大工具变成缩小工具，在舞台中单击，即可递减查看内容。同样，也可直接选择缩小工具，按住Alt键，缩小工具也会变成放大工具。

（3）选中所需的缩放工具后还可以直接拖曳框选在舞台中的内容，所选内容会依选区做适当的放大和缩小。

2. 缩放命令

执行“视图”|“放大”命令或按Ctrl+“＋”键，将当前图像文件的显示比例放大；执行“视图”|“缩小”命令或按Ctrl+“－”键，将当前图像文件的显示比例缩小。

执行“视图”|“缩放比率”|“适合窗口大小”命令，将当前图像文件按屏幕大小进行缩放显示；执行“视图”|“实际像素”命令，当前图像以100%的比例显示。

3. 快捷键

配合以下快捷键，可以更快速地完成对图像显示比例的放大与缩小操作。

- 将图像限制在窗口中，双击手形工具或按Ctrl+2键。
- 设置缩放比例为 100%，双击缩放工具或按Ctrl+1键。
- 切换到缩放工具的放大模式，按Ctrl + 空格键。
- 切换到缩放工具的缩小模式，按Ctrl+Alt +空格键。

4. 抓手工具

如果放大后的图像大于画布的尺寸，或者图像的显示状态大于当前的视屏，就可以使用抓手工具在画布中进行拖动，用以观察图像的各个位置。在其他工具为当前操作工具时，按住键盘上的空格键，可以暂时将其他工具切换为“抓手工具”。

5. 编辑栏

可以在编辑栏最右侧的缩放舞台下拉列表框中 符合窗口大小 快速设定查看比例。

2.3 纠正操作失误

2.3.1 “还原”命令

选择“编辑”|“还原”命令，可以将当前的文件恢复至上一次保存前的状态。仅在当前文档已经保存至磁盘中以后才可以使用此功能。

2.3.2 “撤销”与“重复”命令

在执行某一错误操作后，如果要返回这一错误操作步骤之前的状态，可以按Ctrl+Z键，或选择“编辑”|“撤销”命令。如果在后退之后，又需要重新执行这一命令，则可以按Ctrl+Y键，或选择“编辑”|“重复”命令。

在本章中，主要讲解了 Flash 文档、视图操作及纠错操作等知识。通过本章的学习，读者应能够掌握 Flash 文档的新建、保存、关闭及打开等基础操作，并能够根据需要对视图进行放大或缩小处理，以满足不同的显示需求。另外，在出现操作失误时，应该能够熟练地进行各种纠错操作。

2.4 拓展训练

在本例中，将创建并保存一个光盘界面的Flash文件 。需要注意的是，虽然国内的硬件性能有极大的提升，但为了兼容尽可能多的计算机，通常还是以1024×768的尺寸进行设置。

（1）按Ctrl+N键创建新文档，在弹出的对话框的左侧选择ActionScript 2.0选项，然后在右侧设置其尺寸参数，如图2-6所示。

（2）确认参数设置后，单击“确定”按钮退出对话框。

（3）为了兼容不同计算机上的Flash Player版本，通常建议输出较低的Flash Player版本，而且由于光盘界面设计涉及的功能及ActionScript语言相对较为简单，因此也不会影响使用。此时可以在“属性”面板中设置“目标”为“Flash Player 9”，如图2-6所示。

图 2-6 “属性”面板

01 chapter P1—P12
02 chapter P13—P18
03 chapter P19—P44
04 chapter P45—P70
05 chapter P71—P86
06 chapter P87—P120
07 chapter P121—P166
08 chapter P167—P180
09 chapter P181—P188
10 chapter P189—P224
11 chapter P225—P250

（4）按Ctrl+S键保存当前文档，由于是第一次保存，因此会弹出如图2-7所示的“另存为”对话框，在其中选择保存的文件位置及文件名称，然后单击“确定”按钮退出对话框即可。

图 2-7 “另存为”对话框

2.5 课后练习

1．选择题

（1）不修改时间轴，对下列哪个参数进行改动可以让动画播放的速度更快些？（　　）

A．alpha值　　B．帧频　　C．填充色　　D．边框色

（2）要创建新的Flash动画文档，可以按（　　）。

A. Ctrl+Alt+Shift+N键　　B. Ctrl+Shift+N键　　C. Ctrl+Alt+N键　　D. Ctrl+N键

2．判断题

（1）使用“还原”命令可以将当前文档还原至最近一次保存时的状态。（　　）

（2）按Ctrl+1键可以以100%的显示比例查看舞台中的对象。（　　）

3．上机题

使用Flash CS6自带的“广告”类模型中“728×90告示牌”模板创建一个新的文件，并将其以“告示牌”为名，保存在“我的文档”中。

第3章
绘制与编辑图形

3.1 使用形状工具绘制图形

3.1.1 图形对象的基本属性设置

在使用任意的绘图工具绘图前，都需要在“属性”面板中进行一定的属性设置，选择“窗口”|“属性”命令或按Ctrl+F3键，即可调出“属性”面板。在Flash中，该面板是使用机率非常高的面板之一，对图形色彩、线条粗细、文档属性以及各类动画的参数设定，都可以在该面板中完成。

以本节讲解的绘图工具为例，图3-1所示就是笔者选择的矩形工具后的“属性”面板。

提示：

几乎所有的绘图工具都拥有基本的填充和笔触属性设置，在本节中主要讲解这些通用的参数。除此之外，选择不同的工具时，还会有相应的扩展参数，如矩形工具的“矩形选项”参数可以设置其圆角属性，刷子工具的“平滑”参数可以设置涂抹时的平滑属性，类似于这样的扩展参数，将在后面讲述该工具时进行单独讲解。

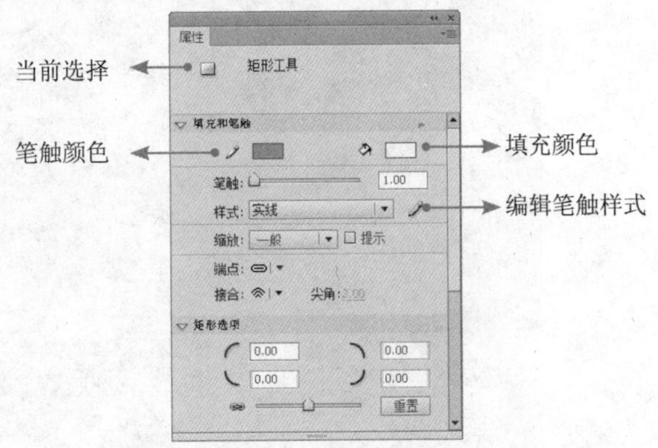

图3-1 线条工具的“属性”面板

下面，就以选择矩形工具时“属性”面板中的状态为例，讲解一下其中各参数的含义，值得一提的是，在后面讲解其他图形绘制工具及图形编辑等工具时，都或多或少地带有上述参数，届时将不再详细讲解。

提示：

除了在绘制图形前为图形设置属性外，对于已绘制好的图形，也可以使用选择工具选中该图形，然后在“属性”面板中进行参数的重新设定。

- 当前选择：此处用于显示当前所选工具的相关属性，或所选对象的属性。图3-2所示是分别选择不同的对象时，该区域所显示的不同状态。

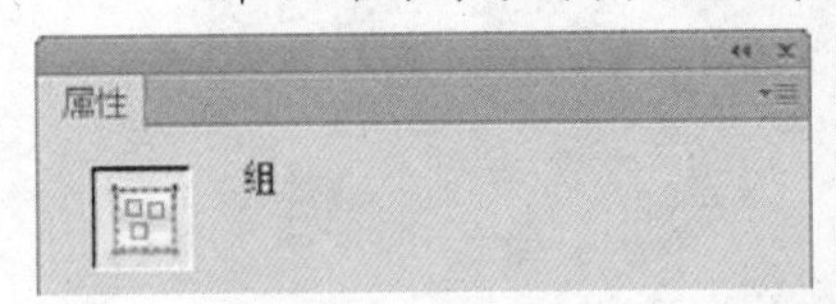

图3-2 选择不同对象时的“属性”面板状态

- 笔触颜色：单击此处的颜色块，在弹出的颜色选择框中可以随意设定线条的颜色，如图3-3所示。其中A位置是当前所选颜色的16进制色值，在此处拖动可以调整颜色，单击此处则可以手工输入或粘贴已有的颜色值；在B位置可以通过拖动或输入数值的方法，设置颜色的透明属性；单击C位置的无颜色按钮，即可将当前的笔触颜色设置成为无；单击D位置的系统颜色选择器按钮，在弹出的对话框中可以设置更多的颜色，如图3-4所示。

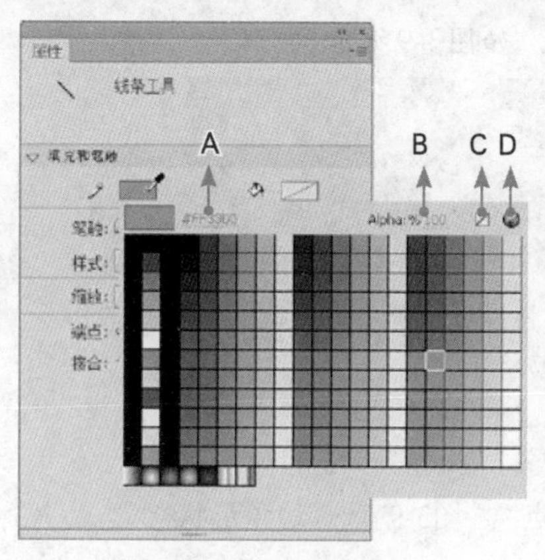

图3-3 选择笔触颜色

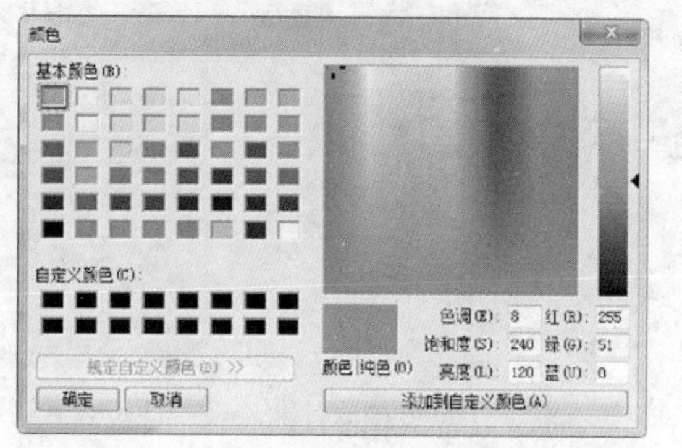

图3-4 “颜色”对话框

提示：

填充颜色的设置方法及相关参数设置与笔触颜色是完全相同的，故不再详细讲解。另外，在本书中，关于颜色值的说明，也都是采用16进制颜色值进行表述的。

- 笔触：直接输入数值（0.1～200）或拖动滑块即可调节线条粗细。
- 样式：在下拉框中可以随意选择实线、虚线、斑马线等线条样式，如图3-5所示。
- 编辑笔触样式按钮：单击此按钮，会出现“笔触样式”对话框，如图3-6所示，在此可以随意设置线条样式，如果使用实线以外的其他形式会增大文件容量。

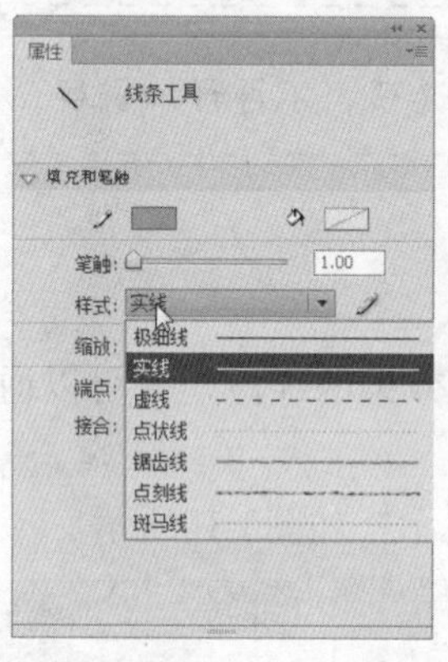

图3-5 选择笔触样式

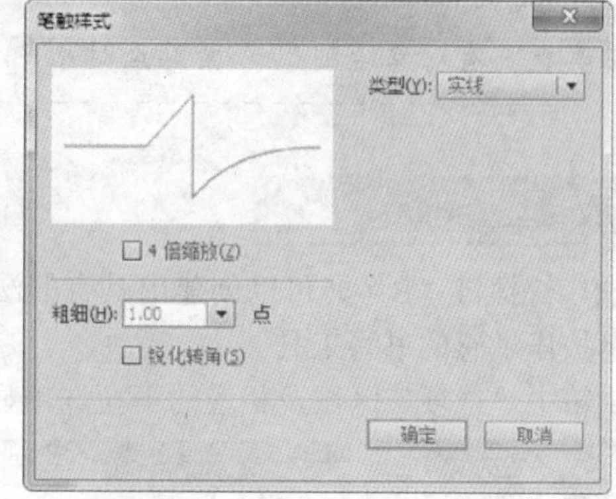

图3-6 “笔触样式”对话框

- 缩放：可以同时水平、垂直放大或缩小对象，也可以单独水平或垂直放大或缩小对象，如图 3-7 所示。

提示：

勾选该复选框，可以激活笔触提示功能，利用该功能可以在整体像素中调节线条和曲线锚记，避免生成模糊的水平线或垂直线。

- 端点：设置路径终点的样式，如图3-8所示。

01 chapter P1–P12
02 chapter P13–P18
03 chapter P19–P44
04 chapter P45–P70
05 chapter P71–P86
06 chapter P87–P120
07 chapter P121–P166
08 chapter P167–P180
09 chapter P181–P188
10 chapter P189–P224
11 chapter P225–P250

- 接合：通过下拉框，定义两个路径段的相接方式，如图3-9所示。

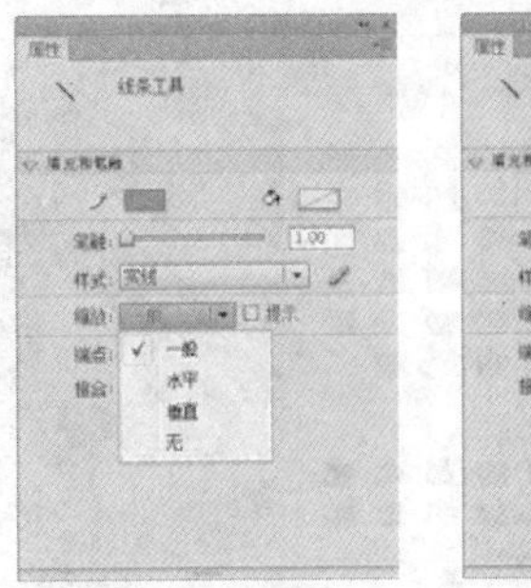

图3-7 缩放对象

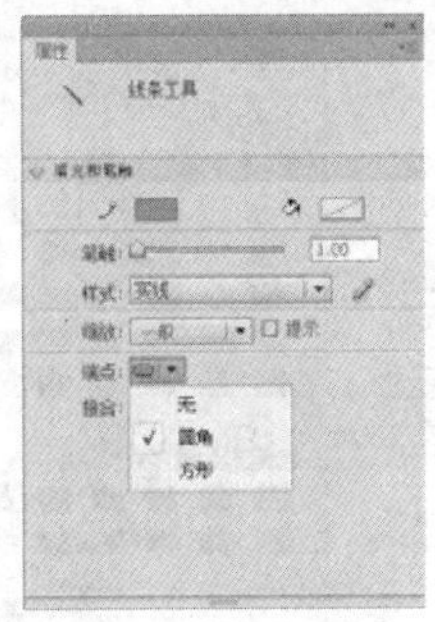

图3-8 设置端点

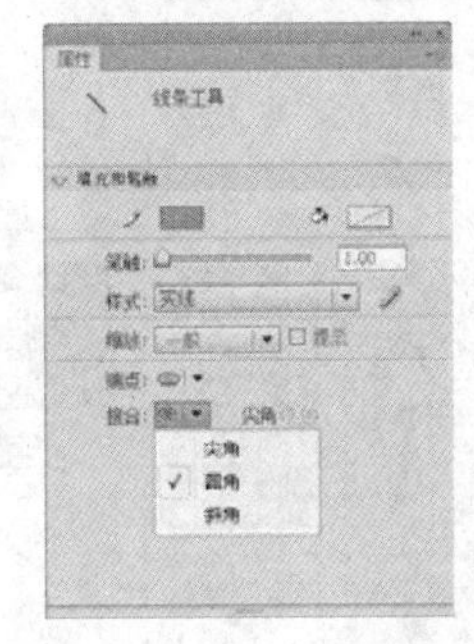

图3-9 选择边角形状

- 尖角：当“接合”为尖角时，该文本框会自动被激活，在此可以设置线条与线条间隙部分的值。

3.1.2 线条工具

使用线条工具（快捷键“N”）可以绘制不同角度的直线，在其相关的“属性”面板中可以调节线条的种类、粗细和颜色等。

使用线条工具时，当选择对象绘制模式时，绘制出的线条是对象模式；选择紧贴至对象模式时，绘制时可紧贴其他对象。

后面有些绘图工具也具有对象绘制和紧贴至对象选项，不再详细讲解。

3.1.3 刷子工具

使用刷子工具（快捷键“B”）可以创建出具有书法效果的线段，并可以通过改变刷子的尺寸来模拟钢笔和其他对按压敏感的书写工具。

选择刷子工具箱中“选项”区域及相应的下拉选项显示，如图3-10所示。

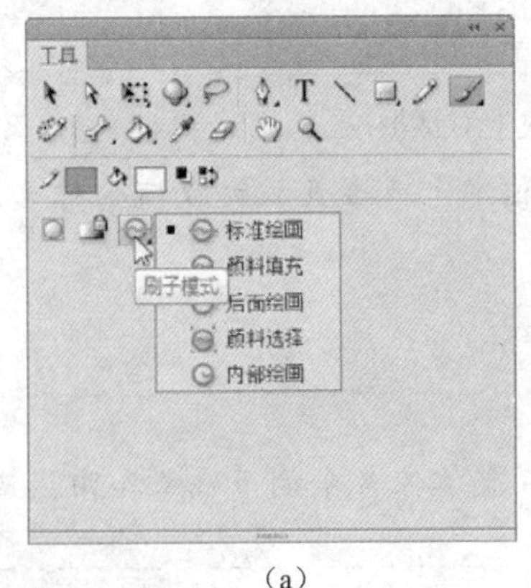

(a)

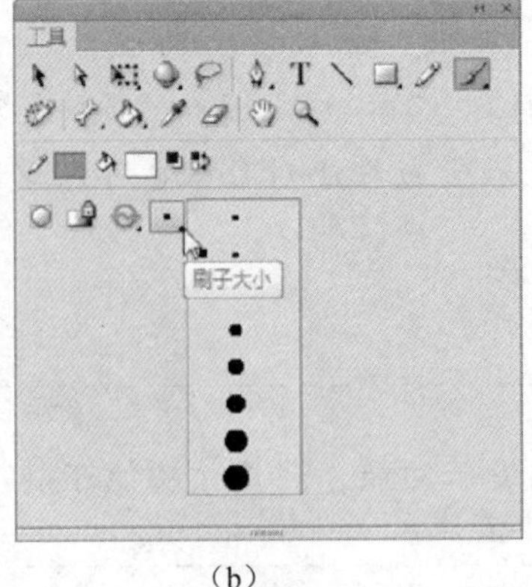

(b)

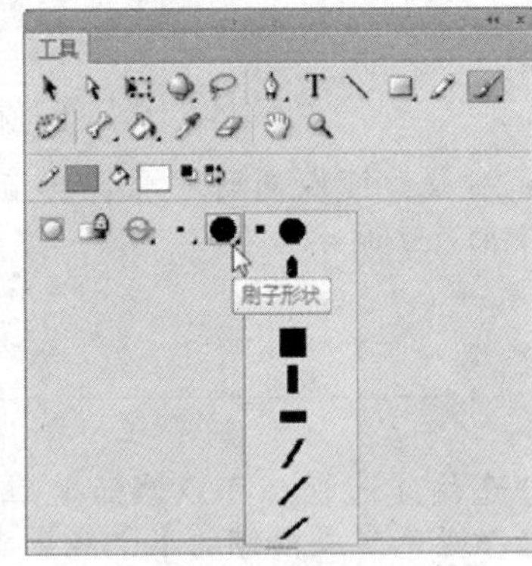

(c)

图3-10 选择刷子工具及选项

使用刷子工具的操作步骤如下。

（1）选择刷子工具。

（2）在工具箱“选项”中单击刷子模式按钮，在弹出的选项中选择一种绘图模式。

- 标准绘画：选择此模式，将使绘图内容覆盖同层的线条和颜色填充区。
- 颜料填充：选择此模式，对空白区域和颜色填充区绘图，线条不受影响。
- 后面绘画：选择此模式，在舞台的空白处绘图，有内容的地方不被影响。
- 颜料选择：选择此模式，对当前选择的颜色填充区绘图。
- 内部绘画：选择此模式，仅对填充区绘图，线条不受影响。在这种模式下不必担心绘制到颜色填充区以外，如果开始在空白区绘图，那么绘图不会影响任何颜色填充区。

（3）从“选项”中的其他两个下拉菜单中选择刷子的大小、形状，并单击工具箱颜色区域的填充色图标，在弹出的调色板中选择所需的颜色，选择对象绘制即以对象模式绘制。

（4）设置选项后利用刷子工具直接在页面中拖动即可得到所需要的效果，如图3-11所示。

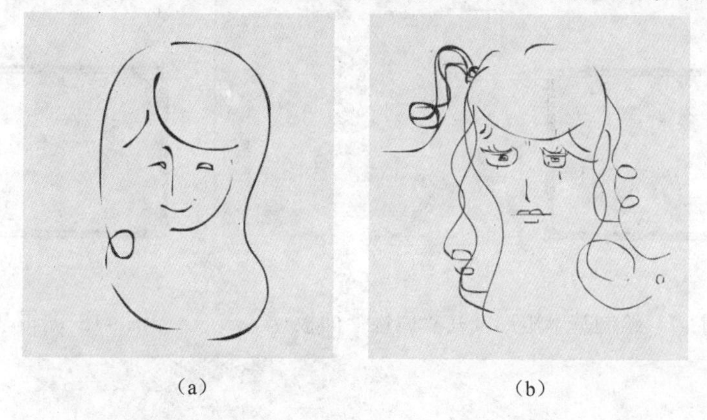

（a）　　（b）

图3-11 利用刷子工具绘制图形

3.1.4 矩形工具与基本矩形工具

使用矩形工具（快捷键“R”）可以绘制出很多常见、实用的矩形图形，图3-12所示为矩形在一个Flash网站中的应用示例。

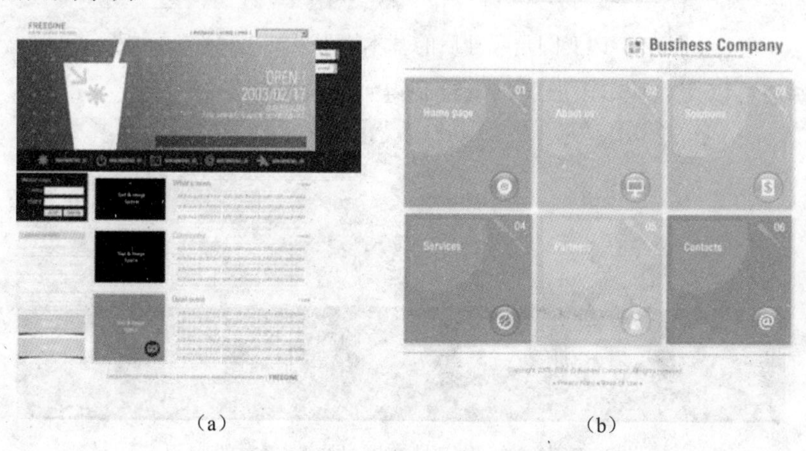

（a）　　（b）

图3-12 矩形在Flash网站中的应用示例

此工具使用方法非常简单，只需要在要绘制矩形的位置直接点按拖动即可。另外，通过在“属性”面板中设置适当的参数，还可以绘制得到不同的圆角矩形，如图3-13所示。

图3-13 “属性”面板

需要注意的是，使用矩形工具绘制圆角矩形时，圆角参数必须在绘制矩形前进行设置，对于已经绘制完成的矩形无效。如果要先绘制矩形，再调整其圆角尺寸，可以使用基本矩形工具进行绘制。图3-14所示是原图形及对应的“属性”面板，此时可以使用选择工具，将光标移至基本矩形的任意控制点处，使鼠标变成▶，通过向矩形内侧拖曳改变圆角尺寸，如图3-15所示，得到如图3-16所示的效果。

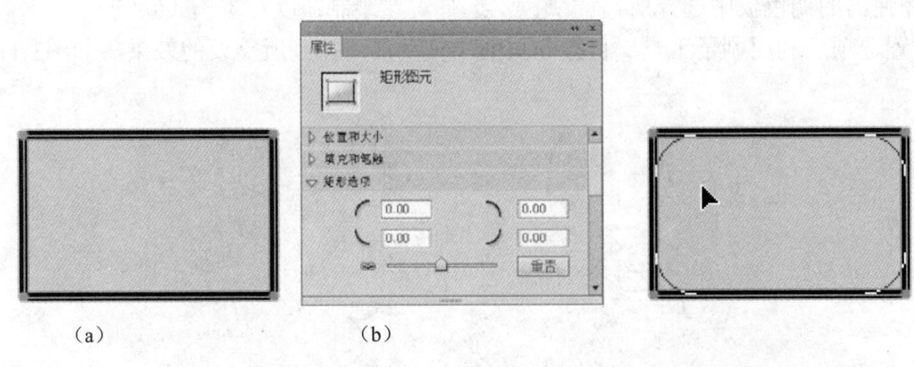

(a)　(b)

图3-14 绘制基本矩形及其“属性”面板　　图3-15 编辑基本矩形

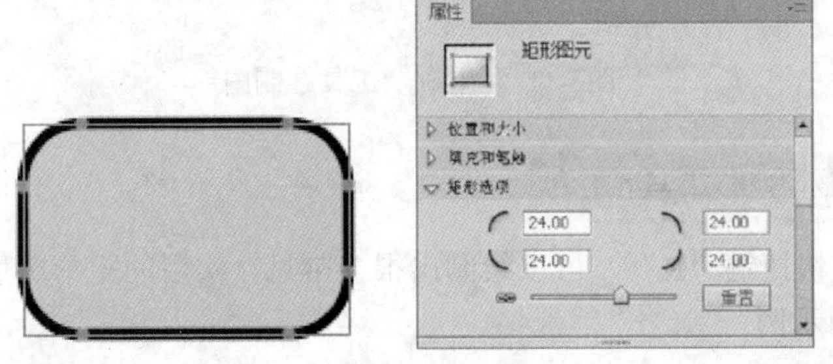

图3-16 改变圆角尺寸后的基本矩形及其“属性”面板

图3-17所示就是可以使用基本矩形工具绘制得到的圆角矩形。

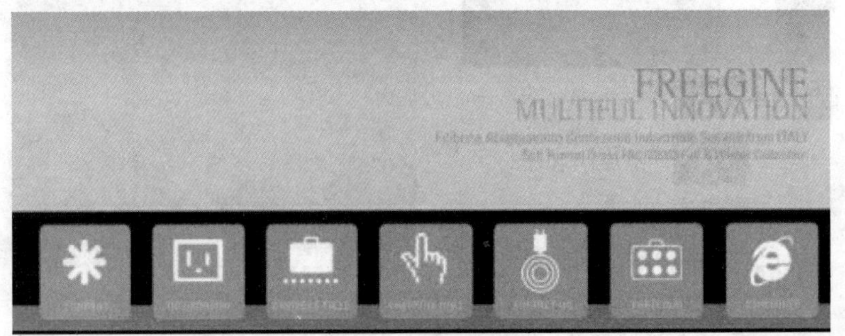

图3-17 基本矩形工具在网站导航条中的应用

3.1.5 椭圆工具与基本椭圆工具

使用椭圆工具可以很容易地绘制出圆形，使用椭圆工具并按住Shift键拖动，可以以一点向任意方向画正圆；按住Shift+Alt键可以以中心点向外画正圆。图3-18所示为使用椭圆工具所绘制的圆在一个Flash网站中的应用示例。

此外，在使用椭圆工具绘制图形之前，在“属性”面板中可以通过设置“椭圆选项”区域中的“开始角度”、“结束角度”及“内径”等参数，如图3-19所示，绘制得到饼形、圆环图形等。

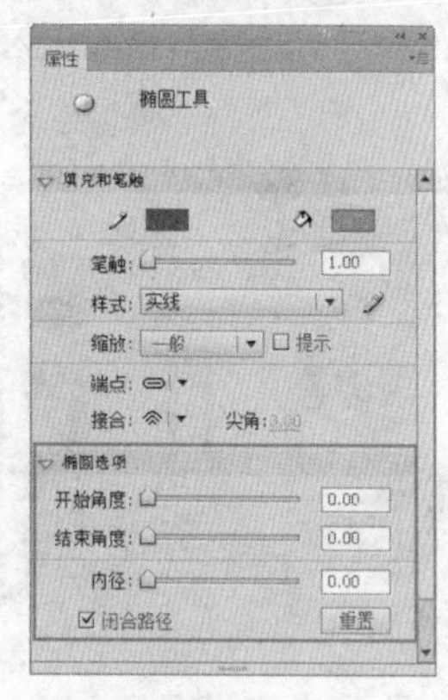

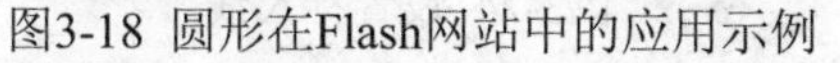

图3-18 圆形在Flash网站中的应用示例　　图3-19 选择椭圆工具时的“属性”面板

基本椭圆工具的特性在于，它可以在绘制图形后，再为其设置“椭圆选项”，因此具有更好的可编辑性，但其缺点在于，无法像编辑普通图形那样，对其进行形状的编辑，如使用钢笔工具为其添加锚点等。

如图3-20所示为绘制得到的基本椭圆，此时圆形上带有2个控制点。向下拖动饼形控制点，可以改变“开始角度”，反之则改变“结束角度”，从而创建得到饼形，如图3-21所示；向外侧拖动环形控制点，可以改变图形的“内径”，以创建得到环形，如图3-22所示。

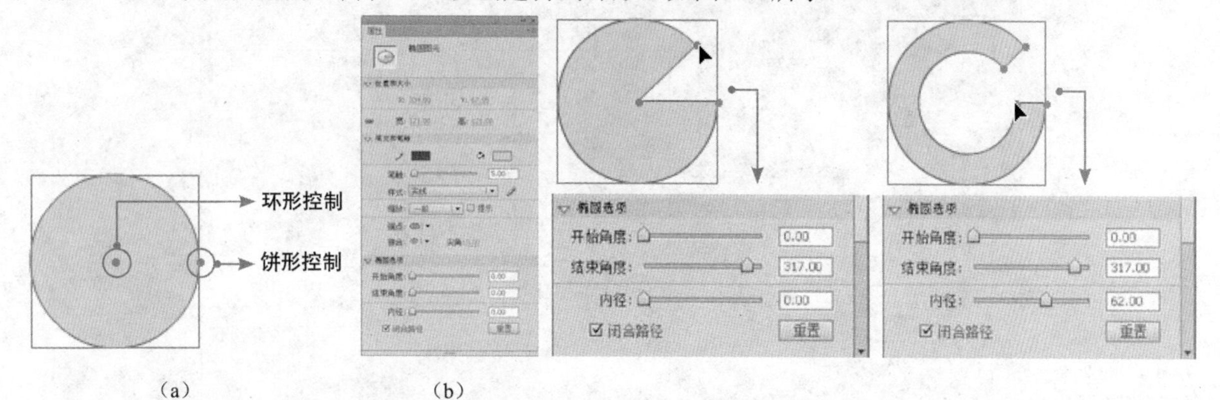

图3-20 绘制基本椭圆及其“属性”面板　　图3-21 编辑结束角度　　图3-22 编辑内径

当然，也可以通过在“属性”面板中设置相应的参数，来精确控制圆形的形态。

- 开始角度：通过设置所需数值改变起始点的角度。
- 结束角度：通过设置所需数值改变结束点的角度。
- 闭合路径：当起始点与结束点不为同一点时，勾选上闭合路径，此基本椭圆有内部填充，为一个闭合图形；反之，没有内部填充。

- 内径：内参数可以控制圆形内径的尺寸，数值越大则内径越大，从而创建得到环形。

实例1：描摹效果图

对于一些不容易控制透视关系的背景，可以直接将素材导入到Flash中，然后对其进行临摹，操作步骤如下。

STEP 01 打开随书所附光盘中的文件“第3章\实例1：描摹效果图-素材.fla”，如图3-23所示。

STEP 02 绘制墙体。选择“视图”|“标尺”命令或按Ctrl+Shift+Alt+R键显示标尺，将鼠标放在标尺上，单击拖曳出标尺线，确定墙体的几个面，如图3-24所示.

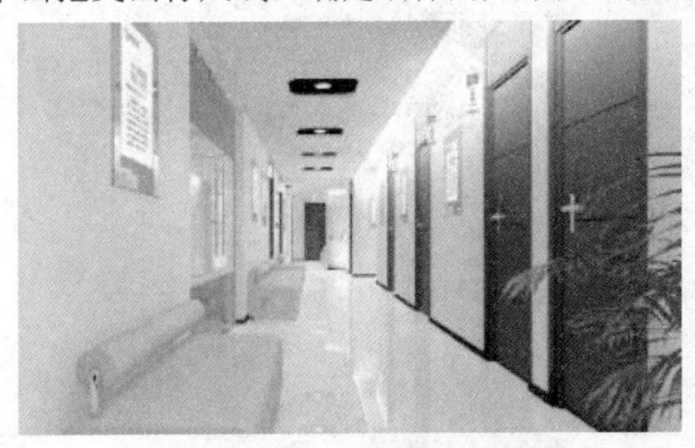

图3-23 素材图像

图3-24 设置标尺线

STEP 03 选择“矩形工具”或按R键，“属性”面板中的选项设置如图3-25所示。其中“笔触颜色”设置为“#A5A05E”。选择“紧贴至对象”模式，绘制一个与舞台同等大小的矩形框，使用同样的方法绘制走廊尽头的墙体，如图3-26所示。

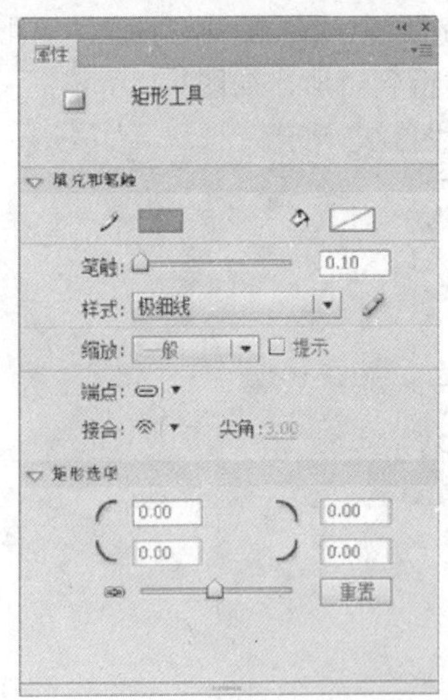

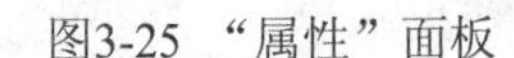

图3-25 “属性”面板

图3-26 绘制矩形框和墙体

STEP 04 选择“线条工具”，“属性”面板中的选项设置如图3-27所示，绘制走廊的其他墙体。将标尺线拖曳到舞台外，在“时间轴”面板中单击“图层1”中“显示或隐藏所有图层”按钮垂直对应的位置，将素材隐藏，可以看到绘制的墙体外框，如图3-28所示。

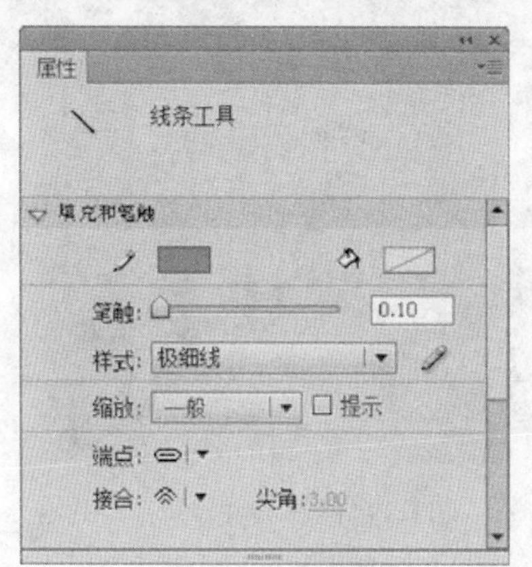

图3-27 “属性”面板

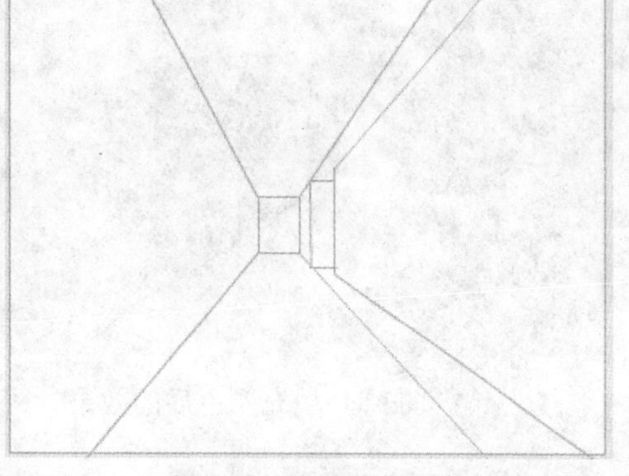

图3-28 绘制墙体外框

STEP 05 再次单击“图层1”中该按钮垂直对应的位置，显示素材，使用“线条工具”、“矩形工具”和“选择工具”绘制出走廊中的门和门外的部分，如图3-29所示。

STEP 06 使用“基本矩形工具”、“椭圆工具”和“线条工具”绘制出长椅和灯，将墙体下方的踢脚线填充为黑色，如图3-30所示。

图3-29 绘制门

图3-30 绘制长椅和灯

临摹的内容并非一定要与原图完全相同，根据制作的需要，可以适当地添加、删除素材中的内容。例如，本书在此图中增加了最前方长椅被展示的面积，去除了植物等。

STEP 07 选择“滴管工具”，在素材上吸取与绘制内容对应的颜色，然后使用“颜料桶工具”进行填充，填充后的效果如图3-31所示。

STEP 08 使用“矩形工具”、“线条工具”、“椭圆工具”和“选择工具”绘制出墙上的表框，按Ctrl+Enter键测试影片，最终效果如图3-32所示。

01 chapter P1—P12
02 chapter P13—P18
03 chapter P19—P44
04 chapter P45—P70
05 chapter P71—P86
06 chapter P87—P120
07 chapter P121—P166
08 chapter P167—P180
09 chapter P181—P188
10 chapter P189—P224
11 chapter P225—P250

图3-31 填充颜色后的效果　　　　图3-32 最终效果

3.1.6 多角星形工具

使用多角星形工具可以绘制多边形、星形形状。使用多角星形工具绘制的多边形在网站中的应用，如图3-33所示。

（a）　　　　　　（b）

图3-33 多角形在Flash网站中的应用

选择多角星形工具后，“属性”面板如图3-34所示。

在多角星形工具的“属性”面板中，单击“选项”命令，弹出“工具设置”对话框，如图3-35所示。

在“工具设置”对话框中，各参数的功能解释如下。

- 样式：在该下拉菜单中可以选择“多边形”及“星形”2个选项，并分别可以绘制出多边形和星形。
- 边数：在此可以设置“多边形”或“星形”的边数，数值越大则边数越多。该参数的范围为3～32。
- 星形顶点大小：只有在选择“样式”中选择“星形”选项时，该数值输入框中的数值才会发挥作用，数值越大则星形的顶点越大，反之则越小。该参数的范围为0.00～1.00。

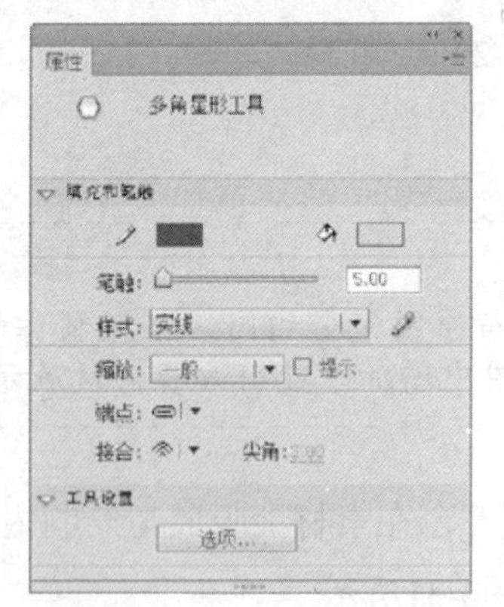

图3-34 “属性”面板

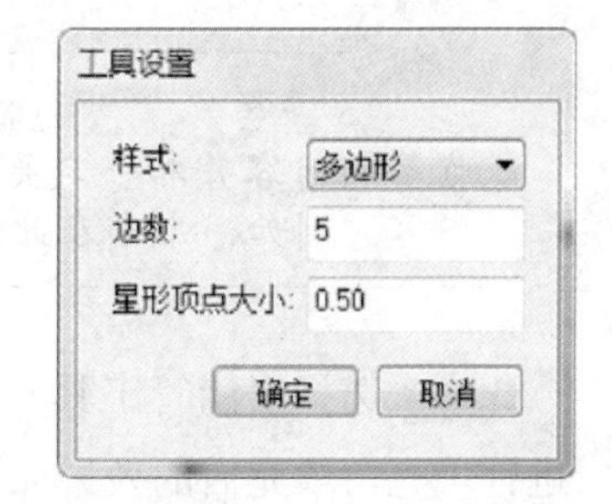

图3-35 “工具设置”对话框

3.1.7 钢笔工具

钢笔工具（快捷键“P”）是Flash中创建自由的曲线或直线的主要工具，下面将详细讲解钢笔工具的使用。

1. 绘制直线段

如果要绘制直线段，可以直接用钢笔工具在不同节点的位置单击，各个节点即可相互连接起来，成为直线型图形，如图3-36与图3-37所示。

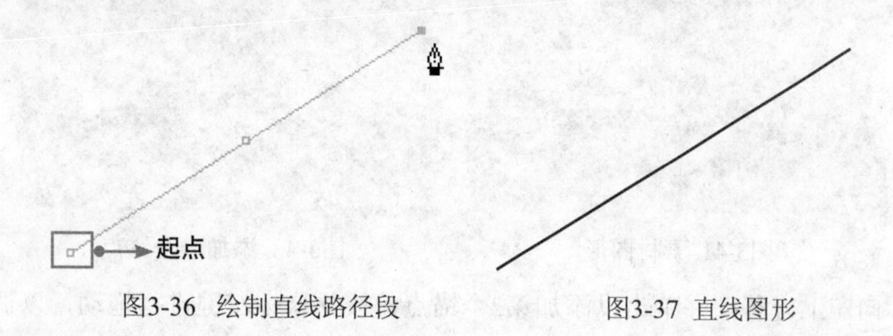

图3-36 绘制直线路径段　　图3-37 直线图形

2. 结束绘制操作

要结束绘制操作，可以在工具箱中选择其他任意一个工作，或在非图形区域按住Ctrl键单击。

3. 绘制封闭图形

要绘制封闭图形，可以将钢笔工具移至曲线起始点处，此时钢笔工具右下角将显示一个小圆圈，如图3-38所示，此时单击即可得到闭合的曲线，如图3-39所示。

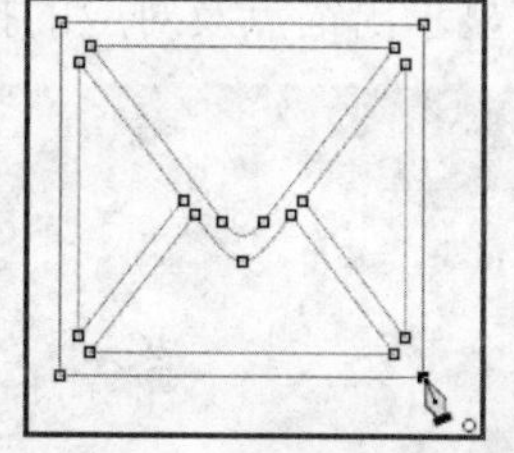

图3-38 摆放光标位置

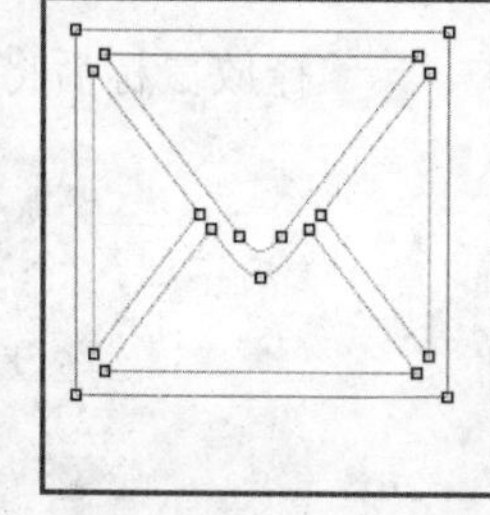

图3-39 绘制闭合路径

4. 绘制曲线图形

如果某一个锚点有两个位于同一条直线上的控制手柄，则该锚点被称为曲线型锚点。相应地，包含曲线型锚点的路径被称为曲线型路径。制作曲线型路径的步骤如下。

（1）在绘制时，将钢笔光标放置在要绘制路径的起始点位置，单击以定义第一个点作为起始锚点，此时钢笔光标变成箭头形状。

（2）当单击以定义第二个锚点时，按住鼠标左键不放并向某方向拖动鼠标指针，此时在锚点的两侧出现控制手柄，拖动控制手柄直至路径线段出现合适的曲率，按此方法不断进行绘制，即可绘制出一段段相连接的曲线路径。

在拖动鼠标指针时，控制手柄的拖动方向及长度决定了曲线段的方向及曲率。如图3-40所示为不同控制手柄的长度及方向对路径效果的影响。

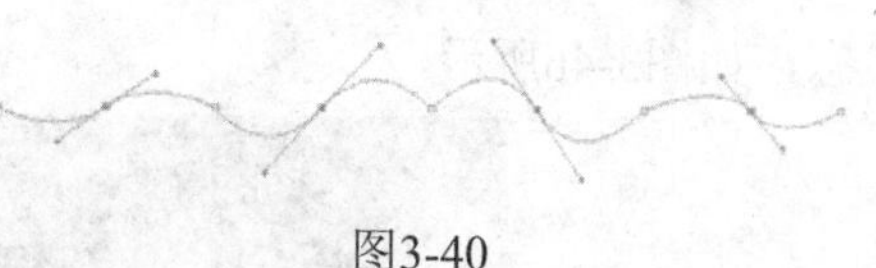

图3-40

实例2：绘制群山对象

下面通过一个简单的实例，讲解使用“钢笔工具”绘制曲线的方法，同时也会讲解到在曲线锚点后面接直线节点等制作方法。

STEP 01 打开随书所附光盘中的文件“第3章\实例2：绘制群山对象-素材.fla”，如图3-41所示。在本例中，在其中绘制一些山峰图形。

STEP 02 选择“钢笔工具”，在“属性”面板中设置笔触色为绿色，笔触值为1，然后继续下面的操作，绘制山峰图形。

STEP 03 使用“钢笔工具”在画面中山峰的起始位置单击，如图3-42所示，在此添加一个锚点。

图3-41 素材图形

图3-42 添加一个锚点

STEP 04 将光标向左上方移动并单击以添加第2个锚点，按住鼠标左键进行拖动，以调整其弧度，如图3-43所示。

STEP 05 释放鼠标后将显示出锚点及对应的控制句柄，如图3-44所示。

图3-43 创建并拖动第2个锚点

图3-44 绘制效果

STEP 06 将光标移至左下方位置，然后单击并拖动以创建第3个锚点，如图3-45所示。

提示：

可以看出，由于上一个锚点（即本例中的第2个锚点）的控制句柄对下一个锚点（即本例中的第3个锚点）有影响，因此得到的弧度较大，这并不符合想要绘制的山峰图形，下面就来解决这个问题。

STEP 07 按Ctrl+Z键撤销添加第3个锚点的操作，然后将光标置于第2个锚点上，此时光标变为状态，如图3-46所示。

图3-45 创建第3个锚点

图3-46 光标置于第2个锚点

STEP 08 单击即可去除另一侧的控制句柄，如图3-47所示。

STEP 09 按照步骤4的方法添加第3个锚点并拖动，以调整图形的弧度，如图3-48所示。

图3-47 删除一侧的控制句柄　　图3-48 重新绘制第3个锚点

STEP 10 按照上述方法继续绘制其他图形，绘制完成后，将光标置于起始锚点上，此时光标变为状态，如图3-49所示，单击即可闭合当前路径，如图3-50所示。

图3-49 闭合路径

图3-50 闭合路径后的状态

STEP 11 选择“颜料桶工具”，并设置填充颜色值为#2C846E，然后在图形内部单击，选中整个图形后，将其笔触色设置为无，得到如图3-51所示的效果。

STEP 12 使用“钢笔工具”在左侧山峰的右侧位置绘制山峰的阴影面，如图3-52所示。

图3-51 改变对象填充属性

图3-52 绘制阴影面图形后的效果

STEP 13 选中上一步绘制的黑色图形，然后将其填充色的Alpha值改为25%，如图3-53所示，得到如图3-54所示的效果。

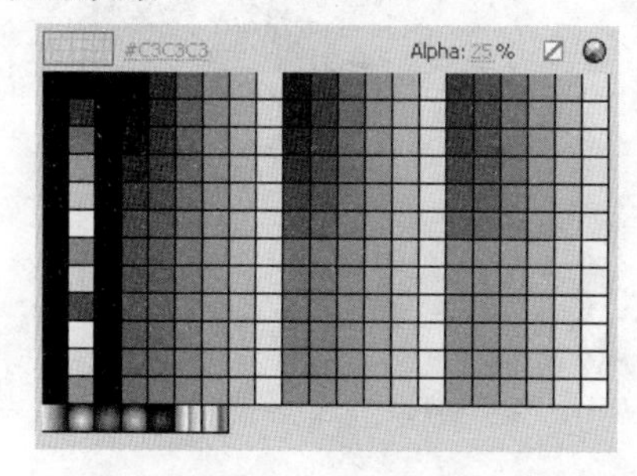

图3-53 设置Alpha值

图3-54 设置颜色后的效果

图3-55 最终效果

STEP 14 按照前面讲解的方法，继续绘制其他山峰图形，直至得到类似图3-55所示的最终效果。

5．添加或删除节点

钢笔工具还可以通过删除图形上的节点来改变其形状，这些图形包括由其他Flash工具（如铅笔工具、矩形工具）所创建的图形。

例如，对于图3-57所示的图形（图中的素材图像为随书所附光盘中的文件“第3章\3.1.7钢笔工具-素材.fla”），在钢笔工具被激活的情况下，用此工具单击图形，即可将其选中，并显示图形上的节点，如图3-58所示。

图3-56 图形

图3-57 显示节点的状态

此时在无节点的图形边缘线上单击，即可添加节点，如图3-59所示，此时钢笔右下角将显示一个小的“+”号。而如果用钢笔工具单击有控制句柄节点，即可将其改变为无控制句柄的节点，如图3-59所示，此时钢笔右下角将显示一个小的拐角号，再次单击可以将其删除，此时钢笔右下角将显示一个小的拐角号，如图3-60所示。

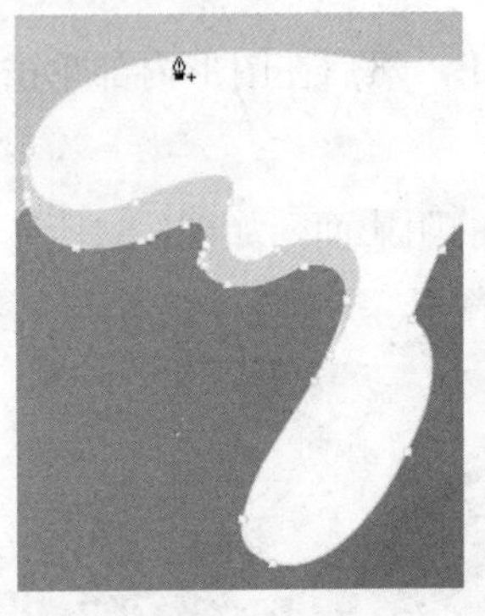
图3-58 添加节点操作

图3-59 改变节点状态操作

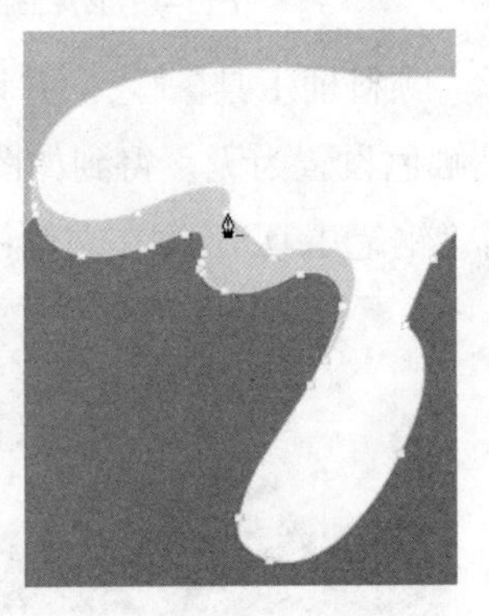
图3-60 删除节点的操作

图3-61所示是用钢笔工具绘制的场景、人物等图形元素。

（a）

（b）

（c）

图3-61 利用钢笔工具绘制的图形元素

6. 转换节点

简单地说，转换点工具就是用来修改路径使其有孤度或没有孤度，对于一个没有孤度的直线路径来说，将此工具置于一个锚点上，按住鼠标左键并拖动即可使其具有孤度而变为曲线路径,同时，使用此工具单击一段曲线路径上的锚点时，即可将其转换为直线路径。

3.1.8 Deco工具

Deco工具是Flash CS4中新增的一项功能，并在CS6版本中得到了很大的完善和扩展，可以使用Flash自带的图案进行填充，也可以使用当前文档“库”中的影片剪辑或图形元件进行艺术填充。

在绘画中需要注意以下几点。

（1）该工具绘制图形时，仅依据当前图层中的内容进行判断，如果当前图层没有其他内容，就会将当前舞台填满为止。关于图层功能的讲解，请参见本书第6章的讲解。

（2）该工具存在一定的容差特性，因此绘制得到的填充效果会距边缘一定距离。

（3）使用控制句柄对填充进行编辑时，仅支持到本次绘制结束，即切换至其他工具或关闭保存文档后，则无法再次使用Deco工具继续进行属性编辑了。

（4）在使用Deco工具创建复杂的填充效果时，会占用大量的系统资源。

Deco工具提供了多种不同的填充方式，如藤蔓式填充、网络填充、对称刷子等，如图3-62所示，选择不同的填充方式时，可以在下面设置相应的选项，然后在舞台中进行绘制即可。

以图3-63所示的原图像为例，图3-64所示是在背景中以“藤蔓式填充”选项进行填充后得到的效果。

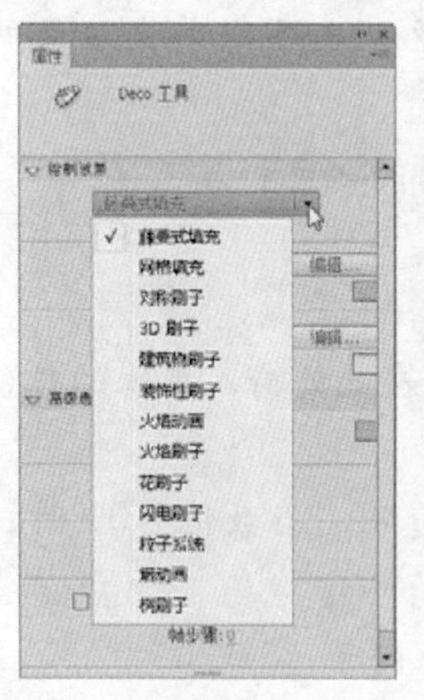

图3-62 “属性”面板

图3-63 原图像

图3-64 填充藤蔓后的效果

在“属性”面板中设置绘制类型为“网格填充”和“对称刷子”选项后，并在选项中为其指定一个蝴蝶元件后，图3-65和图3-66所示是进行填充后的效果。

图3-65“网格填充”效果

图3-66 “对称刷子”效果

01 chapter P1–P12
02 chapter P13–P18
03 chapter P19–P44
04 chapter P45–P70
05 chapter P71–P86
06 chapter P87–P120
07 chapter P121–P166
08 chapter P167–P180
09 chapter P181–P188
10 chapter P189–P224
11 chapter P225–P250

3.2 为图形设置颜色

在制作Flash动画的过程中，经常要绘制很多不同填充及笔触属性的图形，这其中就涉及对其填充及笔触属性进行设置的操作。在本节中将详细讲解一下，Flash中用于设置这二者属性的相关功能。

3.2.1 了解“颜色”面板

在Flash中，调配、填充颜色的操作主要集中于“颜色”面板中，使用此面板可以为对象设置各种纯色、渐变及位图等填充属性。按Alt+Shift+F9键或选择“窗口”|“颜色”命令可显示如图3-67所示的“颜色”面板。

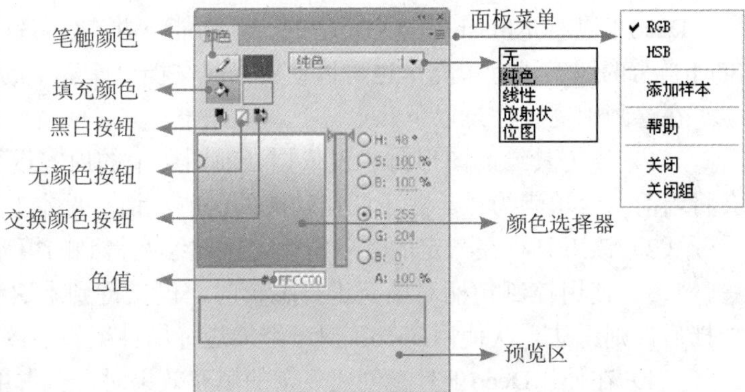

图3-67 “颜色”面板

下面分别介绍一下“颜色”面板的各部分功能。

- 设置笔触颜色：选择该按钮，即代表当前设置的是笔触颜色。也可以单击后面的颜色块，在弹出的颜色选择框中选择合适的颜色。
- 设置填充颜色：选择该按钮，即代表当前设置的是填充颜色。也可以单击后面的颜色块，在弹出的颜色选择框中选择合适的颜色。
- 黑白按钮：单击此按钮，会将当前的填充及笔触颜色恢复为默认的白色和黑色。
- 无颜色按钮：单击此按钮，可以将颜色设置成为无。
- 交换颜色按钮：单击此按钮，可以交换填充与笔触二者的颜色。
- 红/绿/蓝：此处可以显示当前所选颜色的RGB颜色值，也可以通过在此处输入具体的数值，以精确定义颜色。
- Alpha：在此处可以设置当前颜色的不透明度，其数值越小则越透明，当数值为0%时，则完全透明。
- 类型：在此下拉菜单中，可以选择填充的类型，如纯色、渐变及位图等。
- 系统颜色选择器：在此区域中，可以通过拖动，设置所需要的颜色。
- 色值：此处显示了当前所选颜色的16进制颜色值。也可以在此处输入颜色值，以精确地定义颜色。
- 预览区：此处可以预览当前所设置颜色的预览效果。

3.2.2 设置纯色

在“类型”下拉菜单中选择“纯色”后，“颜色”面板显示如图3-68所示。在此可以通过改变色值来改变填充的颜色，或在右侧的色谱中选择所需颜色。还可以通过设置Alpha的值改变填充颜色的透明度。

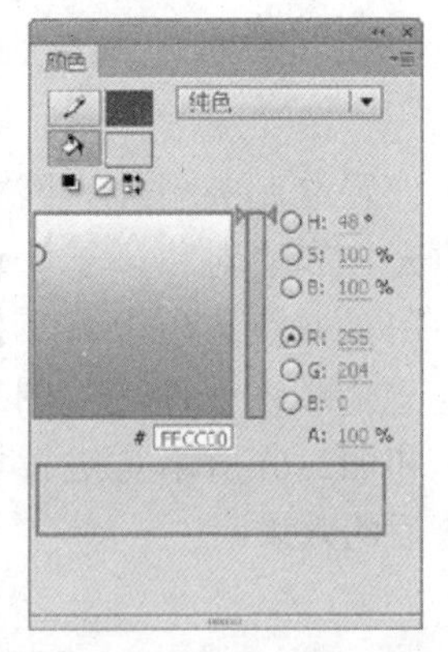

图3-68 “颜色”面板

3.2.3 创建与编辑渐变色

1. 设置渐变类型

在Flash中，共包含有两种渐变类型，即“线性渐变”和“径向渐变”。

“线性渐变”填充的效果是线形的。在“类型”下拉菜单中选择“线性”后，“颜色”面板显示如图3-69所示，在此可以通过改变色值来改变填充的渐变颜色，或在右侧的色谱中选择所需颜色。还可以通过设置Alpha的值改变其透明度。每一个“线性”填充至少要有两种颜色，读者可以通过在渐变条上增加色标，使“线性”渐变的颜色变得丰富。

“径向渐变”填充的颜色设置与“线性渐变”填充的颜色设置基本相同，只是渐变的效果是放射形的。

实例3：完善网站界面

下面通过一个完善网站界面的实例，帮助读者掌握纯色填充和线性填充的使用。其操作步骤如下。

STEP 01 打开随书所附光盘中的文件“第3章\实例3：完善网站界面-素材.fla”，效果如图3-70所示。

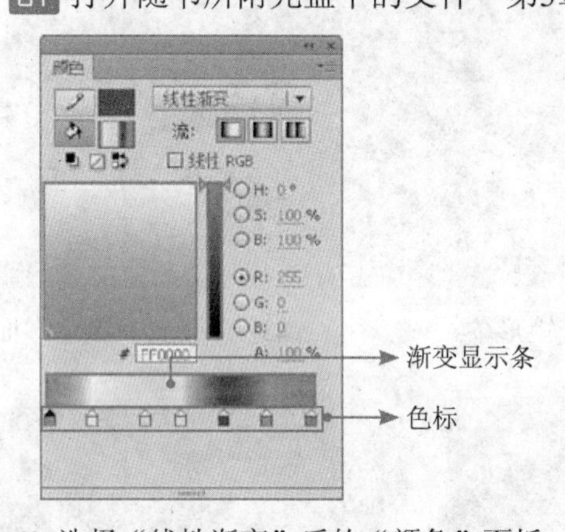

图3-69 选择“线性渐变”后的“颜色”面板

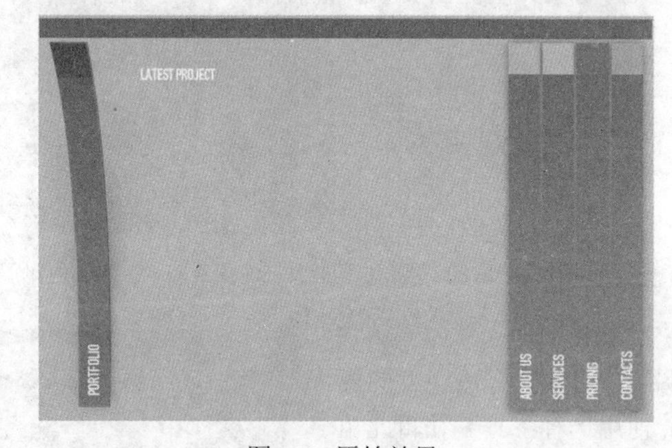

图3-70 原始效果

STEP 02 在图形的顶端用线性填充制作一个多色渐变的矩形条，将原有的蓝色矩形条覆盖住。显示“颜色”面板，将“笔触颜色”设置为无，将“填充颜色”的类型设置为“线性渐变”，此时的“颜色”面板如图3-71所示。

STEP 03 将鼠标移至渐变条，当鼠标变成如图3-72所示形状时，单击渐变条，即可添加一个新的色标，此例中需添加两个新色标，此时的渐变条上会有4个色标，如图3-73所示。

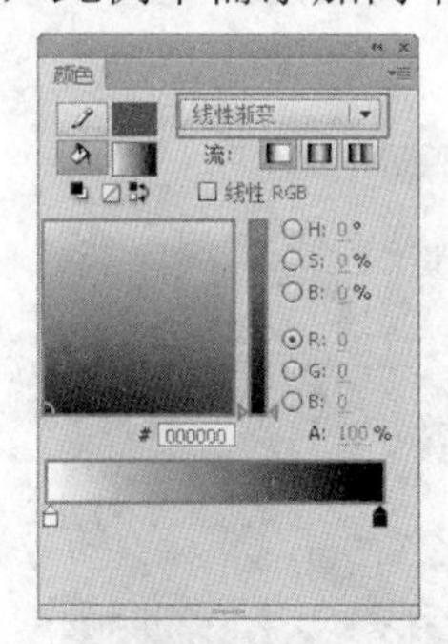

图3-71 设置“颜色”面板

图3-72 当鼠标变成加号时即可添加新色标

图3-73 添加新色标

提示：

若要删除多余的色标，选中色标按住鼠标不放，将其拖离渐变条即可。

STEP 04 单击左侧第一个色标，设置其颜色值为“#7CEA7B”，使用同样的方法，分别设置其他3个颜色的色值为“#3CD5E6”、“#AD32BC”和“#E2B447”，设置后的效果如图3-74所示。

STEP 05 单击矩形工具或按快捷键R，绘制一个矩形条将原有蓝色矩形条覆盖住。如图3-75所示。

STEP 06 再次调出“颜色”面板，设置填充类型为“纯色”，颜色值为“#AB72BE”，Alpha为“60%”，如图3-76所示。

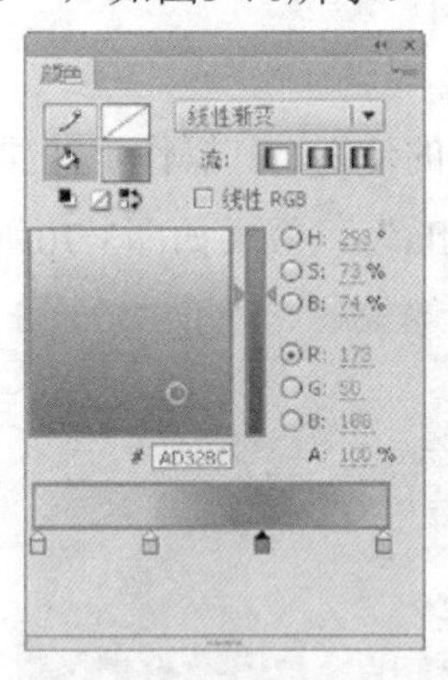

图3-74 设置多色渐变后的“颜色”面板

图3-75 绘制多色渐变矩形条

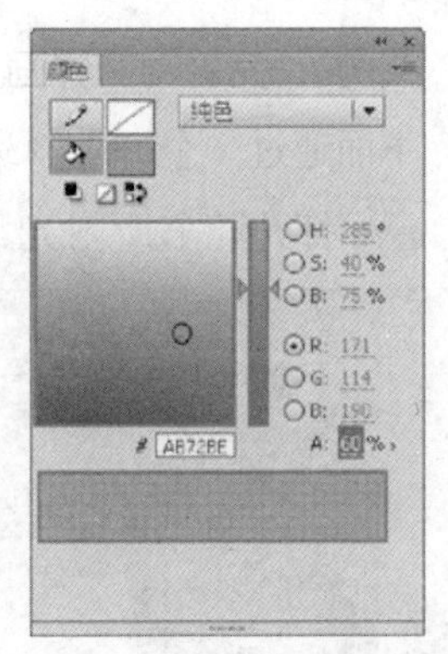

图3-76 设置“颜色”面板

STEP 07 选择矩形工具绘制一个如图3-77所示的有透明度的矩形，并使用选择工具编辑此矩形，效果如图3-78所示。

STEP 08 按步骤（6）、（7）所述方法，在原矩形上面再绘制一个矩形，“颜色”面板按图3-79所示设置。

图3-77 绘制矩形

图3-78 编辑矩形

STEP 09 按Ctrl+Enter键测试影片，最终效果如图3-80所示。图3-81为添加其他必要元素，完善了该网站以后的整体效果。

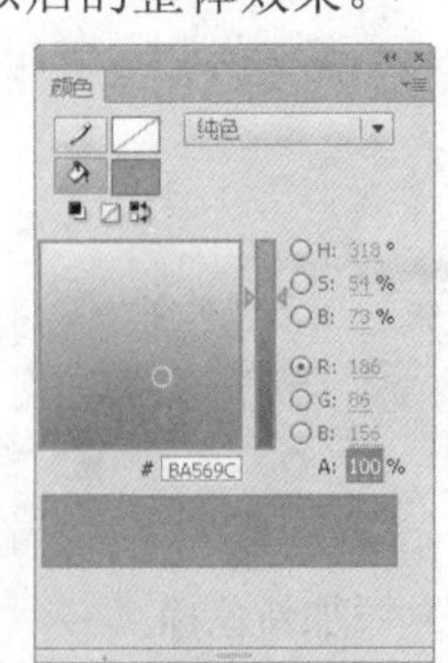

图3-79 设置“颜色”面板

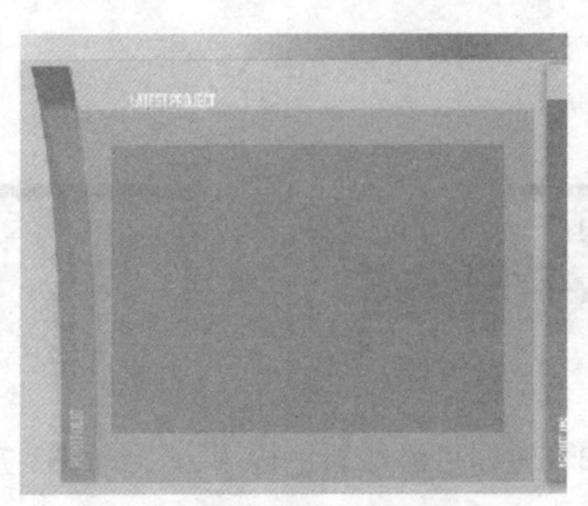

图3-80 最终效果

图3-81 网站的整体效果图

实例4：绘制装饰性的光晕效果

下面通过一个简单的实例，帮助读者理解、掌握“径向渐变”填充，其具体操作步骤如下。

STEP 01 打开随书所附光盘中的文件“第3章\实例4：绘制装饰性的光晕效果-素材.fla”，效果如图3-82所示。

STEP 02 此页面的右部比较空，通过添加放射状环形光环，增加页面的美感和饱和感。选择“窗口”|“颜色”命令或按Shift+F9键，调出“颜色”面板，将“笔触颜色”设置为无，将“填充颜色”的类型设置为“径向渐变”。

STEP 03 在渐变条上添加4个新的色标，此时的效果如图3-83所示。“颜色”面板中的6个色标按从左到右的顺序色值分别为“#F9EE8E”、“#FFFFFF”、“#BEE12F”、“#FFFFFF”、“#F5E7AB”、“#E2B447”、Alpha值分别为“100%”、“100%”、“100%”、“50%”、“40%”、“0%”。

STEP 04 单击椭圆工具或按快捷键O，绘制放射状环形光环，如图3-84所示。

图3-82 原始效果

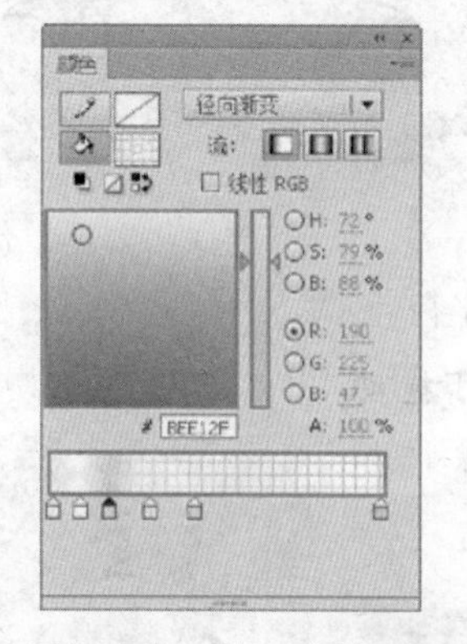
图3-83 添加色标后的“颜色”面板

图3-84 绘制放射状环形光环后的效果

STEP 05 在“颜色”面板中按从左到右的顺序，将色标1和3的色值分别改为“#5AF1D2”和“#EF8821”，如图3-85所示。使用椭圆工具绘制放射状环形光环，最终效果如图3-86所示。

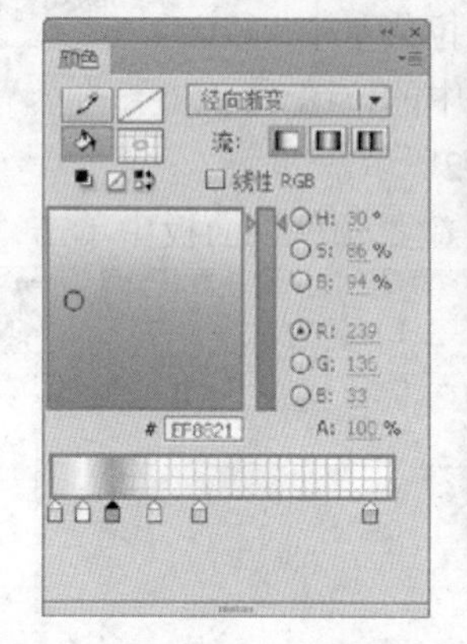
图3-85 更改色标的色值

图3-86 最终效果

2. 编辑渐变填充效果

使用渐变变形工具对渐变填充进行变换，操作步骤如下。

（1）打开随书所附光盘中的文件“第3章\3.2.3 创建与编辑渐变色-素材.fla”，在工具箱中选择单击渐变变形工具。

（2）单击填充渐变的填充图形，则该图形将出现中点和边界句柄，将鼠标指针放到任一句柄上时，其光标将发生变化以指示该句柄的功能，如图3-87所示。

（3）按如下方法变换填充区域形状。要改变渐变色或填充位图的中心，可拖动中心句柄，此操作如图3-88所示。

图3-87 光标变成指示该句柄的功能的形状

(a)

(b)

图3-88 改变渐变色或填充位图的中心

- 要改变填充区域的半径，在边界上拖动中间的圆形控制点，此操作如图3-89所示。
- 要改变填充区域的形状，在边界上拖动上方的方形控制点，此操作如图3-90所示。

(a)

(b)

图3-89 改变填充区域的半径

(a)

(b)

图3-90 改变填充区域的形状

- 要使填充图形或颜色旋转，可拖动最下方的旋转控制点，此操作如图3-91所示。

(a)

(b)

图3-91 旋转填充图形或颜色

3.2.4 设置位图填充

在“颜色”面板的“类型”下拉菜单中选择“位图”选项后，“库”面板中的位图将显示在“颜色”面板中，如图3-92所示。

如果“库”面板中没有位图，在“颜色”面板中单击“导入按钮”，将弹出如图3-93所示的“导入到库”对话框，在该对话框中选择需要的位图文件并单击“打开”按钮，即可将该位图置入到“库”面板。

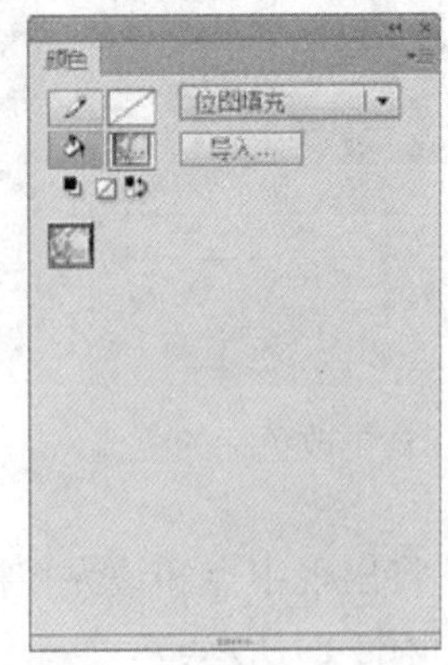

图3-92 选择“位图”选项后的“颜色”面板

图3-93 “导入到库”对话框

关于“导入”功能的讲解，请参见本书第5章的相关内容。

对填充在图形中的位图，可以通过编辑得到特殊的效果。在“颜色”面板中设置填充的“类型”为“位图”以后，如果当前文件中包含位图，则底部将自动列出可应用的位图，单击其缩览图即可应用并填充；反之则直接弹出“导入到库”对话框，在其中选择要填充的位图图像，然后单击“打开”按钮即可将其导入。

图3-94所示是未填充位图前的图形，图3-95所示是填充位图后的效果。

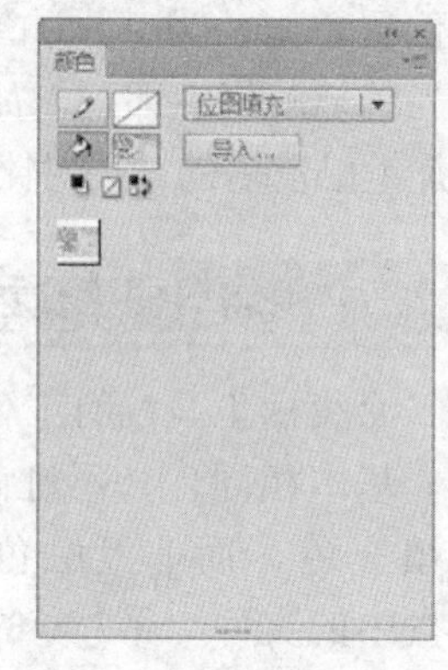

(a) (b)

图3-94 原图形 图3-95 填充位图后的效果及对应的“颜色”面板

填充位图后，可以使用渐变变形工具改变其中的填充效果。在此可以执行的变换操作类型如下，在下面的演示中，将以Flash作为编辑的对象。

- 要改变填充位图的中心，拖动中心控制句柄，如图3-96所示。
- 要改变填充位图的大小，拖动左下角的矩形控制句柄，如图3-97所示。
- 要倾斜填充的位图，拖动上、右中线的圆形控制句柄，如图3-98所示。
- 要改变填充位图的宽度和高度，拖动左、下中线的矩形控制句柄，如图3-99及图3-100所示。
- 要旋转填充的图像，拖动最右上角的圆形控制句柄，如图3-101所示。

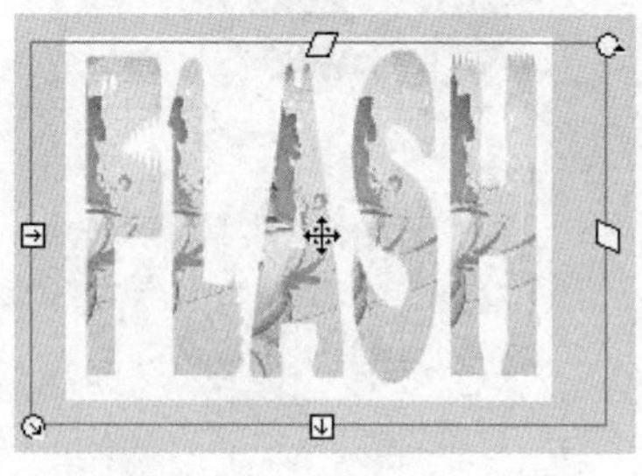

图3-96 移动中心点

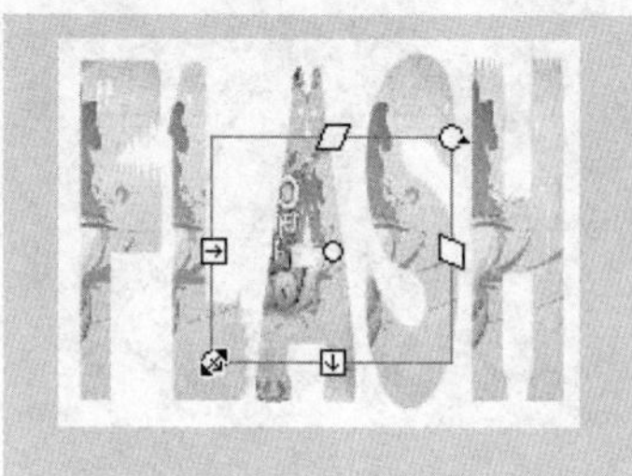

图3-97 缩放填充位图

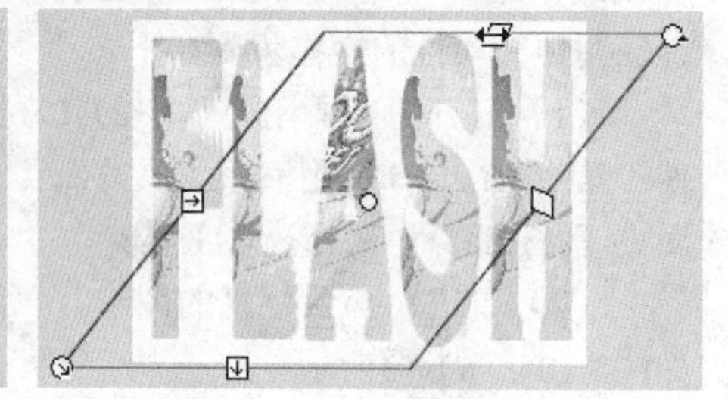

图3-98 倾斜填充位图

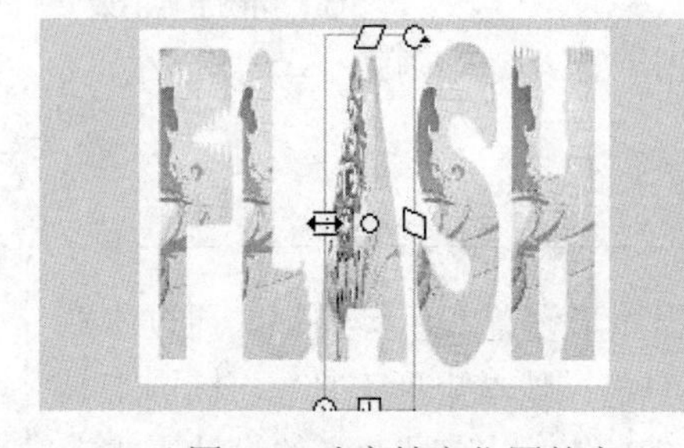

图3-99 改变填充位图的宽

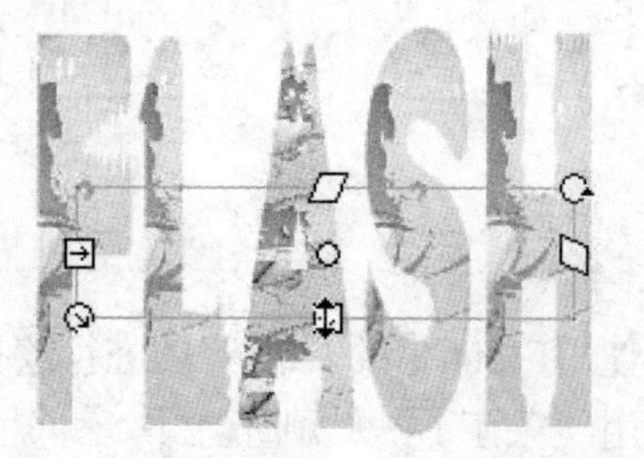

图3-100 改变填充位图的高度

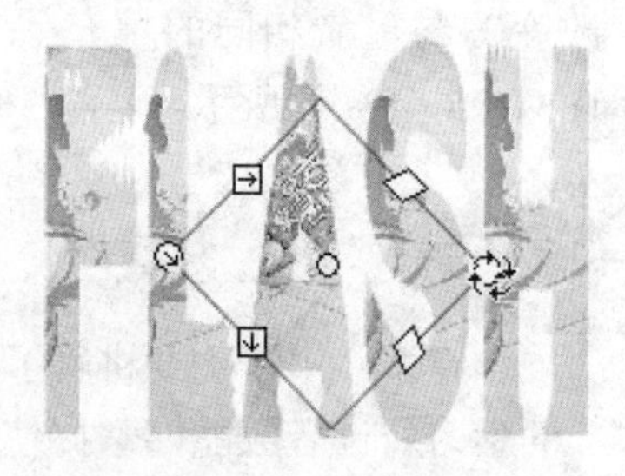

图3-101 旋转填充位图

3.2.5 使用墨水瓶工具添加笔触

对于一个没有笔触的图形而言，可以使用墨水瓶工具（快捷键“S”）为其添加笔触。首先需要使用此工具在图形的边缘位置单击，为其添加笔触，然后再设置适当的笔触属性即可。如图3-102所示就是添加笔触前后的效果对比。

（a）

（b）

图3-102 在“属性”面板上调整墨水瓶工具的颜色和线条宽度

3.2.6 用颜料桶工具添加填充

油漆桶工具的工作方法与墨水瓶工具基本相同，只不过前者用于改变图形的填充色，而非笔触色。打开随书所附光盘中的文件“第3章\3.2.6 用颜料桶工具添加填充-素材.fla”图像，如图3-103所示，使用油漆桶工具并设置适当的填充颜色，然后在要设置新填充色的对象上单击，即可为其应用新的颜色，如图3-104所示。

图3-103 素材图像

图3-104 改变颜色后的效果

3.2.7 使用滴管工具复制属性

使用滴管工具（快捷键“I”）可以复制线条或图形的线型及填充属性，并将其应用到其他图形或线条中，使用滴管工具复制并应用填充属性的操作步骤如下。

（1）打开随书所附光盘中的文件“第3章\3.2.7 使用滴管工具复制属性-素材.fla”，选择滴管工具。

（2）单击包含该信息的图形，如图3-105（a）图所示。

（3）单击另一图形则该图形被改变为与前者相同的填充效果。如图3-105（b）图所示。

（a）吸取颜色

（b）用颜色后的效果

图3-105 用滴管工具吸取颜色

总结：

在本章中，主要讲解了使用Flash中的形状工具进行绘图及为图形设置颜色等知识。通过本章的学习，读者应能够掌握使用线条工具、刷子工具、矩形工具、基本矩形工具、椭圆工具、基本椭圆工具、多角星形工具及钢笔工具进行各种绘图操作，以满足动画的设计需求，同时，还应该熟练掌握为图形设置单色或渐变等操作。

3.3 拓展训练——为卡通人物设置渐变色彩

下面通过一个简单的实例来讲解设置渐变的操作方法。

图3-106 素材图像

STEP 01 打开随书所附光盘中的文件“第3章\3.3 拓展训练——为卡通人物设置渐变色彩-素材.fla”，如图3-106所示。在本例中，为人物的头发添加从黑到红的渐变色彩。

STEP 02 使用“选择工具”选中人物右侧的头发，如图3-107所示。

STEP 03 在“颜色”面板的“颜色类型”下拉列表框中选择“线性渐变”选项，如图3-108所示，得到如图3-109所示的效果。

图3-107 选择头发图形

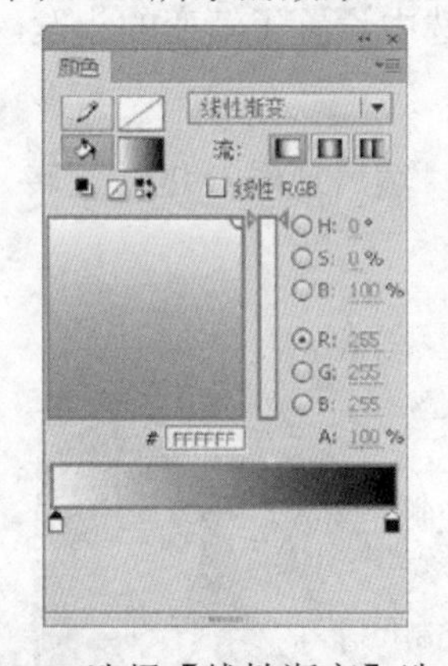

图3-108 选择【线性渐变】选项

图3-109 应用默认渐变后的效果

STEP 04 下面来设置最左侧色标的颜色，单击选中该色标，在上面的颜色选择器中拖动，调整得到一个较亮的红色，如图3-110所示。

STEP 05 为了让色彩过渡更加自然，下面再增加一个中间色。将光标置于色标区的空白位置，如图3-111所示。

STEP 06 单击添加一个新的色标，然后双击新的色标，在弹出的颜色选择框中选择新的颜色，如图3-112所示，得到如图3-113所示的效果。

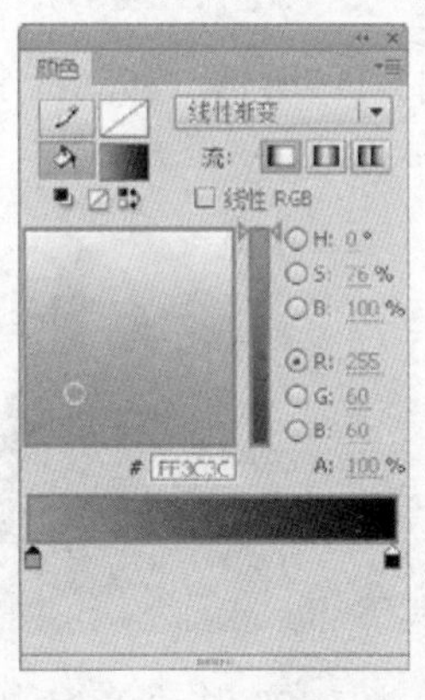

图3-110 设置色标颜色

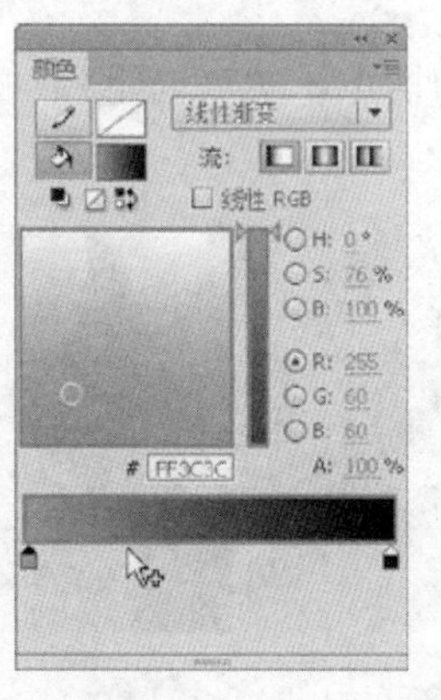

图3-111 光标置于色标区空白位置

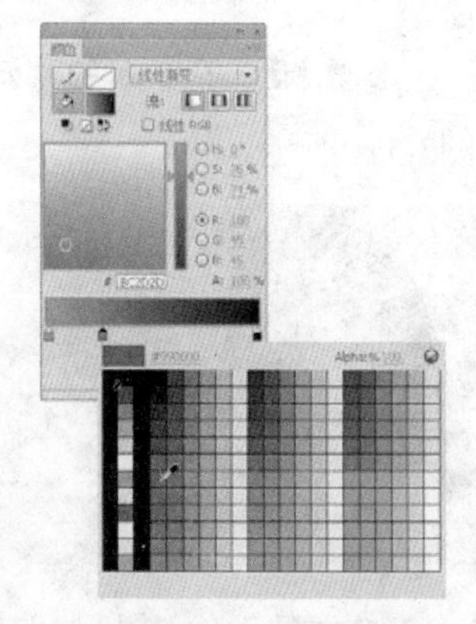

图3-112 选择色标的颜色

提示：

至此，已经完成了对渐变的基本设置，为了将发根到发梢的颜色设置成为从黑到红的过渡，下面还需要对渐变进行编辑。

图3-113 渐变效果

STEP 07 选择“渐变变形工具”并选中设置了渐变的头发，调出如图3-114所示的渐变控制框。

STEP 08 将光标置于旋转控制句柄上，然后逆时针进行旋转，如图3-115所示，旋转渐变后的效果如图3-116所示。

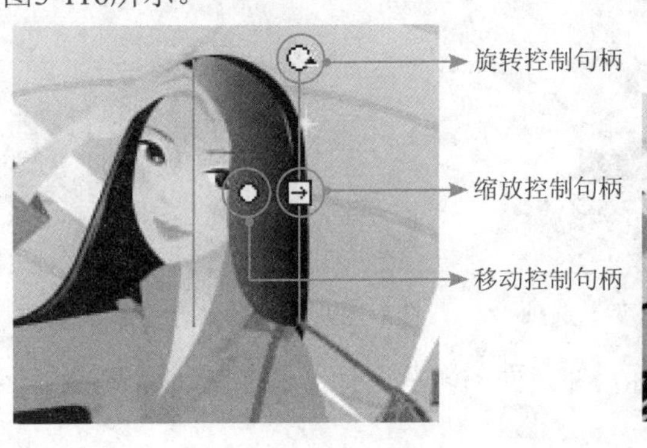

图3-114 调出渐变控制框

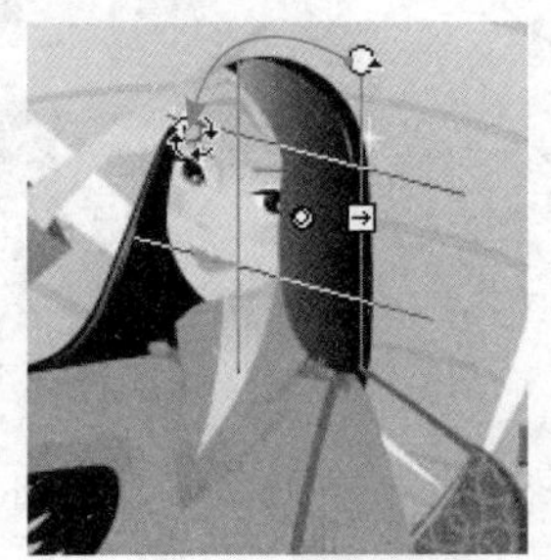

图3-115 旋转渐变

图3-116 旋转渐变后的效果

STEP 09 将光标置于缩放控制句柄上，然后放大渐变，如图3-117所示，放大渐变后的效果如图3-118所示。

STEP 10 将光标置于中间的移动控制句柄上，然后向下移动渐变，如图3-119所示，移动渐变后的效果如图3-120所示。

图3-117 放大渐变

图3-118 放大渐变后的效果

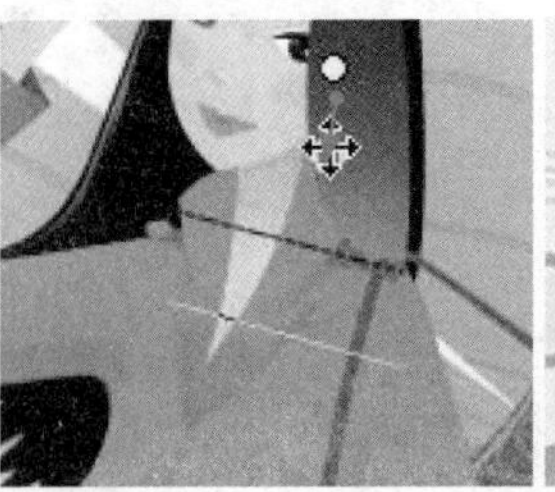

图3-119 移动渐变

图3-120 移动渐变后的效果

下面来为另一个头发图形添加色彩。首先可以将现有的渐变保存起来。

STEP 11 保持选中的头发图形，且在“颜色”面板中单击“填充颜色”按钮，然后显示“样本”面板，将光标置于下面渐变样本区的空白位置，此时光标变为状态，如图3-121所示，单击可将当前渐变保存在“样本”面板中。

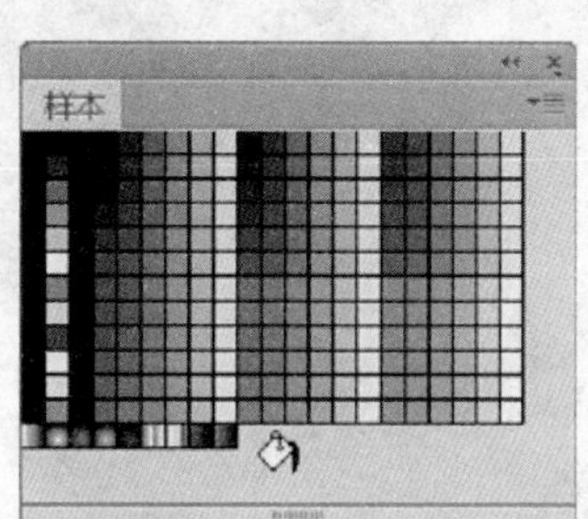

图3-121 【样本】面板

图3-122 应用渐变后的效果

STEP 12 使用“选择工具”选中人物后面的头发，然后单击“样本”面板中刚刚保存的渐变，得到如图3-122所示的效果。

STEP 13 按照前面讲解的方法，使用“渐变变形工具”调整渐变的角度、大小及位置，得到如图3-123所示的效果。

图3-123 调整渐变的角度、大小及位置

3.4 课后练习

1. 选择题

（1）下列哪个工具可以把当前颜色设为舞台上某个特定的图形的颜色？（　　）

A. 滴管工具　B. 选择工具　C. 刷子工具　D. 放大镜工具

（2）画正圆形时，先选取椭圆工具，同时按下下边哪个键进行绘制？（　　）

A. ctrl　B. alt　C. shift　D. delete

（3）下列属于渐变填充类型的是有哪些？（　　）

A. 对称渐变　B. 线性渐变　C. 放射渐变　D. 菱形渐变

（4）在Flash中要绘制精确路径可使用哪个工具？（　　）

A. 铅笔工具　B. 钢笔工具　C. 刷子工具　D. Deco工具

2. 判断题

（1）使用墨水瓶工具可以填充渐变线条。（　　）

（2）如果在用刷子工具涂刷时按住Shift键，则只能沿水平或45°方向涂刷。（　　）

（3）使用“颜色”面板可以复制、删除调色板中的颜色，也可以调整渐变填充和位图填充。（　　）

3．上机题

（1）打开随书所附光盘中的文件“第3章\3.4 课后练习-1-素材.fla”，如图3-124所示，结合椭圆工具在天空中绘制云彩图像，直至得到类似如图3-125所示的效果。

图3-124 素材图像

图3-125 绘制运动后的效果

（2）打开随书所附光盘中的文件“第3章\3.4 课后练习-2-素材.fla”，结合其中自带的名为“Heart”元件，使用Deco工具在画布中单击，直至创建得到类似如图3-126所示的效果，并在“时间轴”中记录下当前的每个变化，此时按下Enter键将可以重新播放图形的变化过程。

（3）打开随书所附光盘中的文件“第3章\3.4 课后练习-3-素材.fla”，如图3-127所示，结合上面讲解的设置图形颜色及使用钢笔工具绘制图形等操作，尝试绘制得到如图3-128所示的2个心形图形。

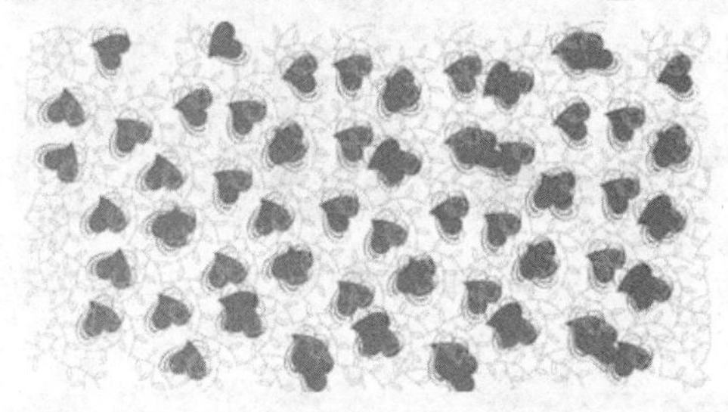

图3-126 绘画得到的效果

图3-127 素材图像

图3-128 绘制心形

（4）打开随书所附光盘中的文件“第3章\3.4 课后练习-4-素材.fla”，选中其中的3个光晕，然后利用渐变功能，在光晕的中心增加一个渐变的十字星光效果，如图3-129所示。

图3-129 尝试效果

第4章 编辑与导入对象

4.1 导入外部文件

由于Flash是一个在图形绘制和图像处理功能方面较弱的软件，因此在制作动画时往往需要把在其他软件中完成的图形图像导入进来，在此讲解如何导入。

在Flash中，“导入”命令有4个，即“文件”|“导入”子菜单中的“导入到舞台”、“导入到库”、“打开外部库”和“导入视频”命令。下面分别讲解这4个命令的使用方法。

4.1.1 导入到舞台

利用该命令导入的图形图像等对象都被直接置于舞台上，其操作步骤如下。

（1）选择“文件”|“导入”|“导入到舞台”命令，弹出如图4-1所示的对话框。

（2）在弹出的“导入”对话框中选择要导入的文件，然后单击“打开”按钮。

如果导入的是系列在名称上连续的文件中的一个时，Flash将弹出如图4-2所示的对话框，以询问是否将这一系列文件都导入Flash中。

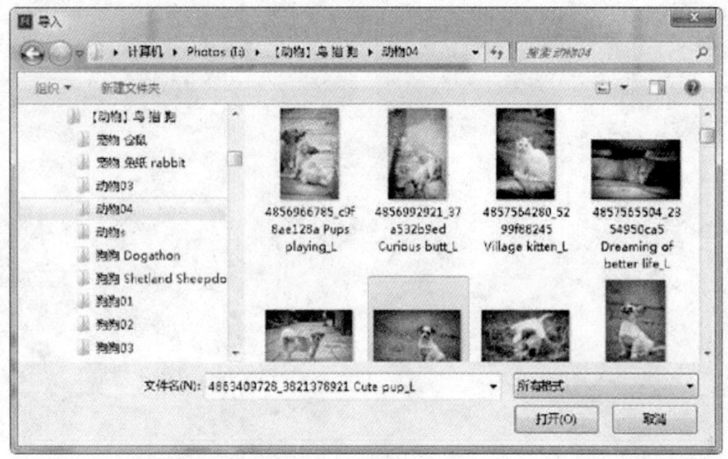

图4-1 “导入”对话框

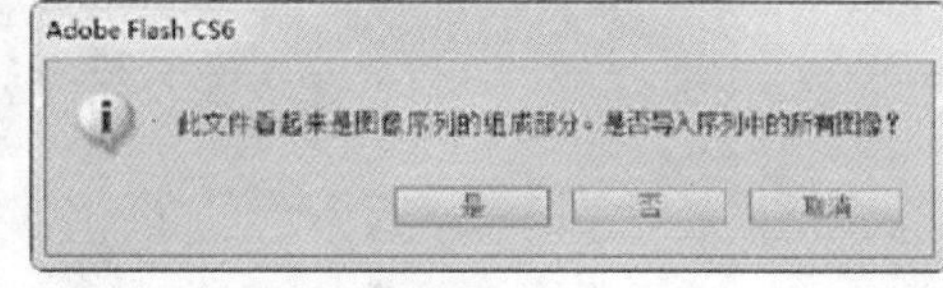

图4-2 提示对话框

单击“是”按钮，则被导入的图像文件分别被放置在不同的帧上，反之则仅仅导入这一系列文件中的一个，利用这种特性可以将多幅位图组合成动画。

也可以利用粘贴操作从另外一个应用程序中导入位图，其操作非常简单。

首先在其他应用程序中选择图片，然后执行“复制”或“剪切”操作。最后，返回至Flash中选择“编辑”|“粘贴”命令即可。

4.1.2 导入视频

Flash能够良好地支持多种视频文件。用户可以导入多种格式的视频文件至文档中，还可以使用ActionScript或新增的组件来控制视频文件在Flash中的播放。

Flash根据系统中安装的视频编码器，可以支持很多的视频文件，如表4-3所示。

表4-3 安装QuickTime 4以上的视频播放器后可以导入的视频文件

文件类型	扩 展 名
Audio Video Interleaved	.avi
Digital Video	.dv
Motion Picture Experts Group	.mpg、.mpeg
QuickTime Movie	.mov

安装 DicrectX 7或更高版本后可以导入的视频文件

文件类型	扩 展 名
Audio Video Interleaved	.avi
Windows Media File	.wmv、.asf
Motion Picture Experts Group	.mpg、.mpeg

4.1.3 导入Illustrator图形

在Flash 8.0及其早期的版本中，它可以很好地兼容FreeHand图形文件，并在导入时设置很多的导入选项，以便于使用，原因就在于这两个软件均属于Macromedia公司旗下的产品，而现在，Adobe公司收购了Flash，在软件互联互通方面有所整合，因此在导入Adobe Illustrator文件时，同样可以设置许多参数选项。

要导入Illustrator文件可按以下步骤操作。

（1）选择“文件”|“导入”|“导入到舞台”命令，在弹出的“导入”对话框中选择一个Illustrator格式的文件，单击“打开”按钮。

（2）在弹出的如图4-4所示的对话框中选择合适的选项。

（3）“将图层转换为”包括三点，如图4-5所示

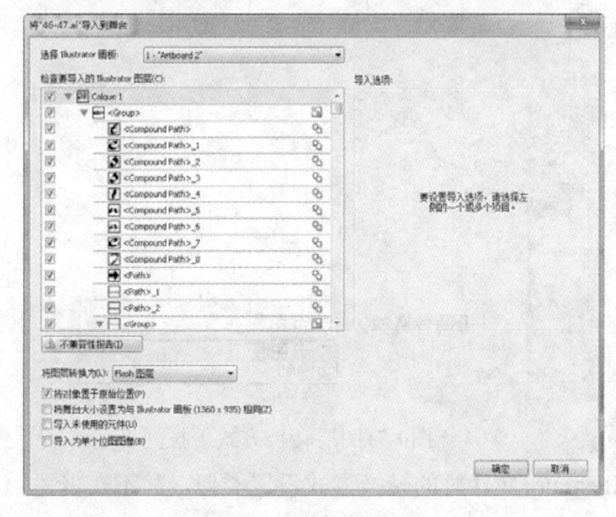

图4-4 设置对话框

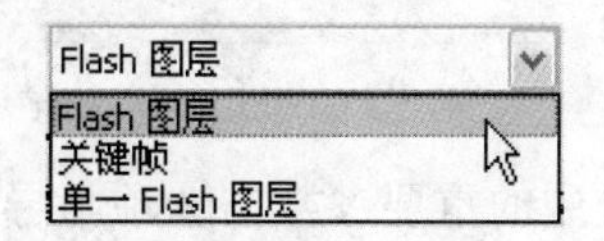

图4-5 图层转换方式下拉列表

01 chapter P1–P12
02 chapter P13–P18
03 chapter P19–P44
04 chapter P45–P70
05 chapter P71–P86
06 chapter P87–P120
07 chapter P121–P166
08 chapter P167–P180
09 chapter P181–P188
10 chapter P189–P224
11 chapter P225–P250

此对话框中的重要参数与选项如下所述。

- Flash图层：选择该选项，可将Illustrator各图层中的对象转换到Flash时间线中相应的图层中。
- 关键帧：选择该选项，可以将Illustrator各图层中的对象转换到Flash时间线中的同一个图层的各个关键帧中。
- 单一Flash图层：选择该选项，可以将Illustrator各图层中的对象合并到Flash时间线中的同一个图层的同一个关键帧中。

（4）根据需要设置选项后单击“确定”按钮即可导入Illustrator文件。

也可选择“文件”|“导入”|“导入到库”命令，将Illustrator文件导入到Flash。

4.1.4 导入Photoshop图像

随着网络环境、软件、硬件设备的发展，以及人们审美能力的提高，Flash动画的设计已经不再局限于矢量图形内部，而且有越来越多的设计师结合完美的图像表现，再加上高超的动画技术，将二者结合在一起，创造出一个又一个经典作品。

Flash极大地兼容了PSD格式文件，并提供了一些非常实用的选项，使用户在设计和调试动画的过程中，可以更快、更容易地进行处理。

要导入Photoshop文件可按以下步骤操作。

（1）选择“文件”|“导入”|“导入到舞台”命令，在弹出的“导入”对话框中选择一个Photoshop格式的文件，单击“打开”按钮。

（2）在弹出的如图4-6所示的对话框中选择合适的选项。

（3）“将图层转换为”包括两点，如图4-7所示。

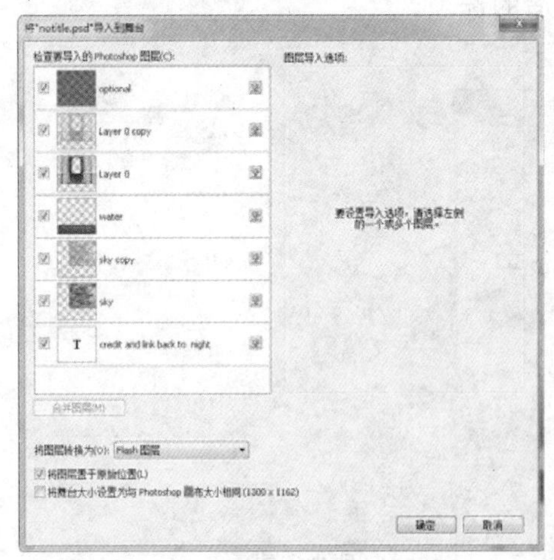

图4-6 对话框

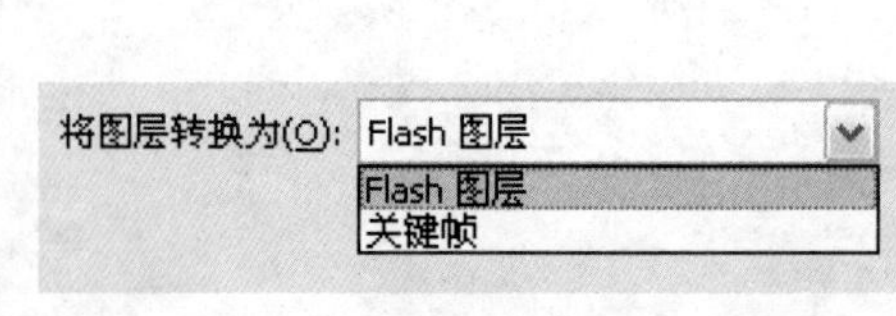

图4-7 图层转换方式下拉列表

此对话框中的重要参数与选项与导入Illustrator文件时的转换方式设置类似，故不在赘述。

4.2 选 择

4.2.1 选择工具

无论是绘制图形还是制作动画，都要用到选择工具（快捷键“V”）而且其使用方法非常简单，下面来分别介绍一下选择不同对象时的操作方法。

- 如果选择对象是形状时，单击可以选择部分线条或填充区域，双击填充区域可选择填充及与填充颜色相连的线条，双击线条可选择对象中所有连接的线条。
- 如果选择对象是群组对象、元件或位图时，单击即可选择整个对象。
- 如果选择对象是相连接的几条线，双击其中一条线，相连接的所有线条都被选择。

提示：

要选择当前舞台上的所有对象，可以按Ctlr+A键或选择“编辑”|“全选”命令。

实例1：选择与编辑图形形态

利用选择工具还可以对图形对象进行编辑，通过下面的例子将使读者了解怎样使用选择工具编辑图形，其操作步骤如下。

STEP 01 打开随书所附光盘中的文件“第4章\实例1：选择与编辑图形形态-素材.fla”，效果如图4-8所示。将选择工具放置于矩形对象的线型上，选择工具改变为形状，如图4-9所示。

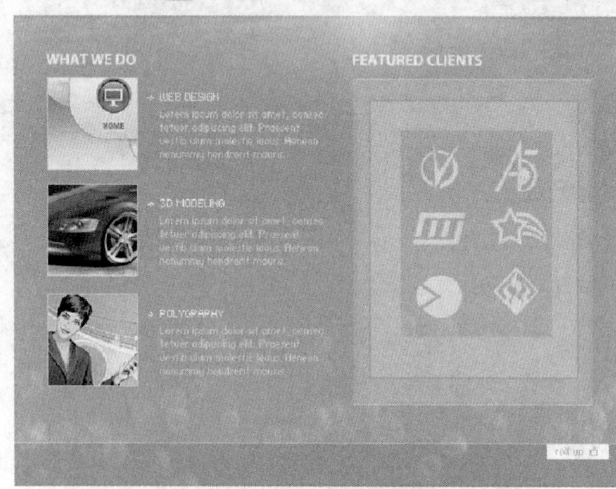

图4-8 改变前的原始效果

图4-9 将选择工具放置于对象的线型上

STEP 02 按住鼠标向任意一个方向拖曳，即可改变当前图形的形状，此例中将鼠标向内拖曳，使其成为向内的弧形，如图4-10所示。

STEP 03 使用同样的方法用选择工具将其他三条边调整为如图4-11所示的效果。修改后的效果比原始效果要活泼，有生机。

图4-10 使用选择工具将直接拖曳为弧形

图4-11 拖曳完成后的效果

STEP 04 在第（3）步拖曳完成的图像上使用选择工具，还可以制作出更多丰富的效果。将选择工具放置于矩形对象的边角处，使其变成形状，如图4-12所示。

STEP 05 按住鼠标向外拖曳，效果如图4-13所示。

STEP 06 使用同样的方法多次拖曳、调整得到简单的纸张效果，如图4-14所示。

图4-12 将选择工具放置于对象的边角上

图4-13 外拖拽边角

图4-14 调整为纸张效果

使用选择工具两次编辑后的整体效果如图4-15所示。

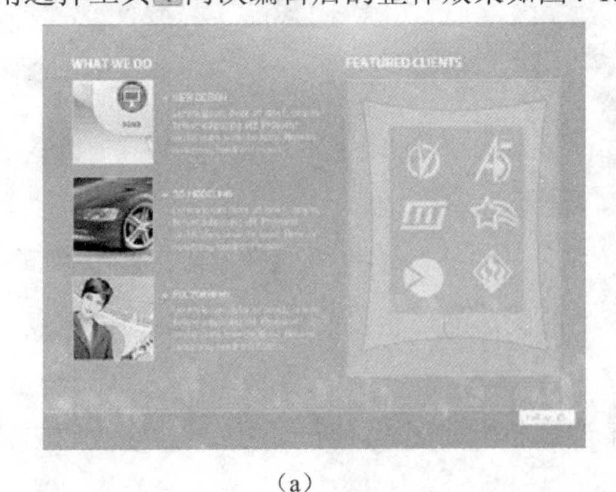

（a）

（b）

图4-15 使用选择工具编辑后的效果

除钢笔工具组中的工具以外，在其他任何工具被选中时，按住Ctrl键可暂时切换为选择工具。

4.2.2 部分选取工具

利用部分选取工具（快捷键“A”）选择对象后，对象以路径线及节点的形式显示。

编辑这些节点可以更改对象的形状，如果图形有内部填充，改变节点的位置从而改变图形形状后，其内部的填充会自动随形状的改变而改变。

利用部分选取工具选择、编辑图形对象的边框，操作步骤如下。

（1）打开随书所附光盘中的文件“第4章\4.2.2 部分选取工具-素材.fla”，利用部分选取工具单击图形对象的边框，边框边缘线则显示许多节点。

（2）单击节点，则节点两侧会出现控制句柄。

（3）要改变图形的形状可以移动节点，要改变曲线的板度，可以拖动控制句柄。

如图4-16所示，是利用部分选取工具编辑图形轮廓的示意图。

（a）单击选择边框

（b）拖曳节点改变位置

（c ）拖曳控制句柄改变弧度

图4-16 利用部分选取工具编辑边框

4.2.3 套索工具

套索工具（快捷键“L”）可以依据拖动鼠标所掠过的范围选择对象，按此方法操作即可选择包含在勾勒范围区域中的对象，对于群组对象、元件和文字，只要光标碰触到即被选中，对于“图形”对象，光标掠过的范围均被选中。

使用套索工具的操作步骤如下。

（1）在工具箱中单击选择套索工具。

（2）在工具箱“选项”中选择一种选择工具，如图4-17所示。

- 多边形套索：选择此选项，可以勾勒出多边形选区，双击即可结束选择。
- 魔术棒：选择此选项，可在分离后的位图（不是矢量图）上选择相同的颜色，并可以单击魔术棒设置按钮，在弹出的如图4-18所示的“魔术棒设置”对话框中设置选择属性。

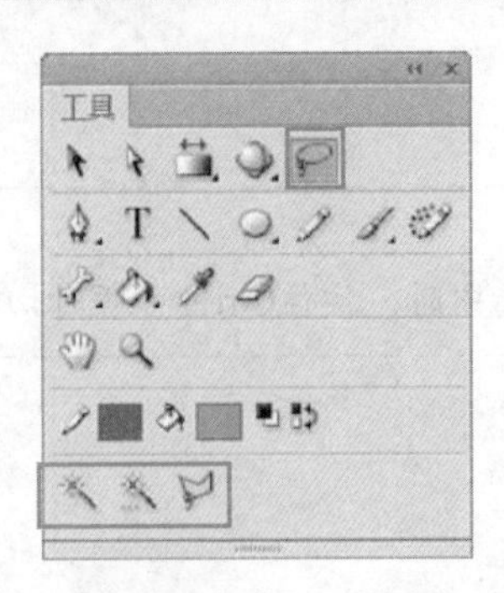

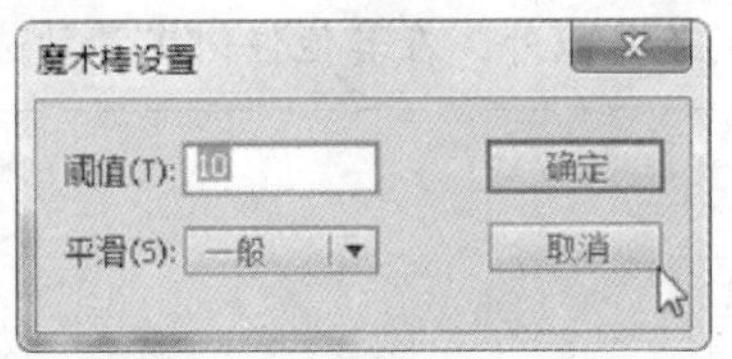

图4-17 套索工具选项　　图4-18 “魔术棒设置”对话框

在“魔术棒设置”对话框中，各参数的解释如下。

- 阈值：在此数值输入框中输入数值，可以定义选择范围内相邻像素颜色值的相近程度。数值越大，选择范围越大。
- 平滑：在此下拉菜单中选择边缘的平滑程度。

提示：

如果未选择“选项”中的任何工具，将以默认的套索工具进行不规则的选择。

（3）沿所需选择的对象勾画或在位图上使用魔术棒工具单击需要选中的图像，按Delete键删除选择范围，即得到所要的效果，如图4-19所示。

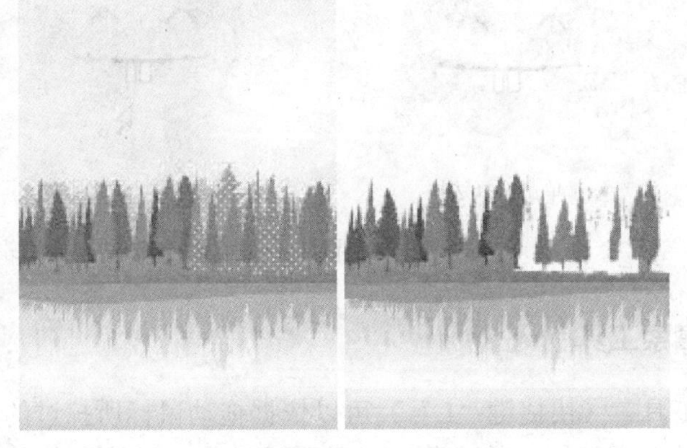

（a）利用手绘套索工具选择　　（b）利用魔术棒工具选择

图4-19 套索工具选择示例

4.2.4 取消选择

要取消选择当前对象，可以执行下列操作之一。

在使用任意一个选择工具的情况下，在舞台或工作区的空白位置单击。

- 按Esc键可取消选择当前对象。
- 可以按Ctrl+Shift+A键选择“编辑”|“取消全选”命令。

4.3 移动与复制

4.3.1 移动对象

在Flash中移动对象有很多种方法，如利用选择工具直接拖曳、单击键盘方向键、在“属性”面板的X、Y数值输入框中输入数值等，下面分别讲解各种方法。

- 选择工具：首先选择一个或多个要移动的对象，然后按住鼠标左键不放并拖动到新位置即可。

在使用选择工具移动对象时，按住Shift键，将按45°角的倍数来限制拖动角度。

- 键盘光标键：首先选择一个或多个要移动的对象，在键盘上按与对象将要移动方向相对应的方向键即可移动被选择的对象，每按一次可使对象按指定的方向移动1个像素。

提示：

如果操作时按住Shift键再按方向键，将使对象在指定方向移动10个像素，从而缩短移动时间。

- “属性”面板：如果需要将对象精确地移动至坐标轴的某个位置，可以使用“属性”面板中的X、Y参数值进行移动。首先，选择一个或多个要移动的对象。然后，显示“属性”面板，直接在X、Y数值输入框中输入要移动到的坐标的数值。最后，按Enter键或在舞台中单击即可移动对象。图4-20所示为更改X、Y数值前后的效果对比图。

（a）更改“属性”面板前

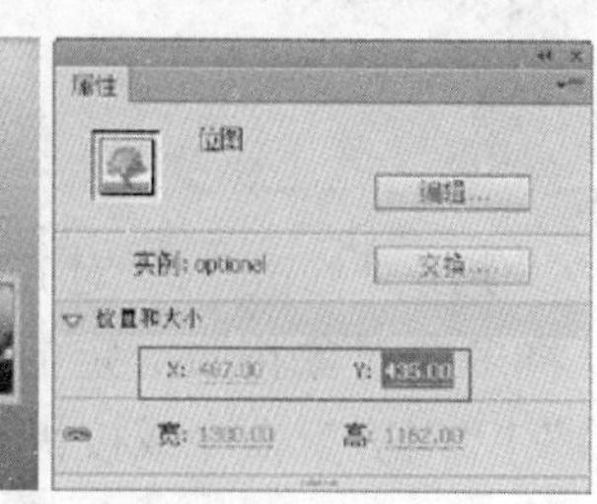

（b）更改“属性”面板后

图4-20 更改X、Y数值前后的效果对比图

4.3.2 复制对象

复制对象常规的方法是使用“编辑”|“复制”和“粘贴到中心位置”命令，或使用与之对应的快捷键，即按Ctrl+C键复制对象，再按Ctrl+V键粘贴对象，在本节下面的讲解中，将在此基础上，讲解一些快捷或特殊的图像复制、粘贴的方法。

1．使用鼠标快速复制对象

选中所要复制的对象，按住Ctrl或Alt键拖动对象即可取得复制品，也可按Ctrl＋Alt、 Ctrl＋Shift、Alt+ Shift键。

2．连续复制对象

创建连续复制对象的方法如下。

（1）打开随书所附光盘中的文件“第4章\4.3.2　复制对象-素材.fla”文件，单击选中图中的人物和雪人。

（2）按Ctrl+D键，得到被操作对象的一个复制品。

（3）连续按Ctrl+D键，可以创建若干个具有相同间距的复制对象，如图4-21所示。

（a）组合对象

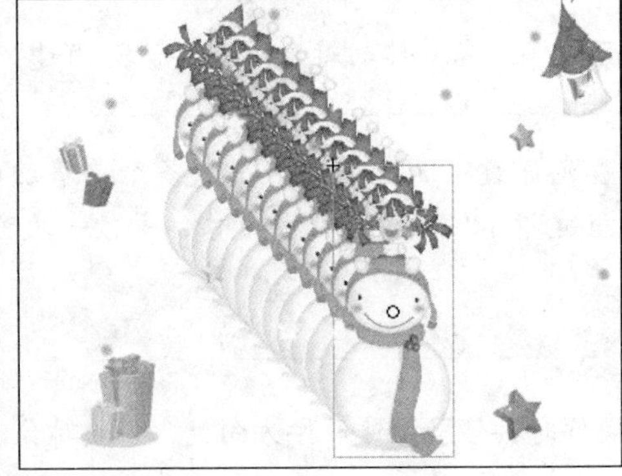

（b）复制并移开后的效果

图4-21 复制组合对象

3．粘贴到当前位置

如要使复制得到的对象粘贴到与原对象相同的位置，复制后，直接按Ctrl＋Shift＋V键即可。

4.4　对齐与分布

使用“修改”|“对齐”子菜单中的命令，或“对齐”面板，都可以将多个对象按照一定的规则处理成为对齐或分布的效果，选择“窗口”|“对齐”命令或按快捷键Ctrl+K即可显示如图4-22所示的“对齐”面板。

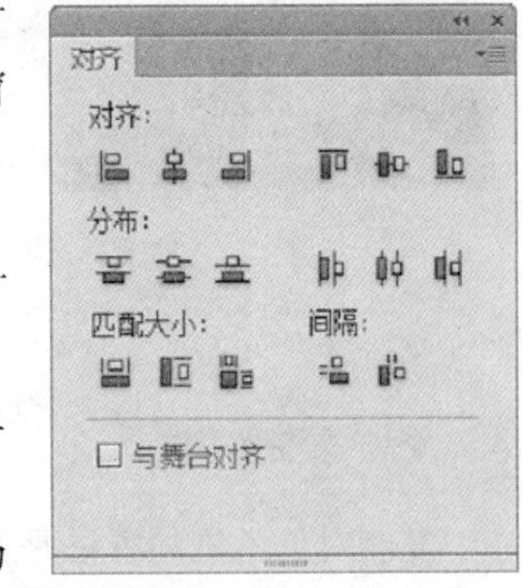

图4-22 “对齐”面板

在选中2个或更多的对象时，可以对其进行对齐处理，下面来讲解一下各个对齐按钮的功能。

- 选择“左对齐”命令或单击按钮，可依据当前所选对象最左侧的边缘进行对齐。
- 选择“水平中齐”命令或单击按钮，可依据当前所选对象的水平中间位置进行对齐。
- 选择“右对齐”命令或单击按钮，可依据当前所选对象最右侧的边缘进行对齐。
- 选择“顶对齐”命令或单击按钮，可依据当前所选对象最上面的边缘进行对齐。

- 选择“垂直中齐”命令或单击按钮，依据当前所选对象的垂直中间位置进行对齐。
- 选择“底对齐”命令或单击按钮，可依据当前所选对象最下面的边缘进行对齐。

在选中3个或更多对象时，可以对其进行分布处理，下面来讲解一下各个分布按钮的功能。

- 单击顶部分布按钮，则以对象的顶部位置为准，以平均间隔分布选中的对象。
- 单击垂直居中分布按钮，则以对象的垂直居中位置为准，以平均间隔分布选中的对象。
- 单击底部分布按钮，则以对象的底部位置为准，以平均间隔分布选中的对象。
- 单击左侧分布按钮，则以对象的左侧位置为准，以平均间隔分布选中的对象。
- 单击水平居中分布按钮，则以对象的水平居中位置为准，以平均间隔分布选中的对象。
- 单击右侧分布按钮，则以对象的右侧位置为准，以平均间隔分布选中的对象。

如果要保持对象之间的间距相同，可以使用下述两个按钮。

- 垂直平均间隔按钮：单击此按钮，可以在垂直方向上，将选中的对象处理为等距状态。
- 水平平均间隔按钮：单击此按钮，可以在水平方向上，将选中的对象处理为等距状态。

除了对齐与分布对象外，“对齐”面板中还提供了一些快速统一图像大小的功能，下面来分别讲解一下其功能。

- 匹配宽度按钮：单击此按钮，可以将选中对象的宽度，按照其中的最大值进行放大。
- 匹配高度按钮：单击此按钮，可以将选中对象的高度，按照其中的最大值进行放大。
- 匹配宽和高按钮：单击此按钮，可以同时匹配选中对象中宽度和高度的最大值。

另外，相对于当前的舞台进行对齐或分布处理，可以选中相对于舞台按钮。

实例2：布局网站导航系统

下面将通过一个简单的实例，帮助读者理解、掌握如何使用“对齐”面板中的“对齐”和“分布”来编辑对象，操作步骤如下。

STEP 01 打开随书所附光盘中的文件“第4章\实例2：布局网站导航系统-素材.fla”，按Ctrl+Alt+Shift+R键，调出标尺，拉出辅助线置于图4-23所示的位置。

STEP 02 使用选择工具，选中紧贴至对象，移动其中两张照片并使其分别紧贴在辅助线上，然后选中要放置在最上层的3张图片（包括紧贴在辅助线上的两张），效果如图4-24所示。

STEP 03 按Ctrl+K键，调出“对齐”面板，单击顶对齐按钮，使图片上侧对齐，如图4-25所示。

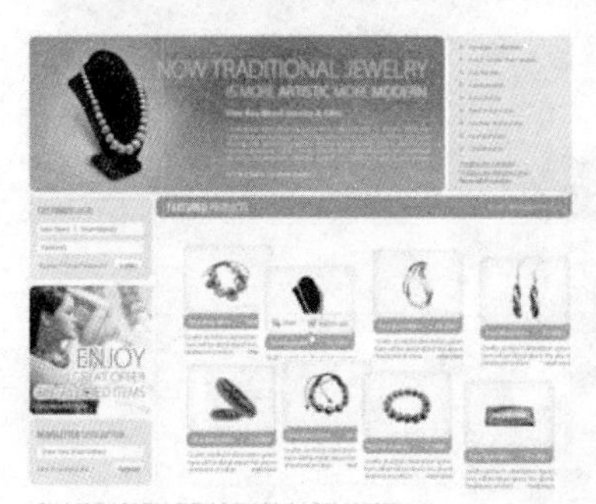

图4-23 添加辅助线

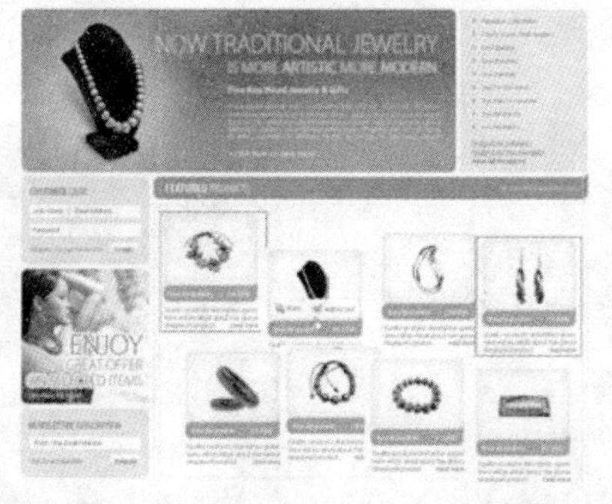

图4-24 使左右两张照片紧贴至辅助线上

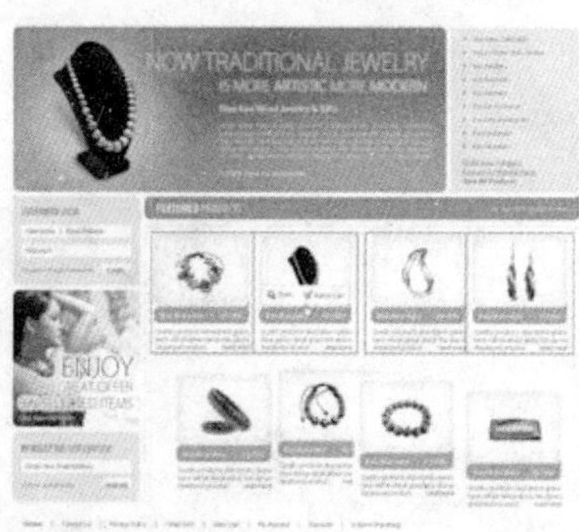

图4-25 使用“顶对齐”后的图片

STEP 04 保持图片处于选中状态，在“对齐”面板中单击水平居中分布按钮，效果如图4-26所示。

STEP 05 将要放置在左侧的图片选中，如图4-27所示放置，使另外两张左侧不要超过最上面的一张，单击“分布”面板上的“左对齐”按钮，然后再单击“水平分布”，效果如图4-28所示。

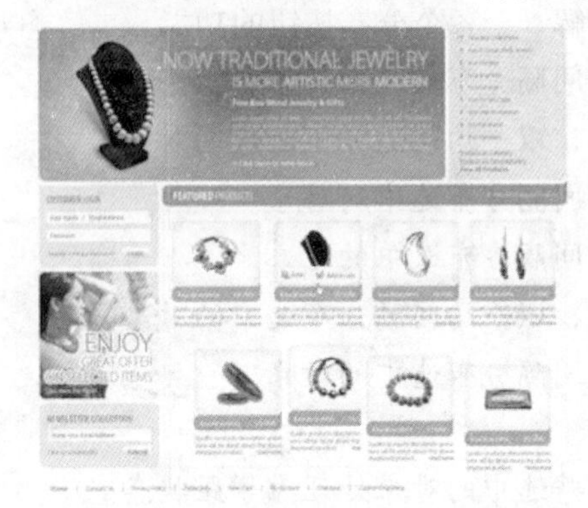

图4-26 使用“水平居中分布”后的图片

图4-27 选中左侧图片

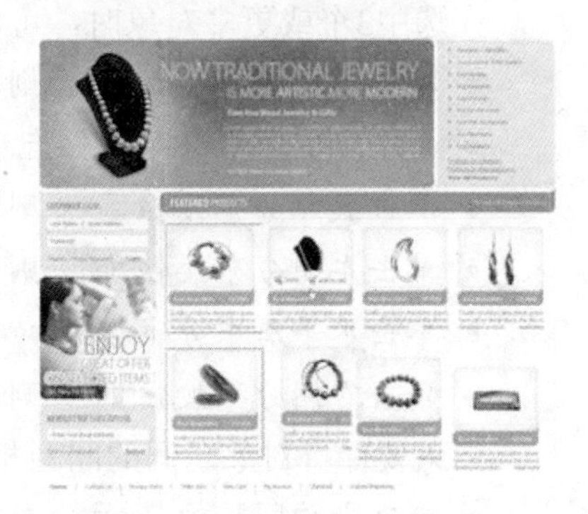

图4-28 使用“左对齐”后的效果

STEP 06 按照第5步中的方法，编辑需要放置在右边的图片，使其右对齐，效果如图4-29所示。

STEP 07 使用“上对齐”和“水平居中分布”按照编辑最上层图片的方法，对齐、分布第2行和第3行的图片，效果如图4-30所示。

图4-29 右对齐后的效果

图4-30 对齐、分布第2和第3行图片

STEP 08 按Ctrl+Enter键测试影片，编辑前后的效果如图4-31所示。

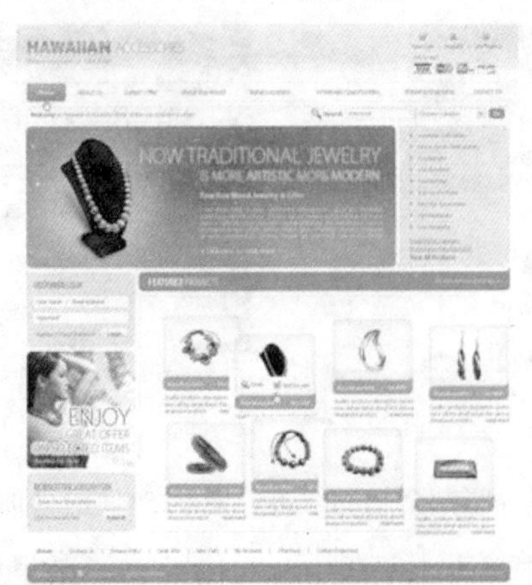

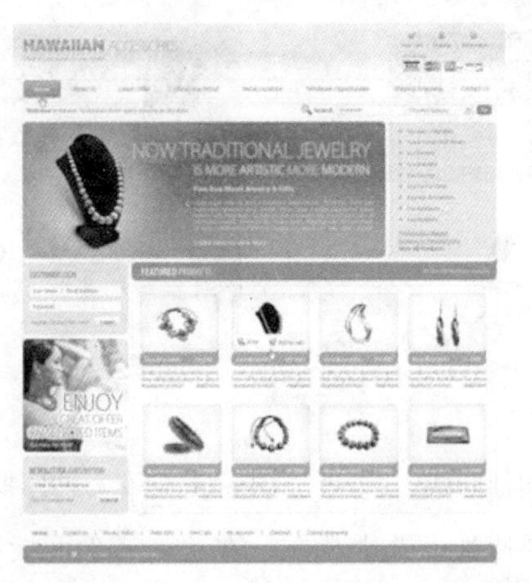

图4-31 编辑前后的效果

4.5 调整顺序

Flash会根据创建对象的先后顺序排列对象，第一个创建的对象位于最底层，最后创建的对象位于最顶层，对象的排列顺序决定对象间相互层叠时的显示方式。

利用“修改”|“排列”命令下的子命令，可以改变对象的层叠顺序，各命令的功能讲解如下。

- 选择“移至顶层”命令或按Ctrl+Shift+向上光标键，可将对象移至顶部。
- 选择“上移一层”或按Ctrl+向上光标键，将对象上移一层。
- 选择“下移一层”或按Ctrl+向下光标键，命令将对象下移一层。
- 选择“移至底层”或按Ctrl+Shift+向下光标键，命令将对象移至底部。

图4-32所示是选择苹果图像并将其移至顶部前后的效果对比（见光盘中的文件第4章\4.5调整顺序-素材.fla）。

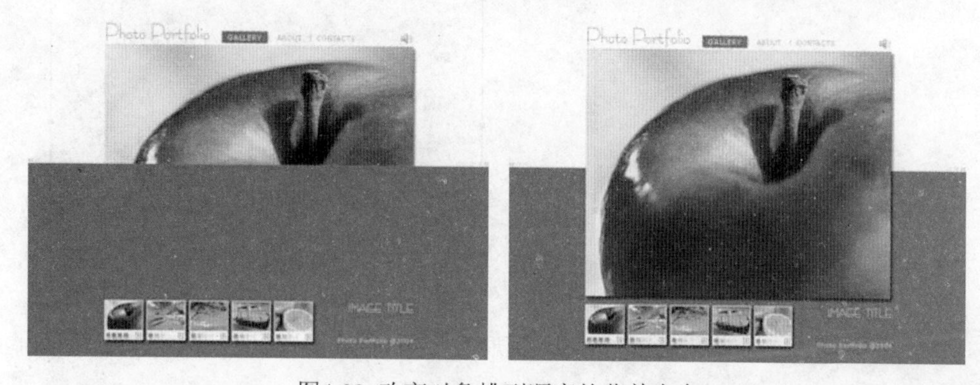

图4-32 改变对象排列顺序的菜单命令

4.6 变 形

用任意变形工具、“变形”面板或“修改”|“变形”子菜单命令，可以对Flash中的对象进行各种变形操作，从而使其状态更符合动画的需要。

4.6.1 使用变形工具自由变形图像

1. 缩放对象

要利用任意变形工具缩放对象操作步骤如下。

（1）打开随书所附光盘中的文件“第4章\4.6.1 使用变形工具自由变形图像-1-素材.fla”，选择需要缩放的对象。

（2）单击工具箱上的任意变形工具，此时对象四周会出现8个控制点、中间位置出现变形控制中心点。

（3）在工具箱的“选项”区域单击缩放按钮。

（4）将光标放置在控制点上，当光标变为双向箭头↕时拖曳，即可对选择对象进行放大或缩小等变形操作。

提示：

按住Shift键拖曳4角的控制点，可将对象成比例缩放。

在默认情况下，缩放操作的中心点位于被操作对象的中心位置，因此放大操作是从中心出发，而缩小操作则是向对象的中心处收缩。

但如果需要可以改变缩放中心点，从而将缩放中心点放于对象的其他位置，如对象的左上角或右上角。

要改变缩放中心点，只需要将光标放于该点，移动缩放中心点至其他合适的位置上即可，图4-33为上述操作的示意图。

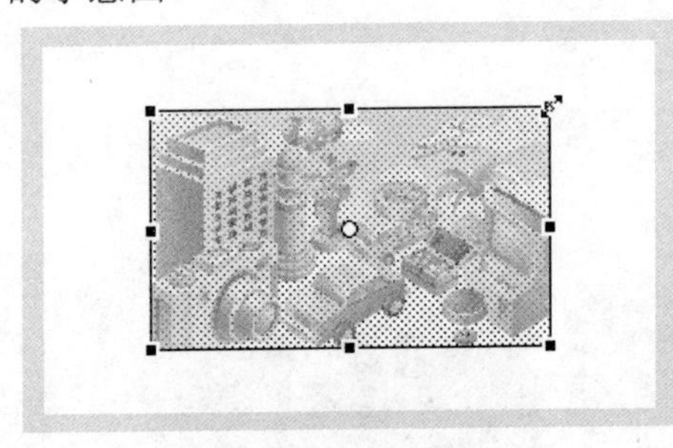

（a）成比例缩放对象　　（b）移动缩放中心点

图4-33 利用变形工具缩放对象

2．旋转与倾斜

要利用变形工具旋转或倾斜对象操作步骤如下。

（1）打开随书所附光盘中的文件“第4章\4.6.1　使用变形工具自由变形图像-2-素材.fla”，选择需要旋转或倾斜的对象，单击工具箱上的任意变形工具。

（2）在工具箱“选项”区域单击旋转与倾斜按钮

（3）将被操作对象的旋转或倾斜中心点移至合适的位置。

（4）将光标放置在四角的控制点上，当光标变为旋转图标时拖曳，即以中心点为中心旋转对象。

（5）将光标放置对象边缘的4个控制点上，当光标变为双向箭头时拖曳，即可以倾斜对象角度。图4-34为旋转与倾斜对象时的示意图。

（a）旋转对象

（b）垂直倾斜对象

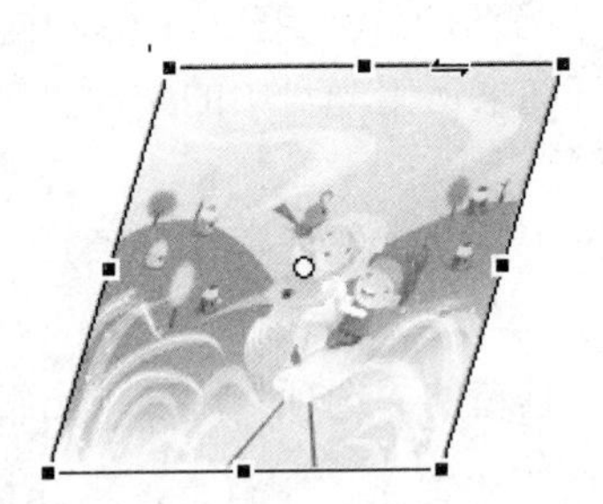

（c）水平倾斜对象

图4-34 旋转与倾斜对象

3. 扭曲对象

要使用任意变形工具变形对象操作步骤如下。

（1）打开随书所附光盘中的文件“第4章\4.6.1 使用变形工具自由变形图像-3-素材.fla”，选择要扭曲的形状对象，单击工具箱上的任意变形工具。

（2）在工具箱“选项”区域单击扭曲工具。

（3）将光标放置在任意的控制点上，当光标变为控制图标时拖曳，即可随意拖动当前控制点。

（4）释放鼠标，即可得到变形效果。

如图4-35所示为扭曲对象时的操作过程示意图。

扭曲操作可以用来创建具有透视效果的对象。

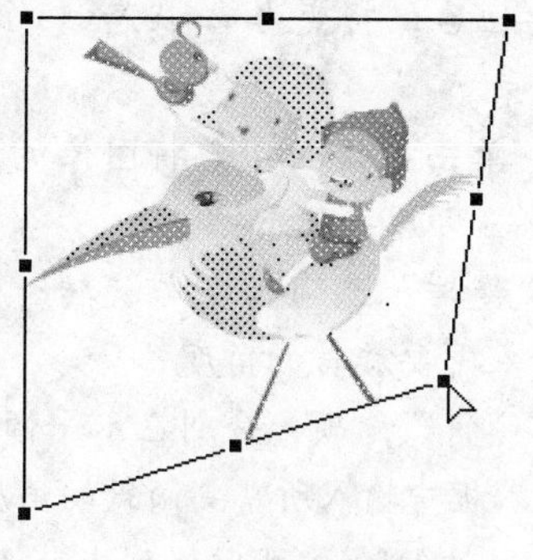

（a）移动右下控制点

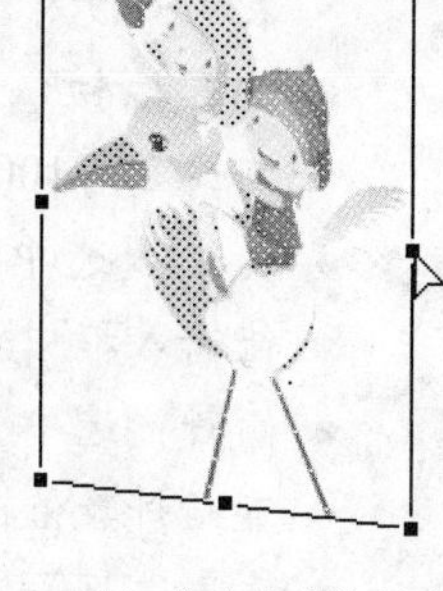

（b）移动右中控制点

图4-35 扭曲对象

4. 封套

封套操作类似于将被操作封装于一个容器中，然后改变容器的外形从而使封装于容器中的对象发生变化，要使用封套变形对象操作步骤如下。

（1）打开随书所附光盘中的文件“第4章\4.6.1 使用变形工具自由变形图像-4-素材.fla”，选中要进行封套变形的对象。

（2）选择工具箱上的任意变形工具。

（3）在工具箱“选项”区域单击扭曲工具，则被操作对象控制框周围出现多个控制点。

（4）拖动控制框上的控制点或控制杆，即可通过改变对象的封套形状来改变对象外形，如图4-36所示，通过使用扭曲工具，使简单的波纹线条变得丰富，有起伏，充满动感。

（a）

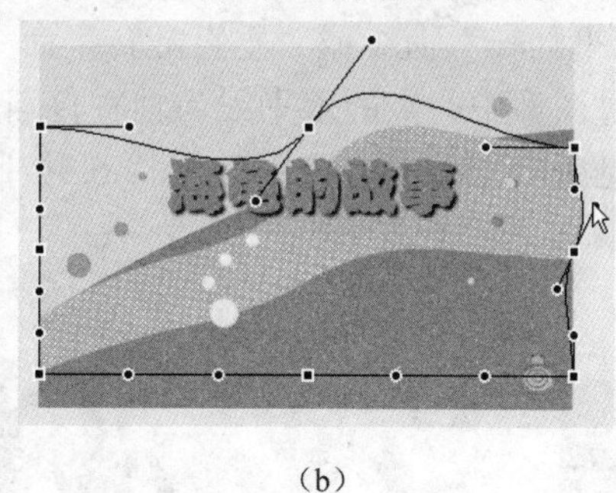

（b）

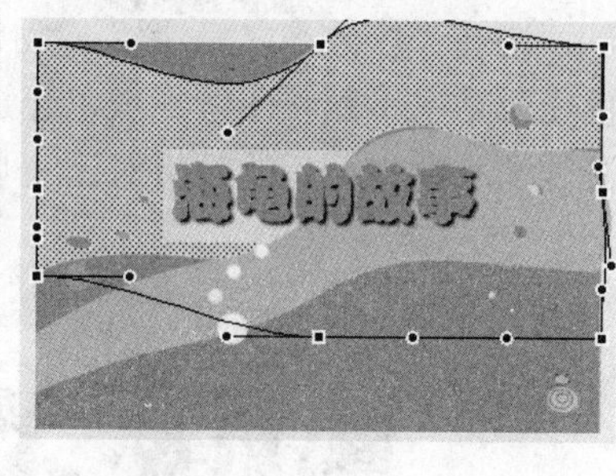

（c）

图4-36 调节封套前后的对比

4.6.2 用“变形”面板精确变形对象

使用任意变形工具可以随意地改变对象的形状，如果需要精确地控制对象的变形效果，可以用“变形”面板来操作。选择“窗口”|“变形”命令显示如图4-37所示的“变形”面板。

下面分别讲解一下“变形”面板中各参数的作用。

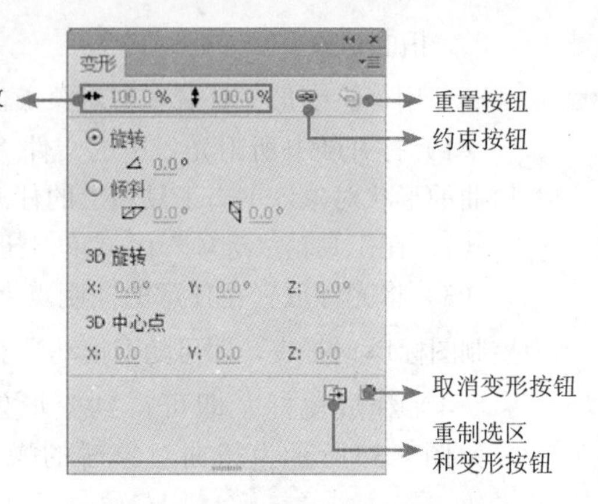

图4-37 “变形”面板

- 缩放操作：在缩放选项数值输入框中拖动，或输入要进行的缩放数值，可以改变对象的大小。
- 约束按钮 ：可以同时缩放对象的高度与宽度。单击该按钮后，将变为 状态，此时即代表对象没有约束。
- 重置按钮 ：单击此按钮，会将图像的缩放比例恢复为100%，即原始状态。
- 旋转：选中“旋转”选项，在“旋转”角度数值输入框中输入需要旋转的角度。
- 倾斜：选中“倾斜”选项，分别在水平倾斜和垂直倾斜数值输入框中输入所需要倾斜的角度。

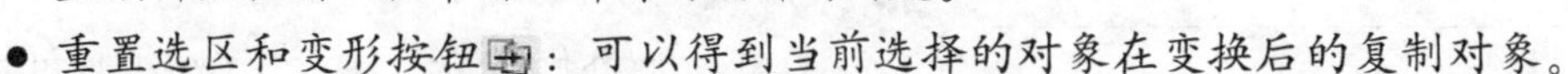

- 重置选区和变形按钮 ：可以得到当前选择的对象在变换后的复制对象。

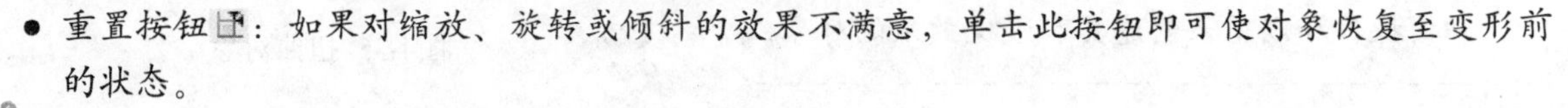

- 重置按钮 ：如果对缩放、旋转或倾斜的效果不满意，单击此按钮即可使对象恢复至变形前的状态。

提示：

在“变形”面板中，将水平/垂直缩放的数值改为其相反值即可达到水平/垂直翻转的目的。如某对象原来的水平缩放比例为85%，此时如果将其改为-85%，即可实现水平翻转的效果。

关于3D旋转及3D中心点区域的参数讲解，请参见第8章8.4节的讲解。

4.6.3 按照固定数值变形对象

在图像被选中的情况下，分别选择“修改”|“变形”|“顺时针旋转90°”或“逆时针旋转90°”命令，可以按顺时针或逆时针方向旋转90°。

选择“修改”|“变形”|“水平翻转”命令或“垂直翻转”命令，可分别以经过图像中心点的垂直线为轴水平翻转图像，或以经过图像中心点的水平线为轴垂直翻转图像。如图4-38所示就是对图像进行水平翻转前后的效果对比（见所附光盘中的文件第4章\4.6.3按照固定数值变形对象-素材.flà）。

(a)

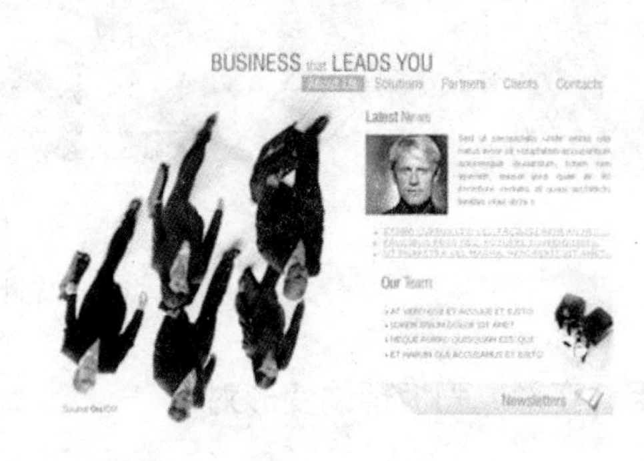

(b)

图4-38 垂直翻转前后的效果对比

4.7 组合与分离

在Flash中组合对象有两个优点，第一，可以将原本各自独立的对象组合在一起，从而便于对这些对象进行一致的缩放与旋转、移动等的操作；第二，使层叠的对象间不再相互影响，因为在默认状态下，处于分散状态的图形对象如果层叠在一起，当移动处于上方的图形时，下方图形的对应区域就将被分割。例如，图4-39所示的背景及其上面的树都是处于分散状态，如果移开树的填充图形，则会出现背景中的树形图形被分割的情况，如图4-40所示。

如果将图形组合使每一个图形都独立，则相互层叠放置也不会被切割，图4-41所示为层叠组合的对象，图4-42中所示为移动并缩小组合对象后的效果。

图4-39 分散的对象

图4-40 移开上层对象后的效果

图4-41 组合的对象

图4-42 移动并缩小组合对象

4.7.1 组合与解组对象

要组合对象，应先选择舞台上需要组合的对象，如图形、位图、文本或组合对象等。然后，选择“修改”|“组合”命令或按Ctrl+G键，即可完成组合操作。

按Ctrl+Shift+G键或选择“修改”|“取消组合”命令，可解散组合对象。

图4-43所示为几个图形对象在未组合前的状态（见随书所附光盘中的文件第4章\4.7.1组合与解组对象-素材.fla），图4-44～图4-46所示为组合图形对象后并对其执行移动、旋转、复制后的效果。

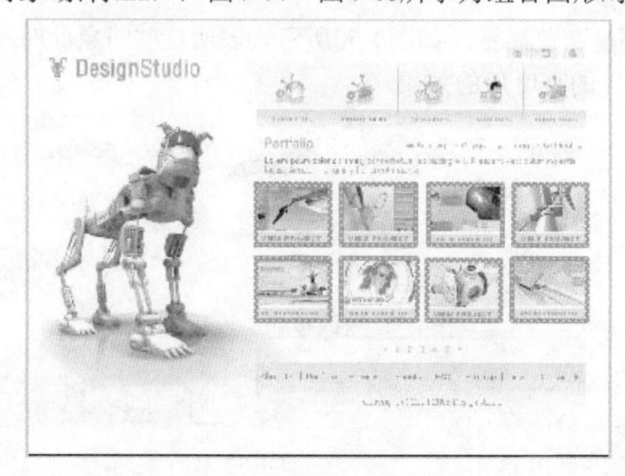

图4-43 组合前的状态

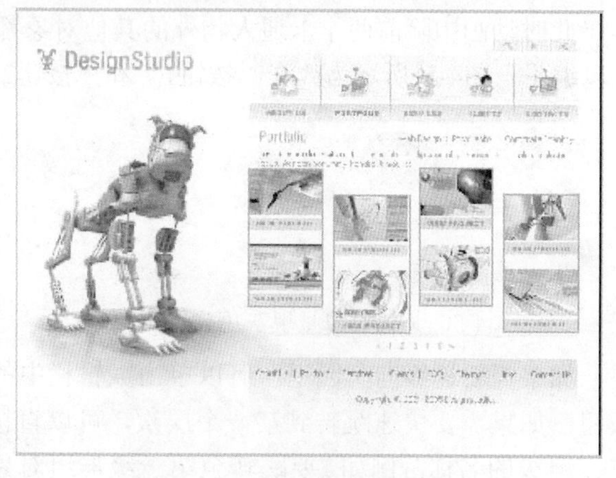

图4-44 组合后对其进行移动

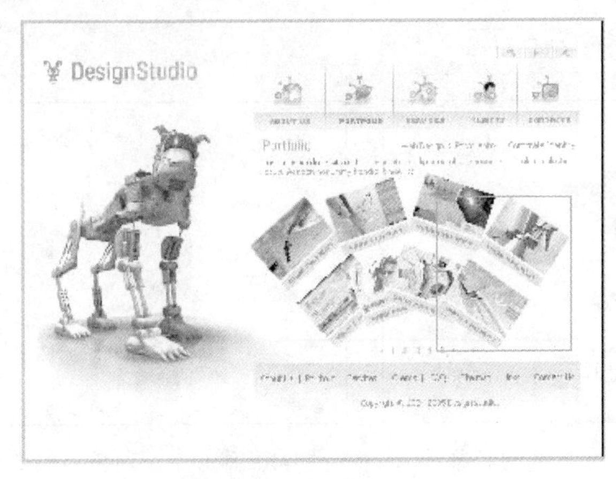

图4-45 组合后对齐进行旋转

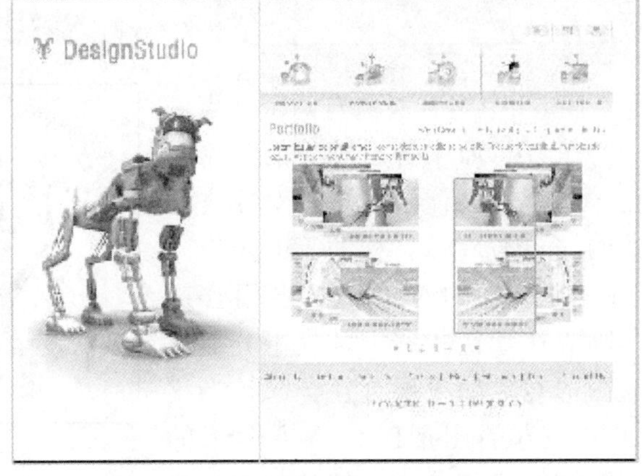

图4-46 组合后对其进行移动、复制

4.7.2 群组层级

Flash 支持多层群组，即一个群组可以包括其他群组，例如，对于图 4-47 所示动画，第一、二个卡通人物先被群组，然后把一、二、三卡通人物做群组操作，最后将四个卡通人物全部选中，并执行群组操作，这样便形成了如图 4-48 所示的嵌套组关系。

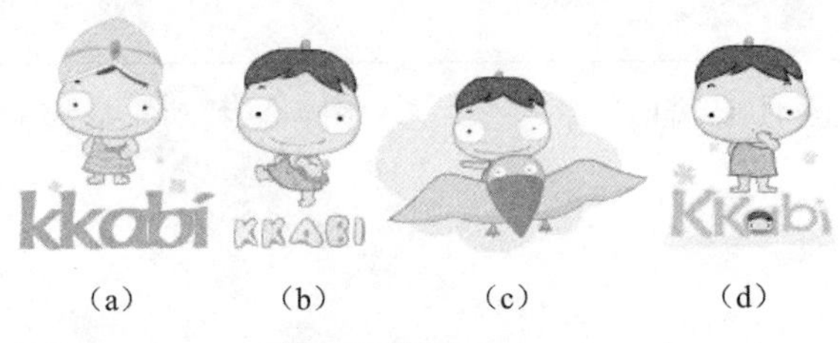

（a）　（b）　（c）　（d）

图4-47 动画

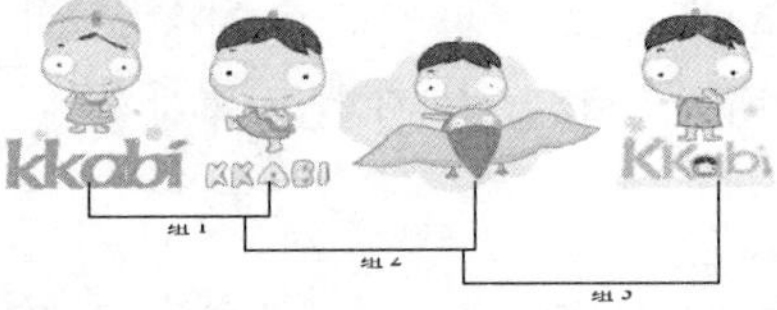

图4-48 群组嵌套关系图

对于这样一组具有3级嵌套关系的群组对象而言，如果需要编辑前两个卡通人物，则需要双击该群组对象3次，才可以到达它们所在的群组层级，此时舞台与时间轴的分隔条将显示如图 4-49所示，表明进入了第三级群组层级。

图4-49 分隔条

此时动画中除前两个卡通人物外的其他对象都呈灰色显示，如图4-50所示，表明这些对象此时不可以编辑，图4-51所示为改变“按钮1”和“按钮2”的亮度后的效果。

图4-50 其他对象呈现灰色为不可编辑

图4-51 更改按钮亮度后的效果

如果需要逐级向上回退，可以单击编辑栏中的返回上一级按钮，如果需要快速跳转到某一个层次，可以直接在分隔条中单击该层级的名称，例如，要跳转至第一级群组对象，可以单击第 1 个群组层级，如图 4-52 所示。

图4-52 快速跳转

4.7.3 编辑群组对象

组合后的对象是一个整体，如果要对组合对象中的元素进行编辑，可以选择“编辑”|“编辑所选项目”命令或利用选择工具双击组合对象，进入群组对象的层次进行编辑，此时舞台与时间轴的分隔条将显示如图4-53所示，表明进入了群组层级。

图4-53 分隔条

完成编辑后，选择“编辑”|“全部编辑”命令或单击场景1或双击舞台任意处，即可退出群组层级，进入舞台层级。

4.7.4 分离对象

选择“修改”|“分离”命令进行的操作被称为分离操作，主要用于将组合的对象、文本对象、实例对象及位图对象分解成独立的可编辑元素。

分离操作主要对对象产生如下一些影响。

- 断开实例与元件间的联系。
- 将位图转变为填充图。
- 将文本字符变为图形。
- 中断插入对象与其原应用程序的链接。

要分离对象，首先选中要分离的对象，然后选择“修改”|“分离”命令或按Ctrl+B键，所选对象即被分离。

提示：

“分离”操作与“取消组合”操作虽然有时可以创建同样的效果，但它们是两个不同的概念。“取消组合”操作只能将组合操作中的各个区域重新拆分成为组合前的各个部分，但对于参与组合的各种元素并不会修改。“分离”操作是将对象分离生成与原对象不同属性的新对象。

4.8 位图控制

在Flash中不但能够导入矢量应用程序中的图形对象，还可以导入位图处理软件处理后的位图图像。实际上，位图对于Flash动画而言非常重要，许多优秀的Flash动画都应用了大量位图，如对于图4-54所示的两幅网页作品，是完全使用Flash软件制作的网页，但它们都不

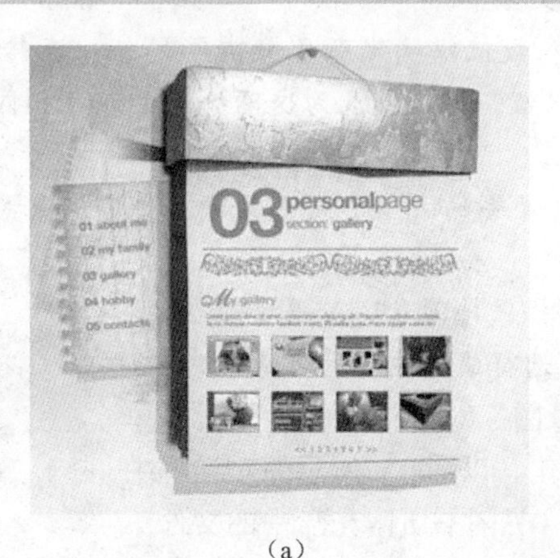

(a)

(b)

图4-54 网络广告

同程度地使用了位图图像，使整个页面变得更加美观。由此不难看出，合理地使用位图，对Flash动画的制作有着不可忽视的重要作用。

要导入位图图像非常简单，只需要在“导入到舞台”或“导入到库”对话框中选择一幅位图图像，单击“打开”按钮即可将位图导入Flash文档后，无论是否使用该位图进行操作，导入的图像均将被保存于“库”面板中，如图4-55所示。

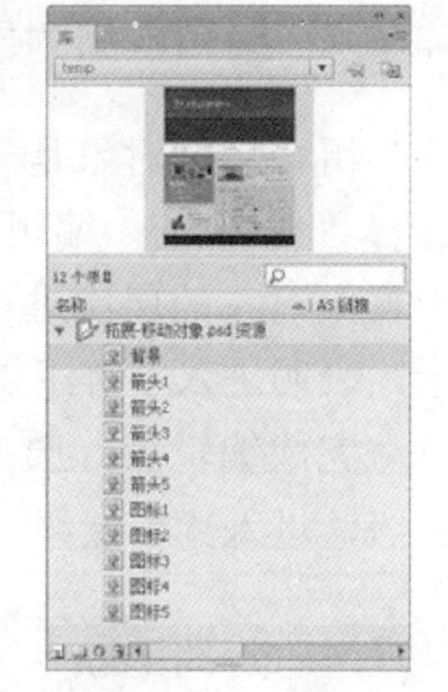

图4-55 “库”面板中的位图显示状态

提示：

关于导入图像及其他文件的详细讲解，请参见本书第5章的相关讲解。

当舞台中的位图对象经过编辑后不再可用，或需要第二张与该位图相同的图像时，可以直接在“库”面板中将导入的位图拖至舞台上，从而得到该位图的元件。

如果需要在动画中彻底删除位图，必须在此面板中进行删除。

4.8.1 将位图转换为矢量图形

将导入Flash中的位图转换成为矢量图形，有许多优点。例如，转换为矢量图形后，可以使文件更小，而且可以在此类对象间创建形状或色彩补间动画。

要将位图转换成为矢量图形，可以选中要转换的位图，然后选择“修改”|“位图”|“转换位图为矢量图”命令，弹出如图4-56所示的“转换位图为矢量图”对话框。

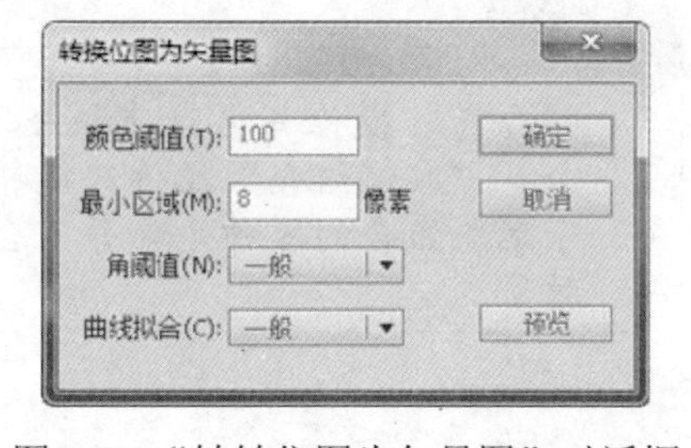

图4-56 “转转位图为矢量图”对话框

此对话框中的重要参数与选项释义如下。

- 颜色阈值：在该文本框中输入数值以确定颜色分辨率的值。在转换时，如果两个像素间的RGB值小于所设定的颜色分辨值，那么就认为这两个像素颜色相同。颜色分辨值越大，转换后的颜色数越少。
- 最小区域：在该文本框中，设置要确认一个同色区域需要多少像素，数值越小，生成的矢量图像同原始图像越接近。
- 角阈值：在该下拉菜单中，选择保持顶点还是平滑顶点。
- 曲线拟合：在该下拉菜单中，选择曲线轮廓的平滑方式。

根据需要设置“转换位图为矢量图”对话框中的参数后，单击“确定”按钮，即可以将位图矢量化。以图4-57所示的对话框中的参数为基础，图4-58所示为原图像（见随书所附光盘中的文件第4章\4.8.1将位图转换为矢量图形-素材.fla），图4-59所示为将该位置转换为矢量图形后的效果。

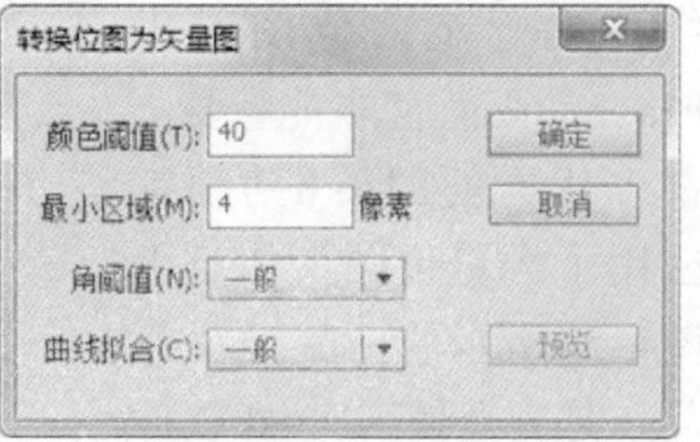

图4-58 “转换位图为矢量图”对话框

图4-58 原图像

图4-59 将位图转换矢量图形后的效果

4.8.2 位图的打散与转换为矢量图形的区别

将位图转换成矢量图形与分离位图虽然都是把位图转换为可编辑的矢量图形，但应用“转换位图为矢量图形”后，可以像编辑Flash图形一样对此类图形进行操作；而应用“分离”后的位图只是一个图样，虽然也可以进行编辑，但对其填充颜色时将会应用在整张图片上。

图4-60所示为随书所附光盘中的文件“第4章\4.8.2位图的打散与转换为矢量图形的区别-素材.fla”，应用“分离”命令，再填充颜色的效果；图4-61所示为对此文件中的位图应用“转换位图为矢量图”命令，再填充颜色的效果。

(a) 原图像

(b) 应用“分离”命令后的效果

(c) 填充颜色后的效果

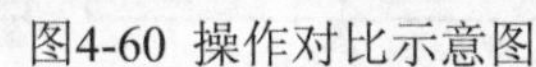

图4-60 操作对比示意图

(a) 执行“转换位图为矢量图”命令后的效果

(b) 填充颜色后的效果

图4-61 操作对比示意图

总结：

在本章中，主要讲解了导入外部文件及对各类对象进行编辑处理等知识。通过本章的学习，读者应能够根据设计需要，导入各种格式的外部文件 。同时，还应该掌握选择、移动、复制、对齐与分布、变形、组合与分离及位图图像相关的转换等操作。

4.9 拓展训练——绘制蘑菇小屋

下面将通过一个简单实例来进行讲解，结合“矩形工具”、“椭圆工具”及“选择工具”对图形进行简单的编辑，从而绘制一个卡通形状的房子。

图4-62 图像素材

STEP 01 打开随书所附光盘中的文件“第4章\4.9拓展训练——绘制蘑菇小屋-素材.fla”，其中舞台上显示的图像内容如图4-62所示。

STEP 02 选择“矩形工具”并在工具选项区选中“对象绘制”按钮，其“属性”面板中的参数设置如图4-63所示，其中笔触颜色值为#895403，填充颜色值为#975C04。使用“矩形工具”绘制一个矩形作为墙，如图4-64所示。

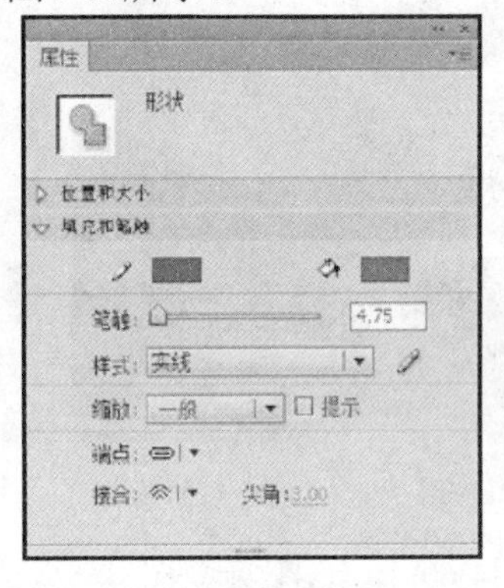

图4-63 “属性”面板参数设置

图4-64 绘制矩形

为了保证后面绘制的各个图形之间不会融合在一起，在绘制其他图形时，也需要选中其工具选项区中的“对象绘制”按钮。

STEP 03 选择“选择工具”，将光标置于矩形左、右、下的边缘位置，并拖动鼠标以改变其形态，如图4-65所示。

STEP 04 继续使用“选择工具”对矩形的底部进行收角调整，如图4-66所示。

图4-65 调整矩形外框

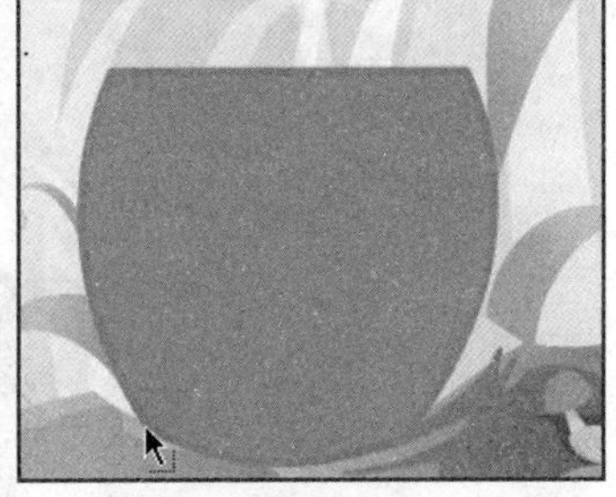

图4-66 底部收角调整

当使用“选择工具”并将光标移动到矩形的边框时，光标显示为形状，此时就可对矩形进行弧形调整；光标移动到矩形底部的一个角时，光标显示为形状，此时就可对矩形进行收角调整。

STEP 05 选择“椭圆工具”，其“属性”面板中的参数设置如图4-67所示，其中笔触颜色值为#B9740D，填充颜色值为#DE8B10。使用设置好参数的“椭圆工具”并结合“选择工具”绘制屋顶，如图4-68所示。

图4-67 “属性”面板参数设置

图4-68 绘制屋顶

STEP 06 选择“椭圆工具”，设置笔触颜色为无，填充颜色值为#FFF270。使用设置好参数的“椭圆工具”绘制屋顶图案，如图4-69所示。

STEP 07 继续使用“椭圆工具”，设置填充颜色值为#FEC1AB，绘制屋顶图案，最终效果如图4-70所示。

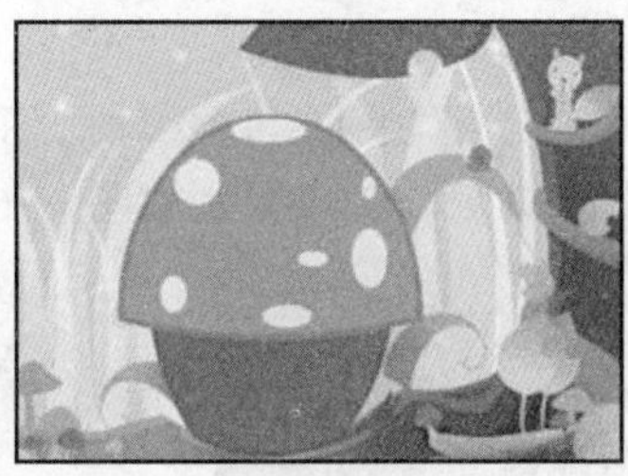

图4-69 绘制屋顶图案

图4-70 屋顶图案的最终效果

STEP 08 选择“矩形工具”并在其“属性”面板中设置笔触颜色值为#BB7E00，笔触高度为9，笔触样式为实线，填充颜色值为#F8B929，绘制门，如图4-71所示。

STEP 09 使用“选择工具”把门的形状调成略带一些椭圆的效果，如图4-72所示。

图4-71 绘制门

图4-72 调整门的形状

STEP 10 下面来绘制小屋的烟囱图形。选择“矩形工具”并在其“属性”面板中设置笔触颜色值为#B9740D，笔触高度为3.75，笔触样式为实线，填充颜色值为#DE8B10，绘制烟囱，如图4-73所示。

STEP 11 选择“任意变形工具”调整烟囱的方向，得到如图4-74所示的最终效果。

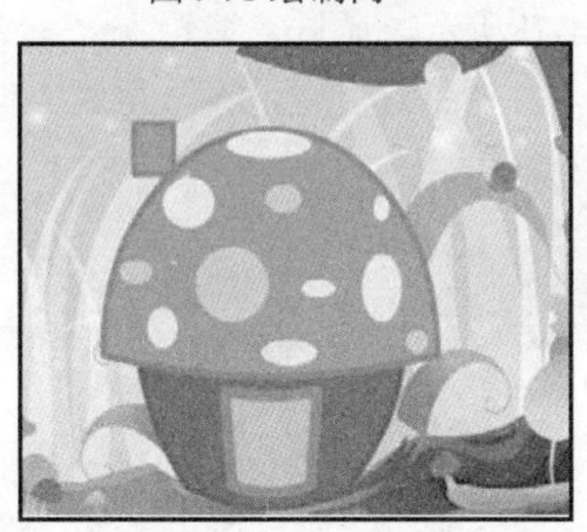

图4-73 绘制烟囱

图4-74 最终效果

4.10 课后练习

1. 选择题

（1）哪个文件可以导入Flash中？（　　）

A. bmp　　B. gif　　C. psd　　D. jpg

（2）使用“变形”面板，可以对对象进行哪些变换处理？（　　）

A. 旋转　　B. 按比例缩放　　C. 按像素大小缩放　　D. 倾斜

（3）要沿垂直方向复制选中的对象，在使用【选择工具】拖动对象时，应按下（　　）。

A. Ctrl键　　B. Alt键　　C. Ctrl+Shift键　　D. Ctrl+Alt键

2. 判断题

（1）在Flash中，可以导入.psd格式的位图文件。（　　）

（2）组合的目的主要是为了方便用户对一个完整图像上各个独立部分进行完整控制。（　　）

（3）使用调整顺序的菜单命令或快捷键，可以跨图层改变对象的顺序。（　　）

3. 上机题

（1）打开随书所附光盘中的文件“第4章\4.10 课后练习-1-素材.fla”，如图4-75所示，结合矩形工具、选择工具和部分选取工具，制作得到如图4-76所示的效果。

图4-75 素材图像

图4-76 绘制得到的图形

（2）打开随书所附光盘中的文件“第4章\4.10 课后练习-2-素材1.fla”和“第4章\4.10 课后练习-2-素材2.fla”，如图4-77和图4-78所示，通过“编辑”|“复制”和“粘贴”命令，将素材2中的箭头和图标粘贴至网页的导航栏中，并调整好位置，直至得到类似图4-79所示的效果。

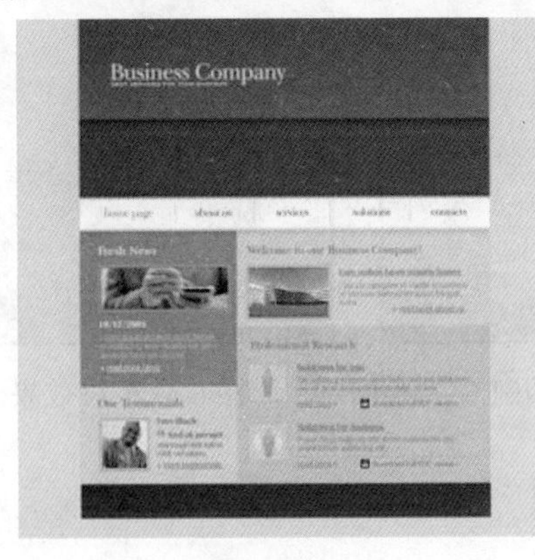

图 4-77

图 4-78

图 4-79

（3）打开随书所附光盘中的文件“第4章\4.10 课后练习-3-素材.fla”，其中包括的两幅素材图像如图4-80所示，结合本章讲解的将位图打散功能，去除人物的背景，如图4-81所示。

（4）使用上一题的素材，结合将位图转换成为矢量图功能，去除两个卡通人物的背景，并对其边缘进行适当地修复处理，得到如图4-82所示的效果。

（a）（b）

图4-80 素材

图4-81 打散并分离背景

图4-82 转换为矢量图并分离背景

（5）结合上面两道题的操作，以及本章讲解的内容，列出至少两点位图的打散与转换为矢量的区别。

（6）打开随书所附光盘中的文件“第4章\4.10 课后练习-6-素材.fla”，如图4-83所示，结合本章讲解的变形功能，尝试将其变形至显示器的屏幕中，如图4-84所示。

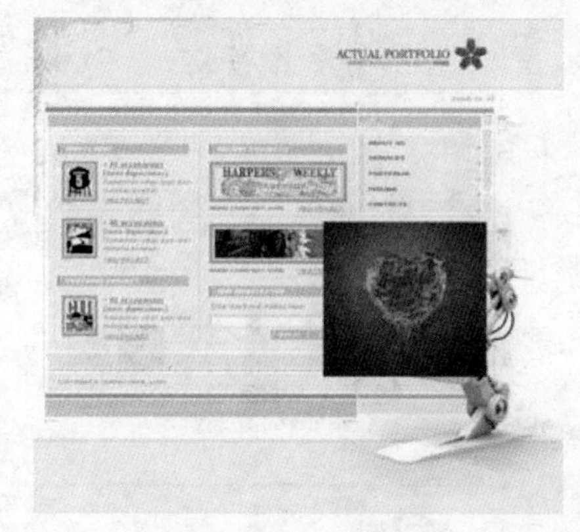

图4-83 素材图像

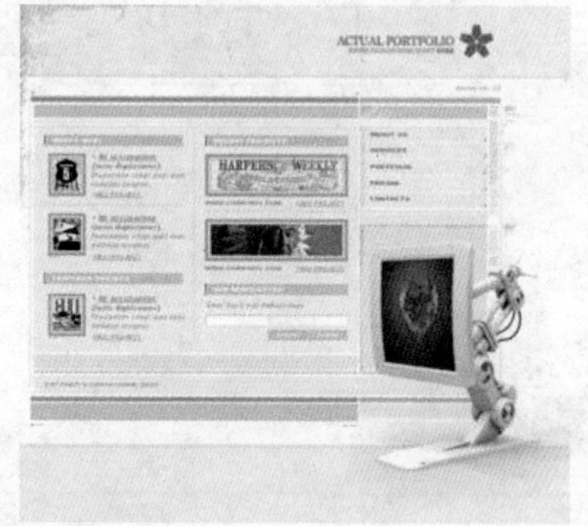

图4-84 变形后的效果

（7）打开随书所附光盘中的文件“第4章\4.10 课后练习-7-素材.fla”图像，如图4-85所示，结合本节学习的功能，调整叶子图像的层次，直到得到如图4-86所示的效果。

图4-85 素材图像

图4-86 调整层次后的效果

（8）打开随书所附光盘中的文件“第4章\4.10 课后练习-8-素材.fla”图像，如图4-87所示，选中其中的文字，然后结合上面讲解的变形功能改变其形态，直至得到类似如图4-88所示的效果。

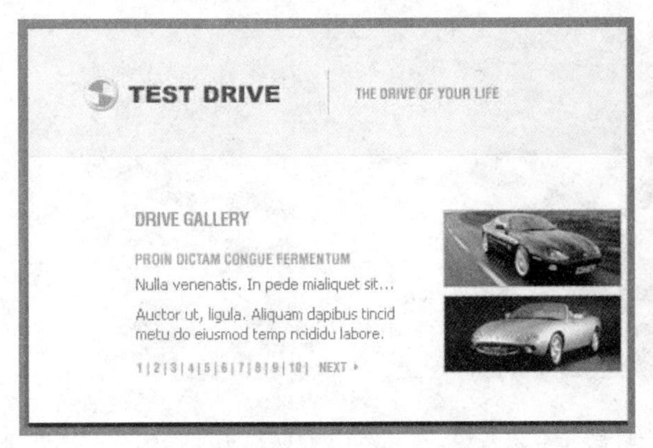

图4-87 素材图像

图4-88 变形文字后的效果

（9）打开随书所附光盘中的文件“第4章\4.10 课后练习-9-素材.fla”图像，如图4-89所示，结合前面讲解的任意变形工具及“变形”面板，对图像的大小进行精确地控制，直至得到类似图4-90所示的效果。

图4-89 素材图像

图4-90 变换并摆放图像后的效果

（10）打开随书所附光盘中的文件“第4章\4.10 课后练习-10-素材.fla”图像，如图4-91所示，通过将位图转换成为矢量图，然后尝试改变其颜色，如图4-92所示。

图4-91 素材图像

图4-92 改变图像颜色后的效果

第5章 输入与格式化文本

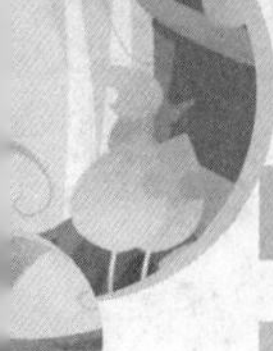

5.1 创建文本

5.1.1 利用文本工具输入文本

要创建文本可以利用工具箱中的文本工具T在舞台中单击，以插入一个文本光标，此时即可以输入所需的文本，输入文本有两种模式，一种是固定宽度文本输入模式，另一种是连续文本输入模式。

创建固定宽度的文本的操作步骤如下。

（1）打开随书所附光盘中的文件"第5章\5.1.1 利用文本工具输入文本-1-素材.fla"，选择文本工具T，使用此工具在舞台上拖曳，创建一个矩形文本框，文本框右上方有空心矩形标记，如图5-1所示。

（2）在文本框中输入需要的文字，文字到达文本框的右边缘后会自动转向下一行，如图5-2所示。

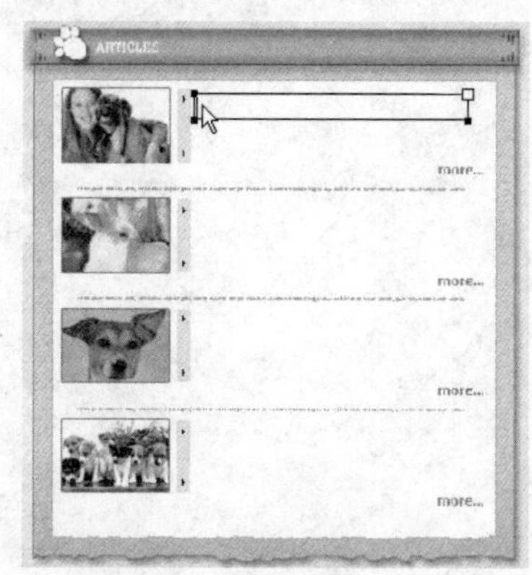

图5-1 托曳创建文本框

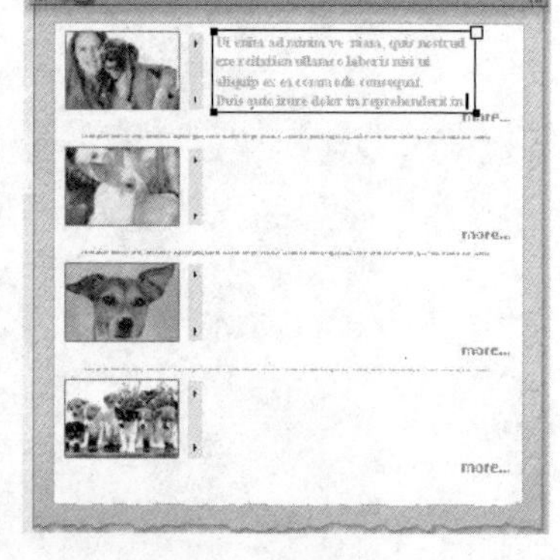

图5-2 输入文字

（3）拖曳文本框右上方的空心矩形，可以随意地控制文本框的大小，随着文本框的改变文本也将自动换行，如图5-3所示。

（4）文字输入完成后，可按选择工具将字体调整到合适的位置，图5-4所示为创建并编辑固定宽度文本框的示意图。

文字完成后在网页中的效果如图5-5所示。

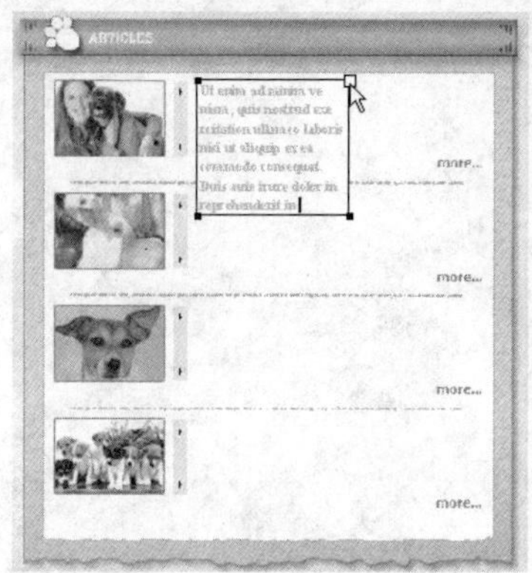

图5-3 拖曳小矩形编辑

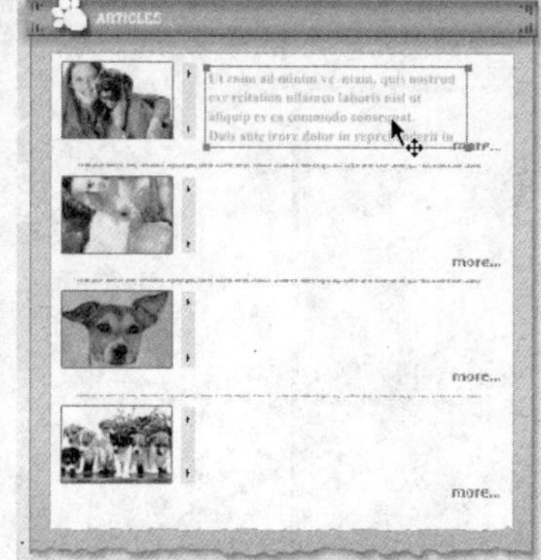

图5-4 文本框被更改

图5-5 在网页中的最终效果

要创建连续文本可按以下步骤操作。

（1）打开随书所附光盘中的文件"第5章\5.1.1 利用文本工具输入文本-2-素材.fla"选择文本工具T直接在页面中单击创建一个文本框，文本框的右上方显示一个空心圆标记,如图5-6所示。

（2）在文本框中输入需要的文字，文字会连续显示，如图5-7所示。

（3）如果需要换行按Enter键，如图5-8所示。下一行的文本仍然连续排列。

（4）文字输入完成后，可按选择工具将字体调整到合适的位置，如图5-9所示。

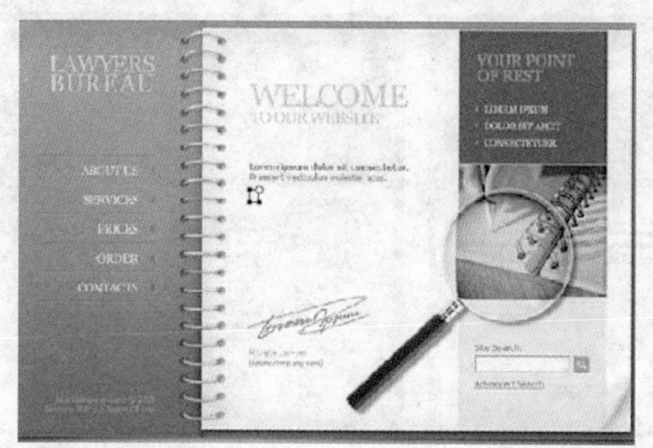

图5-6 单击创建文本框

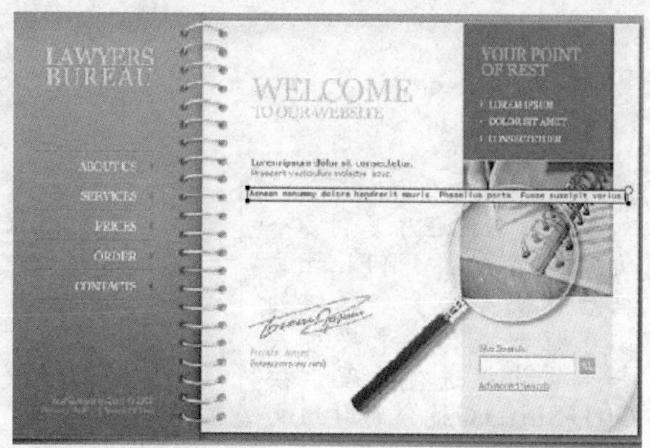

图5-7 输入文字

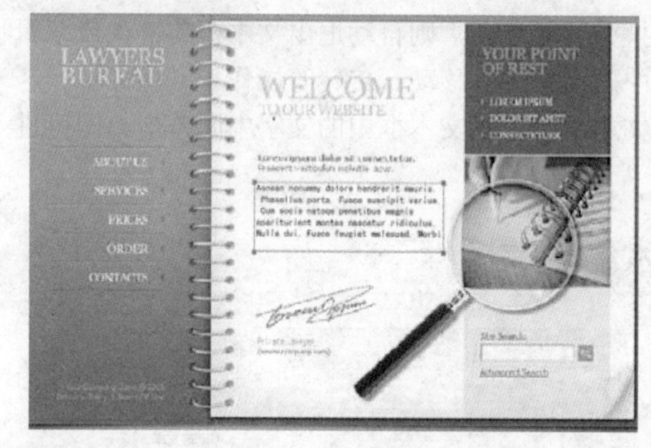

图5-8 按Enter键换行

图5-9 文本连续排列

提示：

如果双击固定宽度模式下的文本框右上方的矩形标记，则该模式会自动转换为连续输入模式。如果拖曳连续模式文本框右侧的空心圆标记改变文本框的大小，文字输入模式自动转换为固定宽度的输入模式。

5.1.2 通过复制得到文本

除了手动输入文字，还可以复制其他文件或程序中的文本粘贴至当前Flash文档中。复制文本也有两种方法，一种是利用文本工具T粘帖至文本框，其操作步骤如下。

（1）复制其他文件中的文本。

（2）在当前Flash文档选择文本工具T，在工作区域中单击或拖曳，以创建连续或固定宽度的文本框。

（3）选择“编辑”|“粘贴”命令或按Ctrl+V键，即可将文本粘贴至当前文档，并且在文本框中只能粘贴纯文本。

另一种复制文本的方法是直接粘帖，首先复制Flash文档或其他程序中的文本，如图5-10所示。

其次在当前页面没有文本框的状态下按 Ctrl+V 键执行“粘贴”命令，直接得到包含文字的文本框，如图 5-11 所示。

01 chapter P1–P12
02 chapter P13–P18
03 chapter P19–P44
04 chapter P45–P70
05 chapter P71–P86
06 chapter P87–P120
07 chapter P121–P166
08 chapter P167–P180
09 chapter P181–P188
10 chapter P189–P224
11 chapter P225–P250

如果是从其他程序复制多个文字，粘贴至当前Flash文档后，文字由多个群组的文字框组成，如果要对某一个文本框进行处理，按Ctrl+Shift+G键分离群组文本框。

图5-10 复制Flash文档中文本

图5-11 粘贴文本

创建文本后利用文本工具在页面中单击或切换为其他工具，则自动退出文本框的输入或编辑状态，退出后可以通过移动或旋转文本框以对文本框中的文字进行移动、旋转等操作。

如果要对文本框中的文字重新编辑，可以选择文本工具在文本框中的文字中间单击，即可进入其编辑状态。

5.2 设置文本的字符属性

在"属性"面板中选择不同的文本类型，会对应相应的文本属性，其基本的文本属性包括基本字符属性、段落属性及字体显示方式等。相关的设置如字体、大小、颜色、更改文本方向、字符间距、字符位置等，如图5-12所示。

下面来分别解释一下，"属性"面板中各字符参数的含义。

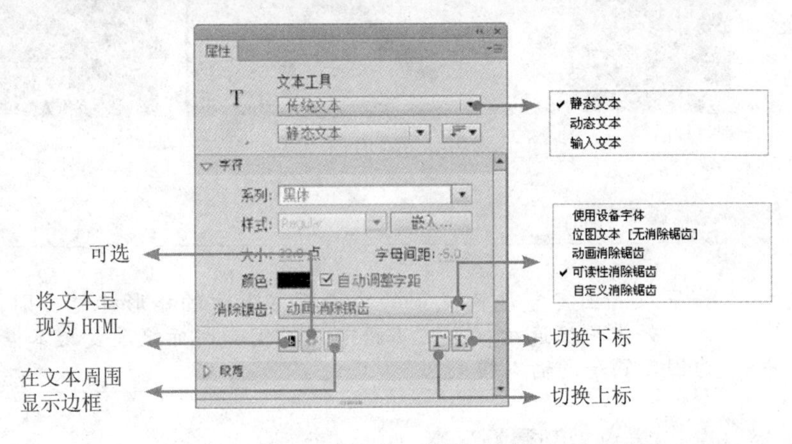

图5-12 文本的"属性"面板

提示：

Flash中包含了静态、动态及输入三种文本类型，它们各自还有其特殊的属性可设置，在后面的相关课节中进行讲解，本节将只讲解共性的基本字符属性设置。需要注意的是，有些文本类型并不适用其中的部分属性设置。

- 系列：单击此处，可在弹出的下拉列表中选择不同的字体。
- 样式：在选择不同的字体时，可以在此处选择如斜体、加粗等不同的字体样式。
- 大小：在此数值框中输入数值或在下拉列表中选择一个数值，可以设置文字的大小。
- 字母间距：此参数控制所有选中文字的间距，数值越大间距越大。图5-13所示是设置该属性前后的效果对比（见随书所附光盘中的文件第5章\5.2设置文本的字符属性-素材.fla）。

(a)

(b)

图5-13 设置不同字母间距时的效果对比

- 颜色：单击此颜色块，在弹出的颜色选择框中可以选择文字的颜色。
- 自动调整字距：选中此选项后，Flash将依据当前文本框的大小，自动调整字符的间距。
- 切换下标 T^1/上标 T_1：选择这两个按钮，可以分别将文字设置成为下标或上标状态。
- 消除锯齿：在此下拉菜单中共有5种方式可选。选择“使用设备文本”选项，会指定SWF文件使用计算机上安装的字体显示，若计算机上没有安装该指定字体，则文本无法显示；选择“位图文本（未消除锯齿）”选项，文本将显示出锐利的边缘，导出后很清晰，但缩放效果差；选择“动画消除锯齿”选项，可以建立很平滑的动画，但对于较小的字体会不容易被辨识，建议使用12点以上字体；选择“可读性消除锯齿”选项，可增强字体的可读性，即使很小的字体也会很清晰，但动画效果会很差，播放速度也会变慢；选择“自定义消除锯齿”选项，可根据自己所需情况修改字体属性。选择此项会弹出如图5-14所示对话框。粗细表示字体在消除锯齿转换效果上显示的粗细程度；清晰度表示文本呈现出的清晰程度。

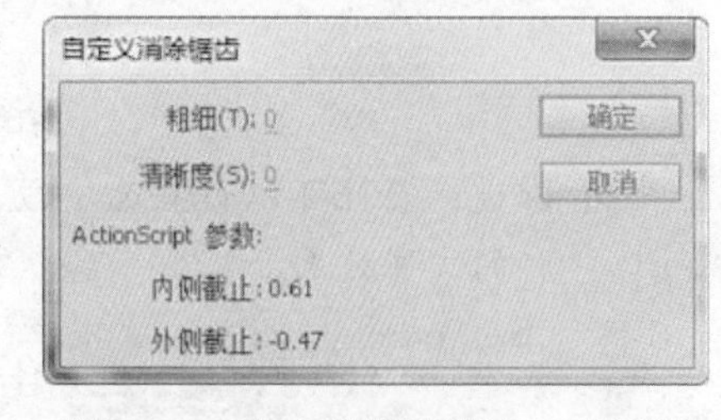

图5-14 “自定义消除锯齿”对话框

> **提示：**
> 在使用Flash设计网页时，较常用的字体为“宋体”，文字大小为12点、消除锯齿方式为“位图文本（无消除锯齿）”，这样的设置可以满足网页浏览的基本需求，且文字清晰。

例如，在图5-15所示的网页作品中，分别设置了不同的文字属性，以满足页面的设计需求。

(a)

(b)

图5-15 设置了不同文字属性的网页作品

5.3 设置文本的段落属性

文字的段落编排是否整齐、美观，会在很大程度上影响作品与观众间的信息交流。Flash提供了

01 chapter P1—P12
02 chapter P13—P18
03 chapter P19—P44
04 chapter P45—P70
05 chapter P71—P86
06 chapter P87—P120
07 chapter P121—P166
08 chapter P167—P180
09 chapter P181—P188
10 chapter P189—P224
11 chapter P225—P250

一些用于设置段落属性的参数，如图5-16所示。

下面来分别解释一下，“属性”面板中各段落参数的含义。

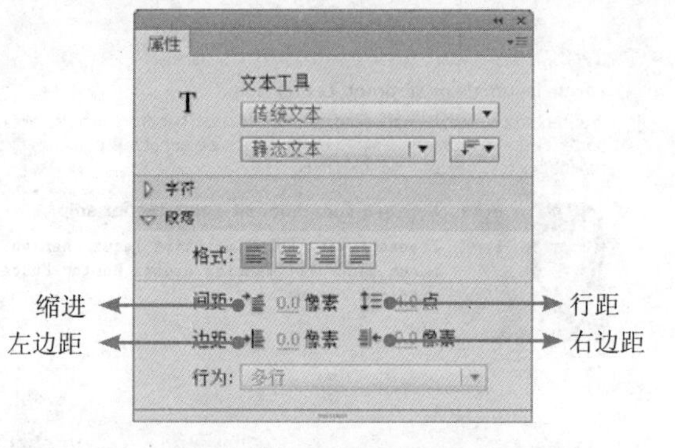

图5-16 “属性”面板中的段落参数

- 格式：在此处选择不同的按钮，可以分别设置左对齐、居中对齐、居右对齐和两端对齐4种段落对齐方式。图5-17所示是文本的3个不同对齐方式的效果（见随书所附光盘中的文件第5章\5.3设置文本的段落属性-素材.fla）。

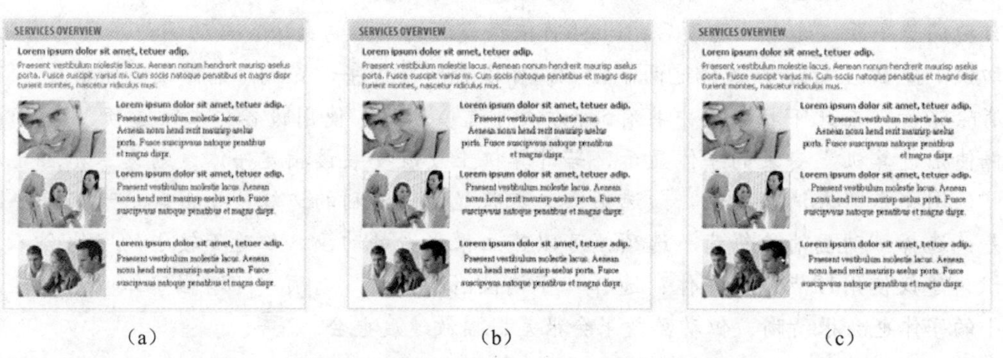
（a）（b）（c）

图5-17 设置不同对齐方式时的效果

- 缩进：在此可以设置选中段落的首行相对其他行的缩进值。图5-18所示是设置不同缩进数值时的文字效果。

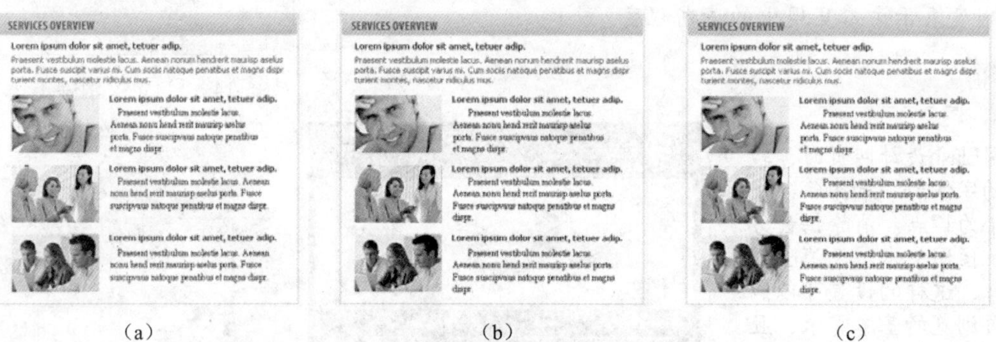
（a）（b）（c）

图5-18 设置不同缩进数值时的效果对比

- 左边距：设置当前段落的左侧相对于左定界框的缩进值。
- 右边距：设置当前段落的右侧相对于右定界框的缩进值。
- 方向：在此处可以设置当前文本的排列方式，比如从水平到垂直排列。图5-19所示是更新文本方向前后的效果对比。

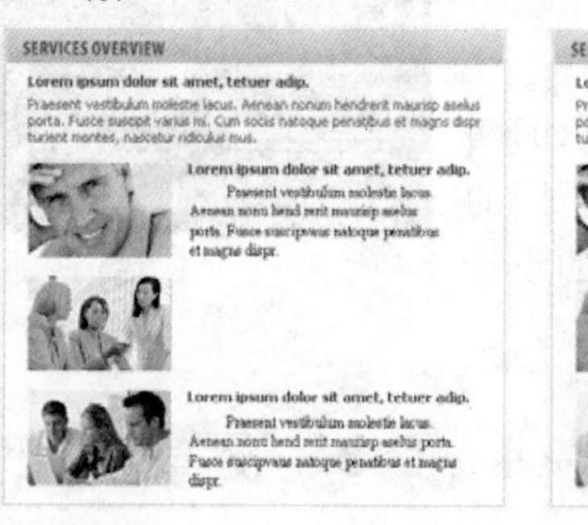
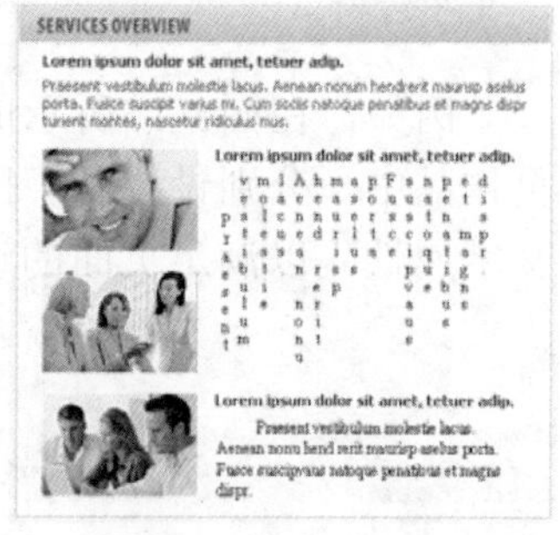
（a）（b）

图5-19 改变方向前后的效果对比

5.4 文本的分类及其特殊属性

在Flash中创建的文本有3种类型，即动态文本、静态文本及输入文本，它们除了可以设置大部分的字符及段落属性外，还有一些特殊的属性可以设置，下面来分别讲解一下这3种文本类型的使用方法。

提示：

Flash中的所有文本类型都可以应用滤镜，关于滤镜的讲解，请参见本书6.4.3节的相关内容。

5.4.1 静态文本的特殊属性设置

此类文本为静态可视及可创建超链接的文本类型。例如，在图5-20所示的作品中，其中大段的文字内容基本都属于这类文字类型。

（a）

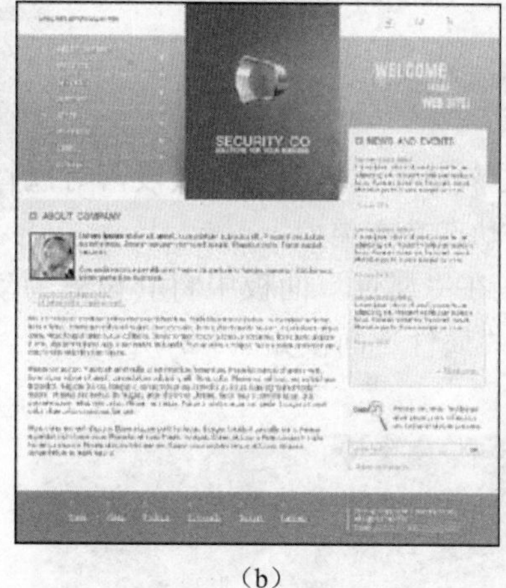
（b）

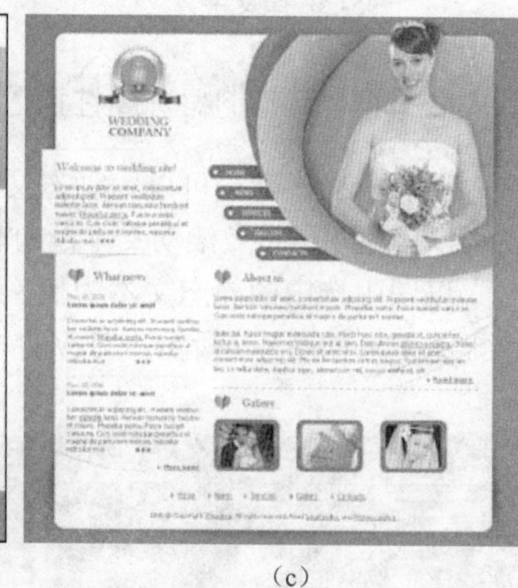
（c）

图5-20 静态文本示例

对静态文本而言，可以为其设置的特殊属性为，允许将其设置为可选的状态，如图5-21所示。此时，动画中设置了该属性的文本，将可以补选中，进而执行“全选”及“复制”等操作。

另外，选中一段静态文本后，还可以为其设置超链接，如图5-22所示。因此，静态文本也可以用于在动画（尤其是网页）中调用相关的文件。

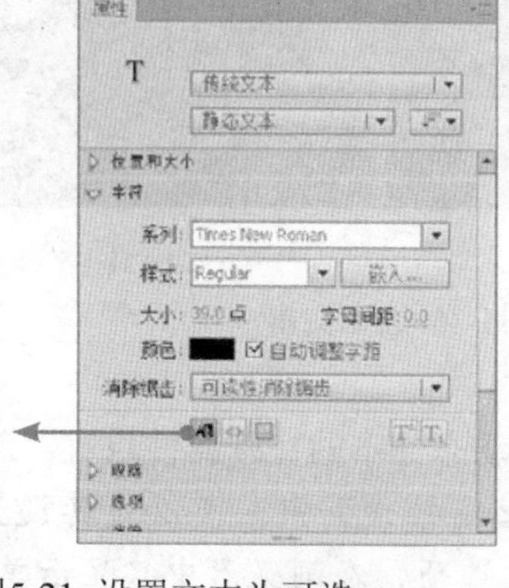

图5-21 设置文本为可选

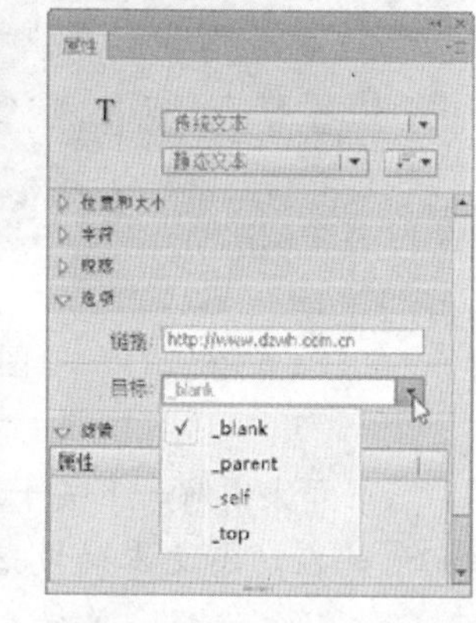

图5-22 为文本设置链接

提示：

在写入链接的网址时，必须将其写完整，如http://www.dzwh.com.cn，而不是www.dzwh.com.cn。

例如，图5-23所示为原图像（见随书所附光盘中的文件第5章\5.4.1静态文本的特殊属性设置-素材.fla），图5-24所示是在Flash中为其设置了链接后的状态，可以看出，文本的下方出现了一条虚线，图5-25所示是按Ctrl+Enter键测试动画时，将光标置于该链接上的状态，此时单击该文本即可中转至相应的链接。

图5-23 原文字　　图5-24 设置链接后的状态　　图5-25 测试动画时的状态

5.4.2 动态文本的特殊属性设置

如前所述，除了可以为动态文本设置基本的字符及段落等属性外，其本身的特殊性决定了使用它可以创建超链接及滚动文本框的动态文本类型。

以图中选中的静态文本为例，在“属性”面板中将其设置为动态文本后，文本的周围将显示一个虚线框，如图5-26所示，对应的“属性”面板如图5-27所示。

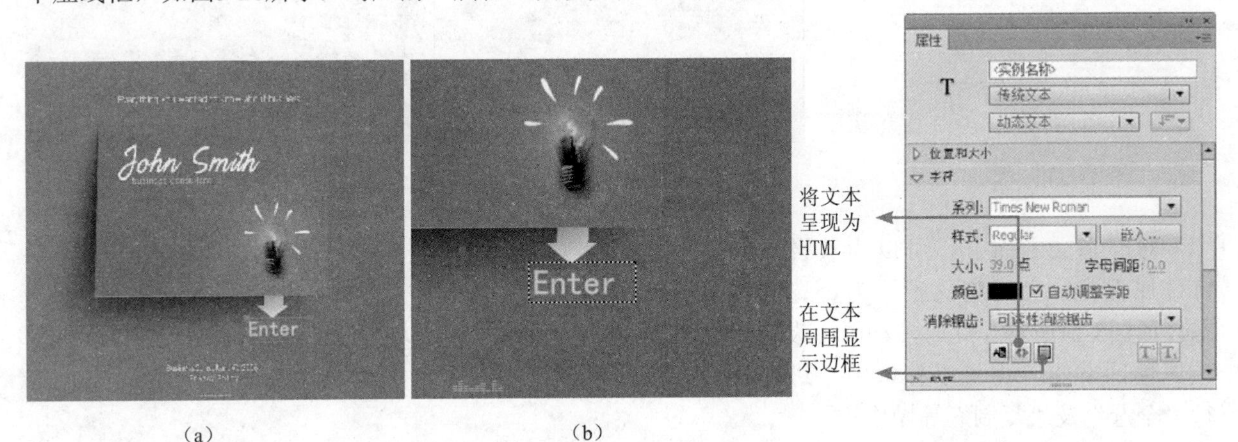

(a)　　(b)

图5-26 选中文本　　图5-27 设置为动态文本后的状态及对应的“属性”面板

下面来讲解一下关于动态文本的特殊属性设置。

- 在动态文本的段落属性设置中，可以为其设置行为方式，即“行为”下拉菜单中的各个选项。选择“单行”选项，在浏览器中只显示单行文本；选择“多行”选项，可以在浏览器中显示多行文字；选择“多行无换行”选项，在浏览器中观察时，只有使用回车换行的段落被显示，其他自动回行的段落不被显示。
- 在文本周围显示边框按钮▤：选中此按钮后，在浏览时将显示文本框的边框和背景，图5-28所示为此动画在测试状态时的效果（见随书所附光盘中的文件第5章\5.4.2动态文本的特殊属性设置-素材.fla），可以看出在此状态下文本具有白色底及黑色边框线。

- 可选按钮 AB：与静态文本一样，选中此按钮后，可以选中文本框中的文字，如图5-29所示。
- 变量：在此文本框中，可以为动态文本框指定一个变量名称，再结合ActionsScript1.0-2.0的脚本，可以获取动态的文本信息。ActionsScript3不支持此功能。
- 字符嵌入：单击此按钮后，将弹出如图5-30所示的“字符选项”对话框，在其中设置为哪一些文字嵌入字体，从而保证动画在任何平面观看时，这些文字都不会变形或被其他字体替代。设置好选项后，选择的文本框将自动应用其参数。

图5-28 选中“在文本周围显示边框”后的效果

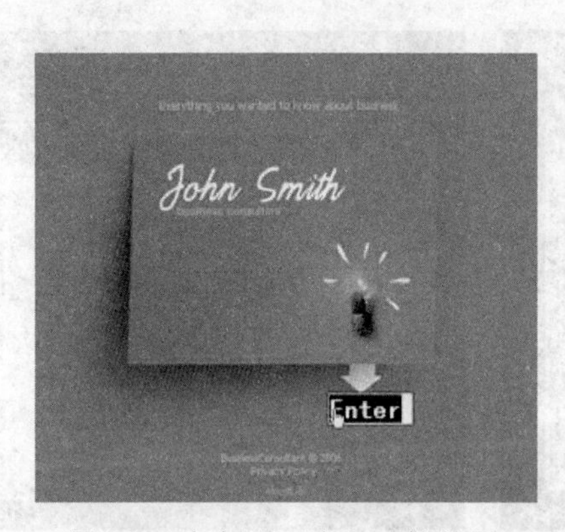

图5-29 选中“可选”后的效果

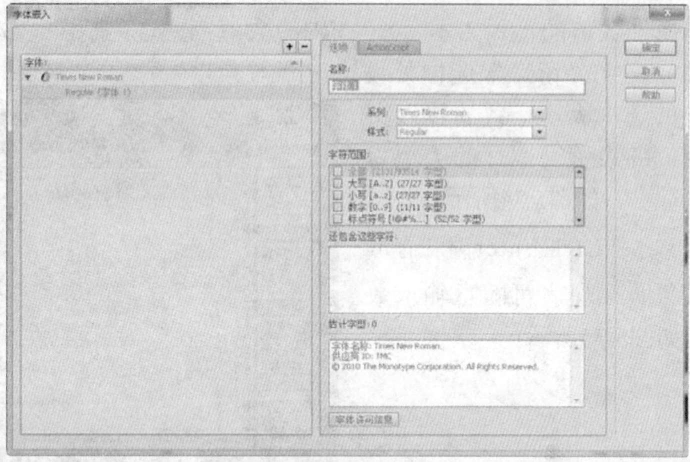

图5-30 “字符嵌入”对话框

5.4.3 输入文本的特殊属性设置

所谓输入文本，指的是可以在动画影片播放过程中编辑或输入文本的对象，在网页中输入文本对象可以作为游览者与网站的交互手段，将游览者输入的信息传递给网站管理员，或与其他游览者互动。

此类文本最常见的用途莫过于填写联系表单等内容，图 5-31 所示是输入文本在网页中的应用。

（a）

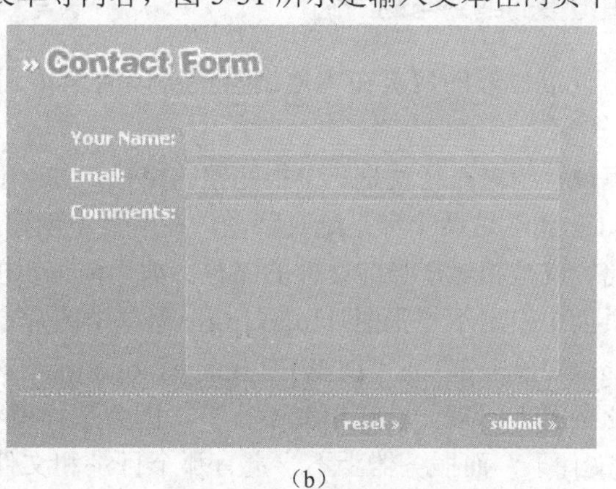

（b）

图5-31 输入文本网页中的应用

01 chapter P1—P12
02 chapter P13—P18
03 chapter P19—P44
04 chapter P45—P70
05 chapter P71—P86
06 chapter P87—P120
07 chapter P121—P166
08 chapter P167—P180
09 chapter P181—P188
10 chapter P189—P224
11 chapter P225—P250

实例1：表单的基本设置

设置“输入文本”的操作步骤如下。

STEP 01 打开随书所附光盘中的文件“第5章\实例1：表单的基本设置-素材.fla”，选择文本工具T，在“属性”面板的“文本类型”下拉菜单中选择“输入文本”选项，按图5-32所示输入数值。其中，在“最多字符数”文本框中输入数值，可以限制在文本框中输入的字符数量。此时的效果如图5-33所示。

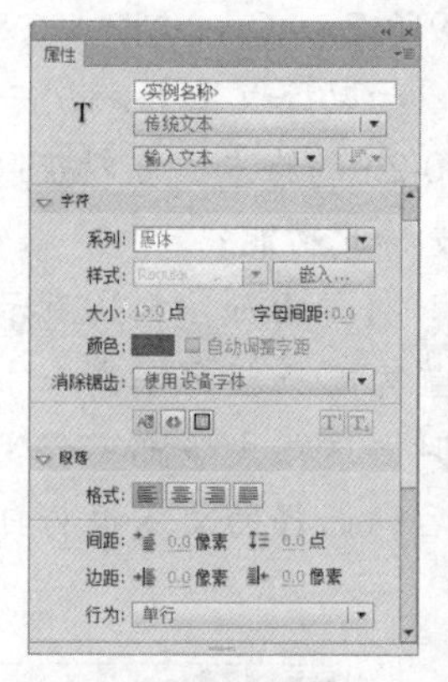

图5-32 选择“输入文本”类型时的“属性”面板

图5-33 对应的效果

STEP 02 在“E-mail”选框处再设置一个同样属性数值的输入文本（X、Y轴的数值除外），在“留言”选框处设置一个与素材中的选框大小一致的输入文本框，并设置文本行的类型为“多行”。如图5-34所示。

STEP 03 按Ctrl+Enter键观看最终效果，浏览者可随意输入数值，如图5-35所示。

图5-34 设置完成后的效果

图5-35 最终效果

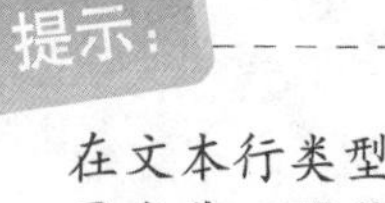

在文本行类型下拉菜单中选择“密码”选项，并在“变量”文本框中输入Actions代码中的变量名称，可以制作Flash的登录程序。

5.4.4 超链接的绝对与相对路径

有些时候制作好的网页在本地浏览正常，而上传到服务器上就不能正常显示，就是因为路径没理顺。

简单点说，绝对路径就是一个很完整的路径，如http://www.dzwh.com.cn/dzwh/book_book.htm和D:\WEB\index.html 这两个都是绝对路径。在网页中创建外部链接时，必须使用绝对路径。

相对路径就是相对于当前文件的路径。如当前编辑的文档是index.html，这个文件在D:\WEB目录中，这个页面中引用了一张图片logo.jpg，而这个图片在D:\WEB\images目录里，那么其链接地址应写为“images\logo.jpg”或“D:\WEB\images\logo.jpg”，在本地，这两种方式都能显示出图片来。但是如果在服务器上，后一种代码就不行了。因为那样就相当于引用服务器的“D:\WEB\images\logo.jpg”这个文件了，而服务器上不一定有那个目录和文件。所以在添加链接的时候注意若不链接到外部网站，一定要使用相对路径。

5.5 将文本转换为形状

可以按Ctrl+B键或选择“修改”|“分离”命令将文本打散，使其成为形状，然后对形状进行特效处理。要注意的是，将文本转换为形状后，将不可再设置其字体、字号等文字属性。

实例2：制作文字的异形投影效果

下面通过一个实例帮助读者理解、掌握如何将文本转变成形状并对其进行特效编辑，其操作步骤如下。

图5-36 选中需要编辑的文本

STEP 01 打开随书所附光盘中的文件“第5章\实例2：制作文字的异形投影效果-素材.fla”，利用选择工具选中需要编辑的文本，如图5-36所示。

STEP 02 选择“修改”|“分离”命令或按Ctrl+B键将文本分解为形状，得到如图5.37所示的效果。

提示：

如果被操作的文本框中有多个文字，则必须选择“修改”|“分离”命令两次。因为，第一次操作仅能够将文本打散成为单个文字，如图5-38所示，只有经过第二次操作才可以将文字打散成为形状，或是按Ctrl+B键两次。

图5-37 分解为形状

图5-38 文字对象

STEP 03 分解完成后，可以像编辑任何图形一样对文字进行编辑，如填充渐变色、设置边框色或将内部填充为图案等。此实例中，将改变文字的填充色，按Shift+F9键，调出“颜色”面板，按图5-39所示设置面板属性。

STEP 04 选择颜料桶工具，按图5-40所示填充文字颜色，填充后的效果如图5-41所示。

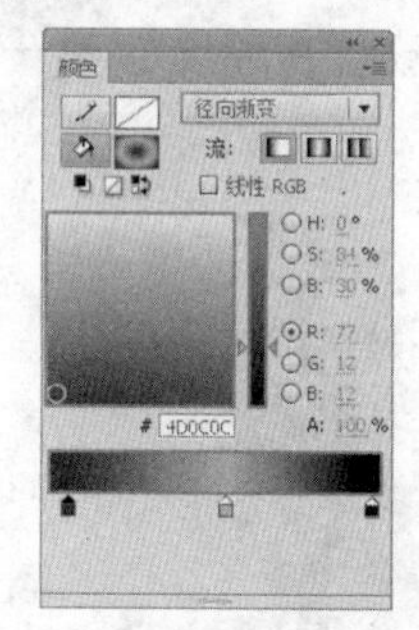

图5-39 设置“颜色”面板

图5-40 填充颜色

图5-41 填充后的效果

提示：

填充完成后，如果不理想，可以通过使用渐变变形工具调整填充颜色。

STEP 05 选中选择工具，将其放置在字母“P”的下方，当鼠标变成如图5-42所示的图标时，向右拖曳鼠标，制作出字母下方被拉出的效果，使用同样的方法拖曳其他字母，制作完成后的效果如图5-43所示。

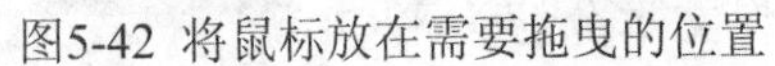

图5-42 将鼠标放在需要拖曳的位置　　图5-43 完成后的效果

STEP 06 按Ctrl+Enter键测试影片，效果如图5-44所示。

STEP 07 如果将此实例延伸，还可以做出更多效果，比如为更改完成后的文字做光晕、投影等效果。下面将此实例继续完善，做出文字的投影效果。选中文字，按Ctrl+D键复制文字，按图5-45所示设置该文字的“颜色”面板，完成后的效果如图5-46所示。

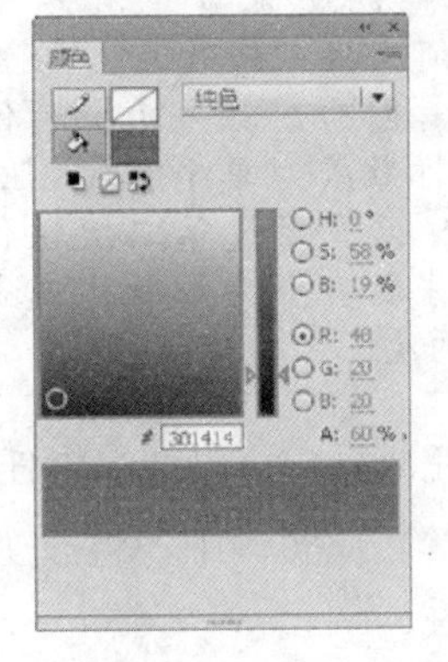

图5-44 填充编辑后的效果　　图5-45 设置复制文字的“颜色”面板

STEP 08 按Ctrl+G键将复制前的文字成组，并将复制后的文字中的第一个单词放置在原文字第一个单词的后方，效果如图5-47所示。

图5-46 完成后的效果　　图5-47 移动放置复制后的文字

STEP 09 使用选择工具，并选中扭曲选项，将复制后的单词做以下变形，效果如图5-48所示，完成后的效果如图5-49所示。

STEP 10 使用同样的方法做出第2个单词的投影效果，如图5-50所示。

（a）

（b）

图5-48 编辑制作第1个字母的投影效果

图5-49 完成后的效果

图5-50 为第2个字母制作投影效果

STEP 11 按Ctrl+Enter键测试影片，效果如图5-51所示。

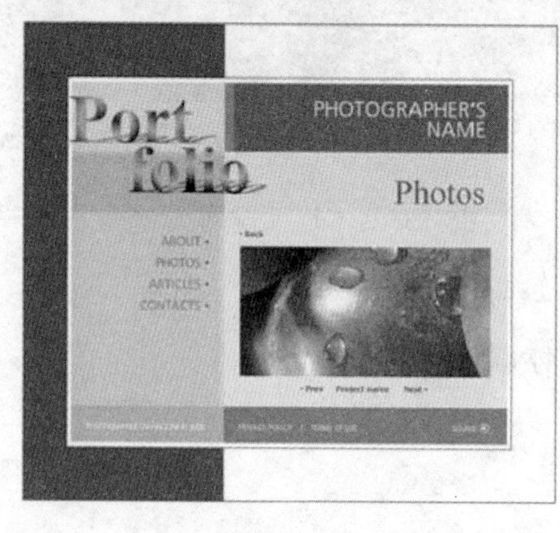

图5-51 最终效果

总结：

在本章中，主要讲解了Flash中的创建与设置文本属性等相关知识。通过本章的学习，读者应能够掌握创建文本、格式化文字的字符与段落属性、设置不同类型文本的特殊属性及将文本转换为形状并编辑等操作，从而满足不同动画作品中，对于文本的设计需求。

5.6 拓展训练——为网站格式化标题文字

STEP 01 打开随书所附光盘中的文件“第5章\5.6 拓展训练——为网站格式化标题文字-素材.fla”，如图5-52所示。

STEP 02 选择【文本工具】，直接在舞台中单击，以插入输入文本的光标，此时会出现一个点文本框，其右上方显示一个空心圆标记，如图5-53所示。

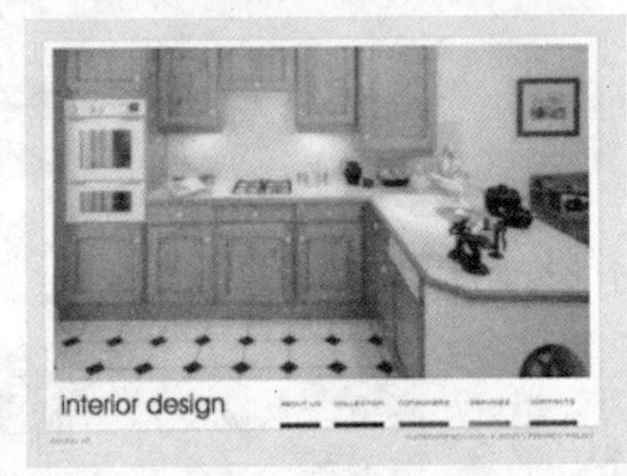

图5-52 打开素材

图5-53 单击创建文本框

STEP 03 在文本框中输入需要的文字，文字会连续显示，如图5-54所示。

STEP 04 按照上一步的方法，继续输入其他文字内容，如图5-55所示。

图5-54 输入文字

图5-55 文本连续排列

STEP 05 如果需要换行，按Enter键，下一行的文本仍然连续排列。

STEP 06 文字输入完成后，可使用【选择工具】将字体调整到合适的位置。

> **提示：**
> 如果双击固定宽度模式下的文本框右上方的矩形标记，则该模式会自动转换为连续输入模式。如果拖曳连续模式文本框右侧的空心圆标记改变文本框的大小，文字输入模式自动转换为固定宽度的输入模式。

需要注意的是，输入传统文本后的文本框，其周围有4个控制句柄，通过拖动可改变文本框的宽度，如图5-56所示；而TLF文本则拥有8个控制句柄，通过拖动可调整文本框的大小，并会自动转换成为段落文本框，如果有无法显示完全的文本，会在文本框的右下角显示一个⊞图标，如图5-57所示，单击该图标然后在空白的位置再次单击，即可展开未显示出来的文字内容。

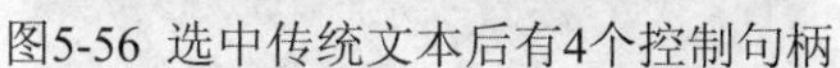
图5-56 选中传统文本后有4个控制句柄

图5-57 选中TLF文本后有8个控制句柄

5.7 课后练习

1. 选择题

（1）在Flash中，下列可以为文字设置的字符属性包括（　　）。

A. 字体　　B. 字号　　C. 消除锯齿方式　　D. 颜色

（2）要将单个字母转换为矢量图形，需要按（　　）键（　　）次？（　　）

A. Ctrl+shift+O，1　　B. Ctrl+B，1　　C. Ctrl+B，2　　D. Ctrl+Shift+O，2

（3）下列可以在输出动画后，在其中输入文字内容的文本类型是（　　）。

A. 输入文本　　B. 动态文本　　C. 静态文本　　D. 无法实现此功能

2. 判断题

（1）将文字转换矢量后仍使用文字工具T修改文字。（　　）

（2）在Flash中对文本进行旋转处理后，将不可以对文本进行编辑。（　　）

（3）静态和动态文本都可以设置超级链接。（　　）

3. 上机题

（1）分别指出下列3种格式属于哪种路径类型，并说明其适用范围。

- C:\Documents and Settings\Administrator\My Documents\dzwh.html
- http://www.dzwh.com.cn
- \page\dzwh.html
- dzwh.html

（2）打开随书所附光盘中的文件“第5章\5.7 课后练习-2-素材1.fla”，如图5-58所示，结合“第5章\5.7　课后练习-2-素材2.txt”中的文字及本章讲解的关于文字的相关内容，尝试制作得到类似如图5-59所示的效果。

图5-58 素材图像

图5-59 格式化文字后的效果

（3）打开随书所附光盘中的文件“第5章\5.7　课后练习-3-素材.fla”，如图5-60所示，结合本章讲解的输入文字及为文本设置超链接功能，在网页左上方的导航栏中输入相关的文字，并将其链接至与文字同名的HTML文件上，得到的效果如图5-61所示。

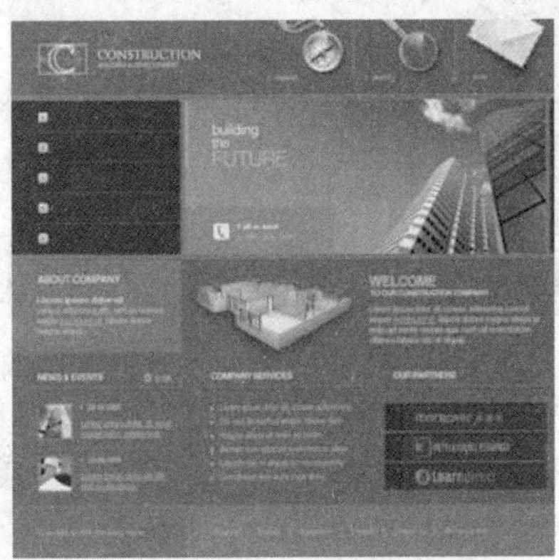

图5-60 素材图像　　图5-61 输入文字并设置链接后的效果

（4）打开随书所附光盘中的文件“第5章\5.7　课后练习-4-素材1.fla”，如图5-62所示，将“第5章\5.7　课后练习-4-素材2.txt”中的文字粘贴至当前的文件中，并进行适当的字符属性设置，直至得到类似如图5-63所示的效果。

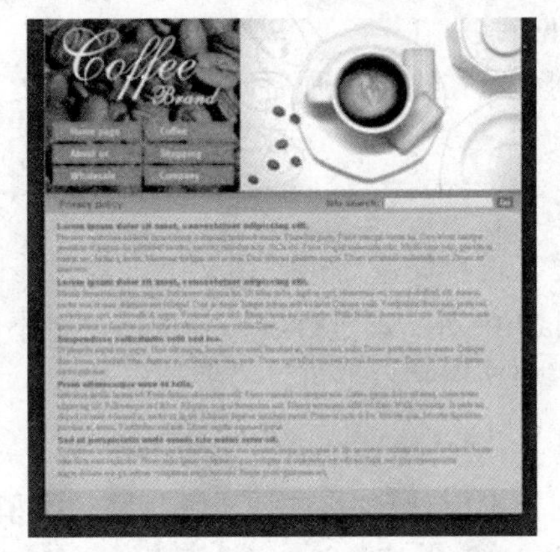

图5-62 素材图像　　图5-63 格式化文字后的效果

（5）使用本章讲解静态文本属性的素材，假设在“C:\Documents and Settings\Administrator\My Documents”中存在一个名为dzwh.html的文件，在该示例中，改超链接的地址指定该文件。

第6章 动画设计基础

6.1 元件与实例的基本概念

6.1.1 元件

在制作动画时，常常会用到一些重复的元素，如按钮、文字、小动画等。如果每一个重复元素都制作一遍会浪费很多时间和精力，为此Flash提供了元件的概念与功能。

一旦某一个对象被定义为某一种元件，则不但可以被重复应用多次，而且在输出保存或播放具有元件的动画时，播放器只下载一次该元件的信息即可保证动画流畅显示。因此，使用元件不仅能够大大缩短浏览者下载资料的等待时间，而且还可以使动画文件所占的储存空间非常小。

另外，如果修改元件则无论该元件被使用过多少次，所有该元件的副本都将发生变化，从而降低了修改动画的难度，例如，将某一个元件的透明度改变为50%，则使用该元件所创建的实例的透明度都会被改变为50%。

6.1.2 实例

实例就是将元件从“库”面板中拖至舞台后的统一名称，一个元件可以创建多个实例，每一个实例都具有该元件的属性。

在工作区域中改变实例的属性不会影响元件的属性，但如果改变元件的属性，则可影响到用该元件所创建的所有实例。

除此之外，元件具有嵌套特性，即一个元件可以嵌套另外一个或几个元件，如图6-1所示的编辑栏，编辑栏中左边的元件嵌套右边的元件，双击则可以进入元件内部。图6-2为与图6-1编辑栏对应的元件嵌套关系的示意图。元件层层嵌套，这样就形成了具有复杂功能的大型元件，而通过使用这些具有复杂功能的元件，则可以大幅度提高动画的复杂程度及精美程度。

图6-1 编辑栏中具有嵌套关系的元件

(a) 场景“场景1”

(b) 影片剪辑元件“女孩跳舞”

（c）“女孩跳舞”中的“脑袋”元件

（d）“女孩跳舞”中的“身体”元件

图6-2 元件嵌套关系示意图

6.2 创建元件

6.2.1 元件的类型

Flash主要包括了3大类元件，即“影片剪辑”、“按钮”和“图形”，每一类元件的表现方式及功用各不相同。

- 影片剪辑：此元件本身一个小动画，当此类元件被应用于动画中时，可以在动画中创建循环播放此元件所定义的动画的效果，其图标为。在“影片剪辑”元件中可以加入以下将讲述的“图形”元件、“按钮”元件，甚至是另一个“影片剪辑”元件，如果将此元件与Action Script动作语言结合，则可以使元件具有更加丰富的效果。
- “按钮”元件用于创建动画中所使用的交互控制按钮，其图标为。如具有播放功能的按钮、具有停止功能的按钮、具有发送功能的按钮，此按钮元件通常是与Action Script结合运用的。此外，由于按钮元件可以定义并感知鼠标在该元件上方的状态，因此如果希望某一动画具有感知鼠标状态的功能，也可以将该元件定义为“按钮”型元件。
- “图形”元件是最常用的元件，通常用于保存静态的图形或图像，利用“图形”元件可以创建多种类型的动画，其图标为。值得一提的是，“图形”元件也可以像“影片剪辑”元件那样包含一段动画，但不同的是，首先，“图形”元件的动画效果受到主场景帧数的影响，即仅在主场景帧数大于或等于该元件所具有动画帧数时，才可以看到完整的动画效果，而无论主场景的帧数是多少，“影片剪辑”元件的动画效果都能够完整播放。

提示：

对于交互式控件及声音等元素，在图形元件中也都不起作用，不过有一点值得说明的是，由于图形元件中的动画是依附于主时间轴，所以它生成的文件要比影片剪辑或按钮元件略小一些，在对文件大小有严格控制的网络动画或网页设计领域中，可以灵活地运用这一特性，尽可能地压缩动画文件的大小。

在Flash中，创建这3类元件的方法是基本相同的，其一是直接创建一个空的新元件，然后在其中填充内容，另外一种方法就是在现有元素的基础上，将其转换成为元件，读者可以根据需要选择合适的方法。下面来讲解一下这2种方法的具体操作。

6.2.2　直接建立元件

可直接建立一个元件，可选择“插入”|“新建元件”命令，在弹出的“创建新元件”基本对话框中选择需要的元件类型，如图6-3所示。单击“确定”按钮进入元件编辑状态，在该状态创建所需要的元件内容即可。

单击对话框右下角的“高级”按钮，则弹出元件设置的高级选项，如图6-4所示。

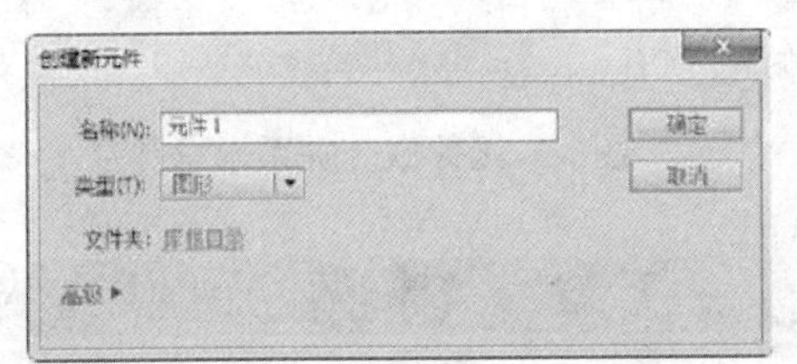

图6-3 “创建新元件”对话框

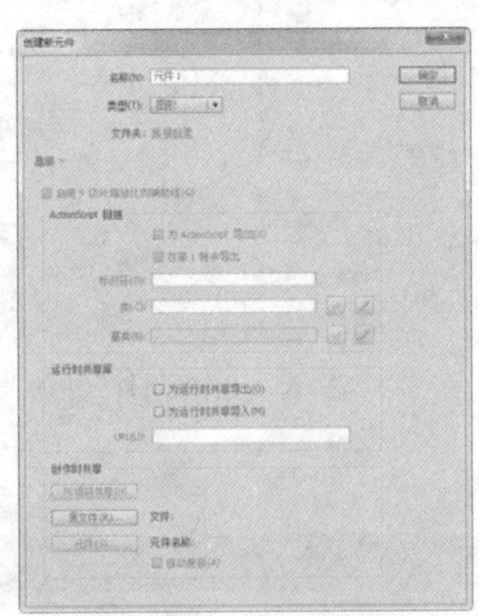

图6-4 选择“高级”选项的“创建新元件”对话框

该对话框中的主要参数解释如下。

- 类型：在此下拉菜单中，可以选择可创建的3种元件类型，即图形、影片剪辑和按钮。
- 文件夹：单击其后面的“库根目录”文件按钮，在弹出的对话框中可以设置当前元件创建后将保存在“库”中的哪个位置，或将元件创建到新的文件夹中，如图6-5所示。
- 链接：在此区域设置元件输出或导入的类型及URL的链接位置。
- 源：单击其后的“浏览”按钮，在弹出的对话框中选择一个fla文档，并在随后弹出的对话框中选择其中的一个元件，单击“确定”按钮，即可以将该元件设置为当前文档的新建元件。

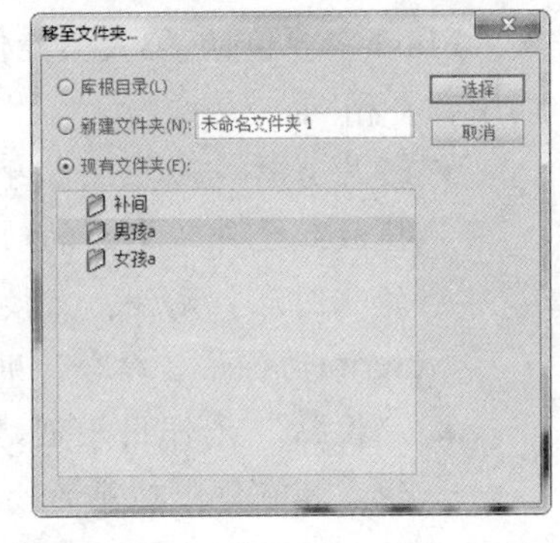

图6-5 选择新元件保存的位置

实例1：完善网页按钮元素

下面，将以创建图形元件为例，讲解一下直接创建元件的方法，其操作步骤如下所述。

STEP 01 打开随书所附光盘中的文件“第6章\实例1：完善网页按钮元素-素材1.fla”。

STEP 02 选择“插入”|“新建元件”命令或按Ctrl+F8键，则弹出“创建新元件”对话框。

STEP 03 在“名称”文本框中输入新建元件的名称为“tu”。

STEP 04 在“行为”选项区域选择新建元件的类型为“图形”，此时的“创建新元件”对话框如图6-6所示。

STEP 05 通常情况下不需要设置元件的高级选项。在上一步选择元件类型后单击“确定”按钮，打开一个中心有“+”号的元件操作舞台，即进入了元件编辑状态。

STEP 06 按Ctrl+R键应用“导入到舞台”命令，在弹出的对话框中，打开随书所附光盘中的文件“第6章\实例1：完善网页按钮元素-素材2.png”。

STEP 07 单击“打开”按钮，素材文件即被导入至舞台中，如图6-7所示。

STEP 08 此时，新建的元件被保存于“库”面板中，如图6-8所示。完成元件创建后，单击舞台上面的返回场景按钮 场景 1，返回到主场景舞台中。

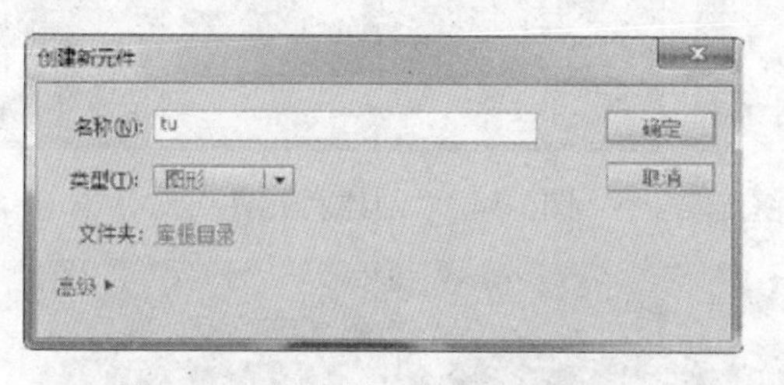

图6-6 “创建新元件”对话框

图6-7 元件舞台显示

图6-8 “库”面板

STEP 09 从“库”面板中拖曳元件“tu”至舞台中，按图6-9所示放置。

STEP 10 按Ctrl+D键，复制3个此元件，效果如图6-10所示。

STEP 11 沿背景图片的圆形边缘放置复制的元件，效果如图6-11所示。可以结合所学的知识，制作出更多特殊效果。

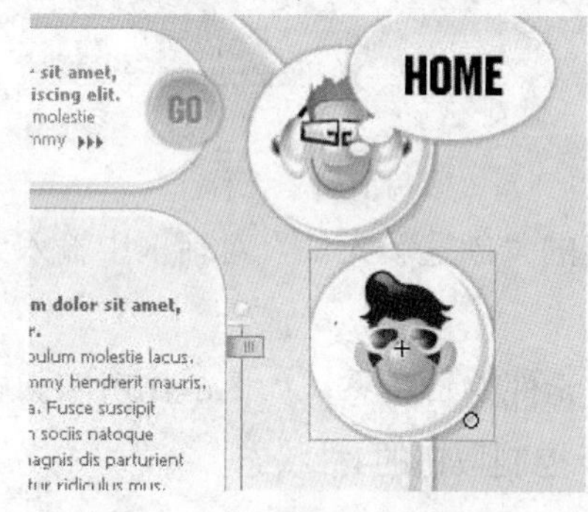

图6-9 拖拽元件至所需位置

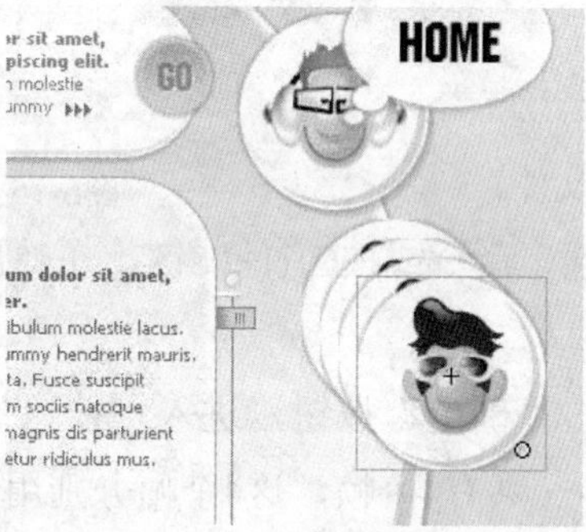

图6-10 复制元件

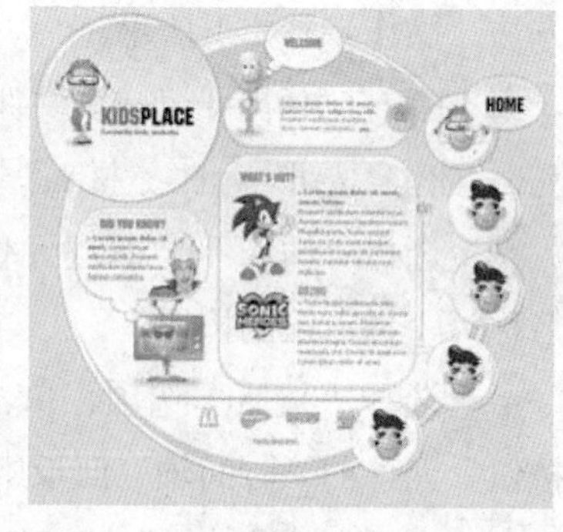

图6-11 最终效果

创建元件的另外一种方法是，将在Flash中绘制的图形、输入的文字、导入的图像等对象直接转换成为元件，即选中了一个对象后，按F8键即弹出“转换为元件”对话框中，如图6-12所示，该对话框与“创建新元件”对话框中的选项相似，只是该对话框中多了一个“注册”选项。单击“注册”选项后面的定位框，可以选择元件的中心点位置。如单击选择左上角的点，中心点即注册在元件的左上方。

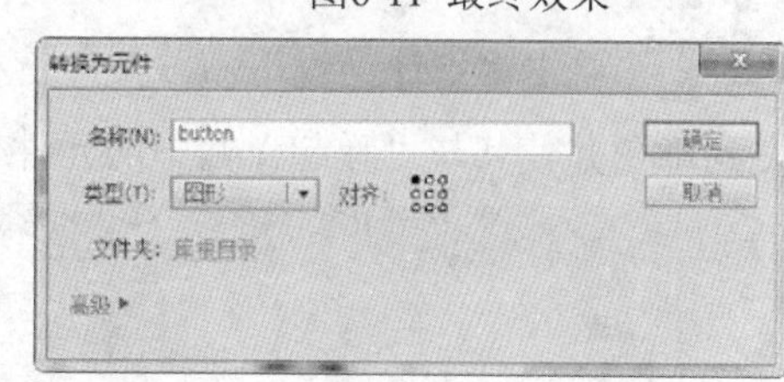

图6-12 “转换为元件”对话框

实例2：将动画转换为“影片剪辑”元件

除了按照6.2.1节的方法，将选中的对象转换成为“影片剪辑”外，还可以将一段动画转换成为影片剪辑，其操作方法如下。

STEP 01 打开随书所附光盘中的文件“第6章\实例2：将动画转换为‘影片剪辑’元件-素材.fla”，

在“时间轴”面板中选择需要转换成“影片剪辑”元件的动画的所有图层中所有帧，选择“编辑”|“时间轴”|“复制帧”命令，如图6-13所示。

STEP 02 选择“插入”|“新建元件”命令或按Ctrl+F8键，在弹出的“创建新元件”对话框中输入元件名称“zong”，选择“影片剪辑”选项，单击“确定”按钮确认，如图6-14所示，即进入“影片剪辑”元件的编辑状态。

图6-13 选择要转换的图层中的所有帧

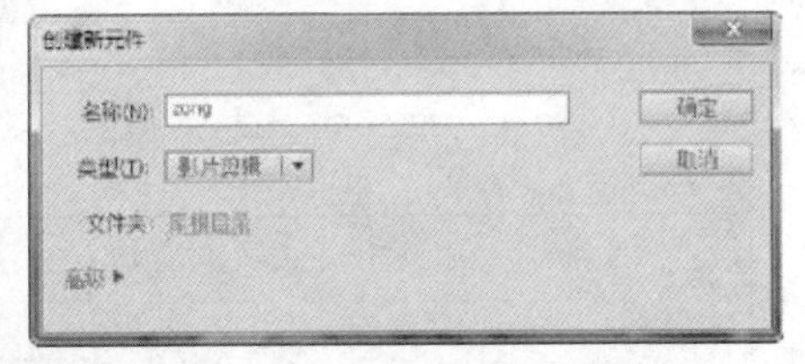

图6-14 “创建新元件”对话框

STEP 03 在“影片剪辑”元件的“时间轴”面板中右击选择第1帧，在弹出的菜单中选择“粘贴帧”命令。

STEP 04 所复制的动画图层和帧被粘贴至“影片剪辑”元件的“时间轴”面板，并显示在“库”面板中，如图6-15所示。

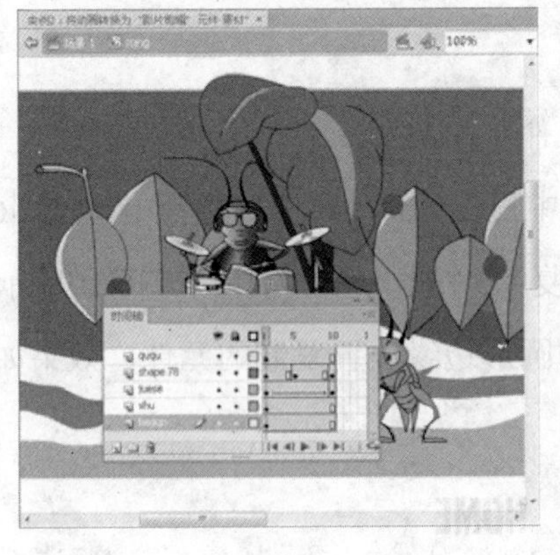

（a）　（b）

图6-15 得到新“影片剪辑”元件

实例3：创建“按钮”元件

下面来详细讲解创建新“按钮”元件的方法，操作步骤如下所示。

STEP 01 打开随书所附光盘中的文件“第6章\实例3：创建‘按钮’元件-素材.fla”文件。

STEP 02 选择“插入”|“新建元件”命令或按Ctrl+F8键，在弹出的“创建新元件”对话框中输入元件名称为“播放控制按钮”。

STEP 03 选择“按钮”选项，单击“确定”按钮，进入“按钮”元件编辑状态，如图6-16所示。在“按钮”元件的“时间轴”面板中一共有4个帧，这4个帧分别用于控制按钮的4种状态。

STEP 04 单击选择“弹起”帧，将“库”面板中的图形元件“弹起”拖曳到舞台，如图6-17所示。

STEP 05 单击“指针经过”帧，按F7键插入空白关键帧，将“库”面板中的图形元件“指针经过”拖曳到舞台并使其与“弹起”帧中的元件位置重合，如图6-18所示。

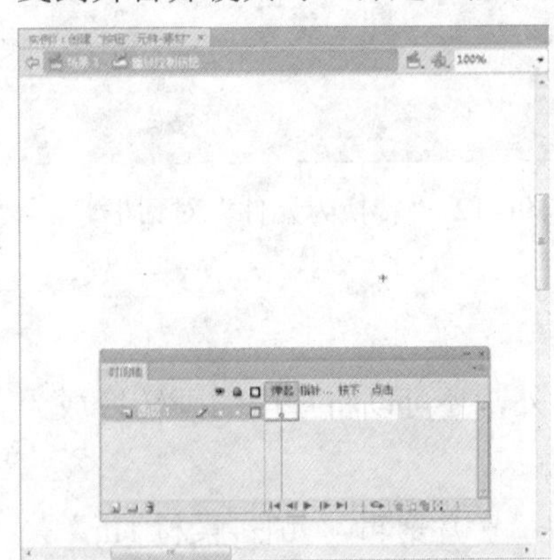

图6-16 “按钮”元件操作界面

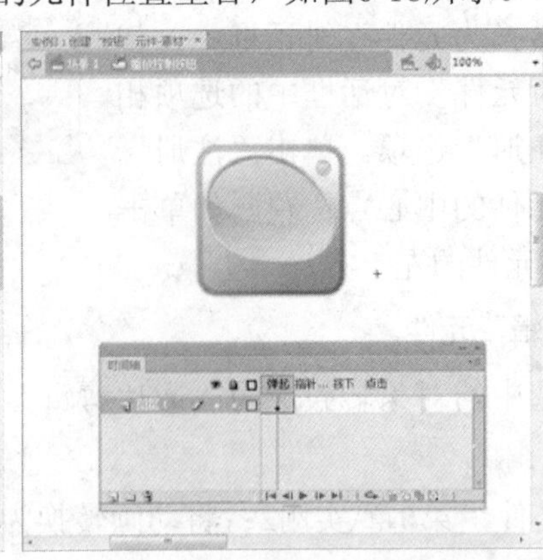

图6-17 “弹起”帧效果

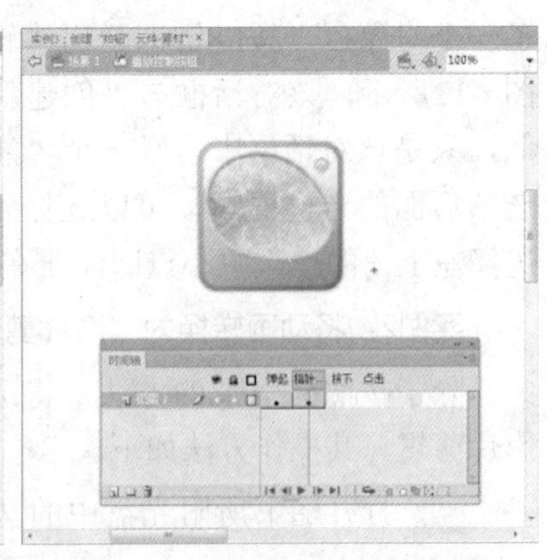

图6-18 “指针经过”帧效果

- 弹起帧：此帧定义按钮在舞台中的常规状态，即鼠标未在按钮上单击、滑过时的状态。
- 指针经过帧：此帧定义鼠标滑至按钮上方时按钮的显示状态。
- 按下帧：此帧定义鼠标按下按钮时的状态。
- 点击帧：此帧用于设置鼠标的感知范围。即在此可以定义鼠标移至按钮上，按钮能够感知到鼠标的范围。

STEP 06 单击进入“按下”帧，按F7键插入一个空白关键帧，选择“弹起”帧中的对象按Ctrl+C键执行“复制”操作，返回至“按下”帧按Ctrl+Shift+V键原位粘贴，效果如图6-19所示。

STEP 07 单击“点击”帧按F6键插入关键帧，以定义响应鼠标动作的区域，即响应区域与按钮的大小相同。

STEP 08 单击舞台左上角的返回主场景按钮 ⇦，从“库”面板中拖曳“按钮”元件至第1帧，按Ctrl+Enter键在播放器中浏览效果，如图6-20所示。

提示：

将“按钮”元件加入至动画时，根据所要控制的帧的位置将其加入至相应的帧中。

STEP 09 选择“按钮”元件后“属性”面板显示如图6-21所示。该面板与选择“影片剪辑”元件时的“属性”面板基本相似，不同之处是该面板多了一个设置按钮轨迹的选项。

图6-19 “按下”帧效果

图6-20 在播放器中检验按钮效果

图6-21 选择“按钮”元件时的“属性”面板

提示：

如果“弹起”帧为空，那么按钮将依据“点击”帧中的内容轮廓创建一个蓝色半透明按钮，它在最后发布的动画中不会出现，但可以让它带有按钮的功能，包括为其设置ActionScript语言等。如图6-22所示就是为4个按钮增加透明按钮前后的效果对比。

(a)

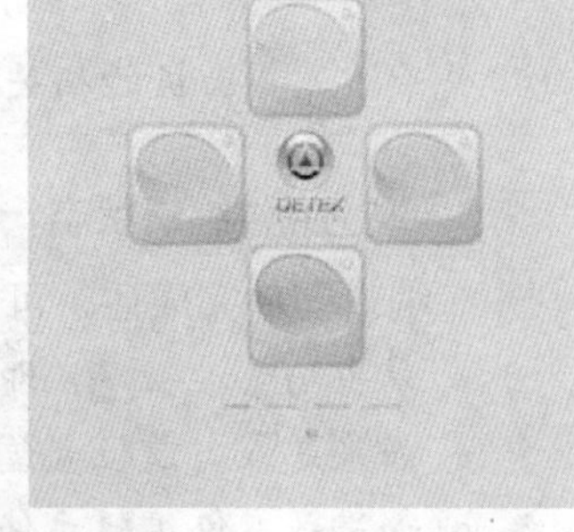

(b)

图6-22 增加透明按钮前后的效果对比

6.3 编辑元件与实例

6.3.1 在不同模型下编辑元件的内容

要改变元件的内容，就需要进入到元件的内部对其进行编辑，编辑完成后，所有与之相关的实例，都会发生相应的变化。

在Flash中，可以使用2种方法来编辑元件的内容，下面分别讲解一下其相关操作。

1. 在当前位置编辑元件

要在当前位置编辑元件，可按照下述方法进行操作。

- 双击要编辑的元件。
- 选中要编辑的元件，选择“编辑”|“在当前位置”编辑命令。

此时将会淡化元件以外的内容，以便结合舞台的需要来修改元件，如图6-23所示。

(a)

(b)

图6-23 原位编辑元件前后的状态对比

2. 仅编辑元件

另一种编辑元件内容的方法就是在不显示舞台内容的情况下，仅对元件进行编辑，其操作方法如下。

- 选中要编辑的元件，按Ctrl+E键进入其编辑状态。
- 在“库”面板中双击要编辑的元件的图标。
- 在“库”面板中选中要编辑的元件，双击其顶部的预览区。

提示：

关于“库”面板的相关操作，请参见本章第5节的讲解。

3. 退出元件编辑状态

在编辑元件完成后，可以执行下述操作，以退出元件编辑状态。

- 单击场景按钮，即可直接返回舞台。
- 如果是在当前位置编辑元件，可以在元件以外的区域双击，以返回舞台。
- 如果是在仅编辑元件的模式下，可以按Ctrl+E键返回舞台。
- 单击工具栏上的返回上一级按钮，可以一层一层地逐级向上返回，直至返回到舞台为止。

6.3.2 交换元件

在“属性”面板中，单击实例名称后面的“交换”按钮，在弹出的对话框中，可以选择要替换当前所选元件的对象，如图6-24所示。此对话框中显示“库”面板中所有的元件，选择一个元件单击“确定”按钮即可用选择的元件替换当前选择的元件。

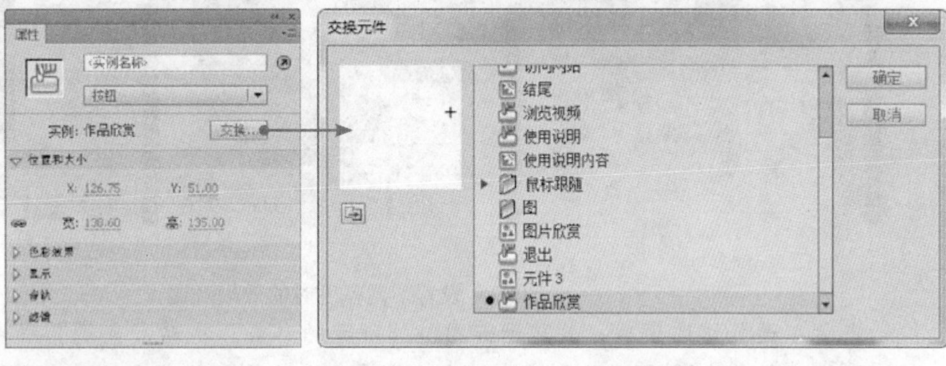

图6-24 “交换元件”对话框

6.3.3 改变元件/实例的类型

要改变元件的类型，需要按Ctrl+L键显示“库”面板，然后在要改变类型的元件上右击，在弹出的菜单中选择“属性”命令，在弹出对话框的“类型”下拉菜单中选择新的类型，然后单击“确定”按钮退出对话框即可。

要改变实例的类型，可以在“属性”面板的顶部进行设置，如图6-25所示，选择下拉菜单中不同的类型即可进行修改。

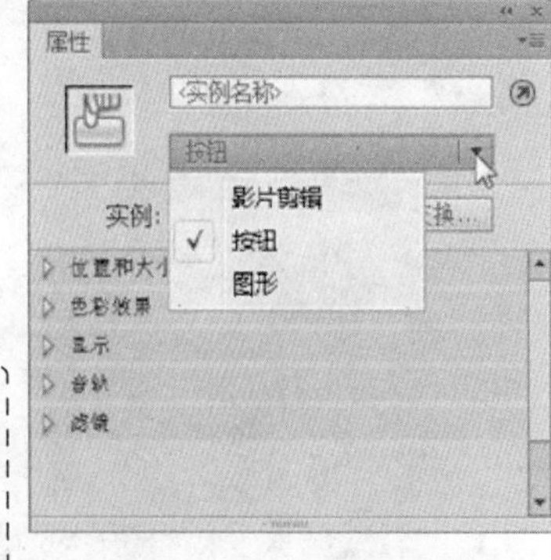

图6-25 “属性”面板

提示：

修改元件的类型，不会影响舞台中对应实例的变化，反之，修改实例的类型，也不会对“库”中的元件产生影响。

6.4 设置实例属性

Flash中的3类元件，各自有其特殊的功能，因此在属性的设置上也各有不同，在本节中，将针对它们共性的属性及不同的属性分别进行讲解。

6.4.1 色彩效果

Flash为3类元件提供了一个共同的属性设置，即色彩效果设置，其中包括了亮度、色调、高级和Alpha 4个参数，如图6-26所示，下面来分别讲解一下这4个参数的功能。

- 亮度：在选择此选项的情况下，可以改变图像的亮度。数值最大时可将元件改为白色，数值最小时则改变为黑色。图6-27所示为设置了不同“亮度”属性时的效果（见随书所附光盘中的文件第6章\6.4.1色彩效果-素材.fla）。

图6-26 “属性”面板

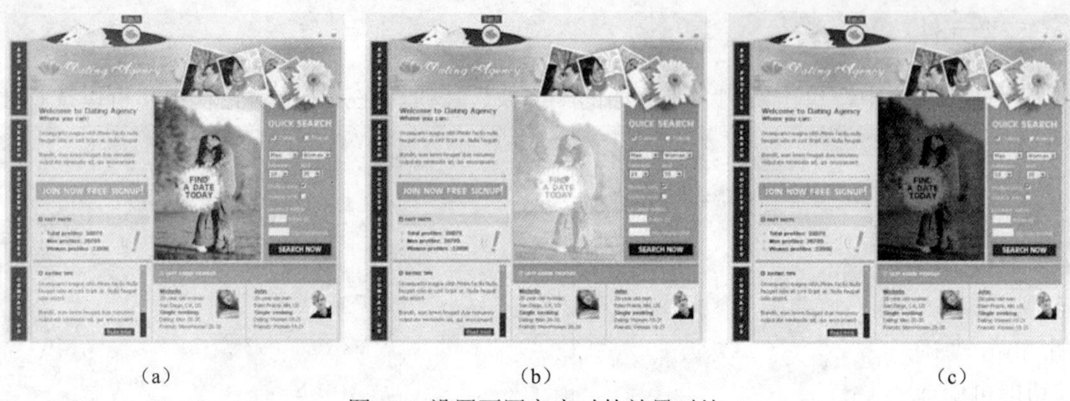

（a）　　　　　　　　（b）　　　　　　　　（c）

图6-27 设置不同亮度时的效果对比

- 色调：选择该选项后，将显示如图6-28所示的参数。拖动“色调”滑块可以设置颜色的浓度，当数值为100%时，则完全填充为实色；单击右侧的颜色块，在弹出的颜色选择框中选择颜色，或拖动底部的“红”、“绿”、“蓝”滑块，都可以调整为元件叠加的颜色，如图6-29所示是分别叠加不同颜色时得到的不同效果。

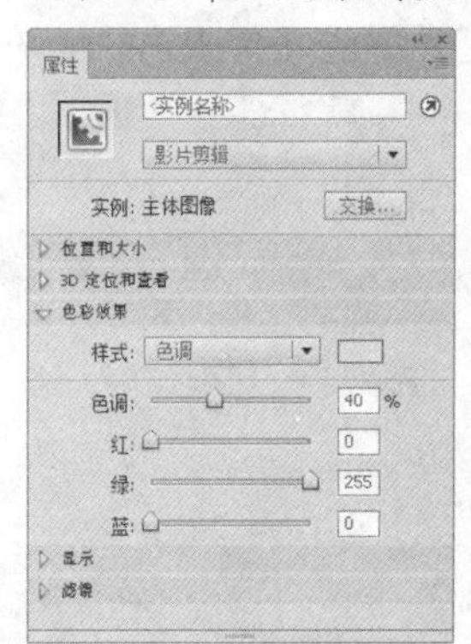

图6-28 “属性”面板

（a）　　　　　　　　（b）

图6-29 调整不同颜色时的不同效果

- Alpha：选择该选项后，拖动滑块即可调整图像的透明属性，如图6-30所示是调整不同数值时得到的不同效果。

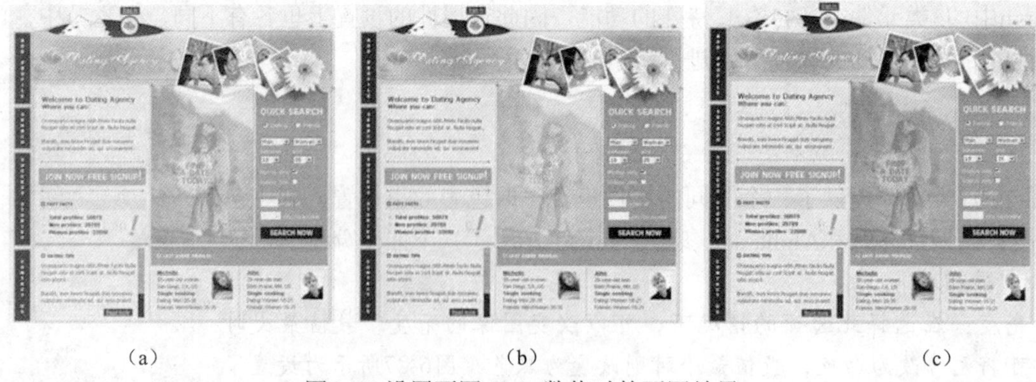

（a）　　　　　　　　（b）　　　　　　　　（c）

图6-30 设置不同Alpha数值时的不同效果

- 高级：选择该选项后，将可以对元件进行更多的参数设置，如图6-31所示，总的来说就是包括了前面讲解过的“亮度”、“色调”及“Alpha”3个参数的全部功能，只不过在调整方式上略有差别，图6-32所示就是分别设置不同参数后得到的调整效果。

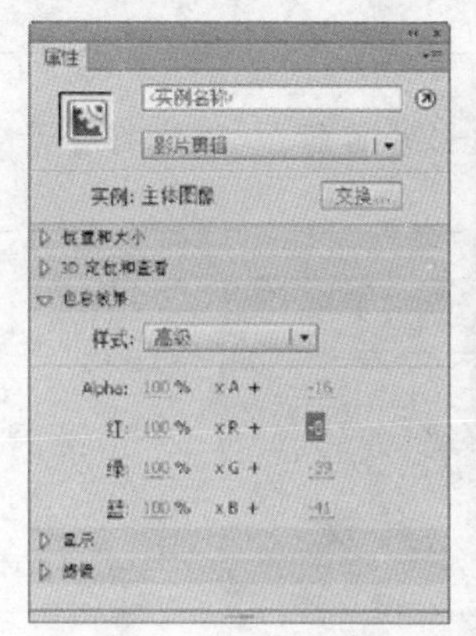

图6-31 “属性”面板

(a)

(b)

图6-32 调整不同颜色时的不同效果

6.4.2 混合模式

混合模式是指可以创建复合图像的模式。复合是改变两个或两个以上重叠对象的透明度或颜色相互关系的过程。混合模式只有当对象是影片剪辑或按扭时才可用。

选中需要添加混合模式的对象，在“属性”面板中的“混合”下拉菜单中选择合适的混合模式即可，如图6-33所示。

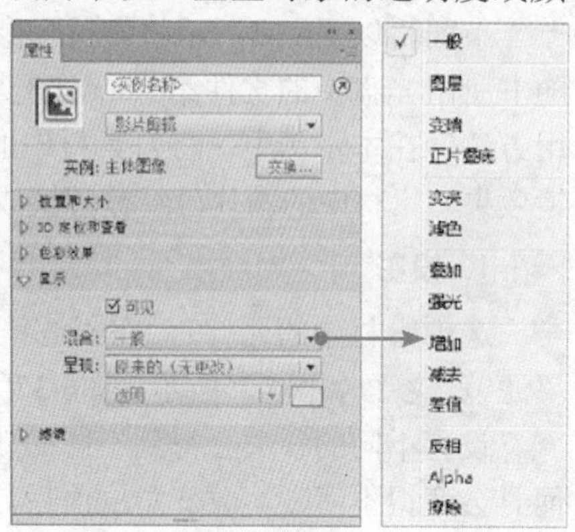

图6-33 混合模式下拉菜单

混合模式不仅取决于要应用混合对象的颜色，还取决于基础颜色。建议读者试验不同的混合模式，以获得所需效果，下面来简单介绍一下各混合模式的基本功能。

- 一般：正常应用颜色，不与基准颜色发生交互。
- 图层：可以层叠各个影片剪辑，而不影响其颜色。
- 变暗： 只替换比混合颜色亮的区域。比混合颜色暗的区域将保持不变。
- 正片叠底：将基准颜色与混合颜色复合，从而产生中和的颜色。
- 变亮：只替换比混合颜色暗的像素。比混合颜色亮的区域将保持不变。
- 滤色：将混合颜色的反色与基准颜色复合，从而产生漂白效果。
- 叠加：复合或过滤颜色，具体操作需取决于基准颜色。
- 强光：复合或过滤颜色，具体操作需取决于混合模式颜色。该效果类似于用点光源照射对象。
- 增加：通常用于在两个图像之间创建动画的变亮分解效果。
- 减去：通常用于在两个图像之间创建动画的变暗分解效果。
- 差值：从基色减去混合色或从混合色减去基色，具体取决于哪一种的亮度值较大。该效果类似于彩色底片。
- 反相：反转基准颜色。
- Alpha：应用Alpha遮罩层。
- 擦除：删除所有基准颜色像素，包括背景图像中的基准颜色像素。

"擦除"和"Alpha"混合模式要求将"图层"混合模式应用于父级影片剪辑。不能将背景剪辑更改为"擦除"并应用它，因为该对象将是不可见的。

6.4.3 滤镜

滤镜是Flash在Flash 8.0版本中增加的功能，使用它可以制作更多的特殊效果，如调整颜色、投影、模糊、发光、斜角等。需要注意的是，迄今为止，滤镜功能只能运用于文字、按钮元件及影片剪辑元件中。

选中要添加滤镜的对象，显示"属性"面板并展开其中的"滤镜"选项，如图6-34所示。单击"添加滤镜"按钮，在此菜单中选择不同的命令即可进行不同效果的编辑。

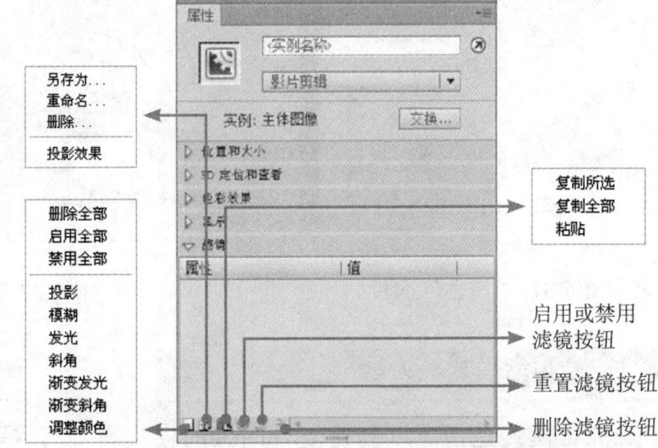

图6-34 "属性"面板中的"滤镜"面板

下面将以图6-35所示的素材图像为例（见随书所附光盘中的文件第6章\6.4.3滤镜-素材.fla），来讲解各个滤镜的使用方法。在本示例中，将对素材中的6幅图片和文字"PHOTOS"添加滤镜效果，素材中的图片已经被转换成为"影片剪辑"元件。

图6-35 素材文件

1. 投影

选中素材中的元件1，在"滤镜"选项中单击"投影"命令，此时的"滤镜"参数如图6-36所示，图6-37所示为此设置对应的效果。

设置不同的参数会得到不同的效果，如增加模糊值后，投影面积增大而且会变得不清晰，改变角度值后，投影的角度即会随即改变。勾选"挖空"、"内阴影"或"隐藏对象"后会出现不同的效果，如图6-38所示。

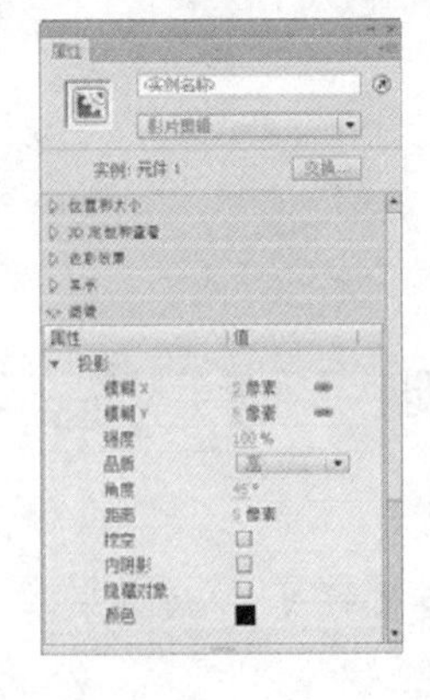

图6-36 添加了"投影"的"滤镜"参数

图6-37 对应的效果

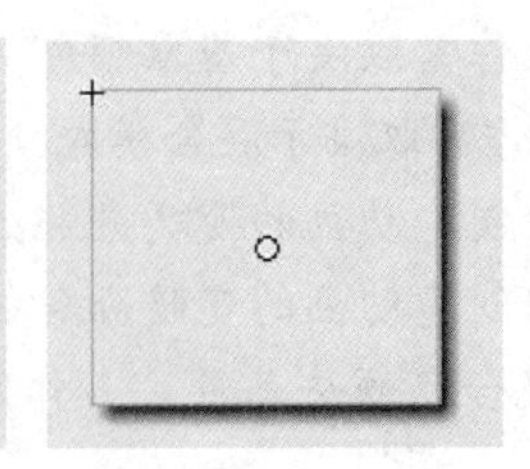

（a）挖空

（b）内阴影

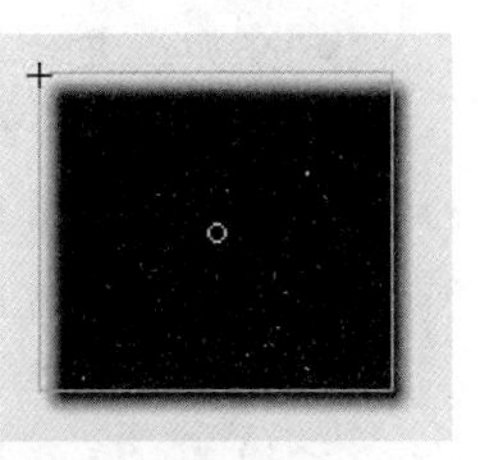

（c）隐藏对象

图6-38 勾选不同的命令对应的效果

2．模糊

选中素材中的元件2，在“滤镜”选项中单击“模糊”命令，此时的“滤镜”参数如图6-39所示，图6-40所示为此设置对应的效果。

3．发光

选中素材中的元件3，在“滤镜”选项中单击“发光”命令，设置X、Y轴的模糊值，将颜色值设为“#990000”此时的“滤镜”参数如图6-41所示，图6-42为此设置对应的效果。

勾选“挖空”或“内发光”后会出现不同的效果，如图6-43所示。

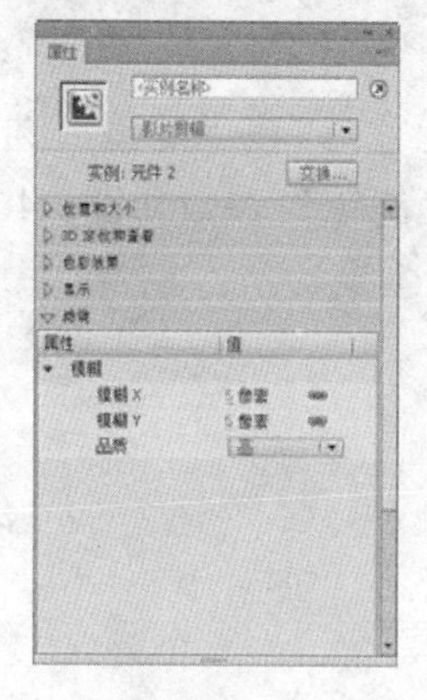

图6-39 添加了“模糊”的“滤镜”参数

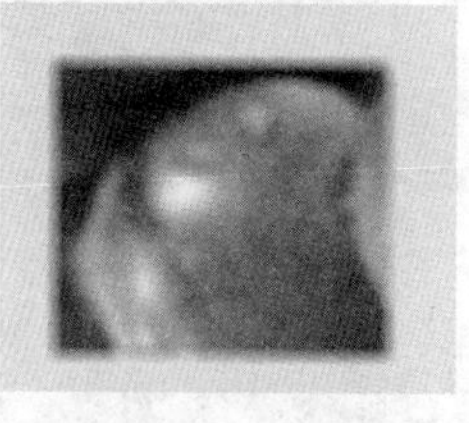

图6-40 对应的效果

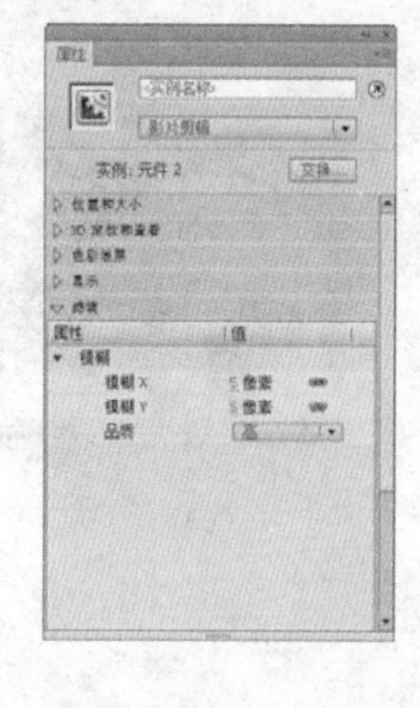

图6-41 添加了“发光”的“滤镜”参数

图6-42 对应的效果

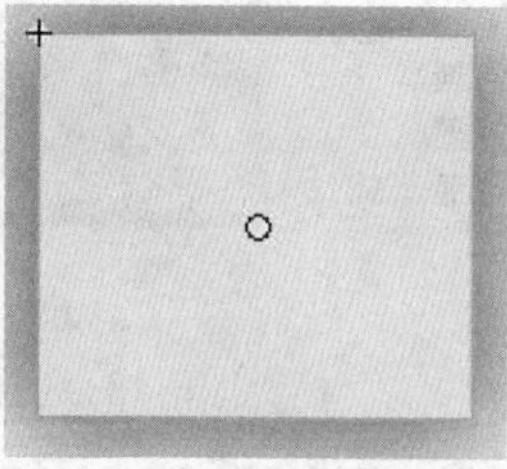

(a) (b)

图6-43 勾选不同的命令对应的效果

4．渐变发光

选中素材中的元件4，在“滤镜”选项中单击“渐变发光”命令，将开始渐变色标处的颜色值设为“#BE1B05”，结束渐变色标处的颜色值设为“#640000”，此时的“滤镜”参数如图6-44所示，图6-45所示为此设置对应的效果。

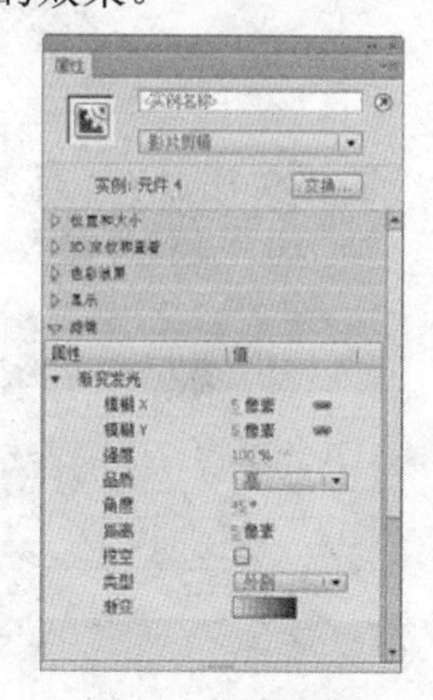

图6-44 添加了“渐变发光”的“滤镜”参数

图6-45 对应的效果

01 chapter P1–P12
02 chapter P13–P18
03 chapter P19–P44
04 chapter P45–P70
05 chapter P71–P86
06 chapter P87–P120
07 chapter P121–P166
08 chapter P167–P180
09 chapter P181–P188
10 chapter P189–P224
11 chapter P225–P250

5. 斜角

选中素材中的元件5，在“滤镜”选项中单击“斜角”命令，此时的“滤镜”参数如图6-46所示，图6-47所示为此设置对应的效果。

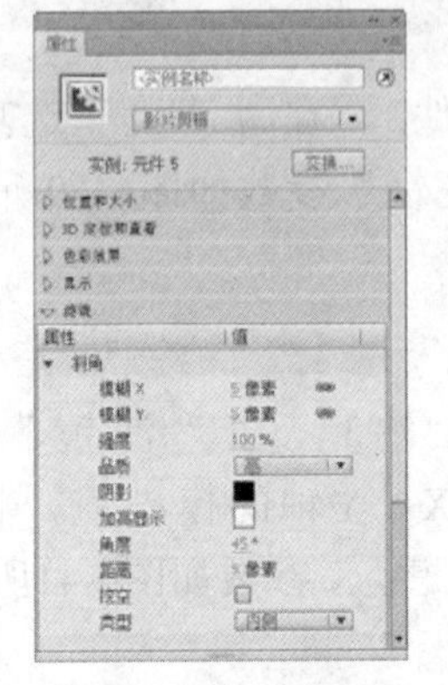

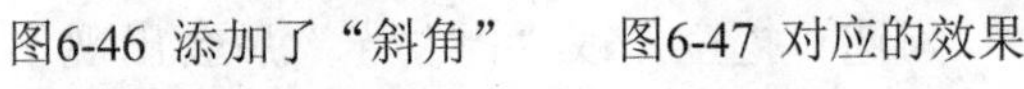

图6-46 添加了“斜角”的“滤镜”参数 　　图6-47 对应的效果

在类型下拉列表中选择不同的选项会出现不同的效果，如图6-48所示。

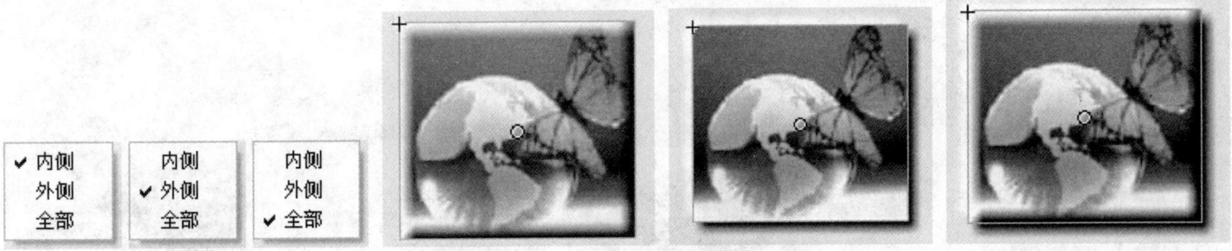

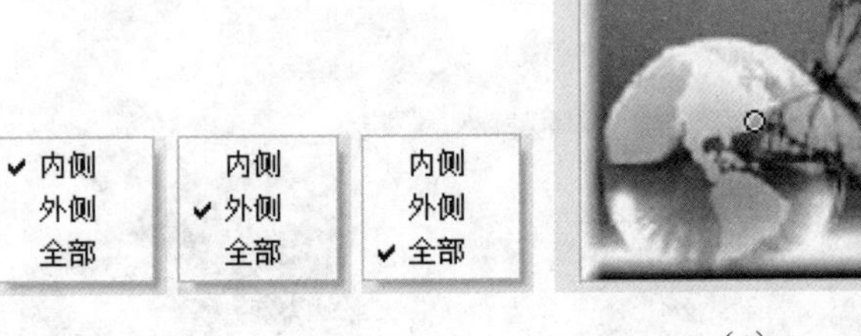

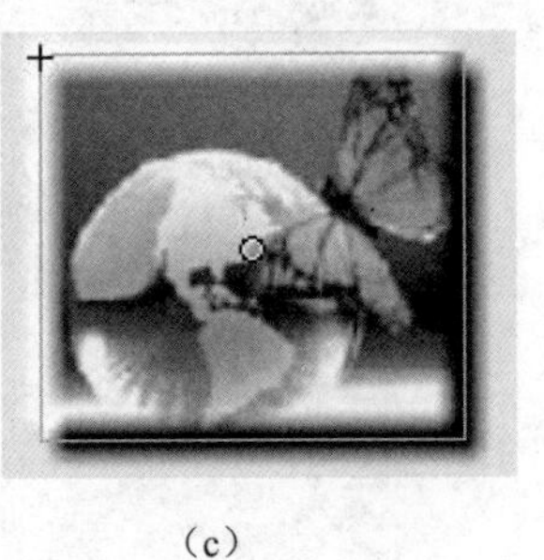

(a)　(b)　(c)

图6-48 选择不同的选项对应的效果

6. 渐变斜角

选中素材中的元件6，在“滤镜”选项中单击“渐变斜角”命令，此时的“滤镜”面板如图6-49所示，图6-50所示为此设置对应的效果。

在类型下拉列表中选择不同的选项会出项不同的效果，如图6-51所示。

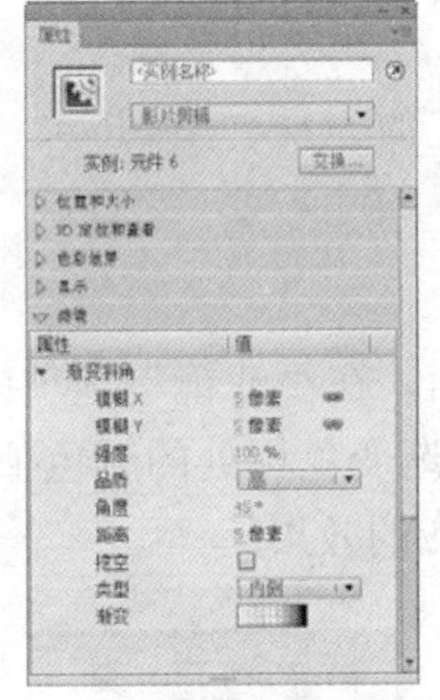

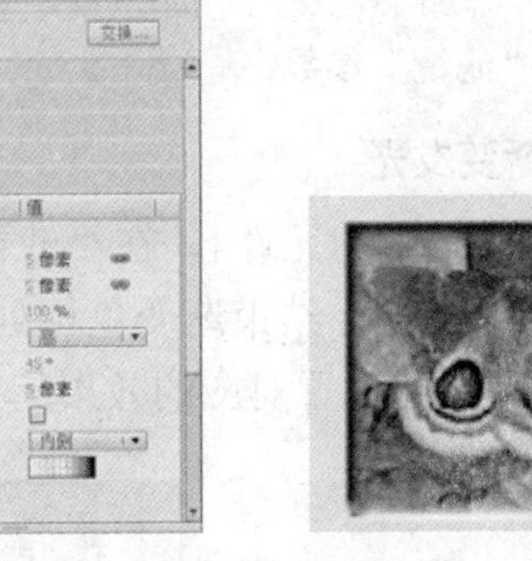

图6-49 添加了“渐变斜角”的“滤镜”参数　　图6-50 对应的效果

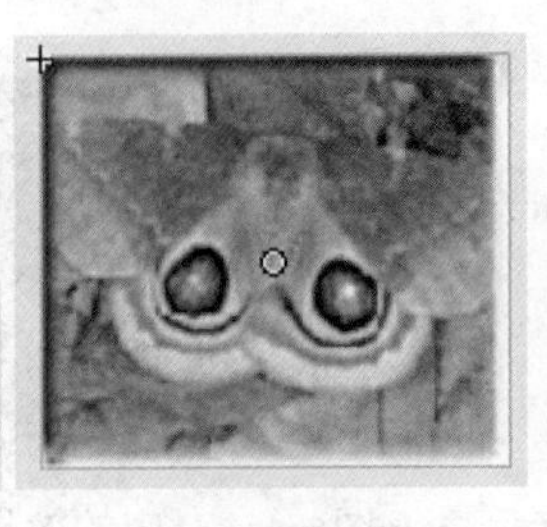

(a)　(b)　(c)

图6-51 选择不同的选项对应的效果

7. 调整颜色

选中素材中的文字“PHOTOS”，在“滤镜”选项中单击“调整颜色”命令，并对面板中的值做如图6-52所示的设置。

添加滤镜效果前后的文字对比，如图6-53所示。按Ctrl+Enter键测试影片，最终效果如图6-54所示。

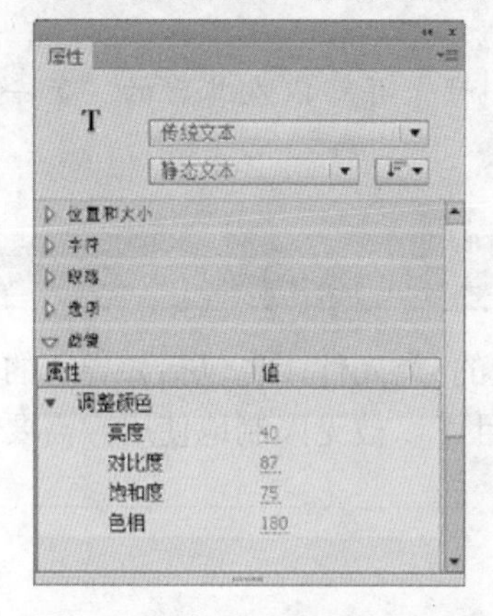

图6-52 添加了“调整颜色”的“滤镜”参数

图6-53 添加滤镜效果前后的文字对比

图6-54 最终效果

为了便于读者的学习和理解，本实例中是将每个滤镜效果单独讲解的，制作中，读者可以根据自己的需要为一个对象添加多个滤镜效果。

8. 滤镜的管理与控制

Flash中的滤镜管理整理比较简单，下面分别讲解一下其相关控制操作。

- 禁用/启用滤镜：选中要禁用的滤镜，单击启用或禁用滤镜按钮，即可禁用该滤镜，再次单击该按钮，即可重新启用所选滤镜。
- 删除滤镜：单击面板中的“删除滤镜”按钮，选中的滤镜效果即被删除。
- 复制与粘贴滤镜：选中需要复制的滤镜效果，单击“剪贴板”按钮，在弹出的菜单中选择“复制所选”或“复制全部”选项，再次单击此按钮，选择“粘贴”命令即可。
- 添加与应用滤镜预设：选中需要保存的滤镜效果，单击“预设”按钮，在弹出的菜单中选择“另存为”命令，即会弹出“将预设另存为”对话框，输入名称，如图6-55所示。单击“确定”按钮，滤镜效果即被保存。此时单击“预设”按钮，即会多出一个名为“调色并模糊”的命令。可以对其进行“重命名”和“删除”设置。若要对编辑对象添加此保存的滤镜效果，直接单击“预设”下拉列表中滤镜的名称即可。

将预设另存为

预设名称(N): 调色并模糊 确定

取消

图6-55 添加滤镜预设

6.4.4 设置“图形”元件的“循环”属性

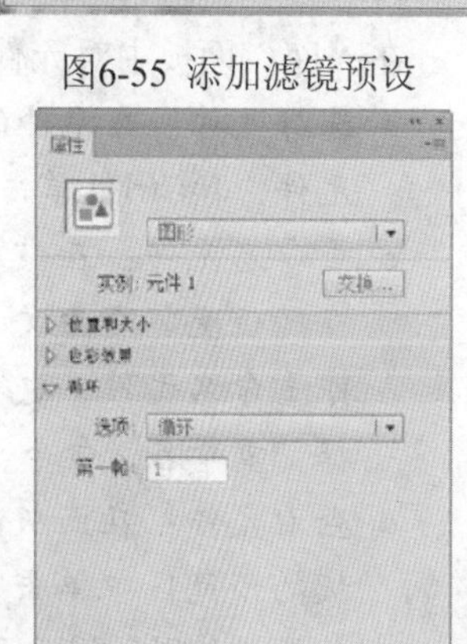

图6-56 选择“图形”元件时的“属性”面板

选择舞台中的“图形”元件对象，在“属性”面板中可以设置其播放方式，如图6-56所示。

单击播放方式三角按钮，在弹出的菜单中选择一种图形元件的播放

方式，其中包括“循环”、“播放一次”和“单帧”3个选项。

- 循环：选择此选项，将循环播放当前图形元件的实例所在的动画，并可以在其后的“第一帧”文本框中输入开始播放动画的帧数。
- 播放一次：选择此选项，只播放一次当前图形元件的实例所在的动画，并可以在其后的“第一帧”文本框中输入开始播放动画的帧数。
- 单帧：选择此选项，只显示当前图形元件的实例所在动画的某一帧，并可以在其后的“第一帧”文本框中输入当前显示的帧数。

6.5 使用“库”面板管理对象

“库”面板是Flash装载各类对象的容器，这其中包括了前面讲解过的3类元件，也包括如导入的视频、位图等对象，这样就可以方便地进行管理，节省动画的空间，而且可以被无限制地使用。需要用到其中的对象时，直接将其拖曳到舞台中即可。

6.5.1 了解“库”面板

Flash文档中的所有元件都显示于“库”面板中，利用“库”面板可以对元件进行分类管理，例如，修改元件名称、复制元件或删除元件等。

选择“窗口”|“库”命令或按Ctrl+L键、按F11键即可显示“库”面板，图6-57所示是包含有各类元件的“库”面板。

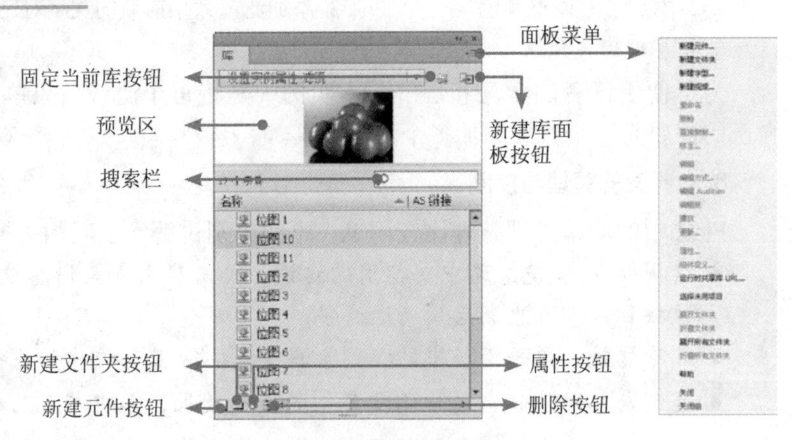

图6-57 “库”面板

6.5.2 “库”面板中的元件基本操作

在“库”面板中对元件进行操作，主要包括以下内容。

- 选择元件：在元件的名称或图标上单击即可选中单个元件；按住Shift键单击可以选中连续的元件；按Ctrl键单击可选中非连续的元件。
- 重命名元件：在“库”面板中双击元件的名称，则名称所在的位置将变为文本输入框，在其中输入所需要的名字即可重命名元件。也可在该元件上右击，在弹出的菜单中选择“重命名”命令。
- 查看元件：在面板的元件列表中单击选择元件，即可在面板的预览区中单击右上角的播放按钮▶以观察元件的动画效果，如图6-58所示。

图6-58 查看元件效果

对于没有动画内容的元件，不会显示播放按钮▶。

- 新建元件：要在“库”面板中添加元件，可以直接单击面板左下角的“新建元件”按钮，设置弹出的“创建新元件”对话框。
- 删除元件：选择要删除的元件，单击“库”面板左下角的删除元件按钮，即可删除当前选择的元件。
- 搜索元件：当“库”面板中的元件太多，无法找到需要的元件时，可以尝试在此处输入元件的完整或部分名称，就可以快速找到需要的元件。
- 在舞台上定义“库”面板中的元件：在某个对象上右击，在弹出的菜单底部选择“在库中显示”命令，即可快速在“库”面板中定位该元件。
- 改变“库”面板的显示：单击选择工具，将鼠标放在“库”面板的左边或右边，当鼠标变成白色双向箭头时，向面板内侧拖曳，“库”面板即可变窄，以节省“库”面板所占用的范围。 如需变宽，显示完整的元件种类、链接、修改日期等信息，可以使用鼠标反方向拖曳，则可显示如图6-59所示的面板。
- 解决库冲突：如果在当前文档中已经存在与所要应用的元件重名的实例，将弹出如图 6-60 所示的“解决库冲突”对话框。选择第 1 个选项单击“确定”按钮不替换现有的项目；选择第 2 个选项单击“确定”按钮，将替换现有的项目；选择第 3 个选项单击“确定”按钮，则将冲突的元件置于一个新的文件夹中，以便于区分。

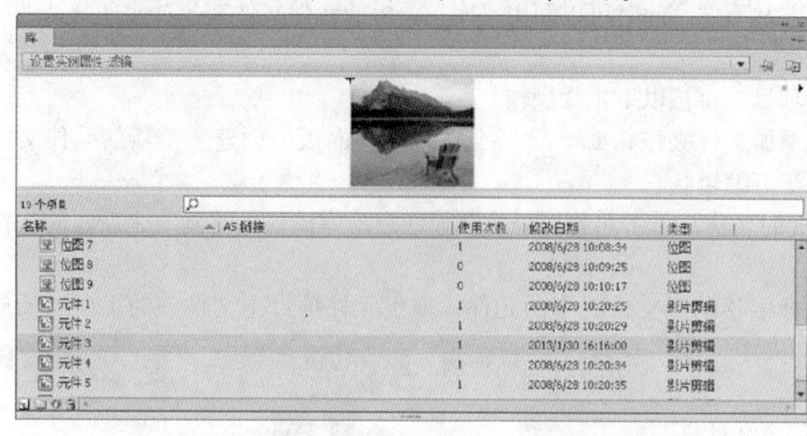

图6-59 库面板变宽显示状态

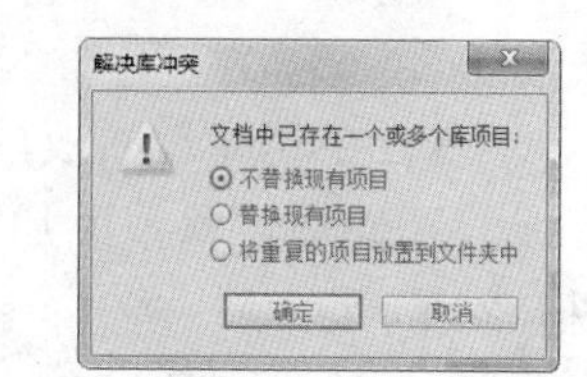

图6-60 “解决库冲突”对话框

下面再来讲解一些通过“库”面板的菜单对元件进行编辑的操作。其中部分命令也可以通过在元件上右击，在弹出的菜单中进行选择。

- 新建字型：选用此命令，弹出如图6-61所示的对话框。在该对话框中可以创建“字体元件”，将字体元件应用在动画文档中，在播放动画时就可直接应用字体元件，而不必嵌入字体，以减小动画的大小。
- 直接复制：选择此命令可以复制当前选择的元件，通过复制元件，并对复制得到的元件进行修改以生成新的元件，可以提高工作效率、降低重复操作率。

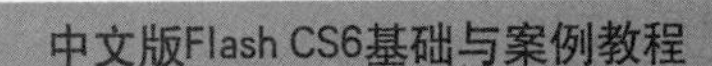

- 选择未用项目：选择此命令可以一次性选择“库”面板中所有未使用的项目元件。
- 更新：如果已使用外部编辑软件，修改过置入到动画文档中的位图或声音，选择此命令可以更新动画中的对象。
- 播放：如果当前元件是动态对象，选择此命令可以播放当前选择的元件。
- 移动元件：选中要移动的对象后，选择“移至”命令，在弹出的对话框中可以选择要移动的目标文件夹，如图6-62所示。

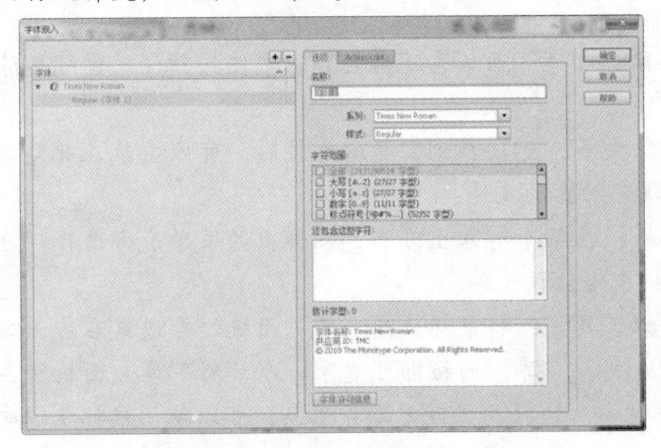

图6-61 “字体元件属性”对话框

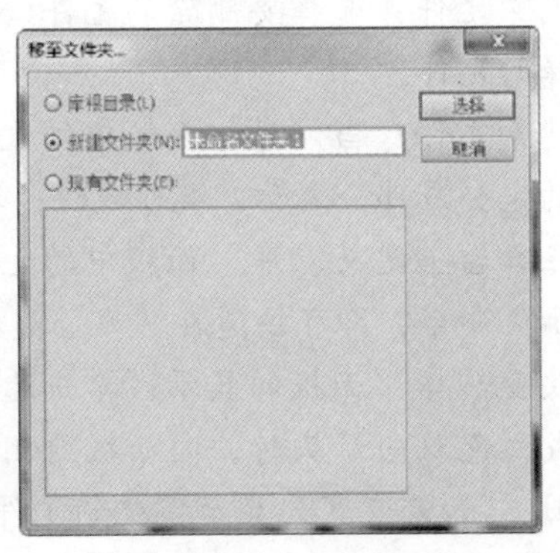

图6-62 “移至”对话框

6.5.3 使用文件夹进行分类管理

“库”面板显示了所有的元件及位图等对象，因此如果文档中的元件较多，则元件列表会显示较长，从而使选择及查找元件工作非常不便。此时可以利用“库”面板的元件文件夹，对元件分类进行管理。

要用元件文件夹管理库中的项目，可按以下步骤操作。

（1）在“库”面板中单击添加文件夹按钮，此时会在“库”面板中创建一个新的元件文件夹，元件文件夹的名称同时将处于可编辑状态。

（2）在文本框中输入文件夹的名称，单击名称以外的其他任意地方确认，得到一个新建的文件夹，如图6-63所示。

（3）在“库”面板单击选择要移动到文件夹中的元件，拖曳元件项目至文件夹的上面后释放鼠标，元件项目就被添加至文件夹中，如图6-64所示。

（4）默认情况下将元件添加至文件夹后，文件夹处于关闭状态，双击文件夹名称前的图标即可以打开或关闭文件夹。

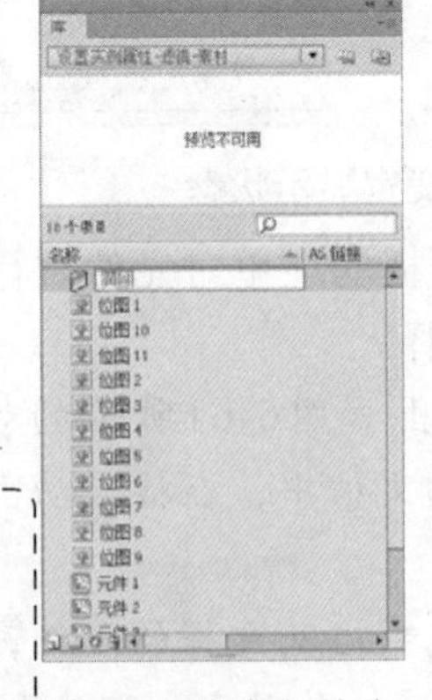

图6-63 新建文件夹

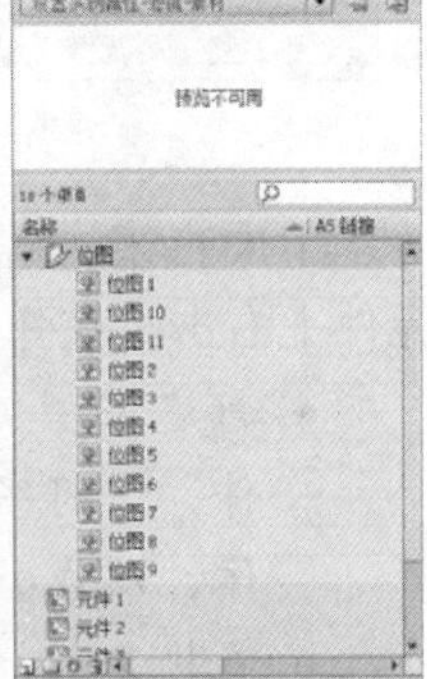

图6-64 移动元件项目到文件夹中

提示：

可以按照处理“库”元件的方法，重命名文件夹或删除文件夹等。如果删除的文件夹中包含其他元件，则这些元件同样会被删除。

6.5.4 使用Flash预设的元件库

在Flash中不但可以按自己工作的需要创建元件并使用，也可以使用Flash本身内建的许多元件库中的元件，如“按钮”、“图形”、“影片剪辑”和“声音”等。

选择“窗口”|“公用库”菜单，如图6-65所示，即可调出对应的3个库，如图6-66所示。

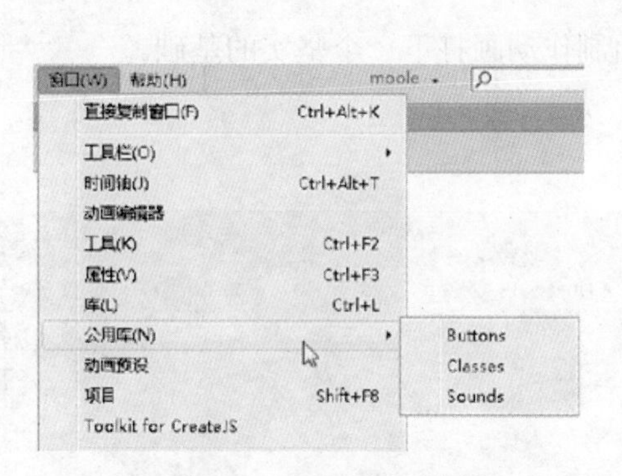

图6-65 “公用库”菜单

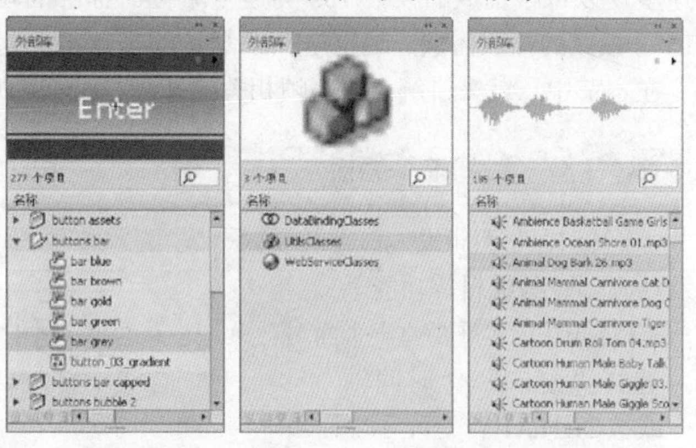

图6-66 Flash预设的库

6.5.5 导入文件到库

选择该命令导入的图形图像等对象都不会在舞台中显示出来，而是直接被导入到当前文档的“库”面板中。选择“文件”|“导入”|“导入到库”命令，则弹出“导入到库”对话框，在该对话框中选择需要导入的文件，单击“打开”按钮即可，如图6-67所示，此时该文档中的“库”面板如图6-68所示。

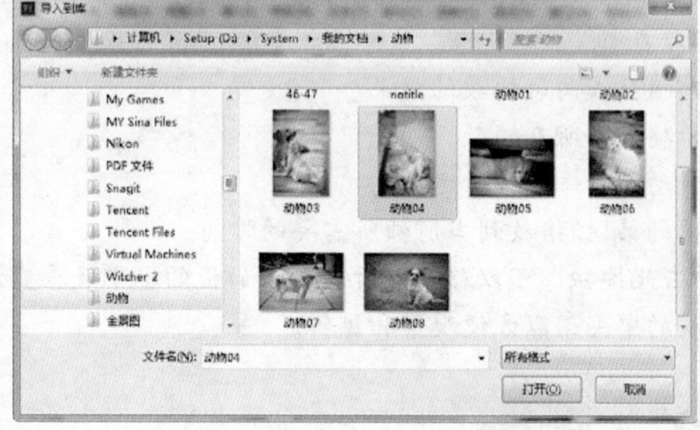

图6-67 “导入到库”对话框

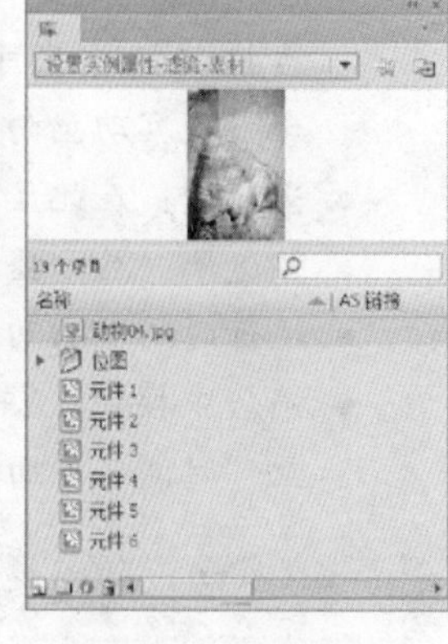

图6-68 “库”面板

6.5.6 打开外部库

当一些图形或元件已经被置入到某一Flash文档中时，可以通过单击“库”面板中的按钮 按钮.fla ▼，在弹出的下拉菜单中单击选择所需的Flash文档，即可打开该文档的“库”面板，如图6-69所示。

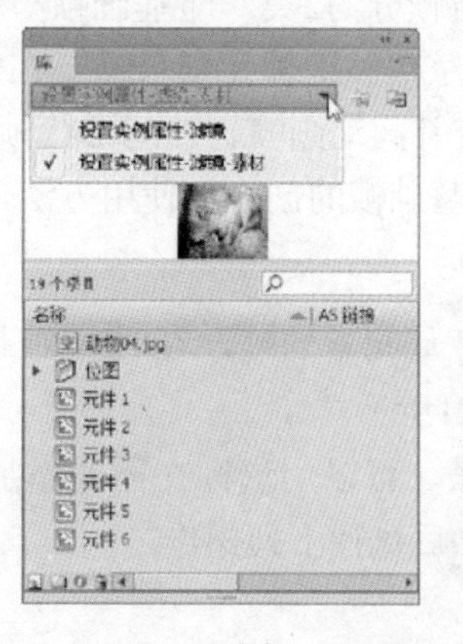

(a)

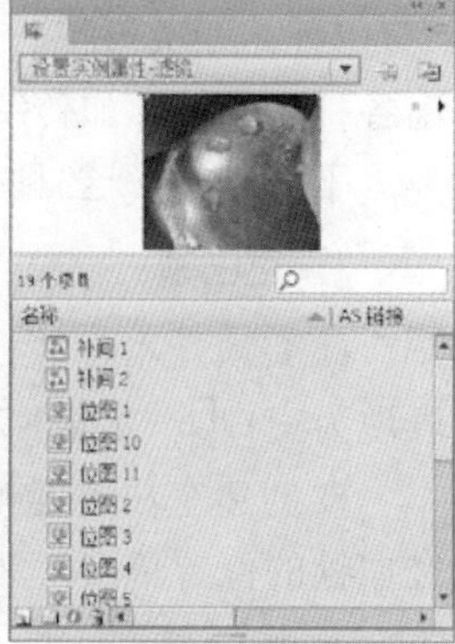

(b)

图6-69 打开外部库

6.6 掌握帧的相关操作

帧是Flash动画的基本单位，理解帧的概念并灵活地使用它，是创作Flash动画的关键。

另外，在制作动画的过程中，还需要了解一个“帧频”的概念。简单来说，帧频就是动画播放的速度，以每秒播放的帧数 fps 为度量单位。标准的动画速率是24 fps，它能够满足在网页或Flash MTV等领域的播放需求，这也是Flash默认的帧频。

在本节中，就来讲解一下与帧相关的知识，从而为后面制作动画打下一个坚实的基础。

6.6.1 了解“时间轴”面板

“时间轴”面板集帧、图层及动画创建与编辑等功能于一身，是Flash中非常重要的一个面板，选择“窗口”|“时间轴”命令或按Ctrl+Alt+T键显示“时间轴”面板，如图6-70所示。

播放头　帧居中按钮　当前帧　帧速率　运行时间

图6-70 “时间轴”面板

此面板中各标注的功能解释如下。

- 播放头：通过向前或向后拖动播放头可以在舞台上观察动画向前播放或向后播放的效果。

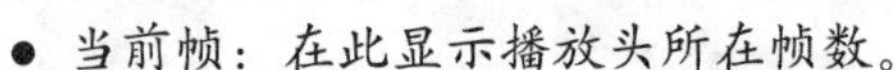

- 当前帧：在此显示播放头所在帧数。
- 帧速率：显示播放动画时每秒钟所运动的帧数。
- 运行时间：从动画的第1帧播放到当前帧所需要的时间。
- 帧居中按钮：单击此按钮，可以移动“时间轴”面板的水平及垂直滑块，使当前选择的帧移至“时间轴”面板的中央，以方便观察和编辑。

6.6.2 了解并创建各类基础帧

简单来说，可以将帧分为2类，即基础帧与动画帧。基础帧是指构成动画的必要组成部分，其类型有3种，即关键帧、空白关键帧及延长帧。在它们的基础上，结合各种创建动画的功能，还会衍生出各种动画帧，如传统补间动画帧、补间形状帧等。

下面来讲解这3种基础帧的创建及使用方法。

1. 空白帧

此类帧是不包含任何元素的帧，在时间轴上表现为空白，如图6-71所示。

图6-71 空白帧

要创建空白关键帧，可以用鼠标在需要添加空白帧的位置单击，然后执行下列操作之一。

- 按F7键。
- 右击，在弹出的菜单中选择“插入空白关键帧”命令。

- 右击，在弹出的菜单中选择“转换为空白关键帧”命令。

2. 关键帧

关键帧是指在该帧中包括有任意内容的帧，在时间轴中关键帧以黑圆点显示，如图6-72所示。要创建空白关键帧，可以用鼠标在需要添加空白帧的位置单击，然后执行下列操作之一。

- 按F7键。
- 右击，在弹出的菜单中选择“插入关键帧”命令。
- 右击，在弹出的菜单中选择“转换为关键帧”命令。

插入关键帧的特点就在于，如果前一个关键帧中包括有内容，则新创建的关键帧会自动复制前一关键帧，如在图6-73所示的“时间轴”面板中，上数第2、3个图层中，都是在第12帧插入关键帧后的状态，在上数第2个图层中，由于前一个关键帧中没有内容，所以即使插入了关键帧，却仍然显示为空白状态；上数第1个图层是在关键帧后面插入空白关键帧后的状态，由此可以看出，插入空白关键帧不会复制前一个关键帧的内容。

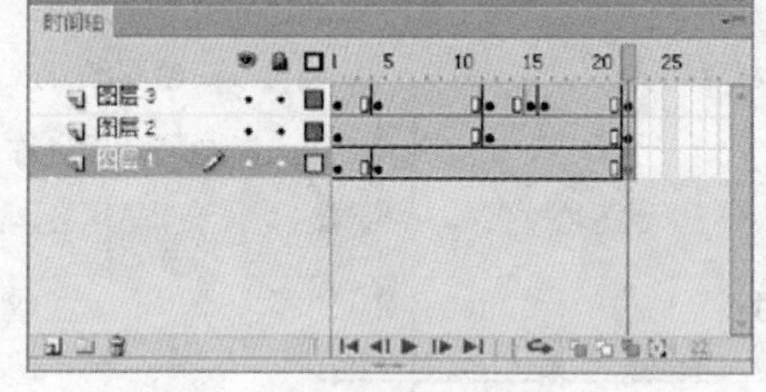

图6-72 关键帧

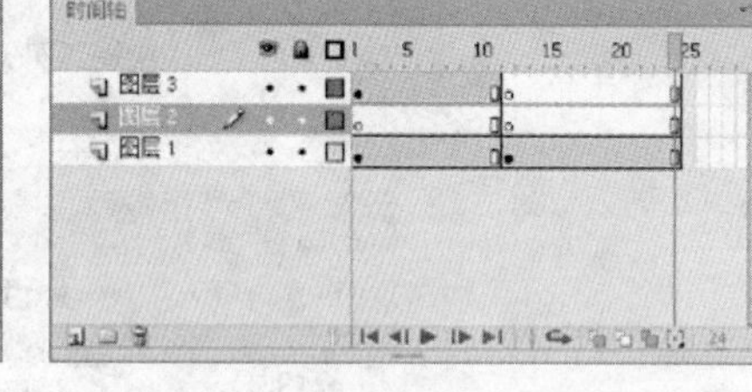

图6-73 插入关键帧示例

3. 延长帧

顾名思义，延长帧就是对前一个关键帧的内容起到延长其显示时间的作用，这在动作制作中是经常用到的一种手法，它在时间轴中显示为一个空白的方格，在前面讲解关键帧及空白关键帧时，就用到了延长帧。

6.6.3 选择帧

要选择帧，可以执行下列操作之一。

- 在时间轴上单击某一帧即可选择该帧。
- 要选择多个连续的帧，可按住 Shift 键并单击其他帧。
- 要选择多个不连续的帧，可按住 Ctrl 键单击其他帧。
- 要选择时间轴中的所有帧，可选择“编辑” | “时间轴” | “选择所有帧”命令。
- 如果按住鼠标左键在“时间轴”上拖动，可以将鼠标滑过的帧都选中。

提示：

在“时间轴”面板中，单击某一帧，即可将其中所有的对象选中。

6.6.4 编辑帧

要编辑被选中的帧，可以在该帧上右击，在弹出的如图6-74所示的菜单选择需要编辑的命令。此菜单中比例常用的编辑命令如下所述。

- 删除帧：选择此命令，将删除被选中的所有的帧。
- 剪切帧：选择此命令剪切被选中的帧。
- 复制帧：选择此命令复制被选中的帧。
- 粘贴帧：选择此命令将被剪切或被复制的帧粘贴到当前位置。
- 清除帧：选择此命令将清除被选中的帧的内容。
- 翻转帧：只有选择两个或更多的关键帧时，该选项才有效。选择此命令可以将所选择的帧翻转。

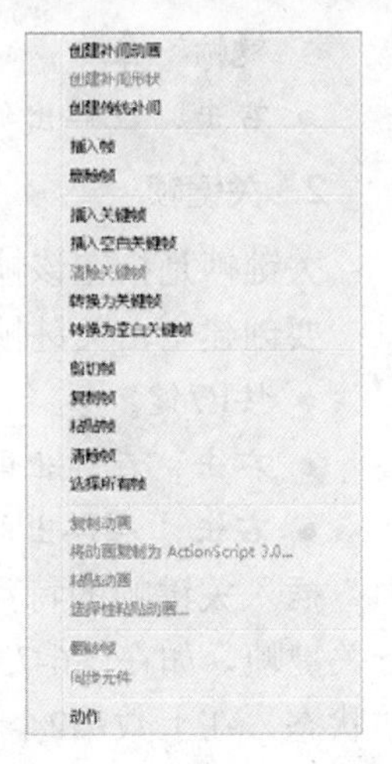

图6-74 编辑帧的快捷菜单

6.6.5 设置帧绘图纸外观

使用绘图纸外观可以设置在一定范围内帧中所包含的内容，以便于对动画进行调整，如图6-75所示。

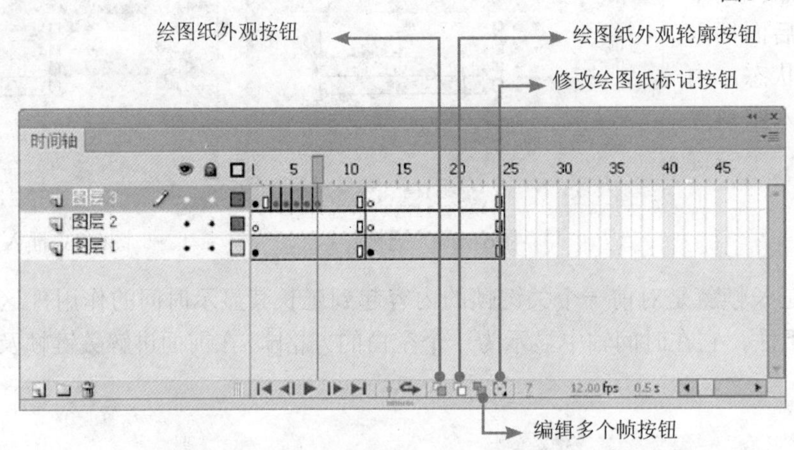

图6-75 设置绘图纸外观的相关按钮

要修改帧的显示模式可以按照下面的方法操作。

（1）在单击修改绘图纸标记按钮[·]后，在弹出的菜单中选择“始终显示标记”命令，则在播放头的左右两侧显示观察范围标记，如图6-76所示。

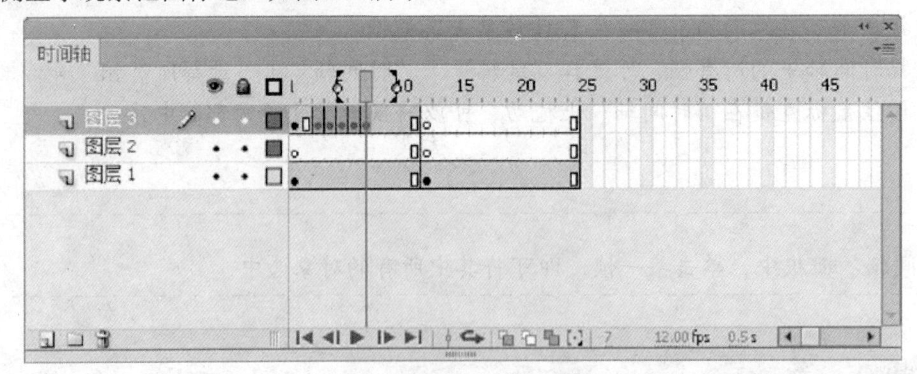

图6-76 显示洋葱皮范围

（2）在弹出菜单中，选择“锚定绘图纸”选项，将根据手动设置的绘图纸外观的范围显示相应的帧数。

（3）在弹出菜单中，选择“绘图纸 2”选项可以将当前帧的前后2帧设置为绘图纸外观，需要同时选择“修改绘图纸标记”选项。

（4）在弹出菜单中，选择“绘图纸 5”选项将当前帧的前后5帧设置为绘图纸外观，需要同时选择“修改绘图纸标记”选项。

（5）在弹出菜单中，选择“绘制全部”选项可以将所有的帧设置为绘图纸外观。

（6）设置了绘图纸外观的选项后，分别单击各个按钮，即可使用该外观进行查看了。下面分别讲解一下各绘图纸外观的作用。

- 绘图纸外观按钮：以不同的透明度显示绘图纸范围内的所有帧，如图6-77所示为原始效果（见随书所附光盘中的文件第6章\6.6.5设置帧绘图纸外观-素材.fla），图6-78所示为添加绘图纸外观后的效果。
- 绘图纸外观轮廓按钮：以轮廓线显示绘图纸范围内的所有帧，如图6-79所示。
- 编辑多个帧按钮：同时显示绘图纸范围内的所有帧，如图6-80所示。

图6-77 原始效果

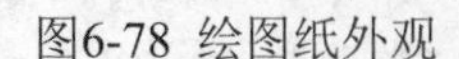

图6-78 绘图纸外观

图6-79 绘图纸外观轮廓

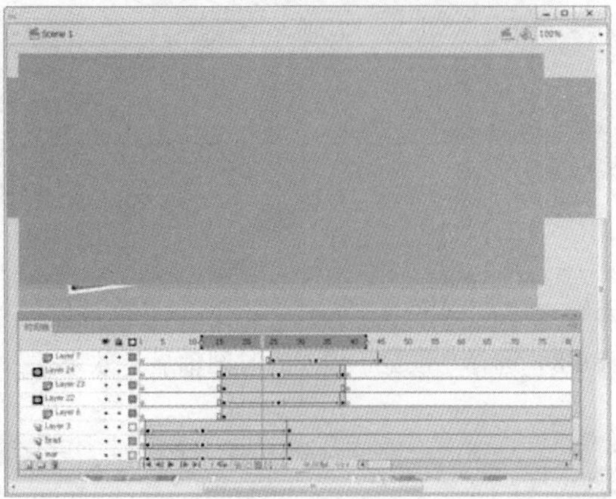

图6-80 编辑多个帧

6.6.6 设置帧的显示模式

单击“时间轴”面板的面板按钮，将弹出如图6-81所示的面板菜单，选择其中的命令可以改变时间轴的显示模式。

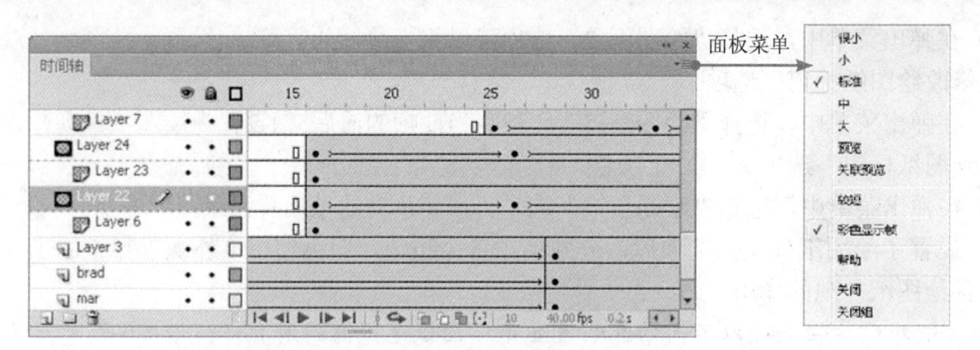

图6-81 “时间轴”面板的面板菜单

要更改时间轴的显示模式可以按照下面的方法操作。

- 选择相应的时间轴显示模式，如“很小”、“小”、“标准”、“中”和“大”等，可以设置帧的显示大小。
- 选择“彩色显示帧”命令将以彩色形式显示帧，如图6-82所示，取消此选项则以网格形式显示帧，如图6-83所示，默认情况下，该选项为选中状态。

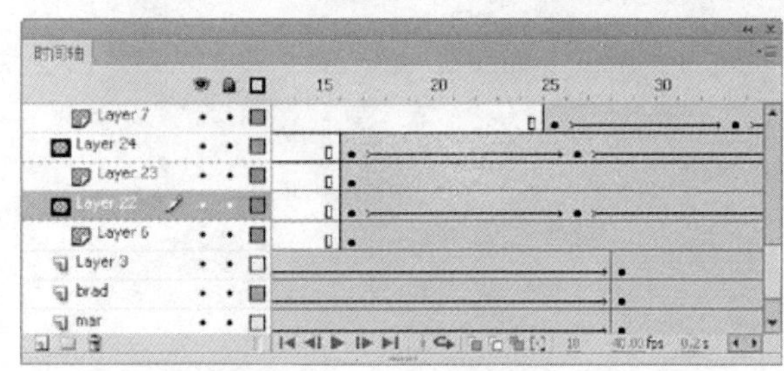

图6-82 选择“彩色显示帧”

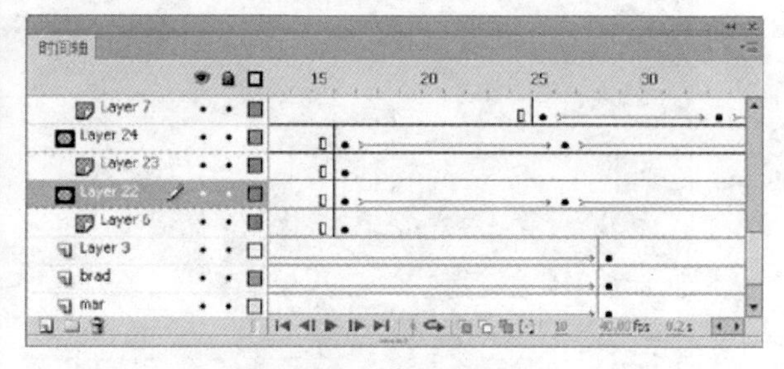

图6- 83 取消“彩色显示帧”

- 选择“预览”命令，将在时间轴上显示每一帧的缩略图。如图6-84所示。
- 选择“关联预览”命令，以元素在画面中的位置及比例显示在帧中，如图6-85所示。

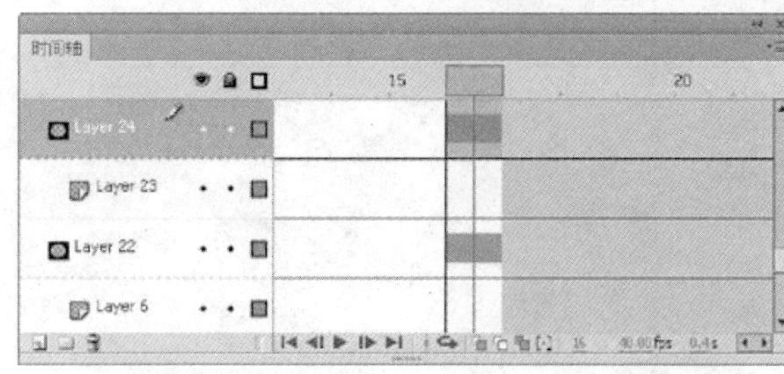

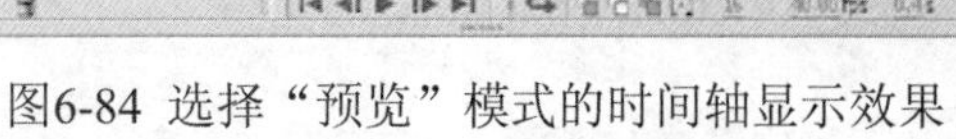

图6-84 选择“预览”模式的时间轴显示效果

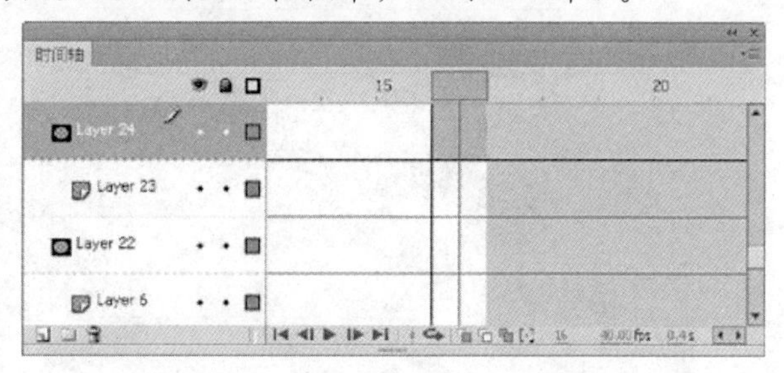

图6-85 选择“关联预览”模式的时间轴显示效果

6.7 掌握图层的相关操作

可以简单地将图层想象为一叠上下相互重叠的胶片，每一层胶片上都具有文字或图像等对象。它们相互重叠、覆盖，每一层胶片上的内容都互不影响。通过如图6-86所示的Flash图层的示意图，读者可以更客观地理解图层。

提示：

虽然在示意图中每一个透明的图层中仅有一个对象，但实际上可以根据需要在每一个图层中放置多个对象。

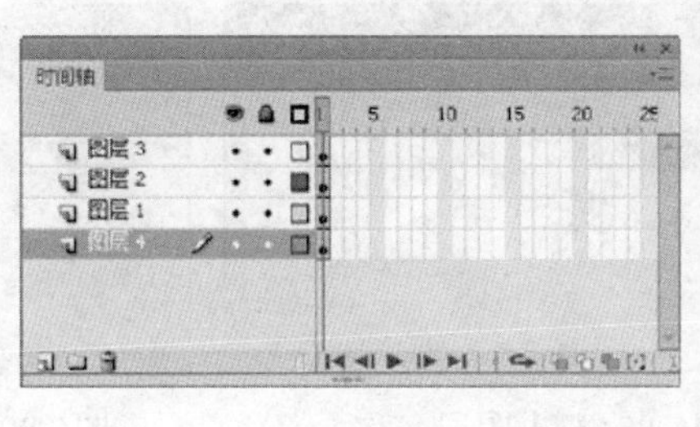

(a)

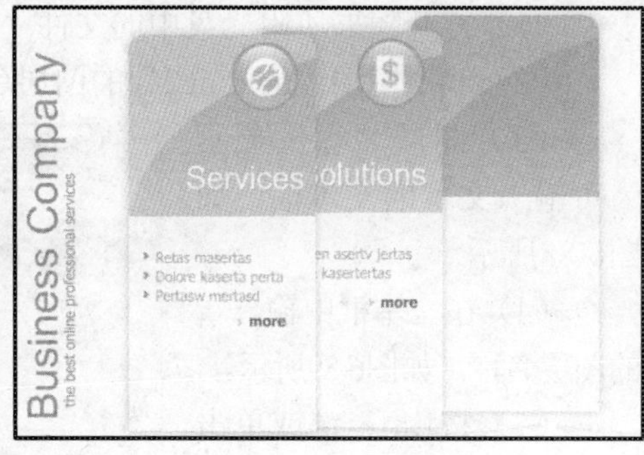

(b)

图6-86 图层示意图

有关图层的操作基本集成于时间轴上，在此可以完成对图层的复制、删除、隐藏等操作，如图6-87所示。

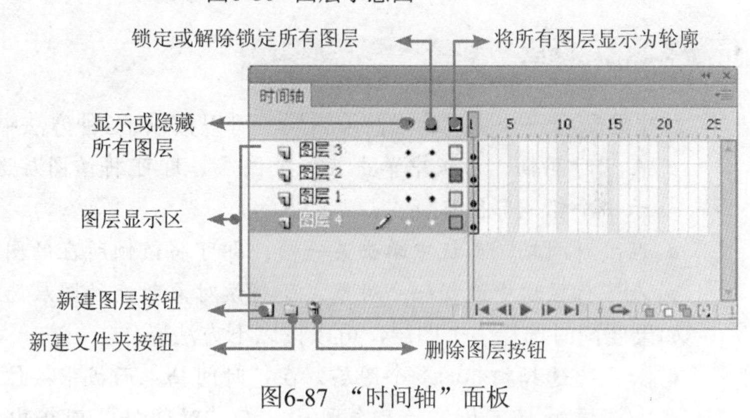

图6-87 “时间轴”面板

6.7.1 创建图层

新建的Flash文档只有一个图层，因此在操作中必须根据需要创建新图层，要创建新的图层，可以执行下列操作之一。

- 单击“时间轴”面板上的新建图层按钮。
- 选择“插入”|“时间轴”|“图层”命令，即可在当前层的上面添加一个新图层。
- 在默认情况下，新建图层的命名为“图层N”，N为创建新图层的次数。

6.7.2 重命名图层

修改图层名称有下列几种方法。

- 双击图层名称，待其变为可输入状态后，输入新的图层名称，按Enter键即可。
- 双击需要重命名的图层名称前面的图标，在弹出的“图层属性”对话框中输入新的图层名称，单击“确定”按钮退出对话框即可。
- 在需要重命名的图层上右击，在弹出的菜单中选择“属性”命令，在弹出的“图层属性”对话框中输入新的图层名称，单击“确定”按钮退出对话框即可。

相比较而言，还是第1种方法是最简便快捷的，而后两种方法都是通过调出“图层属性”对话框，并对其进行设置来更改图层名称。

下面练习利用最简单的方法重命名图层。其操作步骤如下。

01 chapter P1—P12
02 chapter P13—P18
03 chapter P19—P44
04 chapter P45—P70
05 chapter P71—P86
06 chapter P87—P120
07 chapter P121—P166
08 chapter P167—P180
09 chapter P181—P188
10 chapter P189—P224
11 chapter P225—P250

（1）打开随书所附光盘中的文件“第6章\6.7.2 重命名图层-素材.fla”。

（2）双击图层“neirong2”的图层名称处。

（3）图层名称反显示为可输入文本的文本框，如图6-88所示。

（4）在文本框中输入新的图层名称，如图6-89所示。

（5）按Enter键或单击图层名称文本框以外的任何地方，即可确定新名称。

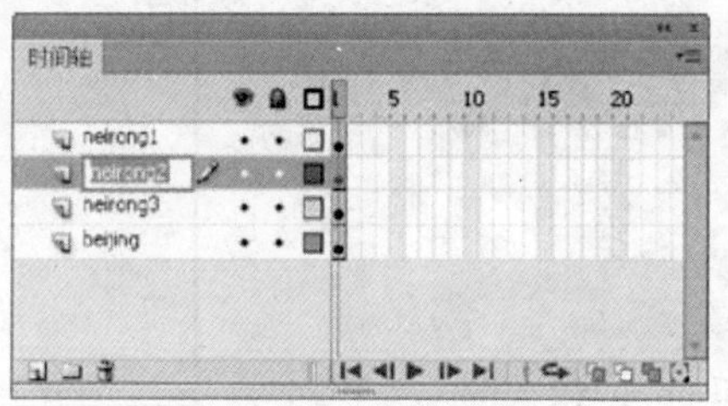

图6-88 双击图层名称

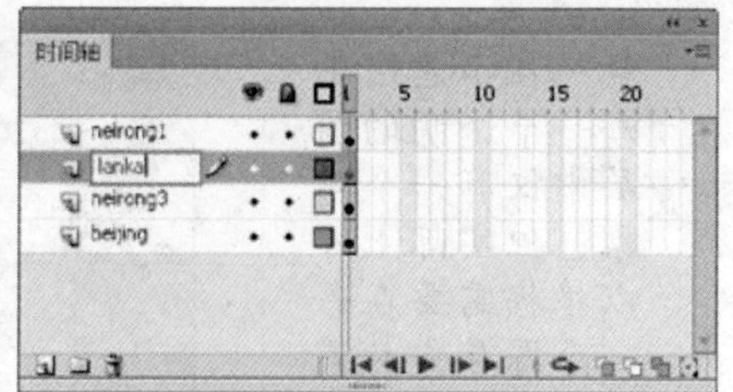

图6-89 在文本框中输入新名称

6.7.3 选择图层

如果要选择一个图层为当前编辑层，可以按以下3种方法中的一种操作。

- 在“时间轴”面板中单击某一个图层，即可将该图层选中，在被选中的图层名称的右侧会显示一个铅笔形图标。
- 在“时间轴”面板中单击某一帧，即可将该帧所在的图层设置为当前层。
- 在工作区域中选择一个对象，可将该对象所在的图层选中。

如果要同时选择多个图层，可以按以下方法操作。

- 如果要选择相邻的多个图层，在“时间轴”面板中按住Shift键单击层的名称。
- 如果要选择不相邻的多个图层，在“时间轴”面板中按住Ctrl键分别单击各个图层的名称，图6-90所示是选择不同图层后的示例。

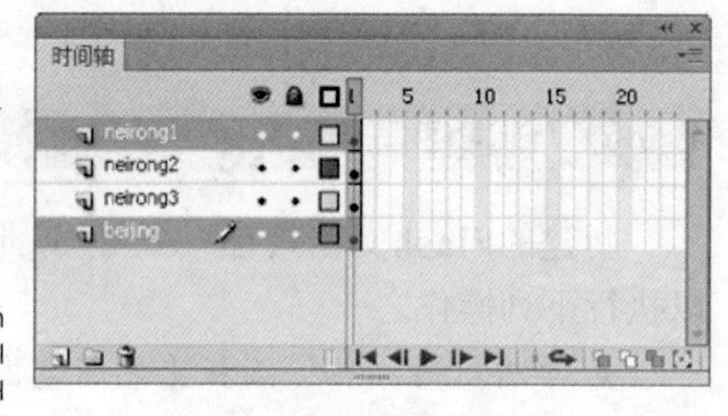

图6-90 选择不相邻的图层

提示：

一次仅能够设置一个图层为当前操作的图层，但可以选择多个图层。

6.7.4 移动图层

由于在Flash中图层的顺序将决定重叠对象间的覆盖情况，而且总是处于上层的对象遮盖下层的对象，除此之外，在新建图层时，新的图层总是位于当前选择的图层的上方，因此在许多情况下需要改变图层间的顺序，从而改变对象的覆盖关系。

下面练习调整图层顺序的方法。其操作步骤如下。

（1）打开随书所附光盘中的文件“第6章\6.7.4 移动图层-素材.fla”。

（2）单击图层“neirong1”，按住鼠标左键不放，将其拖曳至需要移动的图层的位置。

（3）当光标上方出现一条虚线时释放鼠标，则该图层即被设置在虚线下面图层的上方，图6-91和图6-92所示为移动一个图层改变其顺序后的效果对比示意图。

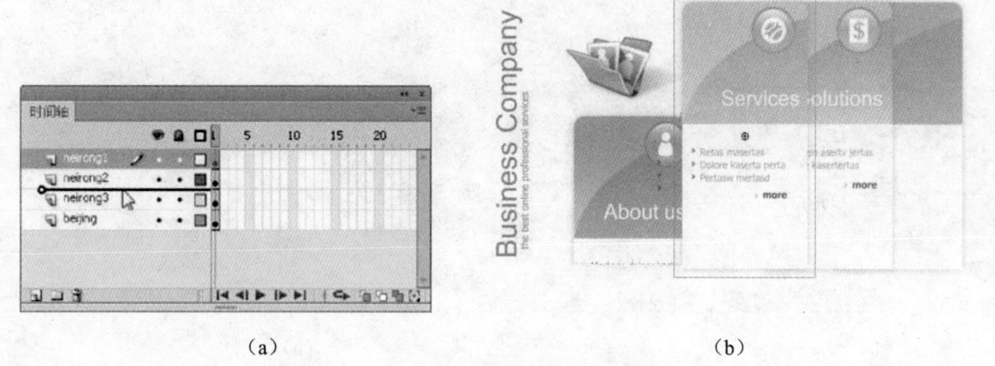

（a）　　　　　　　　　　　　（b）

图6-91 移动图层位置前

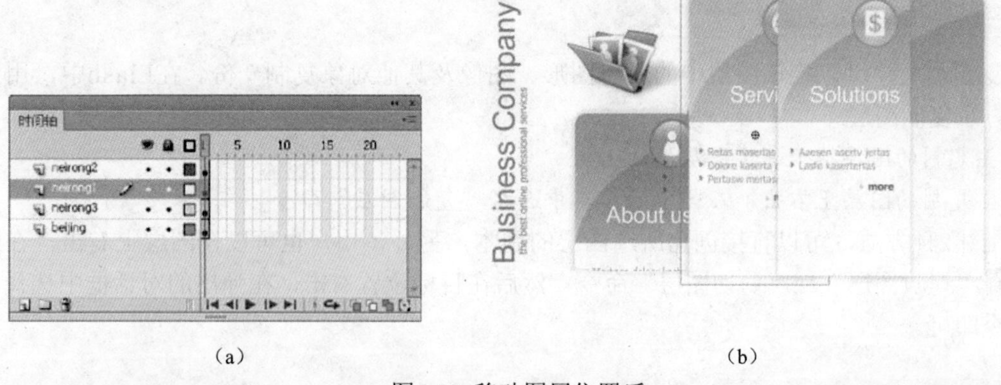

（a）　　　　　　　　　　　　（b）

图6-92 移动图层位置后

（4）单击图层“neirong2”，按住Shift键不放，单击图层“neirong3”，此时，图层neirong2、neirong1 和neirong3均被全部选中。使用步骤2和步骤3中所述的方法将它们一起移至图层“Beijing”的下方，图6-93和图6-94所示为移动多个图层改变其顺序后的效果对比示意图。

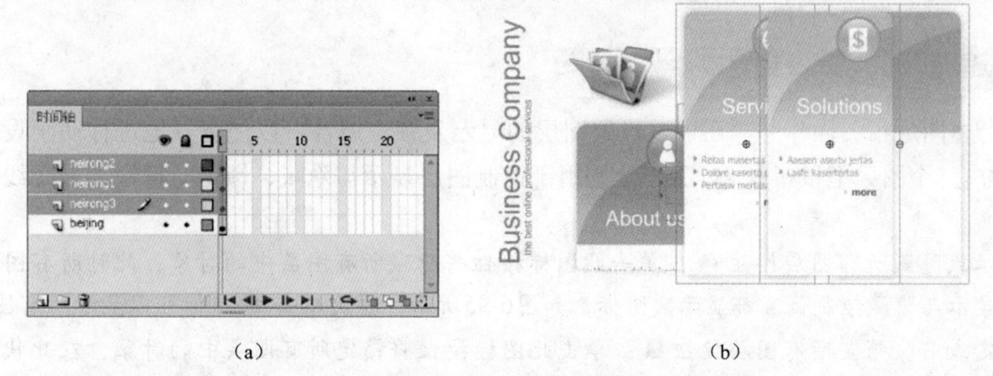

（a）　　　　　　　　　　　　（b）

图6-93 移动图层位置前

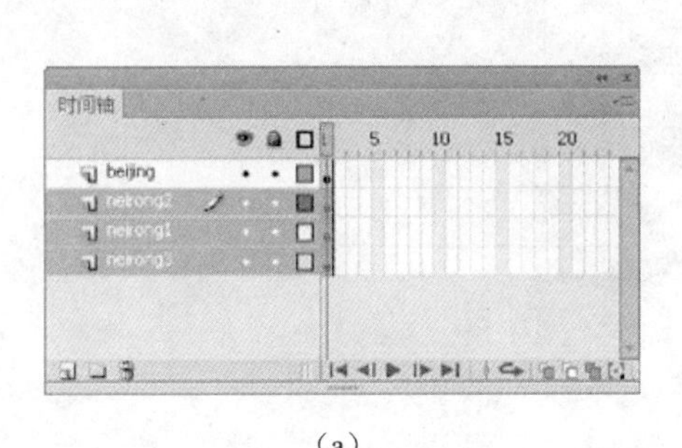

（a）

（b）

图6-94 移动图层位置后

6.7.5 复制图层

通过复制图层，可以将该图层中的所有图形、图像及其他对象复制一份。在Flash中，用户可以按照以下方法复制图层。

- 将要复制的图层拖至新建图层按钮上。
- 在要复制的图层上右击，在弹出的菜单中选择“复制图层”命令。

利用上述2种方法，可以直接创建所选图层的副本，另外，用户也可以在图层上右击，在弹出的菜单中选择“拷贝图层”或“剪切图层”命令，然后在目标位置右击，在弹出的对话框中选择“粘贴图层”命令即可。

6.7.6 删除图层

对于不需要的图层或空图层，可以将其删除以免有太多图层干扰操作。

如果要删除图层，先选择要删除的图层，然后，单击“时间轴”面板中的删除图层按钮或直接将要删除的图层拖曳至删除图层按钮中，即可以将该图层删除。

6.7.7 设置图层的显示及锁定属性

除了上述图层相关操作外，还可以设置图层的显示及锁定属性，以便更好地进行动画设计。在图层右上方有3个图标型按钮，分别用于控制图层显示与隐藏、锁定与解锁、是否线框化显示等特性。

- 显示或隐藏所有图层按钮：单击此图标按钮将隐藏所有图层中的对象，此时所有图层右侧的显示与隐藏控制位置都显示×图标，如图6-95所示，再次单击图标可以显示所有图层。
- 锁定或解除锁定所有图层按钮：单击此图标按钮将锁定所有图层中的对象，在此状态下所有图层中的对象不可编辑，在图层右侧的锁定控制位置都显示图标，如图6-96所示，再次单击图标，可以显示所有图层。
- 将所有图层显示为轮廓按钮：单击此图标按钮将锁定所有图层中的对象，在此状态下所有图层中的对象不可编辑，在图层右侧的线框化显示控制位置都显示图标，如图6-97所示，再次单击图标，可以取消线框化显示所有图层的状态。

如果仅单击某个图层中的这3个按钮之一，则仅影响对应的图层。

图6-95 隐藏所有图层

图6-96 锁定所有图层

图6-97 线框化显示所有图层

6.7.8 图层文件夹

图层文件夹功能与常用的文件夹非常相似，即可以存放在某些方面具有共性的图层，通过将这些图层存放于图层文件夹中，可以非常方便地对图层进行分类管理，而且通过隐藏或锁定一个图层文件夹，可以一次性隐藏或锁定图层文件夹中的所有图层内容，从而提高图层的管理效率。

要新建图层文件夹，只需单击“时间轴”面板左下角的新建文件夹按钮或选择“插入”|“时间轴”|“图层文件夹”命令即可。

要将图层拖至图层文件夹中，只需按住鼠标左侧拖动图层至图层文件夹的底部，当图层文件夹底部出现直线，且图层文件夹图标变暗时释放鼠标即可，如图6-98所示。

(a) (b)

图6-98 将图层拖至文件夹中

要创建和管理“图层文件夹”可以按以下步骤操作。

（1）打开随书所附光盘中的文件“第6章\6.7.8 图层文件夹-素材.fla”。

（2）选择“navbar”，单击“时间轴”面板上的插入图层文件夹按钮，即可在当前图层上面添加一个图层文件夹，默认命名为“文件夹1”，如图6-99所示。

（3）拖动图层“navbar”至“文件夹1”底部，当图层文件夹图标由灰色变为黄色时，释放鼠标，此时图层“navbar”就被放入“文件夹1”中，如图6-100所示。

（4）按照上一步中的方法将其他图层拖至“文件夹1”中，此时的“时间轴”面板如图6-101所示。

图6-99 新建图层文件夹

图6-100 拖动图层

图6-101 将所有图层置于图层文件夹中

6.8 理解场景

一部动画片可以像《七彩神鹿》一样上、下两集；也可以像《多啦A梦》、《灌篮高手》一样100多集；当然也可以像《火影忍者》一样，一周出一集。

01 chapter P1–P12
02 chapter P13–P18
03 chapter P19–P44
04 chapter P45–P70
05 chapter P71–P86
06 chapter P87–P120
07 chapter P121–P166
08 chapter P167–P180
09 chapter P181–P188
10 chapter P189–P224
11 chapter P225–P250

简单地说，场景就像动画片的剧集一样，只是根据动画的复杂程度或个人习惯，有时候一个动画中可以包含一个或多个场景。通过图6-102可以帮助读者更加直观地理解场景与Flash动画中其他元素的关系。

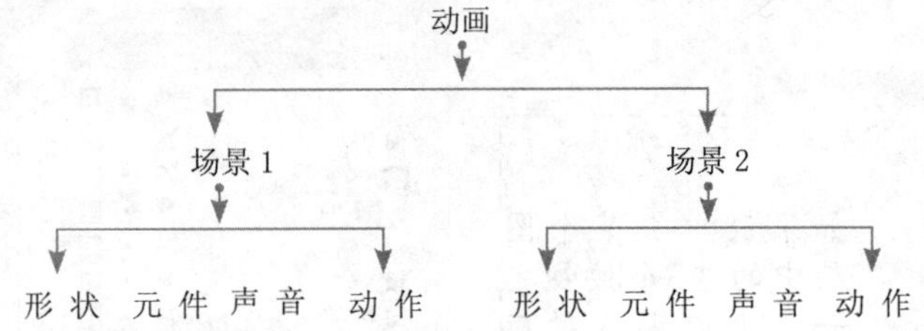

图6-102 场景与其他动画元素的关系

提示：

此图展示的是一部含有两个场景的动画元素关系图，实际操作中可以是一个也可以是更多场景，场景中所含的元素也会根据需要而改变，如场景2中可能不需要加声音元素等。

如果动画过长，所有动画元素都放在同一个场景中，就会很混乱，这时，可以通过创建多个场景改变这种状况。场景与场景之间是平等的并列关系，根据需要，通过设置调节，它们之间可以相互跳转。

场景的操作集中在“场景”面板中，有关的场景的添加、排序、命名操作的步骤如下所述。

（1）选择“窗口”|“其他面板”|“场景”命令或按快捷键Shift+F2，显示如图6-103所示的“场景”面板，默认状态下，只有一个场景。

（2）如果要添加场景，单击“场景”面板中的“添加场景”按钮。

（3）每一个场景中都可以有一个完整的动画，单击场景的名称，该场景被设置为当前场景，如图6-104所示，工作区域显示的内容或当前的操作均在当前场景中进行。

（4）双击场景的名称，并在文本输入框中输入场景的名称，即可重新命名场景，如图6-105所示。

图6-103 “场景”面板

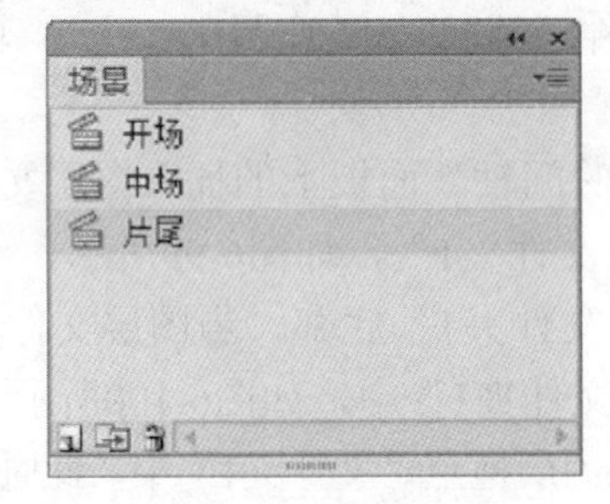

图6-104 选择当前场景

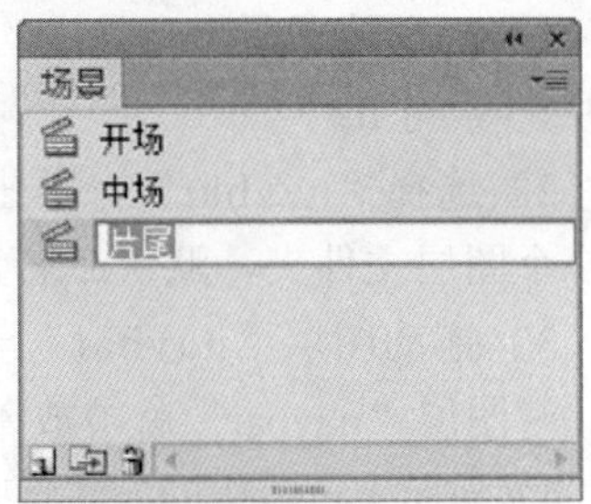

图6-105 为场景重命名

（5）对于有多个场景的文档，直接在“场景”面板中拖曳场景名称上下移动，即可改变其顺序，动画的播放顺序也将相应地被更改。

（6）选择要复制的场景为当前场景，单击“场景”面板下方的“重制场景”按钮，即可创建一个“原场景名称+副本”的复制场景。当然也可以为复制场景重新命名。

（7）选择要删除的场景为当前场景，单击“场景”面板下边的删除场景按钮，即可弹出提示信息对话框。

默认情况下，将按照场景的上下顺序进行播放，另外，使用ActionScript语言可以更灵活地控制场景之间的切换。关于ActionScript语言的讲解，请参见本书第11章的内容。

总结：

在本章中，主要讲解了动画设计的基础知识，其中包括了元件与实例、库、帧、场景及图层等知识。通过本章的学习，读者应对动画的基本组成有一个总体的了解，并掌握帧、场景、图层及元件与实例在动画设计中的重要作用，从而为后面学习动画设计打下一个坚实的基础。

6.9 拓展训练——制作透明按钮

“隐形”按钮是经常使用的一个元素，即让对象具有按钮的功能，但却看不到其按钮的形态。下面通过一个“隐形”按钮的实例，帮助读者更加透彻地理解按钮元件及相关滤镜的制作方法，操作步骤如下。

STEP 01 打开随书所附光盘中的文件“第6章\6.9 拓展训练——制作透明按钮-素材.fla”，如图6-106所示，将要制作通过“隐形”按钮控制风筝飞过的效果。

STEP 02 插入“图层2”，选择“椭圆工具”，在工具箱的选项区中单击“对象绘制”按钮，在舞台中绘制一个椭圆，效果如图6-107所示。

图6-106 素材

图6-107 绘制椭圆

STEP 03 选中该椭圆，按F8键，弹出“转换为元件”对话框，参数设置如图6-108所示，单击“确定”按钮。

STEP 04 双击舞台上的椭圆形，进入按钮的编辑状态。将弹起帧拖曳到单击帧上，在“指针经过”帧上按F6键，插入关键帧，将“库”面板中的影片剪辑元件“fly”拖曳到此帧，将其放置在与椭圆基本一致的位置，如图6-109所示。

STEP 05 选中此帧中的影片剪辑元件，展开其“属性”面板中的“滤镜”选项区，为此元件添加“发光”效果，如图6-110所示，其中颜色值为“#FFFF00”，得到如图6-111所示的效果。

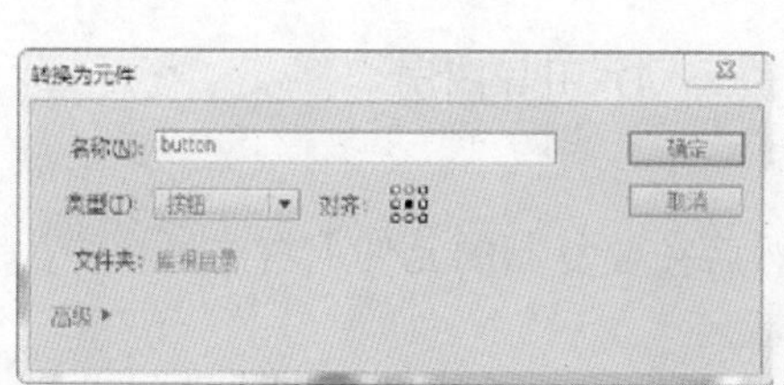

图6-108 设置“转换为元件”对话框中的参数

图6-109 拖入“影片剪辑”元件

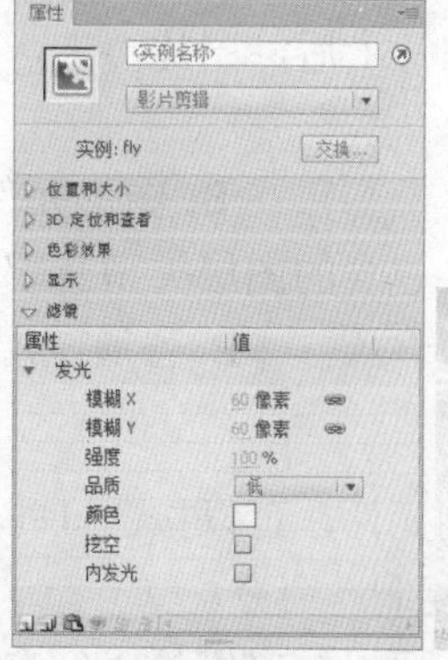

图6-110 设置滤镜参数

图6-111 发光效果

01 chapter P1—P12
02 chapter P13—P18
03 chapter P19—P44
04 chapter P45—P70
05 chapter P71—P86
06 chapter P87—P120
07 chapter P121—P166
08 chapter P167—P180
09 chapter P181—P188
10 chapter P189—P224
11 chapter P225—P250

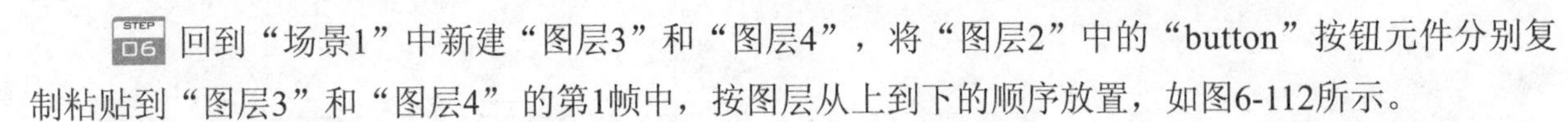

STEP 06 回到“场景1”中新建“图层3”和“图层4”，将“图层2”中的“button”按钮元件分别复制粘贴到“图层3”和“图层4”的第1帧中，按图层从上到下的顺序放置，如图6-112所示。

STEP 07 使用“任意变形工具”调整“图层3”和“图层4”中按钮元件的大小，如图6-113所示。

STEP 08 按Ctrl+Enter键测试影片，效果如图6-114所示。当光标经过“隐形”按钮的位置时，影片剪辑即会自动播放，光标离开时影片剪辑即会消失。

图6-112 复制按钮元件

图6-113 调整按钮元件大小

（a）

（b）

图6-114 最终效果

6.10 课后练习

1. 选择题

（1）仅进行下边两个操作：在第一帧画一个月亮，第10帧处按下F6键，则第5帧上显示的内容是？（　　）

A. 一个月亮　　B. 空白　　C. 不能确定

D. 自动插入一个空白帧并在舞台中显示一个占位图

（2）如果想把一段较复杂的动画做成元件，可以先发布这段动画，然后把它导入到库中，成为一个元件。这个元件是哪种类型的元件？（　　）

A. 图形元件　　B. 按钮元件　　C. 影片剪辑元件　　D. 哪一种都可以

（3）滤镜可以用于下边哪一种类型的元件？（　　）

A. 图形元件　　B. 影片剪辑元件　　C. 按钮元件　　D. 文本

（4）色彩效果可以用于下边哪些对象？（　　）

A. 图形实例　　B. 影片剪辑实例　　C. 按钮实例　　D. 文本

（5）鼠标移到图片上后，图片消失，同时在图片所在的地方显示文字，要做这种效果，用哪种元件最方便？（　　）

A. 影片剪辑元件　　B. 图形元件　　C. 按钮元件　　D. 哪一种都可以

（6）在Flash中，包含的图层类型有哪些？（　　）

A. 背景图层　　B. 普通图层　　C. 遮罩层　　D. 引导图层

2. 判断题

（1）要直接复制元件，可以按Ctrl+L键打开“库”面板，然后在要复制的元件上右击，在弹出的菜单中选择“直接复制”命令。（　　）

（2）在Flash中，可以按F5键插入空白关键帧，按F6键插入关键帧。（　　）

（3）要将选中的对象转换为元件，可以按Ctrl+F8键。（　　）

（4）空白关键帧是在时间轴上以表示。（　　）

（5）在任何情况下，只能有一个图层处于当前模式 。（　　）

3．上机题

（1）打开随书所附光盘中的文件“第6章\6.10　课后练习-1-素材.fla”如图6-115所示，将左侧中间的酒瓶图像与左下方的酒标图像选中，并分别将其转换成为影片剪辑与图形元件。

（2）打开随书所附光盘中的文件“第6章\6.10　课后练习-2-素材1.fla”，将“时间轴”面板中的动画定义成为“影片剪辑”元件，然后打开“第6章\6.10　课后练习-2-素材2.fla”，如图6-116所示，将刚刚定义的影片剪辑移至该文件中，将其复制3份，并调整适当的大小，置于各个蜡烛图像上，按Enter键可以预览到烛光闪动的效果，如图6-117所示。

图6-115 素材图像

图6-116 素材图像

（a）

（b）

图6-117 烛光效果

（3）结合本章的讲解，新建一个文件，然后置入随书所附光盘中的文件“第6章\6.10 课后练习-3-素材.ai”，并最大限度地保留该矢量文件的可编辑性，导入后的图形状态如图6-118所示。

（4）打开随书所附光盘中的文件“第 6 章 \6.10　课后练习 -4- 素材 .fla”，如图 6-119 所示，该文档中的库文件比较多，显得不太好管理，请根据前面所讲解的知识，将这些元件按照一定的分类进行管理，直至得到类似如图 6-120 所示的效果。

图6-118 导入后的图形文件

图6-119 素材图像

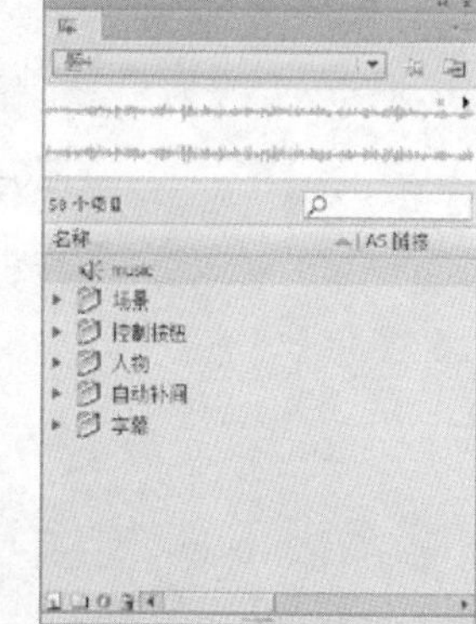

图6-120 整理后的“库”面板

（5）打开随书所附光盘中的文件“第6章\6.10　课后练习-5-素材1.fla”，如图6-121所示，然后将“第6章\6.10　课后练习-5-素材2.fla”按照库的方式打开，并将其中的所有内容复制到“6.10课后练习-5-素材1.fla”文件中。

（6）打开随书所附光盘中的文件“第6章\6.10　课后练习-6-素材.fla”，结合本章讲解的关于图层文件夹的操作方法，将该文件中的图层从下至上，每10个图层放入一个文件夹中，并将其按照顺序重命名为“动画1-5”，处理完成后的“时间轴”面板如图6-122所示。

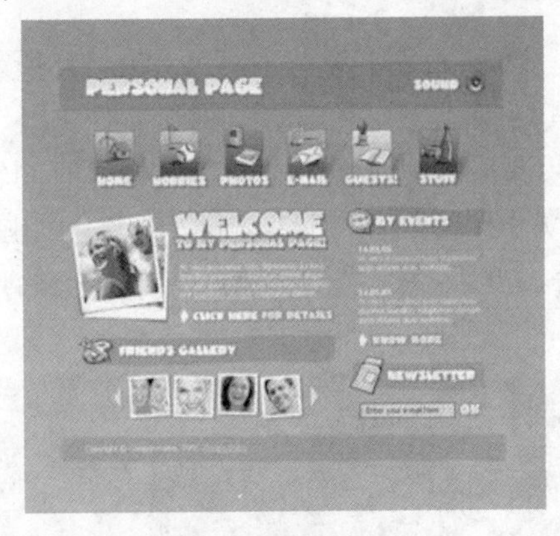

图6-121 素材图像

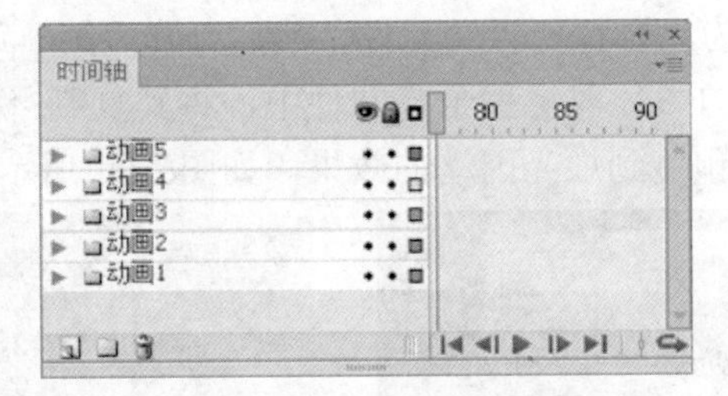

图6-122 “时间轴”面板

（7）以讲解场景知识时的实例为基础，在“场景”面板中调整它们的顺序，调整后按照从上至下的顺序依次为“片尾”、“中场”和“开场”。

（8）打开随书所附光盘中的文件“第6章\6.10　课后练习-8-素材.fla”图像，图6-123所示是当播放头置于第20帧时的状态，请通过设置适当的绘图纸模式，使动画的预览效果如图6-124所示。

图6-123 素材图像

图6-124 预览效果

第 7 章
动画的原理与设计

7.1 动画的工作原理

动画实际上是一系列彼此在视觉效果相关的图画快速逐帧显示的效果，由于人的眼睛有0.1秒的视觉暂留，所以看上去就像是物体运动起来了。

简单来说，Flash动画就是让对象的尺寸、位置、颜色及形状等属性，随时间的推移而发生变化的过程，在Flash CS6中，基本的动画类型包括传统补间动画、CS4版本中新增的补间动画、补间形状及逐帧动画等几类，另外，配合引导层、遮罩层等特殊图层，还可以创建出具有特殊效果的动画，它们也是由补间动画、补间形状及逐帧动画等类型组成的。

值得一提的是，在Flash中，无论是哪一种动画类型，它们都需要帧、图层、场景和舞台等元素相互配合，再通过适当的设计来完成一个优秀的动画作品。

比如帧是构成动画的基本单位，而图层则是用于装载帧的一个载体，它可以将不同的元素分隔开来，从而分别为它们制作不同的动画效果，另外，如果将所有的对象都放在同一个图层的舞台上，很容易混乱各个对象，所以此时就需要用到图层与图层之间还有上下层叠顺序的特性，在视觉上可以给我们造成有远近与前后的距离感。再比如，舞台是展示动画效果的地方，在播放器中播放动画时，只有舞台中的对象被显示，我们可以利用这一特性，完成一个元素从出现到消失的动画处理。

7.2 补间形状动画

7.2.1 关于Flash中的补间

补间是Flash中非常庞大的一个动画制作手法，它可以通过设置相应的参数，调整帧与帧之间元素的属性变化，如位置、大小、颜色及透明度等。

从创建动画的形式上来看，可以分为传统补间动画、CS4版本中新增的补间动画及补间形状3种。传统补间动画是Flash CS4对CS3及更低版中补间动画的一个称谓，并且在新的补间动画中，它已经被赋予了新的功能，读者在学习时应注意区分。

值得一提的是，传统补间动画及新补间动画都可以在元件及文本之间创建，而补间形状则必须在普通的图形之间创建。

7.2.2 补间形状的工作原理

形状补间动画是某一个对象在一定时间内其形状发生过渡型补间的动画，例如，动画中字母“A”变化为字母“B”，方块形图形变化成为圆形图形，在创建形状补间动画时参与动画制作的对象必须为分解的矢量对象即形状，不可是元件或组合对象。

补间形状动画在时间轴上此类帧表现为绿色底、首尾间以箭头连结的若干个帧，如图7-1所示。

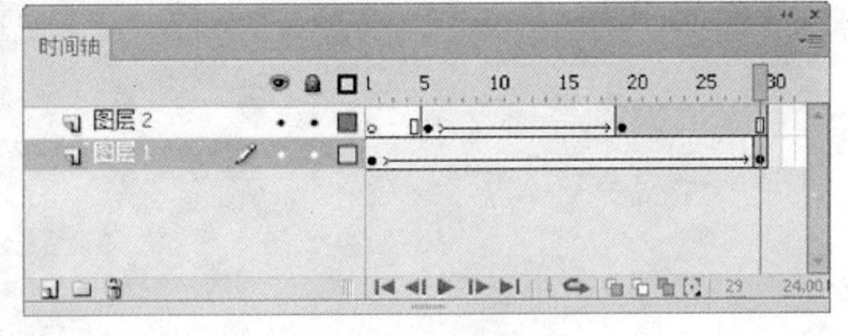

图7-1 形状渐变帧

图7-2所示是形状补间动画在网页中的应用。

（a）　（b）　（c）　（d）

图7-2 形状补间动画在网页中的应用

实例1：制作带有弹性的补间形状动画

下面将通过一个实例，制作一段带有弹性变化的补间形状动画，讲解其制作方法。

STEP 01 打开随书所附光盘中的文件“第7章\实例1：制作带有弹性的补间形状动画-素材.fla”，这其中包括了本例动画中将要用到的素材。

STEP 02 将当前图层重命名为“白色块”，按F6键在第5帧插入关键帧，选择矩形工具，设置其笔触颜色为无、填充色为白色，绘制如图7-3所示的图形。

提示：

为了使动画在播放时，不会出现最前面几帧的动画一闪而逝的情况，所以本例的动画是从第5帧开始制作的，即第1～4帧为空白。在下面的操作中，如无特殊说明，即指在“白色块”图层中操作。

STEP 03 选中第7帧并按F6键插入关键帧，使用任意变形工具按住Alt键向右侧拖动控制框右侧中间的控制句柄，以将其拉宽，如图7-4所示。选择选择工具调整矩形左、右两边的线条为弧形，如图7-5所示。

图7-3 绘制图形

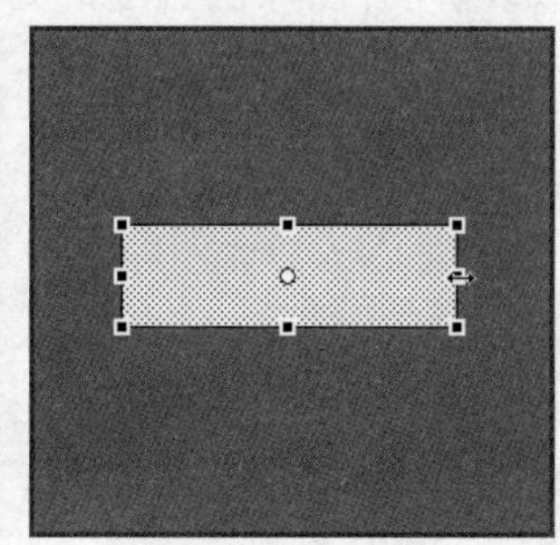

图7-4 绘制图形

图7-5 调整矩形左、右两边线的弧度

STEP 04 单击选中第5帧，右击在弹出的菜单中选择“创建补间形状”命令，从而在第5帧和第7帧之间创建形状补间动画，如图7-6所示。

提示：

至此，已经完成了图形从直边到向外膨胀的变形动画，下面来制作其向内收缩的动画。

STEP 05 分别在第8帧和第10帧按F6键插入关键帧，单击选中第10帧，选择选择工具调整矩形左、右两边线的弧度如图7-7所示。在第8帧上右击，在弹出的菜单中选择“创建补间形状”命令。

图7-6 “时间轴”面板

图7-7 调整矩形左、右两边线的弧度

STEP 06 下面来制作图形重新变为直边状态的动画。在第12帧按F6键插入关键帧，选择选择工具调整矩形左、右两边的弧线为直线，如图7-8所示。然后按照上一步的方法创建补间形状动画，如图7-9所示。

图7-8 调整矩形左、右两边的弧线为直线

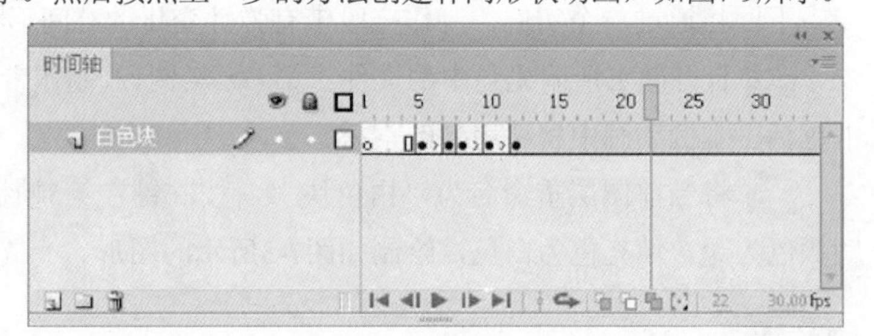

图7-9 “时间轴”面板

下面将继续制作白色矩形从小变大的动画。

STEP 07 分别在第13帧和第16帧插入关键帧，在第16帧中，结合选择工具、部分选取工具及任意变形工具等，将白色矩形变大，并制作上、下边缘向外膨胀的弧度，如图7-10所示。然后在13～16帧之间创建补间形状动画。

STEP 08 分别在第17帧和第19帧插入关键帧，在第19帧中，使用选择工具调整矩形上、下两边线的弧度，如图7-11所示。然后在第17～19帧间创建补间形状动画，如图7-12所示。

图7-10 调整矩形上、下两边线的弧度

图7-11 调整矩形上、下两边线的弧度

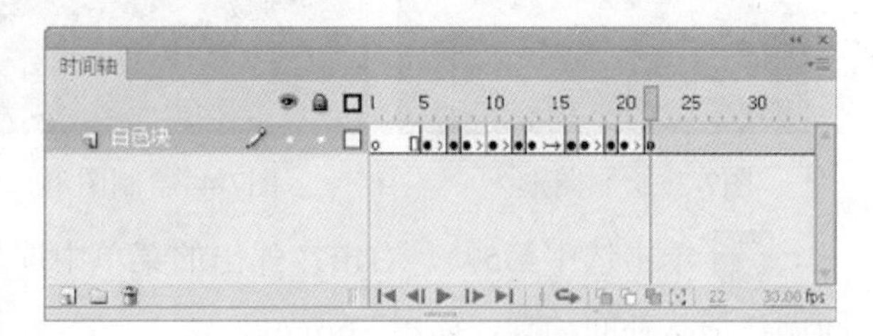

图7-12 “时间轴”面板

STEP 09 分别在第20帧和第22帧插入关键帧，在第22帧中，使用选择工具将矩形上、下两边的弧线调整为直线，如图7-13所示，然后在第20～22帧间创建补间形状动画。

STEP 10 创建图层并将其重命名为“黑色块”，按照本例中第（2）～（9）步的方法，在该图层的第24～36帧间制作黑色矩形的动画，黑色矩形的位置如图7-14所示，对应的“时间轴”面板如图7-15所示。

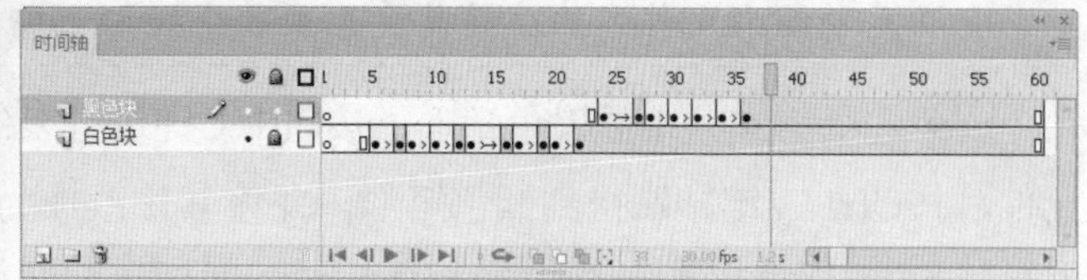

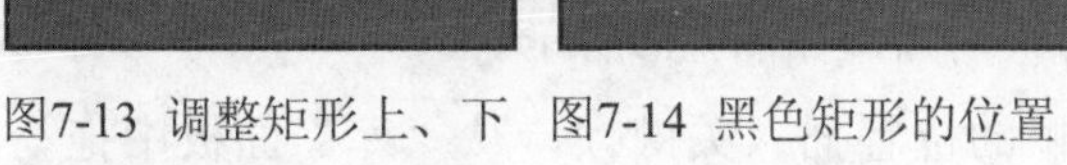

图7-13 调整矩形上、下两边的弧线为直线面板　图7-14 黑色矩形的位置　图7-15 “时间轴”面板

提示：

至此为止，已经完成了对白、黑矩形的变形处理，下面将从第36帧开始，每隔5帧显示出一张图片，共5张图片，并按照十字形摆放在舞台中心。

STEP 11 在“白色块”图层上方新建图层并将其重命名为“图像”。隐藏图层“黑色块”，在第36帧插入关键帧，从“库”面板中拖动“图像1”位图，并置于之前黑色块所在的位置，如图7-16所示。

STEP 12 在“图像”层的第41帧插入关键帧，从“库”中拖动“图像2”并置于中心矩形的上方。按照这样的方法，分别在第46、51和56帧处插入关键帧，分别拖入“图像3～5”，摆放在中心矩形的周围，如图7-17所示，时间轴面板如图7-18所示。

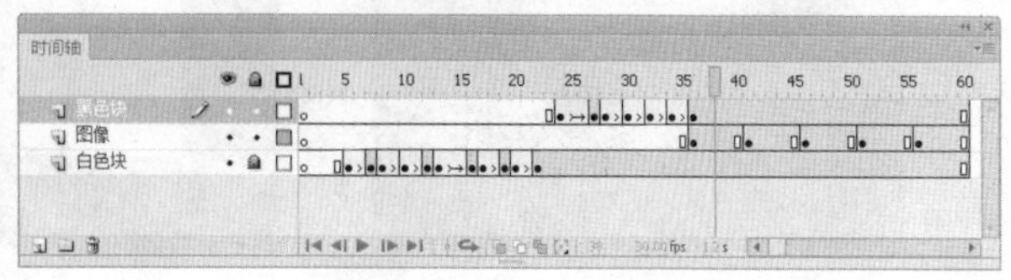

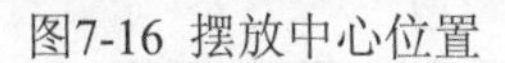

图7-16 摆放中心位置　图7-17 摆放其他图像　图7-18 “时间轴”面板

提示：

此时，按Enter键预览动画可以看到从36帧开始，位图图像依次显示出来的效果，但它们出现的时候显得很生硬，没有很好的动画作为过渡，下面将分别在各个矩形上方增加一个从单色到透明的动画，以制作出各个位图逐渐显示出来的效果。

STEP 13 在“黑色块”图层的第40帧插入关键帧，选中其中的黑色图形，在“颜色”面板中设置其Alpha数值为0%，然后在36～40帧间创建补间形状动画。

提示：

在下面的操作中，如无特殊提示，都是指在“黑色块”图层中操作。对于另外4个矩形的颜色变化，将改为从白色到透明的动画，由于使用的动画过渡完全相同，所以下面将制作一个带有动画的图形元件，然后将其覆盖至各个矩形上即可。

STEP 14 选中第36帧中的黑色矩形，按Ctrl+C键进行复制，按Ctrl+F8键新建一个名为“过滤”的图形元件，按Ctrl+V键粘贴得到黑色矩形，并将其修改成为白色，在第5帧插入关键帧，在“颜色”面板中将其Alpha数值设置为0%，然后在1～5帧间创建补间形状动画，如图7-19所示。

STEP 15 返回“场景1”中，分别在第41、46、51和56帧的位置插入关键帧，从“库”面板中拖动“过渡”元件至各个帧中，并置于与下面新显示出来的矩形相对应的位置，如图7-20所示。

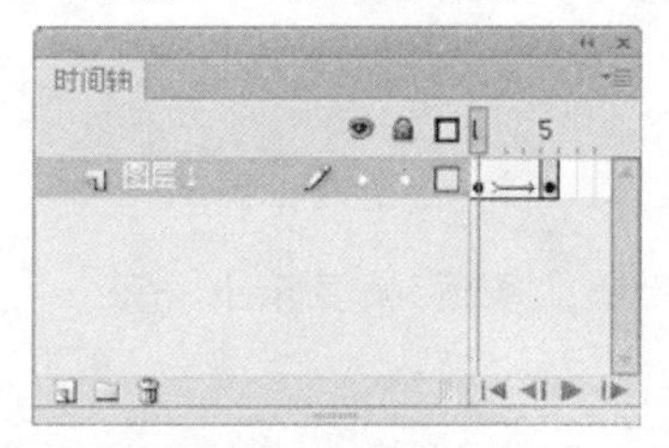

图7-19 “时间轴”面板

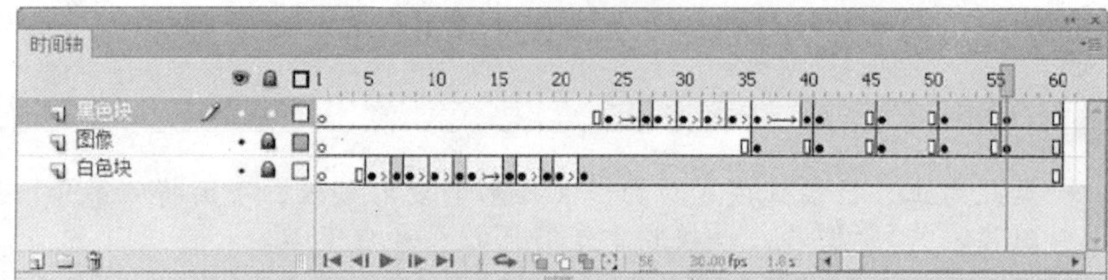

图7-20 添加“过滤”元件后的状态

STEP 16 至此，已经完成了整个动画的制作，为了让动画停止在最后一帧可以再新建一个图层，并在最后一帧插入关键帧，在该帧上添加停止播放的ActionScript语言即可。按Ctrl+Enter键测试动画，其中部分内容如图7-21所示。

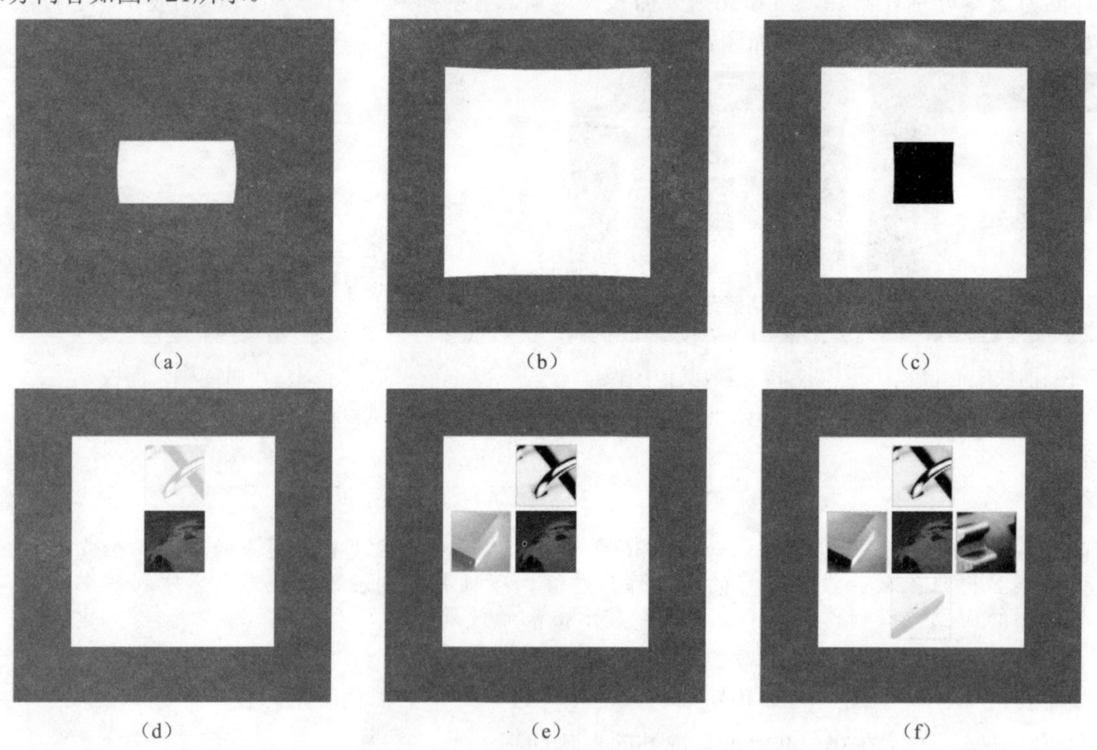

图7-21 测试效果

关于ActionScript语言的讲解，请参见本书第10章的内容。

7.2.3 设置变形控制点

创建形状补间动画时不但可以利用默认的变换方式，还可以分别给两个关键帧中的图形设置对应的变换控制点，以控制动画的补间效果。

要使用变换控制点可以按以下方法操作。

（1）在“时间轴”面板中单击选择形状补间动画的第1帧。

（2）选择“修改”|“形状”|“添加形状提示”命令或按快捷键Ctrl+Shift+H，第1帧的形状对象上添加了一个标有字母“a”的红色圆形控制点。

（3）移动红色圆形控制点到图形对象需要标记的位置。

（4）单击选择形状补间动画的最后一个关键帧，该帧的图形对象中自动添加了一个标有“a”的红色圆形控制点。

（5）移动最后一个关键帧中的标记到需要与第1帧的标记相对应的位置，移动后，控制点由红色圆形变为绿色。

（6）返回至第1帧，此时红色圆形控制点已变为黄色。

（7）重复第（2）步至第（5）步多次，分别在两个关键帧中的图形添加多个控制点，每个控制点自动以默认的字母命名，如“b，c，d…”

控制点设置的越多，形状转变的时候就会越精确。图7-22所示分别为第1帧及最后1帧中的形状及其控制点的状态。

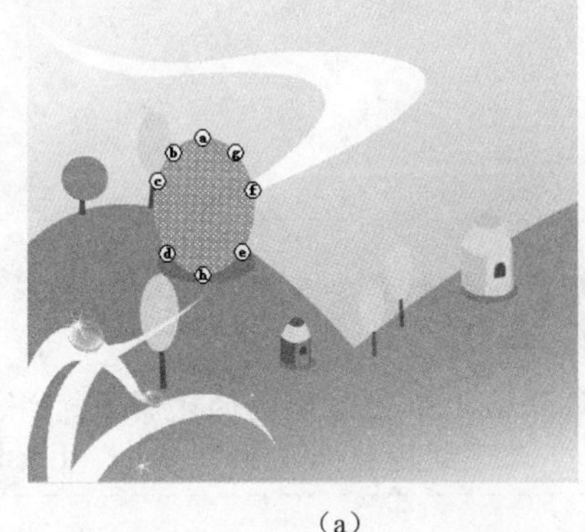
（a）

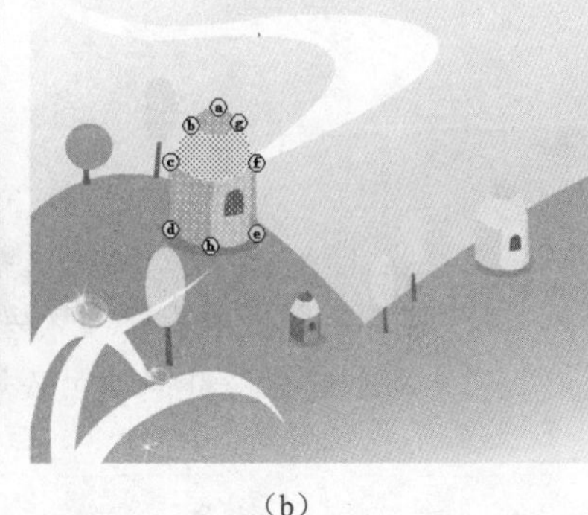
（b）

图7-22 控制点标记

“添加形状提示”必须是在形状动画的前提下才可用，而且在放置控制点时，应该保证控制点被放于图形的边框线上。

7.3 传统补间动画

7.3.1 传统补间动画的工作原理

传统补间动画是CS3及其早期版中运用比较广泛的一种动画形式。对于一个完整的传统补间动画而言，它需要有2个处于同一图层中的关键帧，其中必须且只能存在一个元件或文本对象，然后

01 chapter P1–P12
02 chapter P13–P18
03 chapter P19–P44
04 chapter P45–P70
05 chapter P71–P86
06 chapter P87–P120
07 chapter P121–P166
08 chapter P167–P180
09 chapter P181–P188
10 chapter P189–P224
11 chapter P225–P250

在2个关键帧之间的任意一帧上右击，在弹出的菜单中选择“创建传统补间”命令即可，传统补间动画显示为蓝色背景，且关键帧之间会有一个如下所示的箭头 。

Flash动画中的旋转、放大、缩小、直线运动等类型的动画效果，都可以使用传统补间动画来完成，图7-23所示就是一个典型的在垂直方向上做位移变化的动画效果。

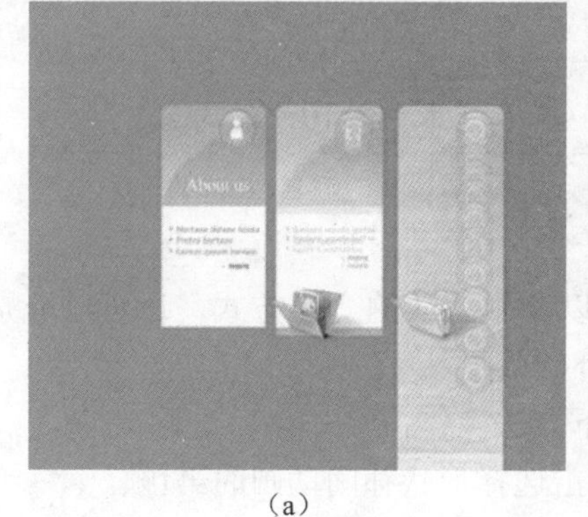

（a）

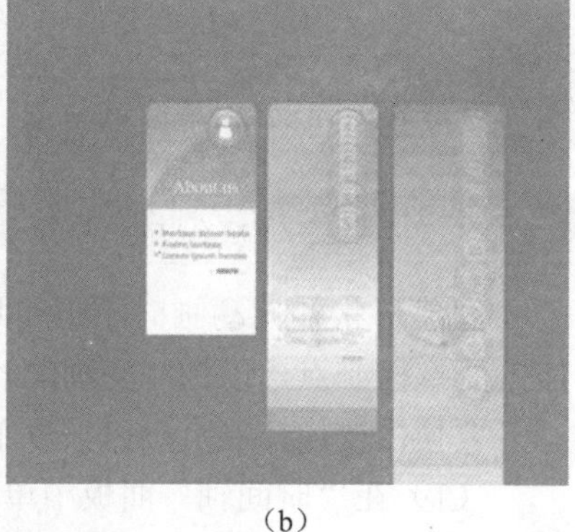

（b）

图7-23 物体的直线运动

实例2：运动传统补间动画

下面通过一个特别简单的小实例来展示一下创建传统补间动画的操作步骤。

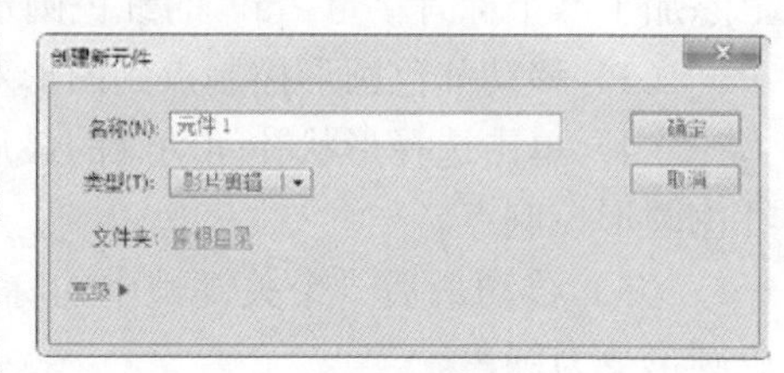

图7-24 “创建新元件”对话框

STEP 01 打开随书所附光盘中的文件“第7章\实例2：运动传统补间动画-素材.fla”，选择“插入”|“创建新元件”命令，设置弹出的对话框如图7-24所示。将库中的“child_01”图片拖至“元件1”中。

（1）在此对话框中选择的选项应该根据需要而定，例如，如果需要制作一个运动的按钮，则在此对话框中应该选择“按钮”选项。

（2）要创建传统补间动画必须保证用于创建动画的元素是元件或组合对象。即使创建动画的元素不是元件或组合对象，当单击“创建补间动画”命令，Flash也会自动将其转换为图形。

STEP 02 新建“图层2”，将“元件1”拖至“工作区域”，使其底部与背景图片的底部在一条水平线上，如图7-25所示。

STEP 03 首先制作元件对象进入场景的补间动画，在“图层2”的第15帧处，按快捷键F6查入关键帧，使第1帧的内容延伸至该帧，并将“元件1”水平移至背景图形中的心形位置，如图7-26所示。

图7-25 将元件拖至“工作区域”

图7-26 将元件对象移至场景中

STEP 04 在“图层2”的第1～15帧之间右击，在弹出的菜单中选择“创建传统补间”命令，以使用默认的参数创建一个动画，此时的“时间轴”面板如图7-27所示。

STEP 05 然后再制作一个元件对象停留片刻后旋转离开场景的补间动画，分别在“图层2”的第50帧和100帧处按快捷键F6插入关键帧，并将100帧处的元件对象缩小移至场景外面，如图7-28所示。

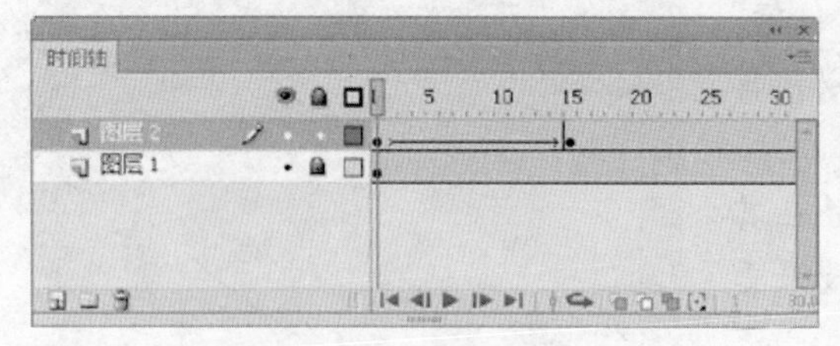

图7-27“时间轴”面板

图7-28 将元件对象移至场景外

STEP 06 单击第50帧和100帧间的任意帧，在“属性”面板的“补间”下拉菜单中选择“动画”选项，设置如图7-29所示。

STEP 07 在“图层2”的第50～100帧间右击，在弹出的菜单中选择“创建传统补间”命令，以使用默认的参数创建一个动画，然后在“属性”面板中设置补间的参数，从而制作出旋转的动画效果。

STEP 08 按Ctrl+Enter键，测试影片，最终效果如图7-30所示。

图7-29 设置帧“属性”面板

图7-30 传统补间动画的最终效果

7.3.2 自定义缓入/缓出

下面将结合图7-31所示的“属性”面板，详细讲解其中的重要参数及选项。

- 帧标签：在该文本框中为当前选择的关键帧输入一个名称作为标签，如。
- 标签类型：在为帧命名后，该下拉菜单就会被激活，其中包括“名称”、“注释”和“锚记”3个选项。
- 补间：在此下拉菜单中可以选择要创建的动画的类型，其中包括“无”、“动画”和“形状”3个选项。
- 缩放：选择此复选项，可使补间过渡帧中元素的比例正常。

01 chapter P1–P12
02 chapter P13–P18
03 chapter P19–P44
04 chapter P45–P70
05 chapter P71–P86
06 chapter P87–P120
07 chapter P121–P166
08 chapter P167–P180
09 chapter P181–P188
10 chapter P189–P224
11 chapter P225–P250

- 缓动：此选项可以调节对象运动过程中的速度比例关系，正数表示由快到慢，负数表示由慢到快。
- 编辑缓动：在设置了“缓动”参数后，单击“编辑”按钮在弹出的如图7-43所示的对话框中，可以编辑缓动的曲线图。
- 旋转：在此下拉菜单中选择一个旋转角度，并在其后的文本框中输入旋转的圈数，可以使动画效果更丰富。

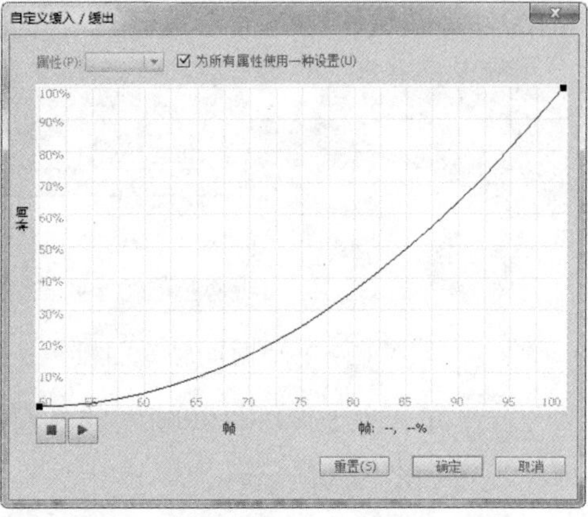

图7-31 “自定义缓入/缓出”对话框

提示：

如果要得到具有旋转效果的传统补间动画，应该在“属性”面板中设置“旋转”参数选项。

- 调整到路径：选择该复选项，为当前动画图层指定动作辅助层后，使动画元素的运动方向与辅助层中的路径方向一致。
- 同步：选择此复选项，可以使主场景动画中的动画剪辑在播放时更流畅。
- 对齐：如果当前创建的动画是路径动画，选择此复选项，可以使动画对象自动以其中心点捕捉路径。

实例3：用传统补间动画制作色彩变化动画

色彩补间动画是补间动画的一个分支，主要是灵活运用了元件色彩、亮度及透明度等方面变化的效果。在传统补间动画的基础上，利用元件特有的色彩调节方式即可得到元件的色彩动画效果，例如，从红色渐渐变化成为黄色，从暗的变化成为明亮的等。

下面通过一个简单的实例，讲解色彩补间动画具体操作步骤。

STEP 01 打开随书所附光盘中的文件“第7章\实例3：用传统补间动画制作色彩变化动画-素材.fla”文件，其内容如图7-32所示。在该素材中，左侧的人物照片图像位于“图像”层中（见图7-32（b）），在下面要制作的色彩补间动画中，也是以该图像作为变化的主体。

（a）

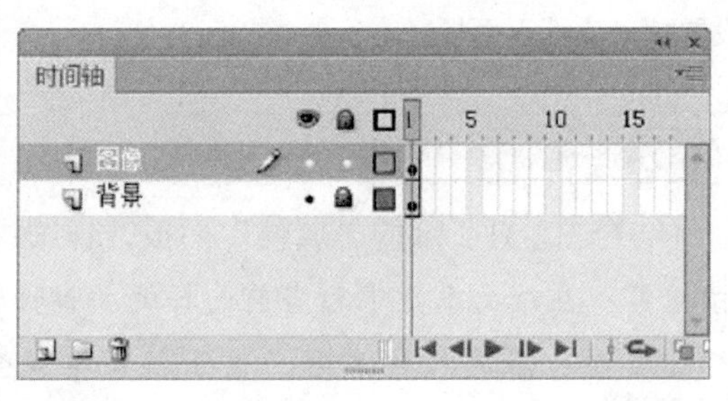

（b）

图7-32 素材图像

STEP 02 选中人物照片图像，按F8键将其转换成名为“图像”的影片剪辑元件，以便于制作下面的动画。

STEP 03 在本例中，预计要制作一个30帧长的动画，此时可以在“背景”图层的第30帧单击，然后按

F5键以将帧延续至此。

STEP 04 首先，制作一个图像变亮的动画。在“图像”图层的第3帧按F6键插入关键帧，在舞台中选中照片图像，显示“属性”面板并将照片调亮，得到如图7-33所示的效果。

提示：

如无特殊说明，以下操作均在“图像”图层中完成。

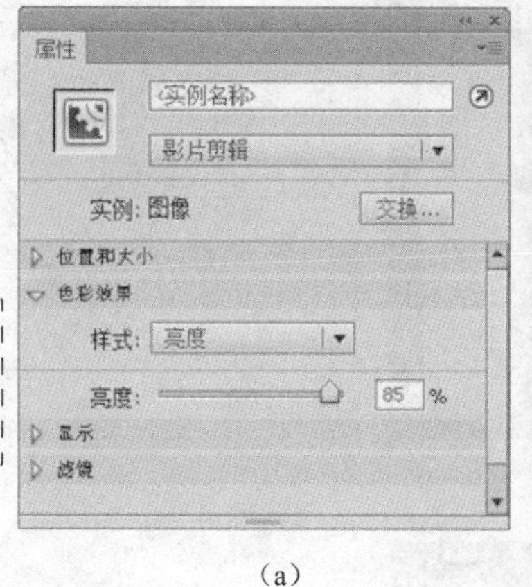

(a)

(b)

图7-33 调亮照片

STEP 05 在第1帧上右击，在弹出的菜单中选择“创建传统补间”命令，以创建动画过渡效果，图7-34所示是播放到第2帧时的状态。

(a)

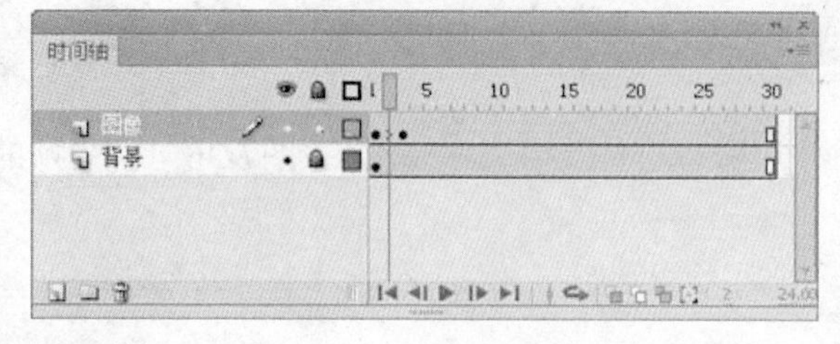

(b)

图7-34 动画播放到第2帧时的状态

STEP 06 在第10帧插入关键帧，选中舞台中的照片图像，显示“属性”面板并将照片调亮，得到如图7-35所示的效果。

STEP 07 按照第（5）步的方法，在第3～10帧之间创建补间动画，图7-36所示是创建动画后其中2帧的效果。

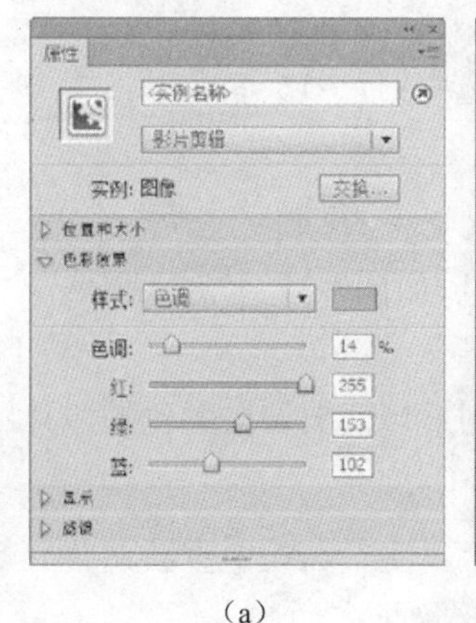

(a)

(b)

图7-35 为照片调色

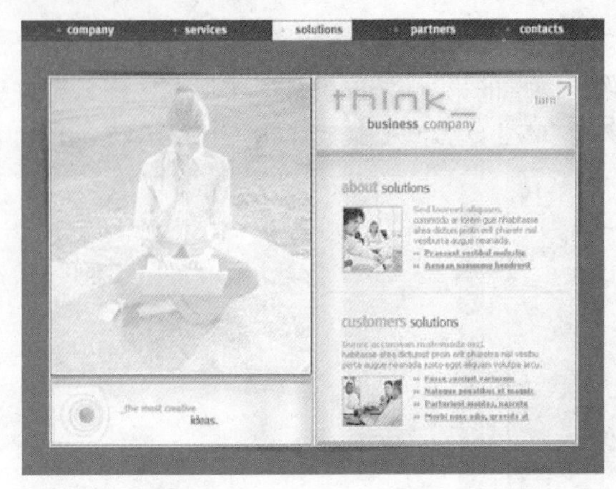

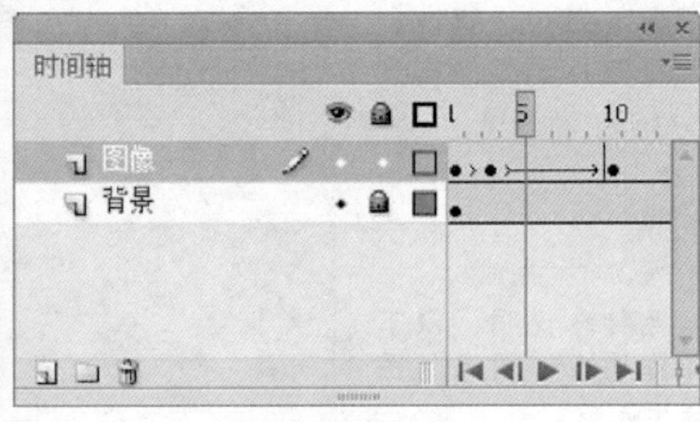

（a） （b）

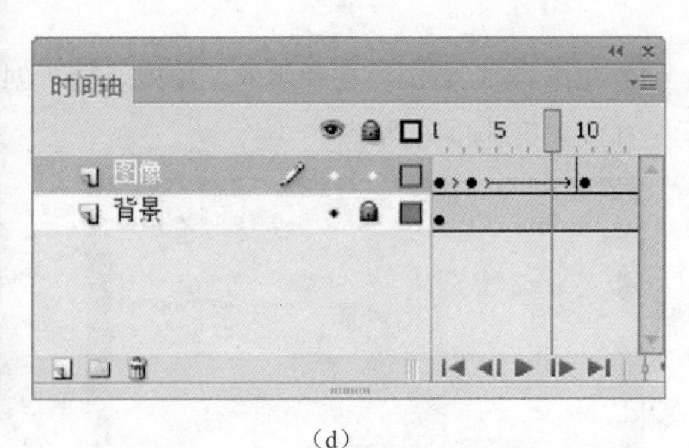

（c） （d）

图7-36 其中2帧的动画效果

提示：

至此，已经完成了其中一段动画的制作，下面来通过复制的方法制作另外一段相似的动画。

STEP 08 为了让动画看起来比较有节奏，首先在第15帧的位置按F5键将帧延续至此，然后选中第1～15帧，按Ctrl+Alt+C键复制选中的帧。

STEP 09 选中第16帧，按Ctrl+Alt+V键将上一步复制的帧粘贴到其中，此时的“时间轴”面板如图7-37所示。

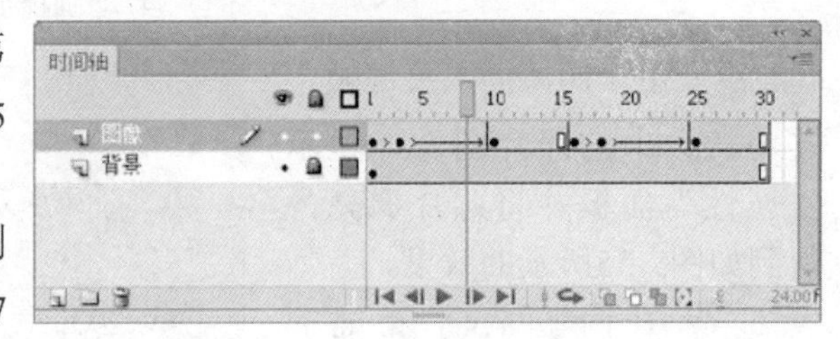

图7-37 “时间轴”面板

STEP 10 删除第16帧中的内容，然后复制第10帧被调过颜色的照片图像，按Ctrl+Shift+V键执行“粘贴到当前位置”操作，将其粘贴在第16帧中。

STEP 11 选中第25帧中的照片图像，在“属性”面板中重新调整其颜色，直至得到类似图7-38所示的效果。图7-39所示是创建动画后其中2帧的效果。

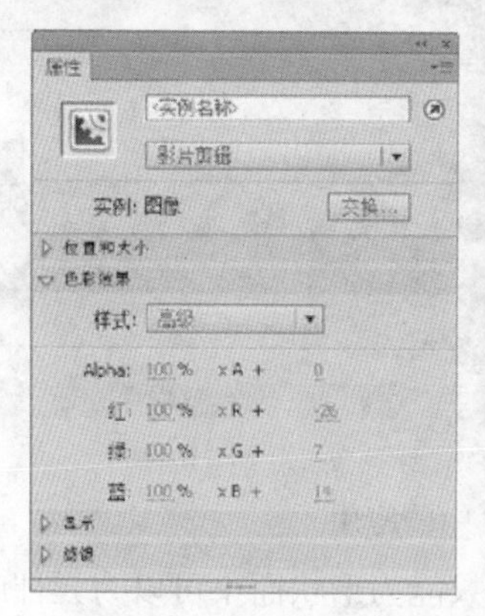

（a）

（b）

图7-38 为照片调色

（a）

（b）

图7-39 其中2帧的动画效果

STEP 12 按Ctrl+Enter键测试动画，如有不满意的地方还可以返回舞台中继续修改。

提示：

这种颜色补间动画的效果比较适合网页片头的一些特效制作，颜色调节选项设置得当还会取得意想不到的效果，建议读者们多练习多实践。

7.4 传统运动引导动画

7.4.1 传统运动引导动画的原理

传统运动引导动画是指一图层中的对象沿另一图层中的引导路径进行运动的动画，而且在动画中不会看到引导路径的内容。图7-40所示为运动引导动画在网页中的应用，圆形装饰沿图中的弧线路径慢慢进入、离开画面，为页面增添了柔美的感觉（见随书所附光盘中的文件第7章\7.4传统运动引导动画-5-素材.fla）。

01 chapter P1–P12
02 chapter P13–P18
03 chapter P19–P44
04 chapter P45–P70
05 chapter P71–P86
06 chapter P87–P120
07 chapter P121–P166
08 chapter P167–P180
09 chapter P181–P188
10 chapter P189–P224
11 chapter P225–P250

（a）

（b）

图7-40 运动引导动画在网页中的应用

引导路径所在的图层被称为“运动引导层”，引导路径只能为形状而不可以为元件或组件等形式；沿路径运行的对象所在的图层被称为“被引导层”，运行的对象只能为元件或组件，不可为形状。

实例4：沿轨迹移动的动画

下面通过一个简单的例子，帮助读者理解、掌握运动引导动画的制作。其制作步骤如下。

STEP 01 打开随书所附光盘中的文件“第7章\实例4：沿轨迹移动的动画-素材.fla”文件，如图7-41所示。

STEP 02 现在将通过运动引导动画在夹画的铁丝上做彩环滑过的效果。新建得到“图层2”，然后执行下列操作方法之一，为其添加引导层。

- 在其图层名称上右击，在弹出的菜单中选择“添加传统运动引导层”命令，即可创建一个引导“图层2”的引导层，如图7-42所示。

图7-41 素材

图7-42 “时间轴”面板

- 如果要将一个已有的图层转换为引导层，可以在其图层名称上右击，在弹出的菜单中选择“引导层”命令，此时该图层前面会出现图标，此时可以拖动要作为被引导层的图层至该图层的下方，待出现————光标时，释放鼠标即可。

提示：

创建一个运动引导层首先要选择一个当前图层或是新建一个图层，该图层不能为已经被添加了运动引导层的图层也不能为运动引导层本身。

STEP 03 选中“时间轴”面板中的引导层，在场景中绘制彩环滑过的路径。使用直线工具和选择工具把背景中的铁丝描出来即可。为了便于读者识别，本书绘制了一条笔触高度为2，笔触颜色为红色的路径，如图7-43所示。

STEP 04 选中“图层2”，将“元件1”拖至场景中，调整好对象大小并使该对象的中心控制点吸附在路径的一端，此操作是确定运行对象起点的位置，如图7-44所示。

图7-43 绘制引导路径

图7-44 确定运行对象起点的位置

(1) 要使对象更容易吸附在路径上，可以单击选择工具，选中“紧贴至对象”选项，然后再将对象拖曳至路径上。

(2) 运动引导动画的操作步骤也可先绘制运行对象再绘制引导路径，即在第 (2) 步的时候就确定运行对象，将彩环拉入场景中，然后再绘制路径。读者可根据自己情况或习惯确定操作顺序。

STEP 05 确定运行对象终点的位置，在“图层2”的50帧处按快捷键F6插入关键帧，将“元件1”移至路径另一端并仍使其吸附在路径上，效果如图7-45所示。

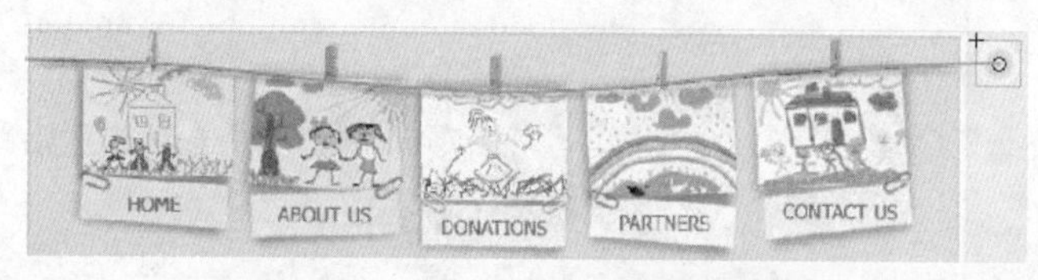

图7-45 确定运行对象终点的位置

STEP 06 下面来制作对象沿路径移动的动画效果。在“图层2”的第1帧～50帧间的任意帧处右击，在弹出的菜单中单击“创建传统补间”命令，按下键盘中的Enter键测试动画，彩环即会沿路径的一端移至另一端，如图7-46所示。

(a)

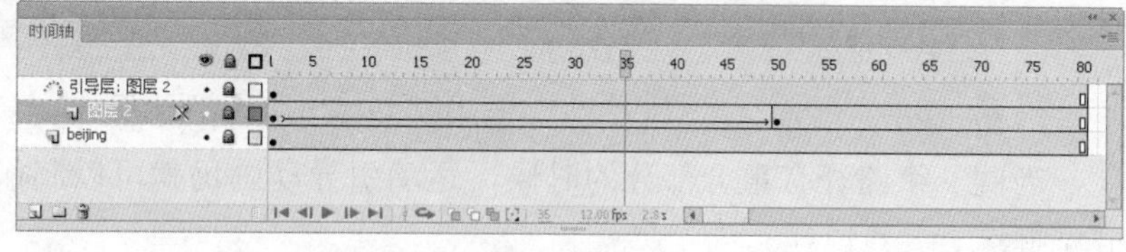

(b)

图7-46 制作对象沿路径运行的动画效果

提示:

至此，一个简单的运动引导动画的步骤就已经展示完成了。当生成swf动画格式的时候，引导层中的路径是不显示的，如果一个动画中有很多引导层，fla文件的场景就会感觉很乱，不利于继续制作，可以将它们逐一隐藏。由于制作运动引导动画中还有一些需要读者掌握和注意的细节，因此将此动画继续延续，把需要读者掌握的内容逐一提出。

STEP 07 一个引导层可以引导多个被引导层，因此如果要制作多个对象沿同一路径运行，可以在引导层与被引导层中直接添加新的被引导层。现在将制作多个不同彩环沿此路径运行，在引导层与“图层2”之间添加“图层4”，如图7-47所示。

01 chapter P1—P12
02 chapter P13—P18
03 chapter P19—P44
04 chapter P45—P70
05 chapter P71—P86
06 chapter P87—P120
07 chapter P121—P166
08 chapter P167—P180
09 chapter P181—P188
10 chapter P189—P224
11 chapter P225—P250

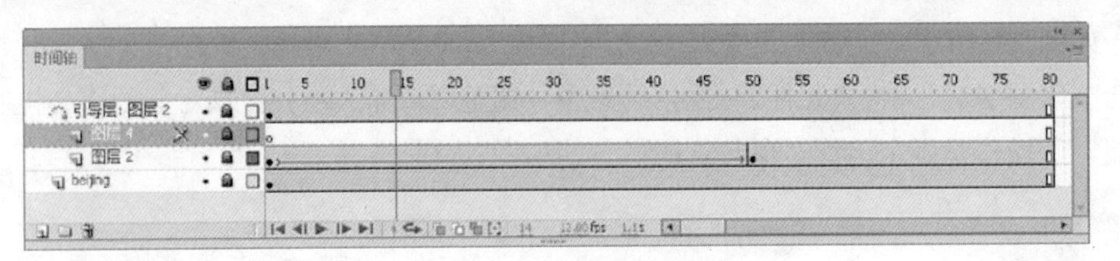

图7-47 添加新的被引导层

STEP 08 制作彩环先后进入画面的效果，在“图层4”的第10帧处插入一个关键帧，将“元件2”拖至场景中，使用制作“元件1”沿路径运行的动画效果同样的方法制作出其他多个彩环先后沿路径运行的动画效果，如图7-48所示，此时的“时间轴”面板如图7-49所示。

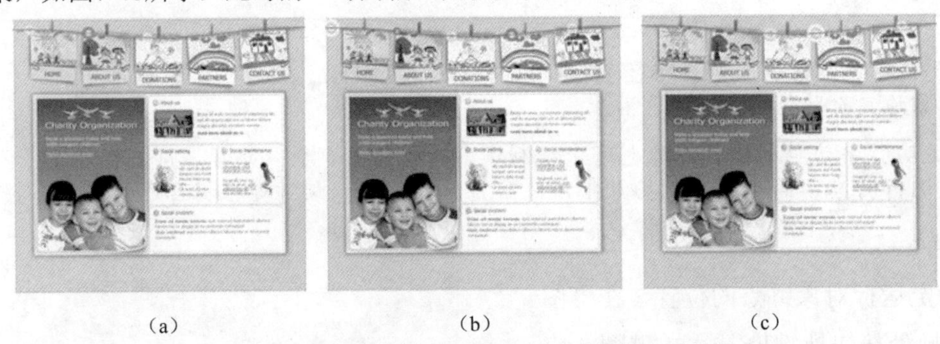

(a) (b) (c)

图7-48 制作多个彩环先后沿路径运行的动画效果

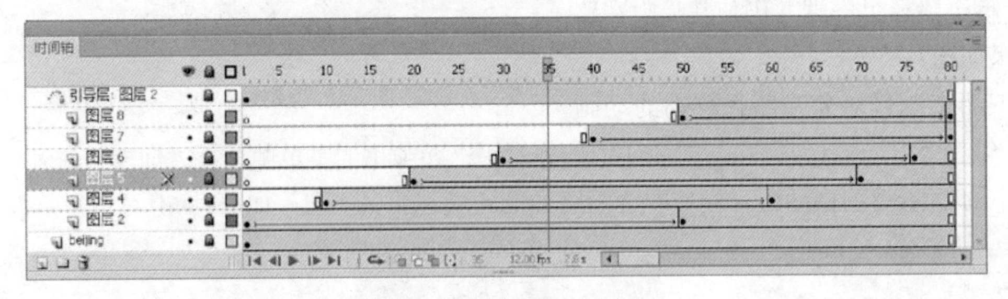

图7-49 “时间轴”面板

当同一个路径有重合部分的时候，运动引导动画仍就可以制作成功的。读者可以根据下面的步骤掌握这一要点。

STEP 09 新建“图层9”，将“元件2”拖至场景中，调整好元件大小，为“图层9”添加一个运动引导层，并在图的右下角绘制一个有重合部分的路径，制作出该彩环沿路径运行的动画效果，如图7-50所示。

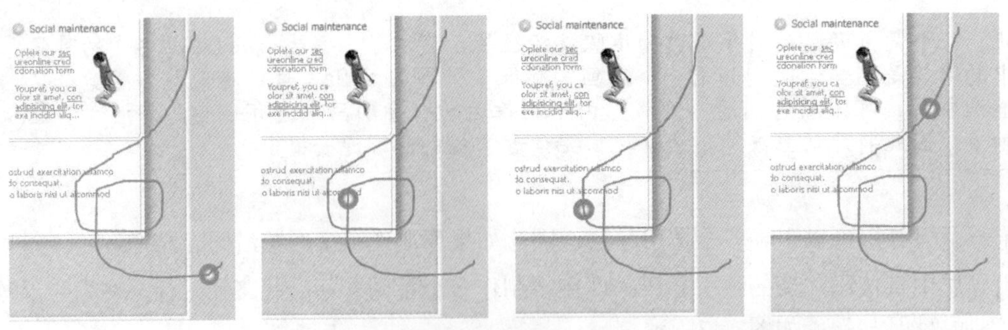

图7-50 制作引导对象沿有重合部分的路径运行的动画

STEP 10 按快捷键Ctrl+Enter测试影片，最终效果如图7-51所示。

图7-51 动画最终效果

提示：

创建运动引导型动画时，往往希望运动的元件依据运动引导线的方向发生旋转，此时可以在创建传统补间动画后在“属性”面板中选中“调整到路径”复选框。

打开随书所附光盘中的文件“第7章\7.4 传统运动引导动画-素材.fla”，如图7-52所示，按照上面讲解的运动引导动画的制作方法，将儿童图像进入与离开舞台时的动画改为路径引导方式，如图7-53所示，并适当设置图像的旋转数量。

图7-52 素材图像

图7-53 添加路径引导

7.5 遮罩动画

遮罩动画的原理就好比制作一个小孔，通过这个小孔，让浏览的人看到小孔下面的内容，这个小孔可以是一个静态的形状、文本对象、元件，也可以是一个动态的电影片段，可以将多个对象组合在一起分别放在多个图层中并将这些对象放在小孔的下方，从而创建更为复杂的动画效果。

遮罩动画常用于创建类似放大镜、突出主题、逐渐显示或隐藏等效果的动画。图7-54和图7-55所示两组图为遮照动画在网络中的应用。其中图7-54中文字上方有一个遮照层，文字为被遮照层，当遮照层中绘制的图形移动后覆盖住文字时，文字就会随之呈现出来。

(a)　　(b)

(c)　　(d)

图7-54 含有遮照动画元素的banner广告

(a)

(b)

(c)

(d)

图7-55 含有遮照动画元素的电子杂志

实例5：简单遮罩效果

下面通过一个简单的小例子，帮助读者理解、掌握遮照动画的制作。其操作步骤如下。

STEP 01 打开随书所附光盘中的文件“第7章\实例5：简单遮罩效果-素材.fla”，图层1中已有一个被放置好的图片，它是需要制作被遮罩效果的内容，如图7-56所示。

STEP 02 新建一个图层，在该图层上创建用于遮罩下方对象的五角星，并将其调整到合适的位置，如图7-57所示。

STEP 03 在上方的图层上右击，在弹出的菜单中选择“遮罩层”命令，即可创建遮罩效果，如图7-58所示。

图7-56 被遮照内容

图7-57 绘制遮照遮照内容

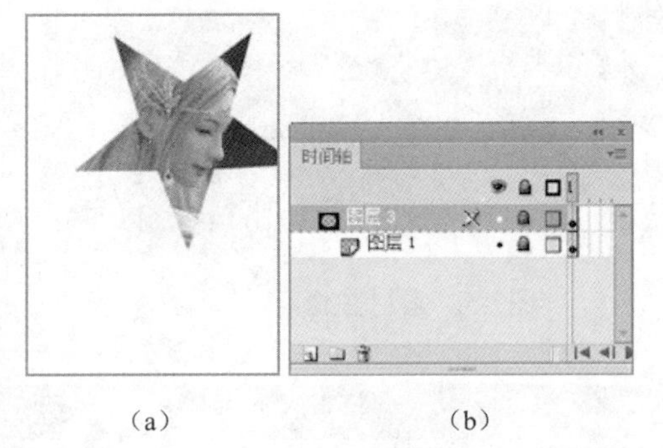

(a) (b)

图7-58 最终效果

> **提示：**
>
> 创建遮罩层后，Flash将自动锁定遮罩层和被遮罩层，如果需要对两个图层进行编辑，先单击锁形标记解除锁。

实例6：制作字幕效果

一段Flash动画结束后，总会有一些关于制作的结束字幕，此时通常可以使用遮罩动画来取得很好的滚动字幕效果。

下面的案例讲解了如何通过使用遮罩动画，制作一个简单的滚动字幕效果。步骤如下。

STEP 01 打开随书所附光盘中的文件“第7章\实例6：制作字幕效果-素材.fla”，如图7-59所示。

STEP 02 使用文本工具T并设置适当的字体及颜色等属性，在图片的下方输入类似图7-60所示的文字。

STEP 03 在“图层2”的第175帧处按快捷键F6，插入关键帧，然后将此帧的文字移至图片的上方，如图7-61所示。

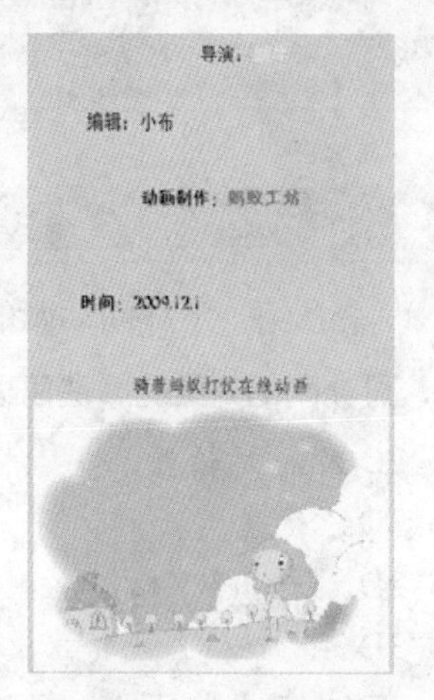

图7-59 对应的效果　　图7-60 第1帧中的文字在图片下方　　图7-61 第175帧中的文字在图片上方

STEP 04 在“图层2”的第1～175帧间的任意帧处右击，在弹出的菜单中单击“创建传统补间动画”命令，则制作出文字从下向上滚动的效果，如图7-62所示。

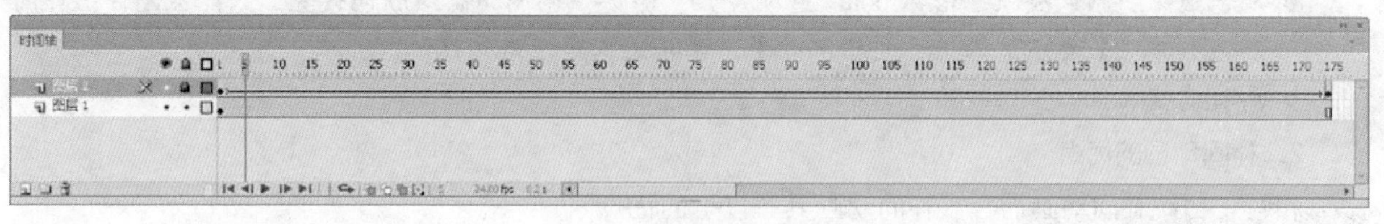

图7-62 “时间轴”面板

STEP 05 下面来绘制制作遮罩后，用于显示内容的区域。新建得到“图层3”，设置适当的笔触颜色和填充颜色，使用钢笔工具绘制得到类似如图7-63所示的形状。

STEP 06 在“图层3”的名称上右击，在弹出的菜单中单击“遮照层”命令，此时“图层3”变为遮照层，“图层2”变为被遮照层，如图7-64所示。

图7-63 绘制遮照层的形状

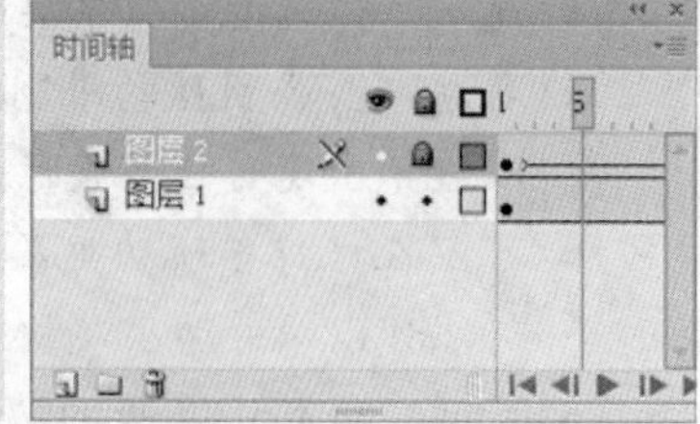

图7-64 “时间轴”面板

STEP 07 按Ctrl+Enter键测试影片，最终效果如图7-65所示。

（a）　（b）　（c）　（d）

图7-65 最终动画效果

01 chapter P1—P12
02 chapter P13—P18
03 chapter P19—P44
04 chapter P45—P70
05 chapter P71—P86
06 chapter P87—P120
07 chapter P121—P166
08 chapter P167—P180
09 chapter P181—P188
10 chapter P189—P224
11 chapter P225—P250

7.6 补间动画概述

7.6.1 补间动画简介

下面来介绍一下补间动画的基本特性。

1. 可补间的对象的属性包括的内容

- 2D X 和 Y 位置。
- 3D Z 位置。
- 2D 旋转（绕Z轴）。
- 3D X、Y 和 Z 旋转。
- 3D 动画要求 FLA 文件在发布设置中面向 ActionScript 3.0 和 Flash Player 10。
- 倾斜 X 和 Y。
- 缩放 X 和 Y。
- 颜色效果：颜色效果包括 Alpha（透明度）、亮度、色调和高级颜色设置。只能在元件上补间颜色效果。若要在文本上补间颜色效果，请将文本转换为元件。
- 所有滤镜属性。

2. 补间动画的优点

相较于传统补间动画而言，补间动画具有以下的优点。

- 可应用Flash自带的预设，也可以创建并编辑自定义预设。
- 简化了传统运动引导层的操作。
- 通过一些强制性的限制，避免可以出现的问题。如不允许在补间动画的帧中绘制其他对象，以避免出现动画播放时出现其他多余元素的问题。
- 可以在保持各项动画属性不变的情况下，快速更换动画中的元件。在删除动画中的元件后，仍然可以保留动画及相关的属性设置。
- 可创建带有3D属性的动画。

7.6.2 对比补间动画与传统补间动画

补间动画和传统补间的差异包括以下内容。

- 帧组成：传统补间使用关键帧。关键帧是其中显示对象的新实例的帧。补间动画只能具有一个与之关联的对象实例，并使用属性关键帧而不是关键帧。
- 内容组成：传统补间需要组成动画的2个帧中分别存在对象，而补间动画则只使用一个对象。
- 文件动画：补间动画会将文本视为可补间的类型，而不会将文本对象转换为影片剪辑。传统补间会将文本对象转换为图形元件。
- 脚本：传统补间允许在补间范围内的帧上添加脚本，而补间动画则不允许。
- 3D动画：Flash CS4新增的3D动画功能，在CS6版本中得到保留并进行了完善，它只支持使用补间动画进行创建。即无法使用传统补间为 3D 对象创建动画效果。
- 改变动画范围：默认情况下，补间动画范围是一个整体，单击即可选中它，并通过拖动的方式改变其长度或所在的图层等，而传统补间动画，改变范围的长度需要单独调节每个关键帧，而如果要移动整个动画范围，则需要手工将其选中，然后再进行移动。

- 选择帧：选择传统补间动画范围中的帧，可以直接单击，而补间动画则需要按住Ctrl键进行单击。
- 属性变化：使用传统补间动画可以在不同的属性（如色调和亮度）之间进行变化，而补间动画则只能在一个属性上进行变化——主要原因就在于补间动画是由一个对象组成的。
- 创建动画时的元件转换：补间动画和传统补间都只允许对特定类型的对象进行补间。若应用补间动画，则在创建补间时会将所有不允许的对象类型转换为影片剪辑。而应用传统补间会将这些对象类型转换为图形元件。

7.6.3 属性关键帧

以前所述，从 Flash CS4 开始，由于新增了补间动画类型，因此相应地增加了“属性”关键帧的概念。“关键帧”和“属性关键帧”的概念有所不同。“关键帧”是Flash CS3及早期版中制作动画时的重要元素，简单来说就是各种对象的载体，同时也是传统补间动画的重要组成部分，而属性关键帧则对动画组成没有影响，它只是对补间动画中对象的属性（如缓动、亮度、Alpha值及位置等）进行控制，从而完成动画的过渡。

另外，属性关键帧还有一个非常大的好处，即删除了其中的内容后，为其设置的属性会保留不变，当再次置入其他的对象时，即会应用之前的属性设置。

1. 添加属性关键帧

在一个补间动画范围中，添加属性关键帧的方法包括以下2种。

- 手工添加：将播放头置于要添加帧的位置，然后在该帧上右击，在弹出的菜单中选择“插入关键帧”子菜单中的一个需要命令即可，如图7-66所示。该子菜单中的各个命令都代表了对动画对象的一种属性控制，其具体的设置可以在“属性”面板及“动画编辑器”面板中完成。关于“动画编辑器”面板的讲解，请参见本章第2节的内容。
- 自动添加：当前播放头所在的位置没有属性关键帧的情况下，如果我们选中舞台中的补间动画对象，并设置其属性（如移动位置、设置Alpha值及色调等），就可以自动在当前位置添加一个属性关键帧。

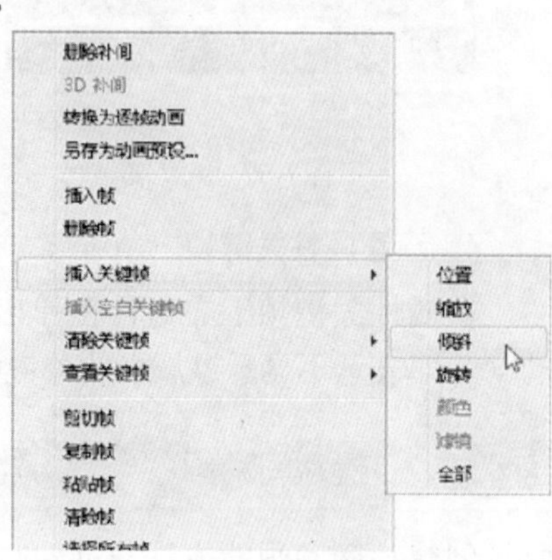

图7-66 弹出菜单

提示：

如果在补间动画范围中单击右键，在弹出的菜单中选择“插入帧”命令，则可以让当前的动画长度加倍。例如原补间动画范围为25帧，按照此方法操作后，就将变为50帧。新加入的帧将位于原范围的最前面。

2. 选择属性关键帧

在补间动画范围的任意处单击都会直接选中该范围，如果要选中其中的某一帧，可以按住Ctrl键进行单击。

如果要选择范围内的多个连续帧，可按住 Ctrl键同时在范围内拖动。

3. 删除属性关键帧

在前面学习添加属性关键帧时，看到了它分为“位置”、“缩放”、“颜色”及“全部”等多种类型，那么在删除属性关键帧时，其操作也是类似的，即可以根据需要来删除某一帧中的部分属性，而不是全部，以便于进行编辑和修改。

要删除属性关键帧，可以将播放头停在该帧上，或按Ctrl键单击以选中该帧，然后右击，在弹出的菜单中选择“清除关键帧”子菜单中的命令，以删除对应的属性，如果选择“全部”命令则相当于清除了该属性关键帧。

例如，在图7-67所示的作品中，利用属性关键帧添加了对亮度、滤镜和位置的3项属性控制，图7-68（a）、（b）所示是按照上面所说的方法分别删除了亮度和滤镜2个属性时的效果。

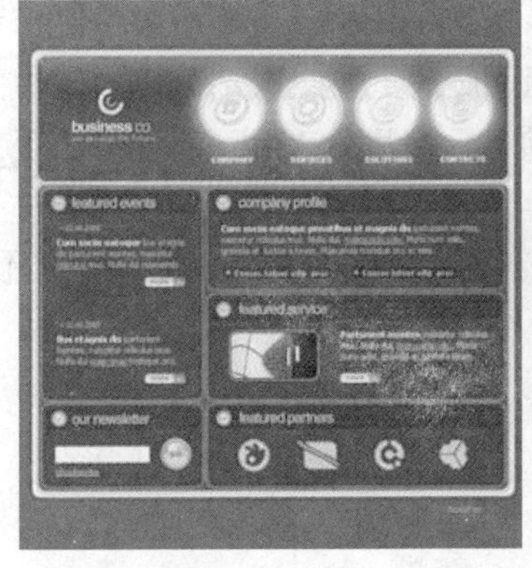

图7-67 原效果

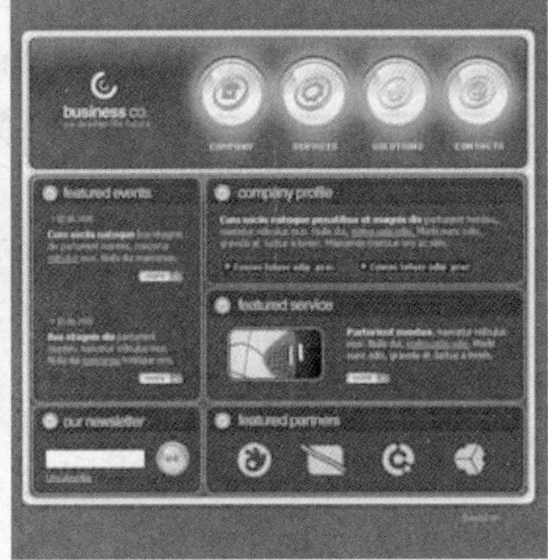

（a）

（b）

图7-68 分别删除了亮度和滤镜2个属性时的效果

4. 查看属性关键帧

在属性关键帧上右击，在弹出的菜单中选择“查看关键帧”子菜单中的命令，取消各命令前面的√，即表示不显示该属性的关键帧，以便于筛选属性关键帧。

7.6.4 创建补间动画

创建补间动画的方法与创建传统补间的方法基本相同，可以先在某帧中绘制或创建要添加动画的对象，然后在该帧上右击，在弹出的菜单中选择“创建补间动画”命令即可。例如，在图7-69所示的“时间轴”面板中，“图层1”中的动画范围就是按照刚刚所述的方法创建的补间动画，而“图层2”中的动画就是传统补间动画，对比二者的状态，可以帮助读者更清楚地认识其状态及二者之间的区别。

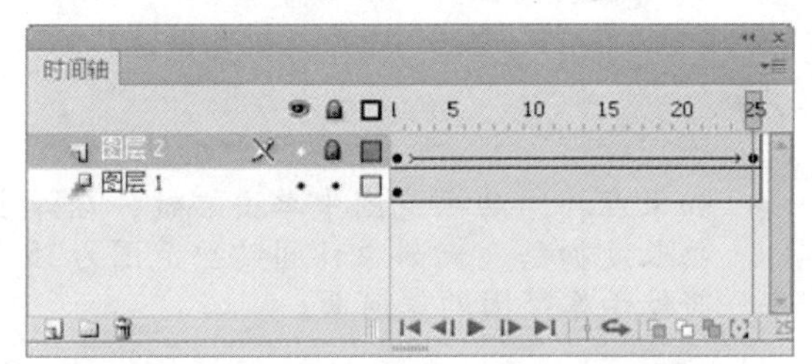

图7-69 创建动画后的“时间轴”面板

补间动画支持的对象类型包括以下几种。

- 影片剪辑元件
- 图形元件
- 按钮元件
- 文本

如果帧中的对象不属于下列类型，将会弹出类似如图7-70所示的提示框，单击“确定”按钮后，即按照默认的名称将帧中的对象转换成为一个影片剪辑元件，然后创建一个补间动画。

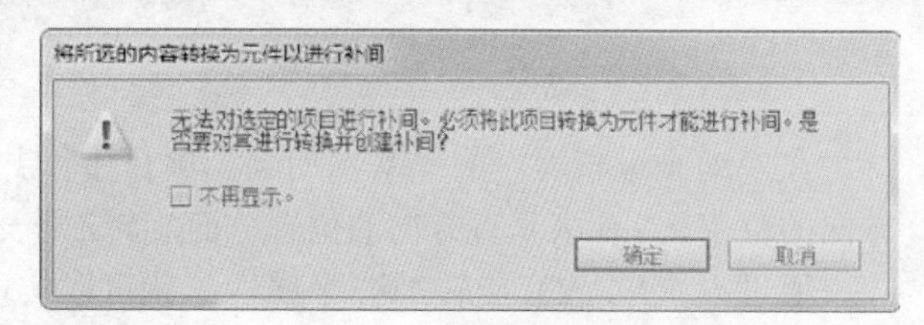

图7-70 提示框

7.6.5 编辑补间范围

在创建补间动画后，会自动产生一定长度的补间范围，可以根据实际需要来改变其范围，即在“时间轴”面板上的长度。可以将光标置于补间范围的前端或末端，如图7-71所示，然后拖动鼠标即可。向左侧拖动，即缩小补间范围后的状态，如图7-72所示。

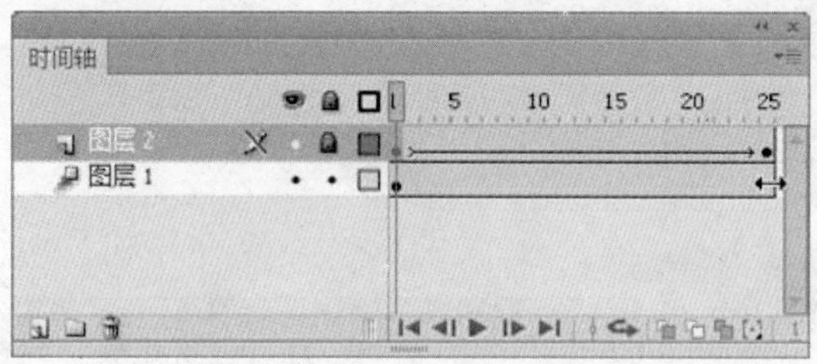

图 7-71 摆放光标位置

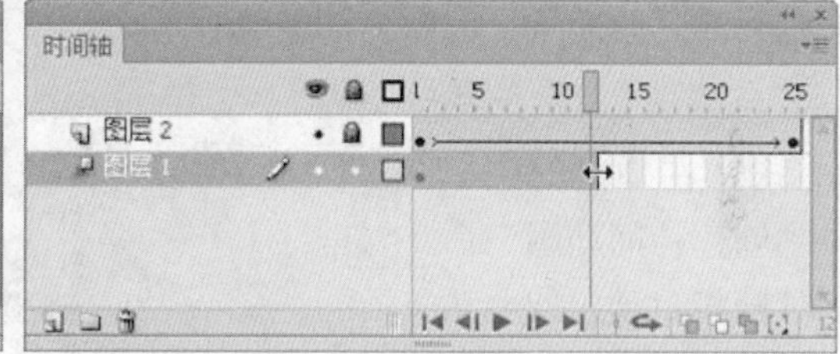

图 7-72 缩小补间范围

值得一提的是，在缩小或放大补间范围时，其中各个属性关键帧将按照比例进行位置变化，例如，在上面的示例中，在缩小前，最右侧与中间的属性关键帧之间存在10帧的距离，而在缩小后，二者之间只有3帧的距离了。

7.6.6 选择补间范围

要选择一个或多个补间范围，可以按照下述方法操作。

- 若要选择整个补间范围，请单击该范围。
- 若要选择多个补间范围（包括非连续范围），可按住 Shift 键并单击各个范围。

7.6.7 替换与删除补间动画中的元件

补间图层中的补间范围只能包含一个元件实例，它被称为补间范围的目标实例。将其他元件添加到补间范围将会替换补间中的原始元件，其操作方法是先选中要替换元件的动画范围，然后执行下列操作之一。

- 从库中直接拖动元件至舞台中，此时将弹出如图7-73所示的对话框，单击“确定”按钮即可。
- 从舞台的其他位置复制元件，然后选择动画范围，按Ctrl+V键进行粘贴，在弹出的提示框中单击“确定”按钮即可。

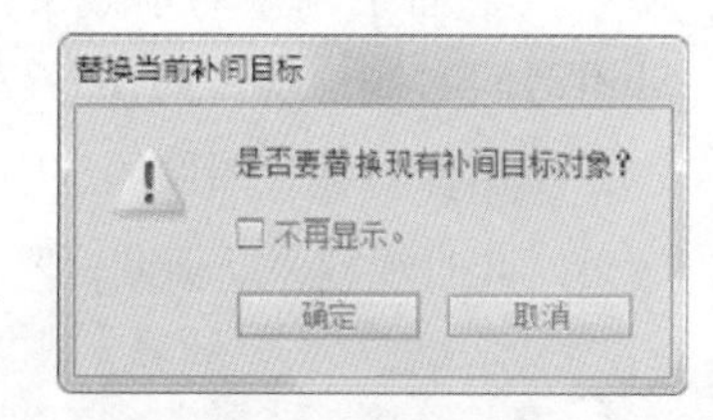

图7-73 提示框

如果要删除补间动画中的元件，可以使用选择工具选中该补间范围中的元素，然后按 Delete 键即可。

01 chapter P1–P12
02 chapter P13–P18
03 chapter P19–P44
04 chapter P45–P70
05 chapter P71–P86
06 chapter P87–P120
07 chapter P121–P166
08 chapter P167–P180
09 chapter P181–P188
10 chapter P189–P224
11 chapter P225–P250

7.6.8 运动及运动引导动画

在“动画编辑器”的“基本动画”项目中，共包括了X、Y和旋转Z共3个属性，其中X代表水平方向的位置，Y代表垂直方向的位置，而旋转Z则表示对象的顺时针或逆时针旋转属性。

通过设置X、Y和旋转Z这3个属性，就可以实现各种位置及角度的动画效果，当然，在实际的工作过程中，对于这3个属性的控制并不一定要在该区域中完成，在要求不是非常精确的情况下，也可以使用选择工具直接在画布中拖动对象的位置，或使用任意变形工具调整其角度等属性，也可以得到相同的效果。

实例7：使用补间创建运动引导动画

下面将通过一个简单的实例来讲解基本动画的应用。

STEP 01 打开随书所附光盘中的文件“第7章\实例7：使用补间创建运动引导动画-素材.fla”，其图像状态及对应的“时间轴”面板如图7-74所示。

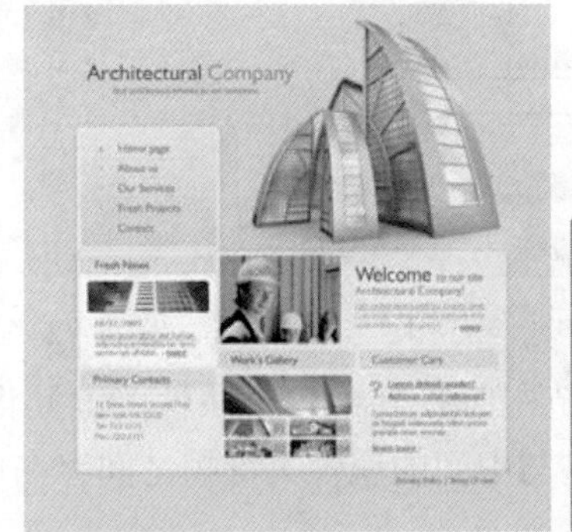

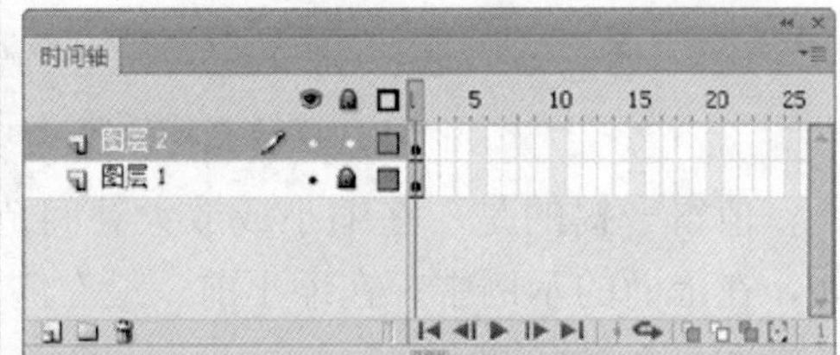

图7-74 图像状态及对应的“时间轴”面板

STEP 02 在“图层2”的第1帧上右击，在弹出的菜单中选择“创建补间动画”命令，此时帧将自动延伸至第24帧，选择“图层1”的第24帧，按F5键将帧延长至此，此时的“时间轴”面板如图7-75所示。

STEP 03 在“图层2”的第24帧上右击，在弹出的菜单中选择“插入关键帧”|“全部”命令，以插入属性关键帧，此时的“时间轴”面板如图7-76所示。

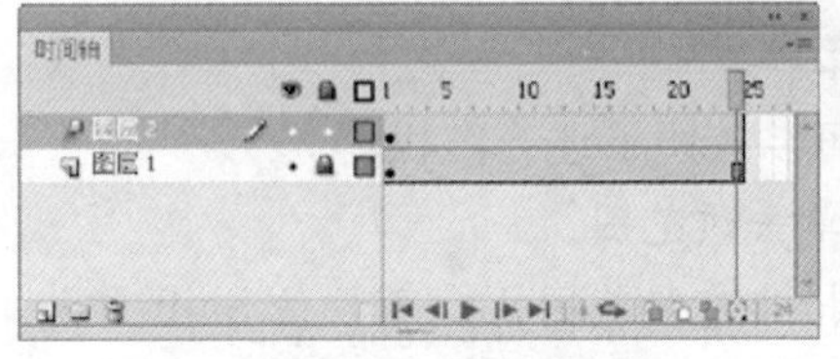

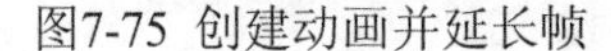

图7-75 创建动画并延长帧　　图7-76 添加关键帧

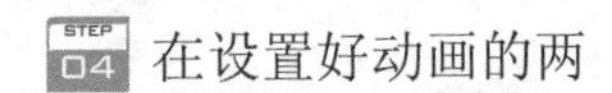

STEP 04 在设置好动画的两端后，下面来制作动画效果。选择“图层2”的第1帧，使用选择工具选中其中的建筑图像，按住Shift键向右侧拖动，如图7-77所示。

STEP 05 保持建筑图像的选中状态，使用任意变形工具将图像逆时针旋转180°，得到如图7-78所示的效果，此时观察“动画编辑器”面板可以看出，其“旋转Z”区域的参数已经变为180，如图7-79所示。

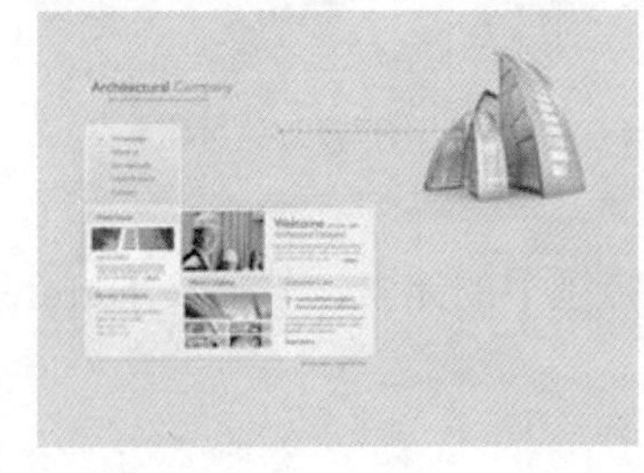

图7-77 移动图像位置

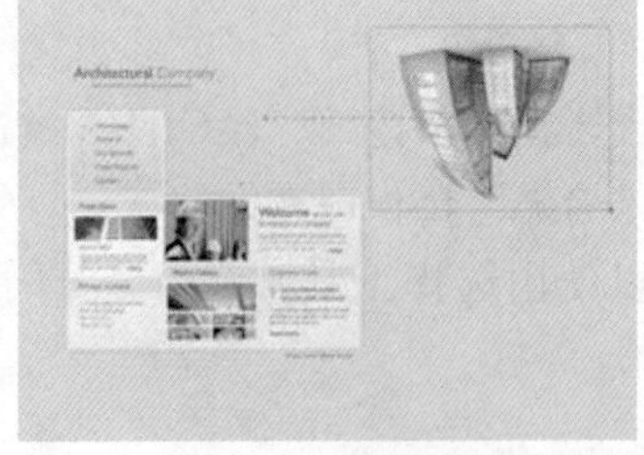

图7-78 旋转图像

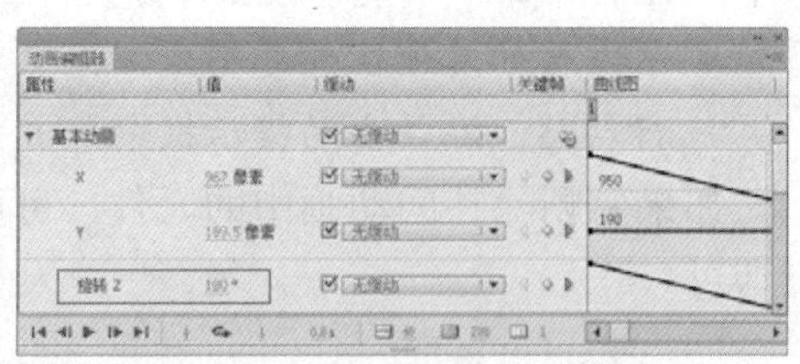

图7-79 “动画编辑器”面板

提示：

为了让动画效果更加丰富，下面来制作一种建筑从外部进入舞台时，以一种曲线的路径进行运动，而不是默认的直线。

STEP 06 在前面制作建筑的水平位移动画时，运动的起点与终点之间出现一条线，它是可以进行编辑的，可以使用选择工具将光标置于该线条上，当光标变为状态时向右上方拖动以改变路径的形态，如图7-80所示，释放鼠标后的效果如图7-81所示。

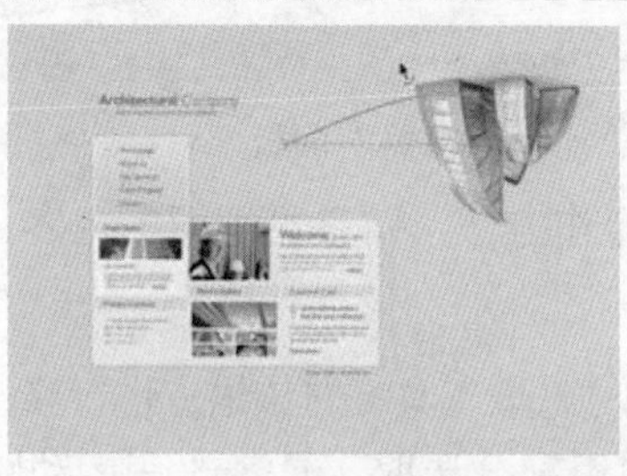

图7-80 编辑路径形态

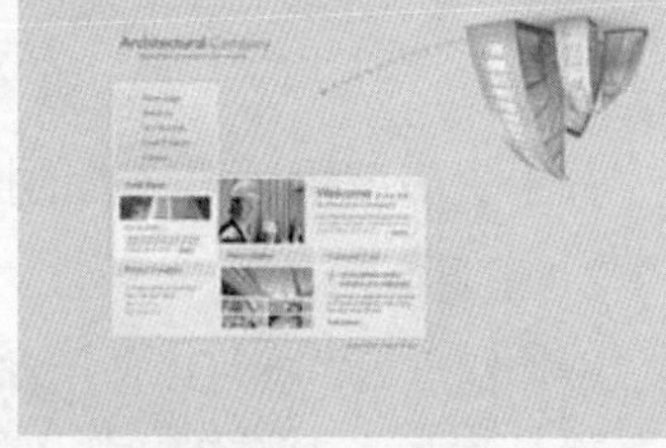

图7-81 编辑后的路径形态

STEP 07 由于上面编辑的路径让建筑的位置发生了在垂直方向上的曲线变化，因此在“动画编辑器”的Y曲线图中也变为对应的状态，如图7-82所示。图7-83所示是分别在第10、20和25帧时的动画播放状态。

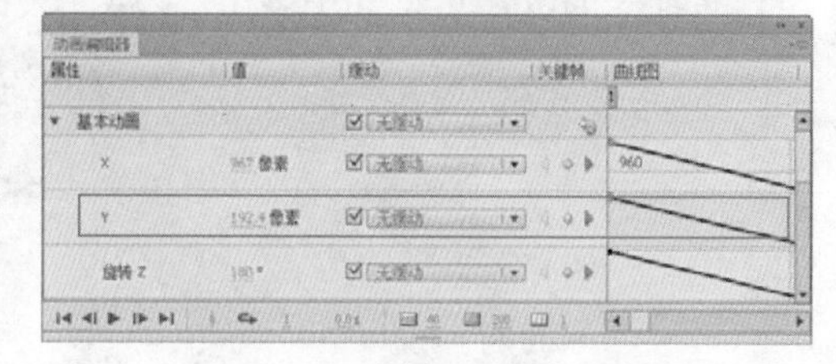

图7-82 “动画编辑器”面板

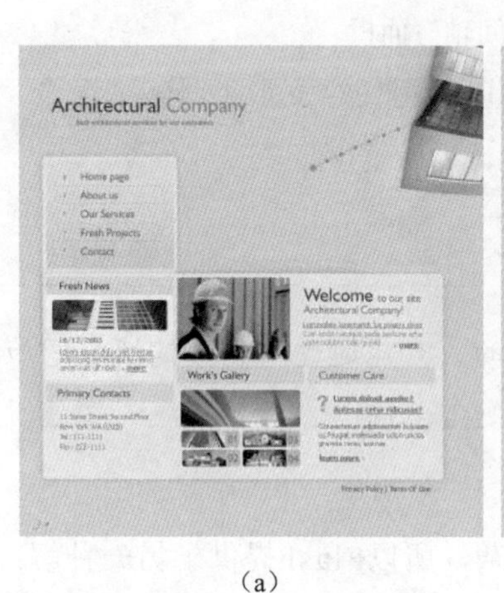

(a)

(b)

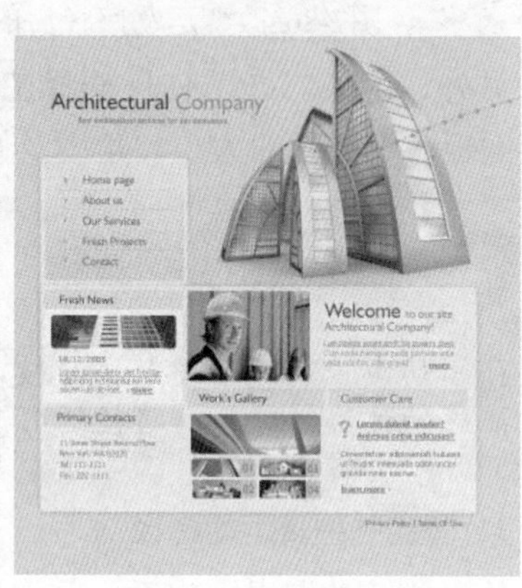

(c)

图7-83 不同帧时的动画效果

7.6.9 编辑运动引导路径

在7.6.8节的讲解中，已经对编辑运动路径有一定的了解，在本节中，将讲解一下其深入的编辑方法。

1. 在“动画编辑器”中添加关键帧

要对运动路径进行更加复杂的编辑，可以通过添加关键帧的方式进行处理，首先，需要在“动画编辑器”中对应的曲线图上右击，在弹出的菜单中选择“添加关键帧”命令即可，如图7-84所示，

01 chapter P1—P12
02 chapter P13—P18
03 chapter P19—P44
04 chapter P45—P70
05 chapter P71—P86
06 chapter P87—P120
07 chapter P121—P166
08 chapter P167—P180
09 chapter P181—P188
10 chapter P189—P224
11 chapter P225—P250

此时，在对应的运动路径位置就会出现一个锚点，如图7-85所示。

图7-84 “动画编辑器”面板

图7-85 添加关键帧后的状态

关于更多编辑运动路径的操作方法，请参见下面的内容讲解。

2．工具编辑

添加锚点后，就可以使用部分选取工具对该锚点进行修改，进而改变整条运动路径的形态，图7-86所示就是添加了2个锚点时，使用部分选取工具改变运动路径形态后的效果；图7-87所示是对应的“时间轴”面板，可见其中多了2个属性关键帧。

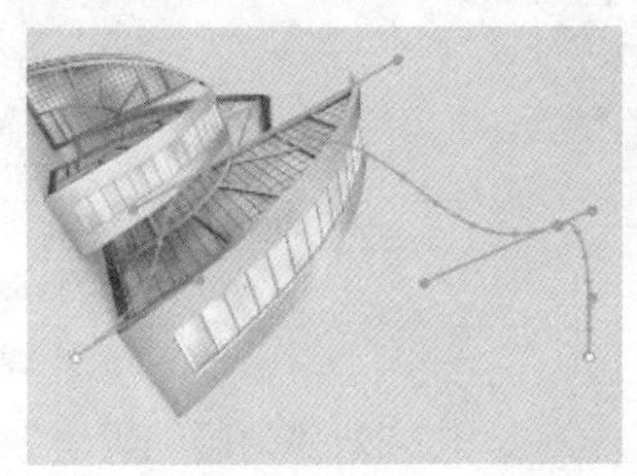

图7-86 改变运动路径后的状态

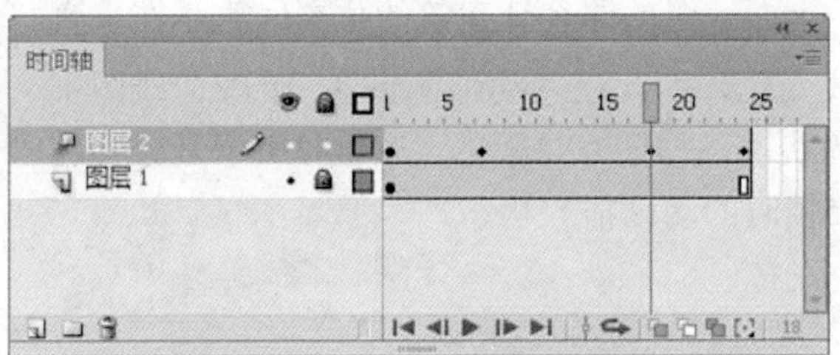

图7-87 “时间轴”面板

另外，除了7.6.8节使用选择工具对路径进行编辑外，还可以使用任意变形工具或配合“变形”面板改变路径的大小、角度及倾斜等属性。

补间动画中的运动路径是不支持使用任何绘画工具进行编辑的，只能通过添加关键帧以增加锚点的方法，对运动路径的形态进行修改。

3．替换并翻转运动路径

从对线条的编辑上来看，前面所讲解的方法相对还是比较复杂，所以Flash提供了另一种解决方案，即可以先绘制好路径形态，然后将其粘贴至动画范围中，其操作方法如下。

（1）创建一个新图层，选择用于绘制运动路径的工具（本示例采用的是铅笔工具），设置适当的笔触颜色。

（2）使用铅笔工具绘制运动路径。

（3）使用选择工具选中该路径，按Ctrl+X键进行剪切。

（4）选中要粘贴运动路径的动画范围，按Ctrl+V键进行粘贴即可。

（5）根据需要，可以使用选择工具选中该路径，然后调整其位置。

（6）如果运动的方向与需要的相反，此时可以在动画范围内右击，在弹出的菜单中选择“运动路径”|“翻转路径”命令即可。

图7-88所示是使用铅笔工具绘制得到的路径，图7-89所示是将其粘贴至动画范围中，并适当调整了位置后的效果。

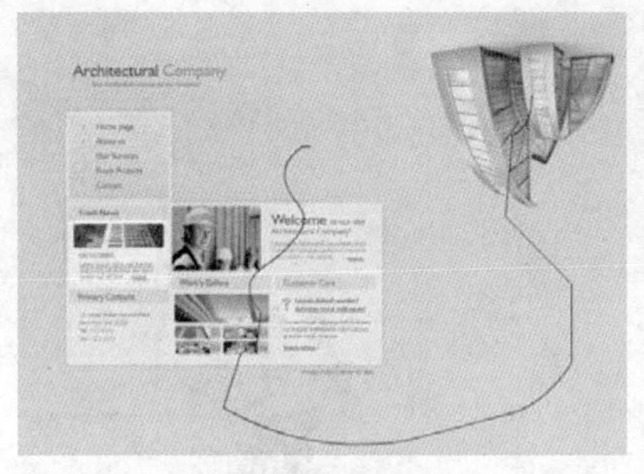

图7-88 绘制路径

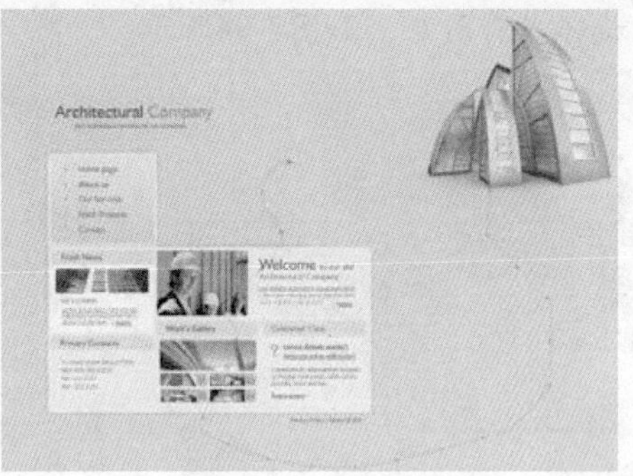

图7-89 创建为运动路径

观察此时的“时间轴”面板，如图7-90所示，这说明最终的运动结果是建筑移动到了舞台以外的区域，这与需要刚好相反，此时就可以在动画范围内右击，在弹出的菜单中选择“运动路径”|“翻转路径”命令，此时的图像效果如图7-91所示。

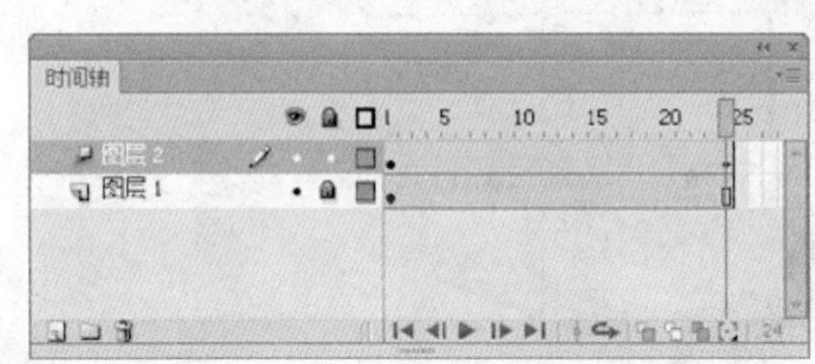

图7-90 “时间轴”面板

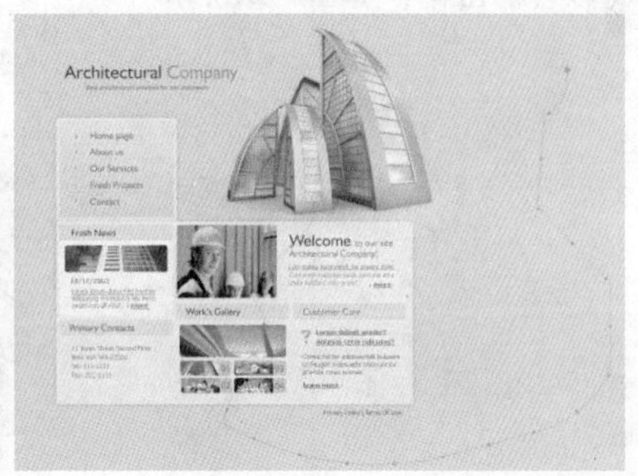

图7-91 翻转路径后的效果。

7.7 3D 动画

实际上，3D动画属于Flash动画中的一种特殊类型，其工作方式与以往各类动画有所不同，简单来说，3D动画实际上就是依托于Flash的3D编辑工具，从而让图像在X和Y转上都可以做旋转变化——以往的动画都只是在Z轴上进行旋转，也可称之为顺时针或逆时针的旋转。因此，在讲解3D动画的处理方法之前，首先来讲解一下3D编辑工具的用法。

在Flash中，创建3D对象必须先将对象转换成为影片剪辑元件，然后才可以使用3D工具进行编辑。

7.7.1 使用3D旋转工具及其3D轴编辑角度属性

对于一个转换成为影片剪辑的元件，可以使用3D旋转工具单击并选中它，此时就会出现如图7-92所示的3D轴控件（见随书所附光盘中的文件第7章\7.7.1使用3D旋转工具及其3D轴编辑角度属性-素材.fla），它可以用于在X、Y和Z轴方向上分别进行旋转处理。

01 chapter P1—P12
02 chapter P13—P18
03 chapter P19—P44
04 chapter P45—P70
05 chapter P71—P86
06 chapter P87—P120
07 chapter P121—P166
08 chapter P167—P180
09 chapter P181—P188
10 chapter P189—P224
11 chapter P225—P250

3D轴是由4条不同颜色的线条组成，其功能解释如下。

- 红色直线：当光标置于该直线上时，光标将变为如图7-93所示的状态，此时拖动鼠标可以在X轴上旋转当前图像，如图7-94所示。

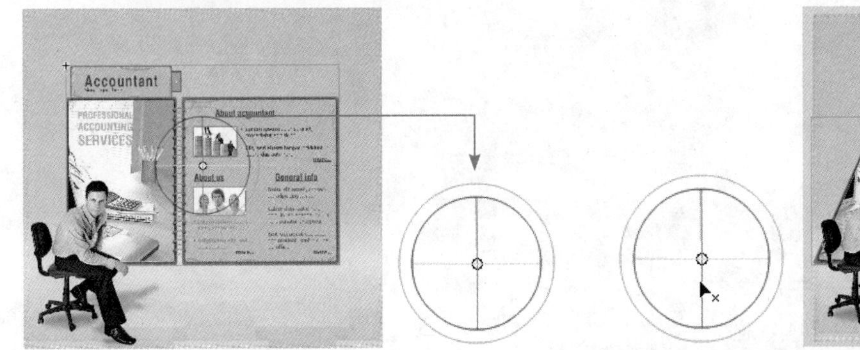

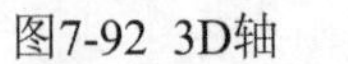

图7-92 3D轴　　图7-93 光标位于X轴控制线上　　图7-94 沿X轴旋转后的效果

- 绿色直线：光标置于该直线上时，光标将变为如图7-95所示的状态，此时拖动鼠标可以在Y轴上旋转当前图像，如图7-96所示。

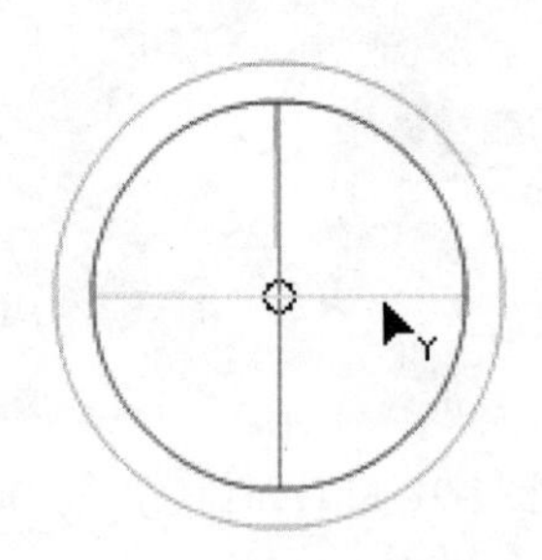

图7-95 光标位于Y轴控制线上

图7-96 沿Y轴旋转后的效果

- 蓝色圆线：光标置于该圆线上时，光标将变为如图7-97所示的状态，此时拖动鼠标可以在Z轴上旋转当前图像，如图7-98所示。

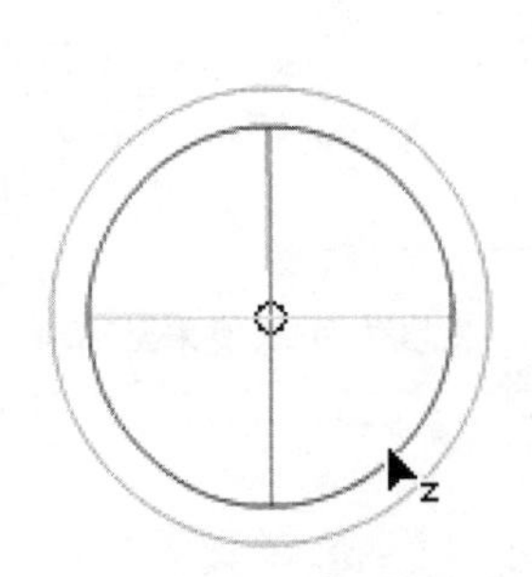

图7-97 光标位于Z轴控制线上

图7-98 沿Z轴旋转后的效果

- 橙色圆线：光标置于该圆线上时，光标将变为如图7-99所示的状态，此时拖动鼠标可以在任意角度上旋转当前图像，如图7-100所示。

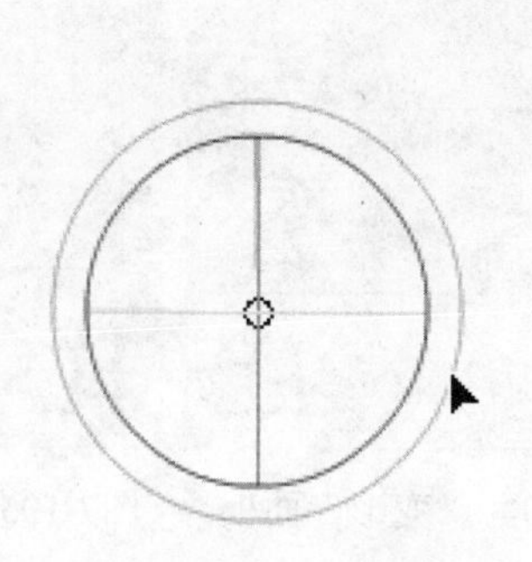

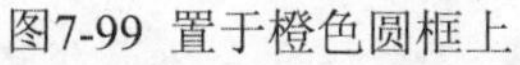

图7-99 置于橙色圆框上

图7-100 随意旋转对象

● 中心点：当光标置于中心点时，其状态如图7-101所示，此时拖动可以调整整个3D轴的位置，如图7-102所示。如果要恢复3D轴的原始位置，可以双击该中心点。

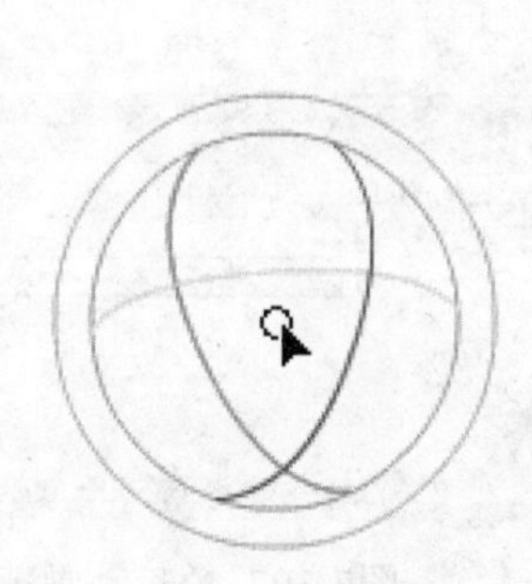

图7-101 控制中心点

图7-102 调整3D轴的位置

7.7.2 使用3D平移工具及其3D轴编辑位置属性

3D平移工具的作用主要是用于在不同的轴向上移动对象，当选中某个3D对象后，也会显示一个专用的3D轴，并包括了X、Y和Z轴及中心点，其工作原理与3D旋转工具的3D轴基本相同，只不过此处是用于移动而非旋转。图7-103所示是将光标置于不同位置时的光标状态。

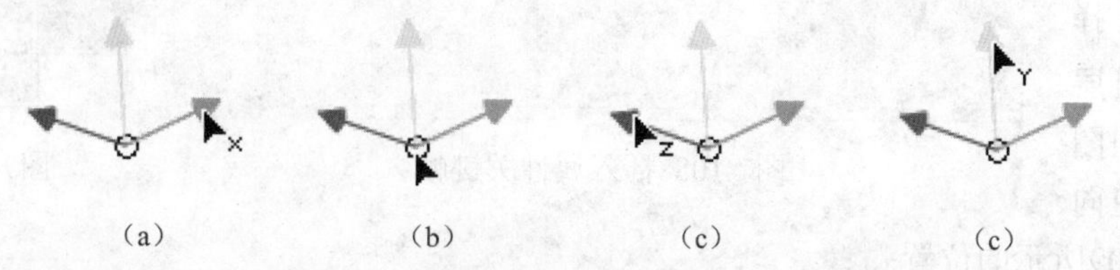

(a)　(b)　(c)　(c)

图7-103 将光标置于不同位置时的状态

7.7.3 精确控制3D属性

在前面讲解的2个工具中，都属于手工调整对象的3D属性，因此在结果上并不十分精确，如果

01 chapter P1—P12
02 chapter P13—P18
03 chapter P19—P44
04 chapter P45—P70
05 chapter P71—P86
06 chapter P87—P120
07 chapter P121—P166
08 chapter P167—P180
09 chapter P181—P188
10 chapter P189—P224
11 chapter P225—P250

要精确地对各轴向的参数进行控制，可以使用“变形”和“属性”面板，前者用于控制3D对象的角度和中心点，如图7-104所示，而后者则用于控制其位置，如图7-105所示。

由于各参数仍然是围绕X、Y及Z轴进行设置，其效果已经在前面有过演示，故不再详细讲解。

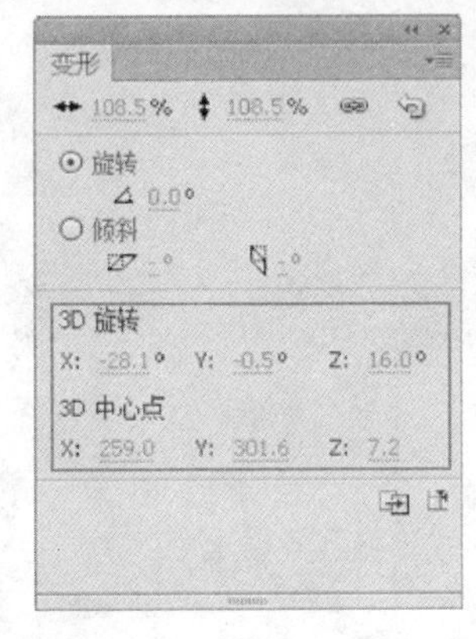

图7-104 “变形”面板

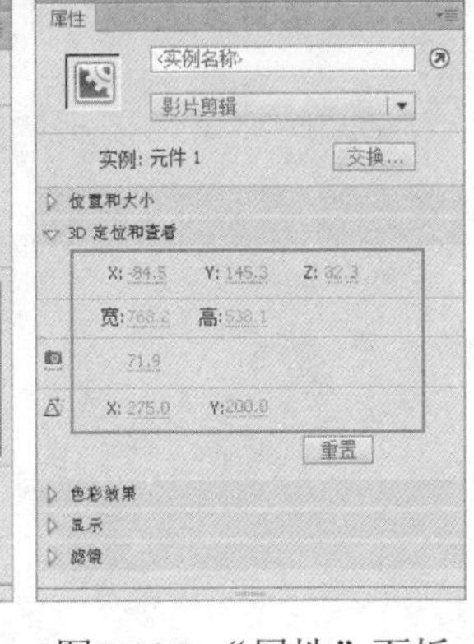

图7-105 “属性”面板

实例8：3D翻转动画

简单来说，3D动画的原理就是通过改变对象在不同轴向上的属性，如位置或角度等，从而创建得到带有维度变化的动画。下面将通过一个简单的实例来讲解3D动画的编辑方法。

STEP 01 打开随书所附光盘中的文件“第7章\实例8：3D翻转动画-素材.fla”，其图像状态如图7-106所示。

STEP 02 在“图层2”的第1帧上右击，在弹出的菜单中选择“创建补间动画”命令，然后将动画范围接长至40帧的位置，然后在“图层1”的第40帧按F5键将其延长至此帧，如图7-107所示。

图7-106 素材图像

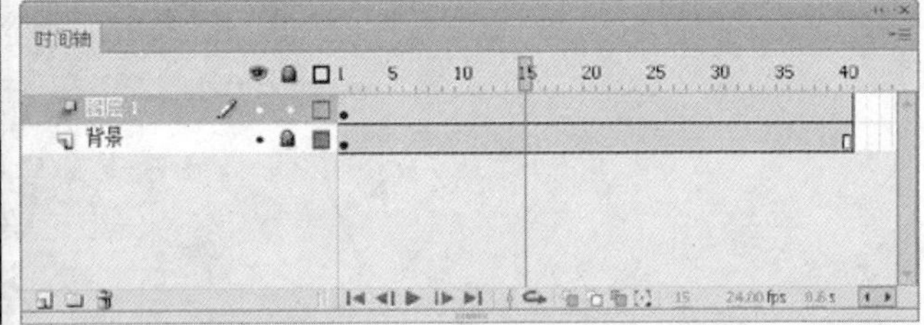

图7-107 拉长动画范围

STEP 03 在“图层2”的第15帧上右击，在弹出的菜单中选择“插入关键帧”|“全部”命令，以插入属性关键帧，此时的“时间轴”面板如图7-108所示。

STEP 04 使用选择工具选中“图层2”的第15帧中的图像，按住Shift键向下拖动至如图7-109所示的位置。

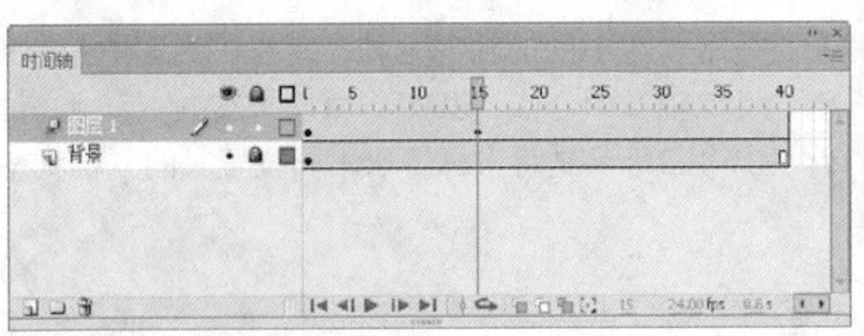

图7-108 插入属性关键帧

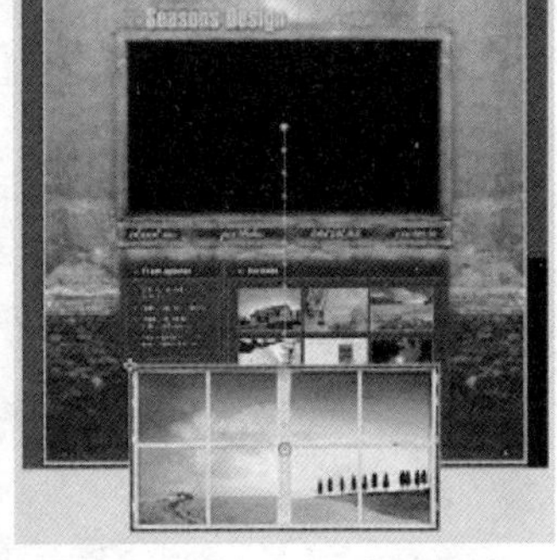

图7-109 移动图像

STEP 05 使用任意变形工具按住Shift键将图像放大，直至得到如图7-110所示的效果。

STEP 06 保持图像的选中状态，然后选择3D旋转工具并将光标置于红色的X轴控制线上，如图7-111所示，按住shift键向上拖动，从而将图像沿X轴旋转180°，得到如图7-112所示的效果，此时的“动画编辑器”面板如图7-113所示。

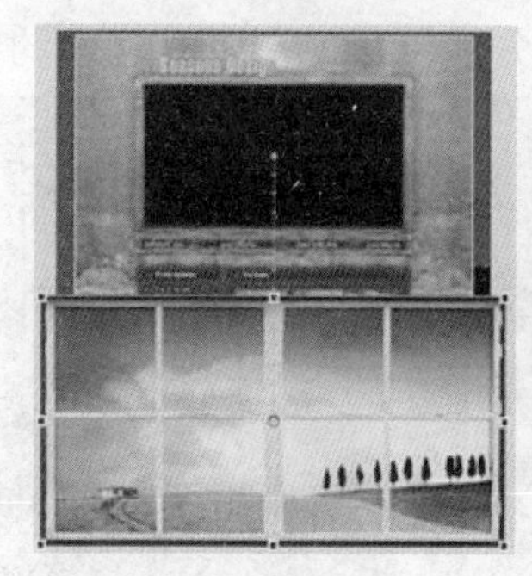

图7-110 变换图像

图7-111 摆放光标

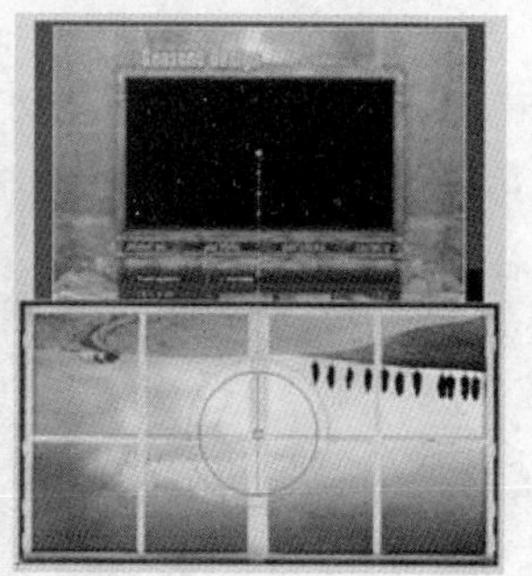

图7-112 旋转图像

属性	值	缓动	关键帧	曲线图
X	382.5 像素	无缓动		
Y	672 像素	无缓动		670
Z	0 像素	无缓动		0
旋转 X	180°	无缓动		180
旋转 Y	0°	无缓动		0
旋转 Z	0°	无缓动		0
转换		无缓动		

图7-113 “动画编辑器”面板

STEP 07 在“动画编辑器”的“旋转X”中设置旋转的数值为640°，如图7-114所示，得到如图7-115所示的效果。

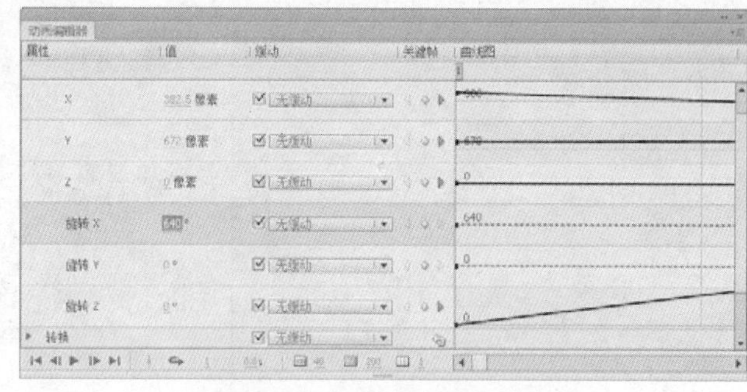

图7-114 “动画编辑器”面板

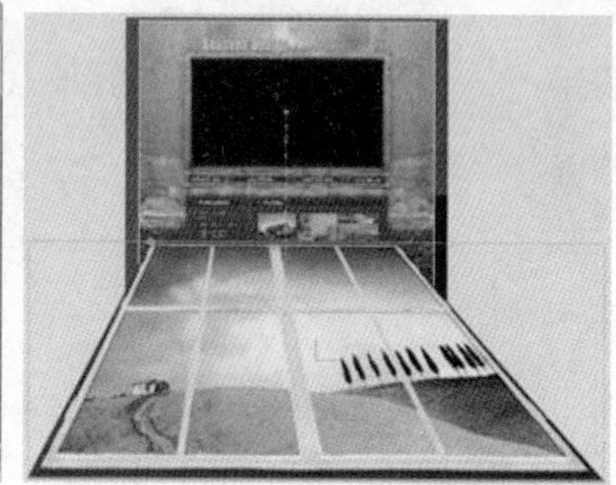

图7-115 设置参数后的效果

STEP 08 按照类似上一步的方法，将“旋转Y”的数值设置为180°，如图7-116所示，得到如图7-117所示的效果。

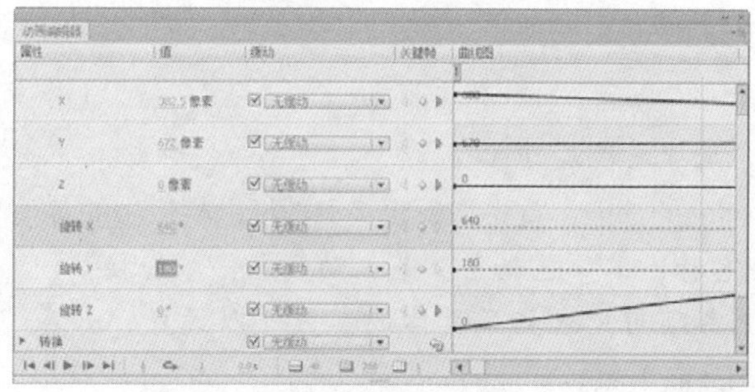

图7-116 “动画编辑器”面板

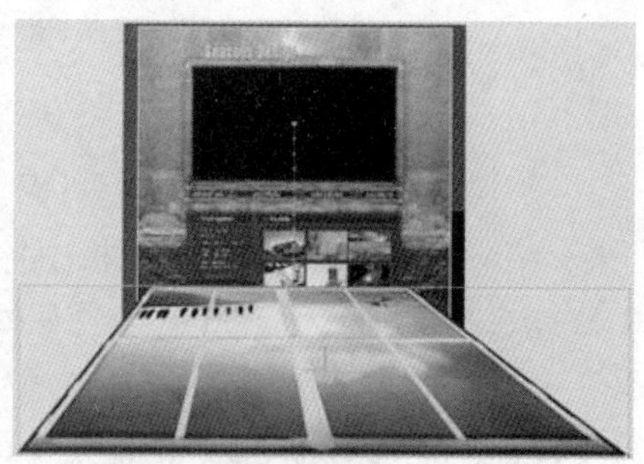

图7-117 设置参数后的效果

至此，就完成了为对象设置3D动画的操作，图7-118所示是分别在第5、10和15帧时的动画状态。

(a)

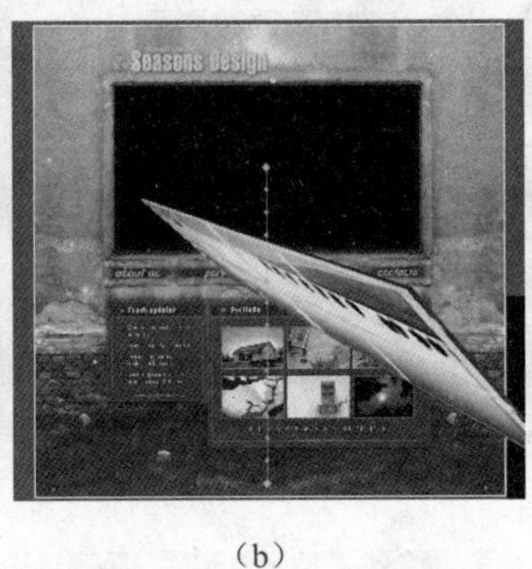

(b)

(c)

图7-118 局部的动画效果

7.8 “动画编辑器”面板

7.8.1 “动画编辑器”面板

使用“动画编辑器”面板可以查看所有补间属性及其属性关键帧。它还提供了向补间添加精度和详细信息的工具。动画编辑器显示当前选定的补间的属性。在时间轴中创建补间后，动画编辑器允许用户以多种不同的方式来控制补间。

选择“窗口”|“动画编辑器”命令可以显示该面板，如图7-119所示，

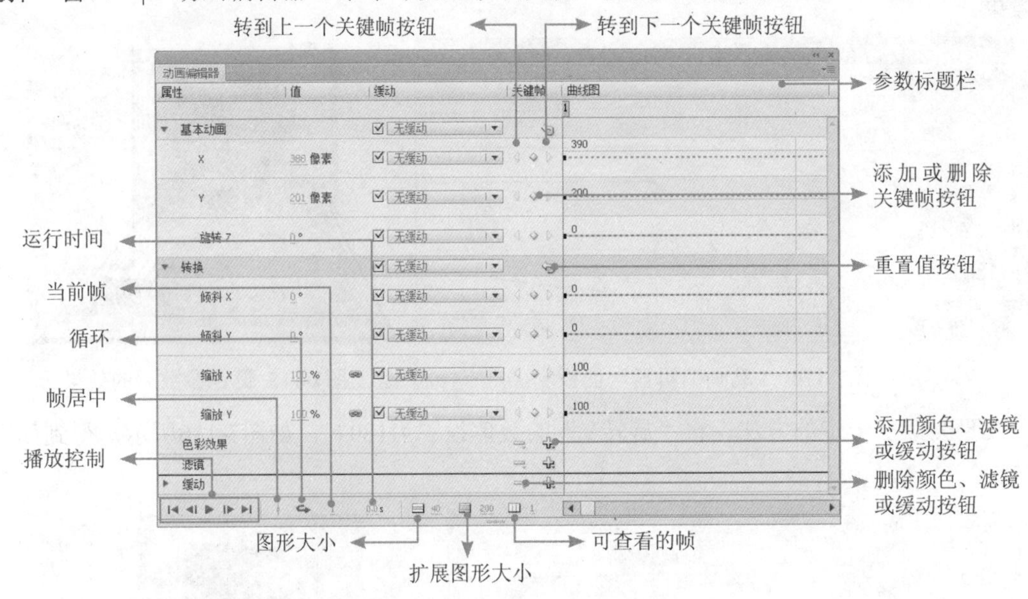

7-119 “动画编辑器”面板

下面来介绍一下“动画编辑器”面板中各部分的功能，首先来说明“参数标题栏”中的各项参数。

- 属性：在此区域显示了可编辑的属性名称，其中包括了“基本动画”、“转换”、“色彩效果”、“滤镜”及“缓动”等项目，各项目中包括了具体的参数可以设置，如在“基本动画”项目中，就包括了X、Y和旋转Z这3个参数。

- 值：在此区域显示了与属性对应的数值，在数值上可以通过拖动调整其数值，或单击以显示输入框，然后输入数值。
- 缓动：在此区域中，可以设置属性的变化情况，适用于对动画进行精细的控制。
- 关键帧：在此区域中包括了用于选择、添加及删除关键帧等按钮。
- 曲线图：在此区域中，可以设置运动引导路径的形态，以及一些高级编辑参数。

使用动画编辑器可以进行以下操作。

- 添加或删除各个属性的属性关键帧。
- 将属性关键帧移动到补间内的其他帧。
- 使用贝赛尔控件对大多数属性（除X、Y和Z属性外）的补间曲线的形状进行微调。
- 添加或删除滤镜或色彩效果并调整其设置。
- 向各个属性和属性类别添加不同的预设缓动。
- 创建自定义缓动曲线。
- 将自定义缓动添加到各个补间属性和属性组中。
- 对X、Y和Z属性的各个属性关键帧启用浮动。通过浮动，可以将属性关键帧移动到不同的帧或在各个帧之间移动以创建流畅的动画。

选择“时间轴”面板上的补间范围或舞台上的补间对象或运动路径后，“动画编辑器”面板中即会显示该补间的属性曲线。

7.8.2 设置属性的缓动

在Flash中，用户可以编辑缓动的曲线，也可以使用自带的缓动预设，甚至自定义不同的缓动预设，从而大大丰富的动画效果。

从功能上来说，缓动技术可以重新计划属性关键帧之间的属性变化方式，在没有使用缓动的情况下，将按照平均的方式进行运动，而使用缓动以后，就可以依据缓动的设定或曲线进行运动。

例如，在制作汽车经过舞台的动画时，如果让汽车从停止开始缓慢加速，然后在舞台的另一端缓慢停止，则动画会显得更逼真。如果不使用缓动，汽车将从停止立刻到全速，然后在舞台的另一端立刻停止。如果使用缓动，则可以对汽车应用一个补间动画，然后使该补间缓慢开始和停止。

在“动画编辑器”面板中，前面4项是用于设置各项动画属性的，如果要为它们添加预设的缓动，必须先在“属性”区域中的“缓动”中添加一个预设缓动，然后才可以在下拉菜单中进行选择，如图7-120所示。

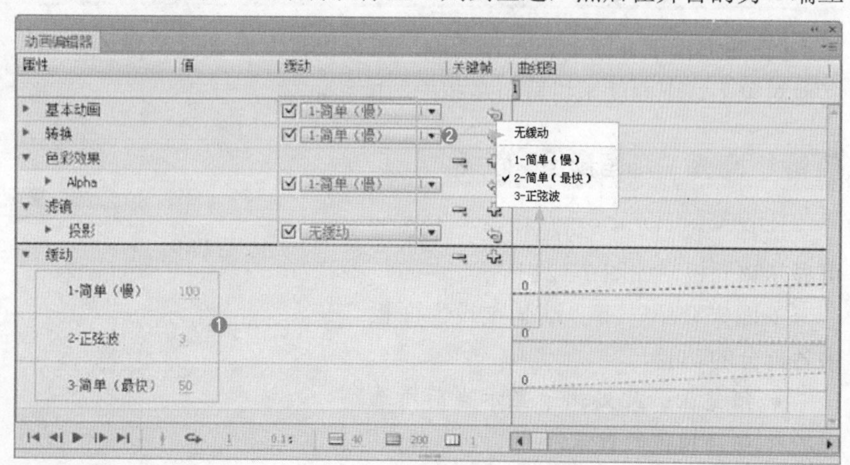

图7-120 “动画编辑器”面板

提示：

在“缓动”的下拉菜单中，可以按对应的数字键，以快速选择并应用对应的预设。

对于缓动的效果，在静态的图书中比较难于讲解和演示，读者可以打开随书所附光盘中的文件“第7章\7.8.2 设置属性的缓动-素材.fla”，如图7-121所示，然后在“人物”和“人物1”图层的补间动画上设置不同的缓动参数，以模拟不同的运动效果，从而更直观地掌握和学习该参数的应用。

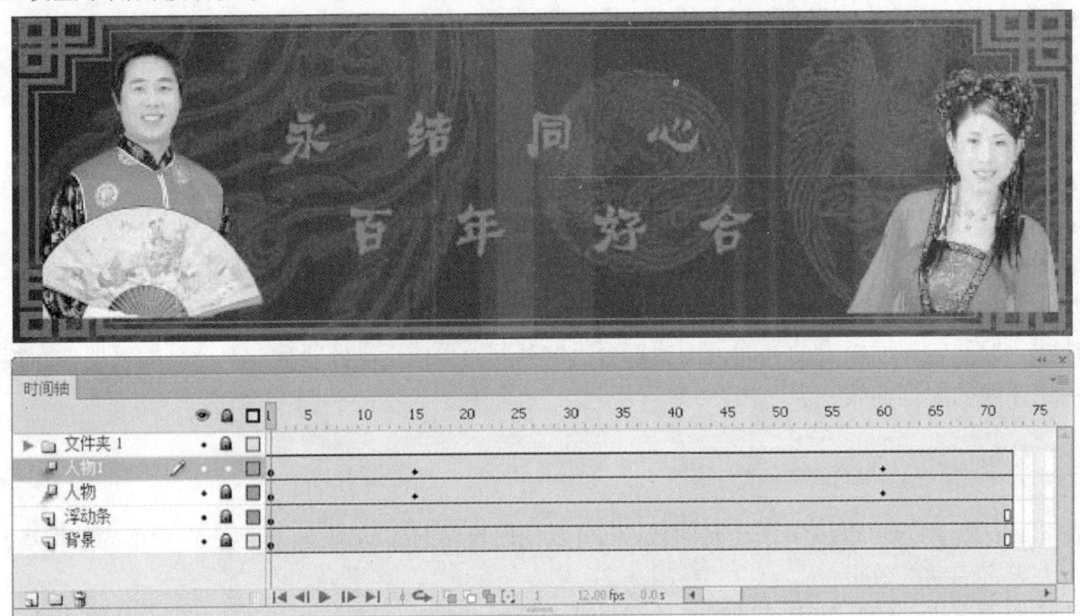

图7-121 缓动的示例

7.9 补间动画预设

Flash提供了补间动画预设功能，即可以将某个动画范围中的属性变化记录下来，以便于应用到其他对象上，下面就来讲解与之相关的操作。

7.9.1 了解“动画预设”面板

选择“窗口”|“动画预设”命令即可显示该面板，如图 7-122 所示。

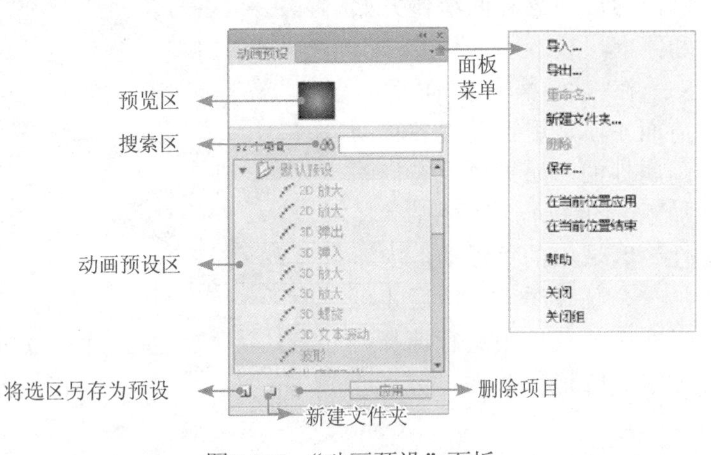

图7-122 “动画预设”面板

下面来介绍一下“动画预设”面板中各部分的功能。

- 预览区：此处用于显示当前所选动画预设的效果。
- 搜索区：在此处输入预设的名称即可在下面的“动画预设区”中显示符合名称条件的预设。

- 动画预设区：在此处列出了所有已保存的动画预设，包括自定义的预设及Flash自带的预设。
- 将选区另存为预设按钮：在“时间轴”面板中选择了某个动画范围后，单击此按钮，在弹出的对话框中输入新预设的名称，可以创建得到一个自定义的预设。
- 新建文件夹按钮：创建新的文件夹后，可以将各个预设分门别类的保存起来。
- 删除项目按钮：除Flash自带的预设项目外，选中了预设并单击此按钮，即可删除选中的项目。

01 chapter P1—P12
02 chapter P13—P18
03 chapter P19—P44
04 chapter P45—P70
05 chapter P71—P86
06 chapter P87—P120
07 chapter P121—P166
08 chapter P167—P180
09 chapter P181—P188
10 chapter P189—P224
11 chapter P225—P250

7.9.2 应用动画预设

要应用已有的动画预设，可以选中能够应用补间动画的对象，如元件或文本，在“动画预设”面板中选中该预设并单击右下角的“应用”按钮即可。

值得一提的是，一旦将预设应用于舞台上的对象后，在时间轴中创建的补间就不再与“动画预设”面板有任何关系了。例如在“动画预设”面板中删除或重命名某个预设，对以前使用该预设创建的所有补间动画都没有任何影响。

另外，由于每个动画预设都包含特定数量的帧。在应用预设时，就将按照该预设中记录的帧数值进行应用，如果目标对象已应用了不同长度的补间，补间范围将进行调整，以符合动画预设的长度。

提示：

包含3D动画的动画预设只能应用于影片剪辑实例。

7.9.3 将补间另存为自定义动画预设

要将自定义补间另存为预设，首先应选中“时间轴”面板中的补间范围，单击“动画预设”面板中的将选区另存为预设按钮，在弹出的对话框中输入新预设的名称，然后单击“确定”按钮退出对话框，新预设将显示在“动画预设”面板中。

提示：

保存、删除或重命名自定义预设后无法撤销。

7.9.4 删除动画预设

可从“动画预设”面板删除预设。在删除预设时，Flash 将从磁盘删除其 XML 文件。请考虑制作要在以后再次使用的任何预设的备份，方法是先导出这些预设的副本。

在“动画预设”面板中选择要删除的预设。

请执行下列操作之一。

- 从面板菜单中选择“删除”命令。
- 在面板中单击删除项目按钮。

7.10 骨骼运动动画

骨骼运动（又称为反向运动）动画的特点就在于可以依据关节结构对各对象之间的运动进行处

理，从而模拟不同的运动效果，其中以人物的运动动画最具有代表性。

实例9：骨骼运动动画

下面将通过一个典型的人物运动动画实例，实现人物从起跳到落下的运动过程，来讲解一下骨骼运动动画的创建与处理方法，为了更好地观察动画的创建方法与运动过程，下面使用了一个非常简单的人物造型进行处理。

STEP 01 打开随书所附光盘中的文件“第7章\实例9：骨骼运动动画-素材.fla”，如图7-123所示。在该素材中，包含一个已经绘制好的人物图形，且身体的各部分已经划分为独立的元件，如图7-124所示。

STEP 02 首先，需要将各个元件的控制中心点，置于各元件的轴心位置，以头部为例，使用任意变形工具选中头部元件，默认情况下，其控制中心点位于其中心位置，此时需要将其拖至底部的位置，如图7-125所示。

图7-123 素材图像

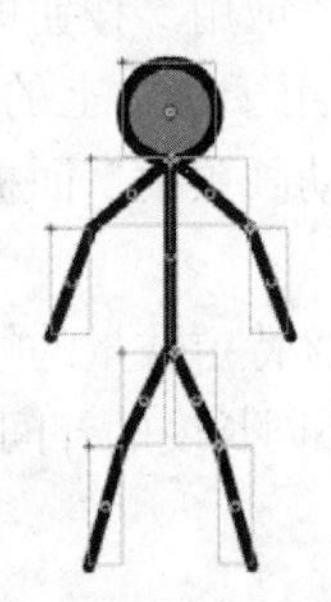

图7-124 选中所有元件时的状态

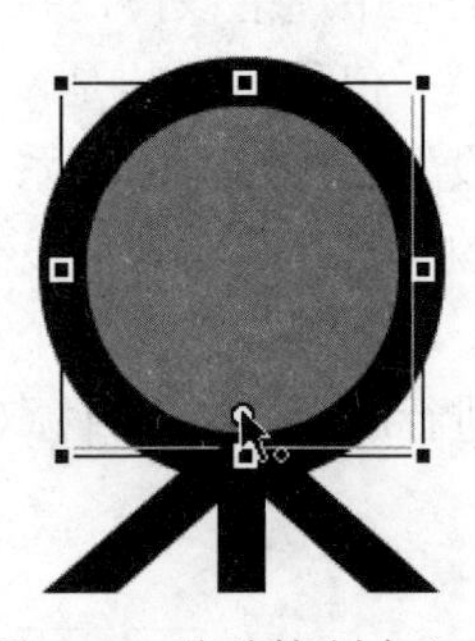

图7-125 移动控制中心点

提示：

此处调整的位置并不需要一步到位，或调整得十分精确，可以在后面添加骨骼后，再根据其运动情况进行细节的修改。

STEP 03 按照上一步的方法，选中身体各部分的元件，并调整控制中心点的位置，直至得到如图7-126所示的状态。

STEP 04 设置好控制中心点后，就可以利用骨骼将各部分连接在一起了。选中头部元件，使用骨骼工具并将光标置于其控制中心点位置，如图7-127所示。

STEP 05 按住鼠标左键向下拖动，直至连接到身体躯干的控制中心点上，此时就创建完成了第1个骨骼，如图7-128所示。

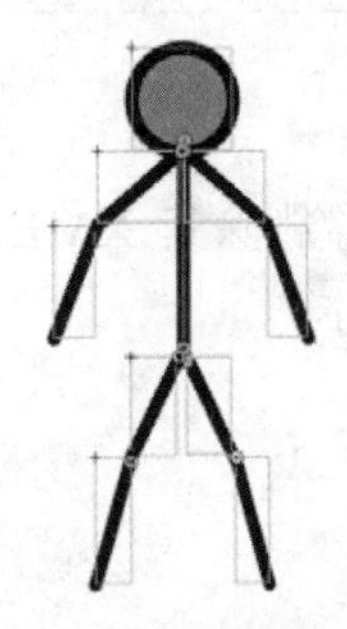

图7-126 改变所有元件控制中心点后的效果

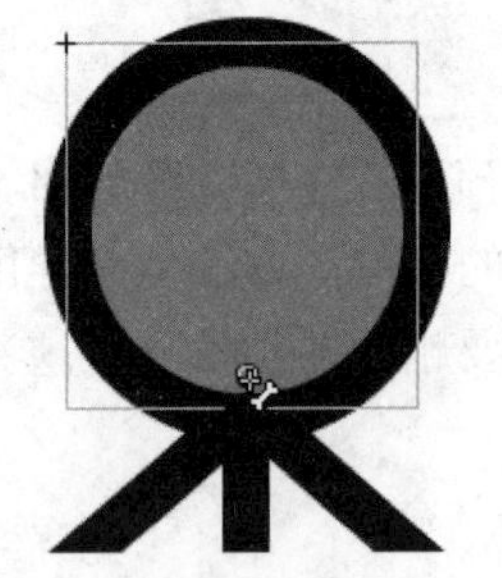

图7-127 摆放光标位置

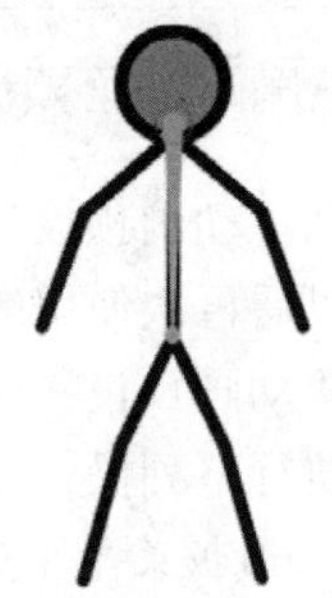

图7-128 创建第1个骨骼

STEP 06 按照上一步的方法，继续添加其他的骨骼，直至将身体的各部分完全连接在一起为止，如图7-129所示。

STEP 07 在第一次创建骨骼后，就会自动创建一个对应的骨骼图层，而在创建骨骼结束后，原来所有的元件都将被吸入骨骼图层中，即原来的图层应该显示为空白状态，如图7-130所示。

STEP 08 将这2个图层延伸至第20帧，得到如图7-131所示的状态，使用直线工具在“图层1”中绘制直线，以模拟人物的踩的地面，如图7-132所示，然后锁定该图层，选择骨骼图层继续下面的操作，如图7-133所示。

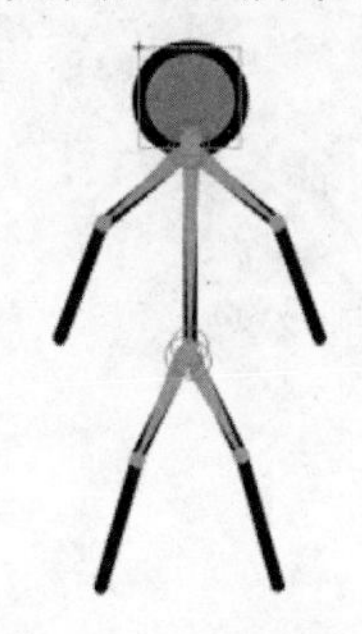

图7-129 添加所有骨骼后的效果

图7-130 “时间轴”面板1

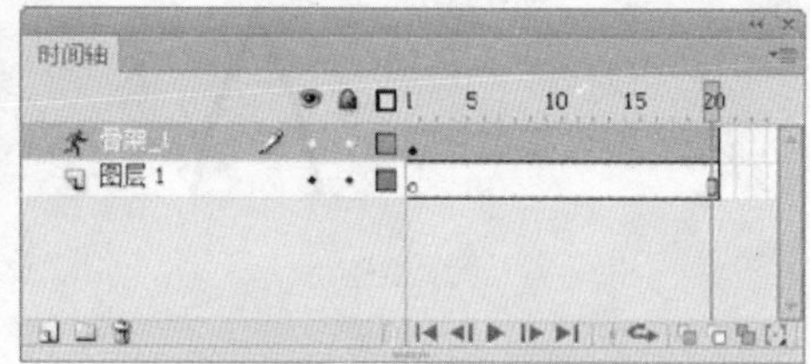

图7-131 “时间轴”面板2

图7-132 绘制直线

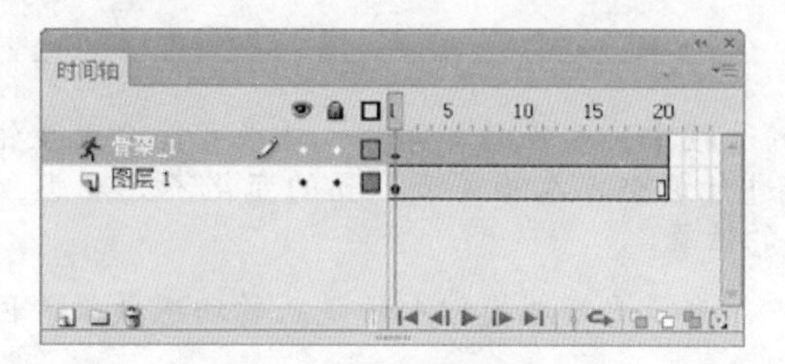

图7-133 “时间轴”面板

提示：

下面将开始调整人物的运动状态，可以将它大致分为4个部分，即站立、下蹲、跳起、落下，而在实际操作时，站立和落下状态可以是相同的。下面先来处理人物下蹲时的状态。

STEP 09 首先，调整一下左侧手臂的弯曲状态。在“时间轴”面板中选择第5帧，然后使用选择工具在左侧手臂的末端（靠近手的位置）拖动，将其拉直，如图7-134所示，图7-135所示是释放鼠标后的状态。

STEP 10 按照上一步的方法，分别调整人物右侧手臂和两腿的形态，如图7-136所示。

STEP 11 使用任意变形工具选中所有的人物组件，然后按住Shift键向下调整其位置，使脚部位于地面的位置，以避免人物产生上下抖动的效果，如图7-137所示。

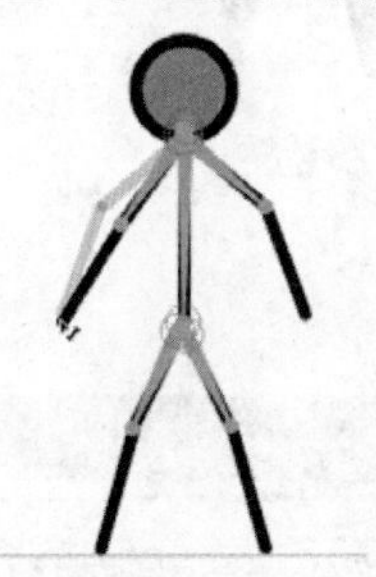

图7-134 改变身体形态

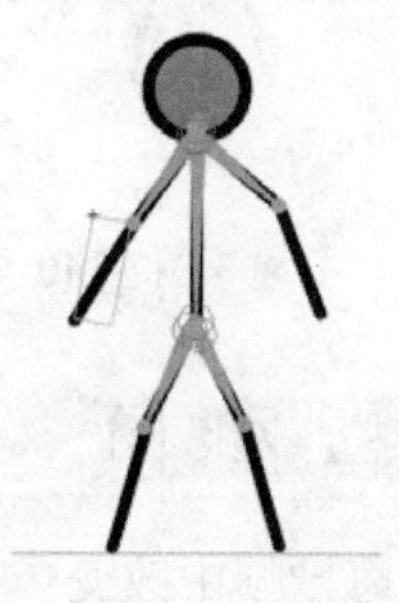

图7-135 改变后的效果

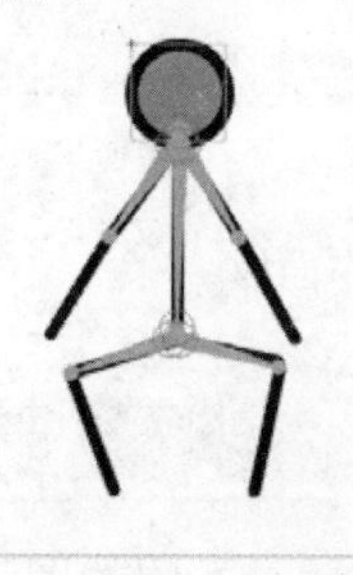

图7-136 跳起的状态

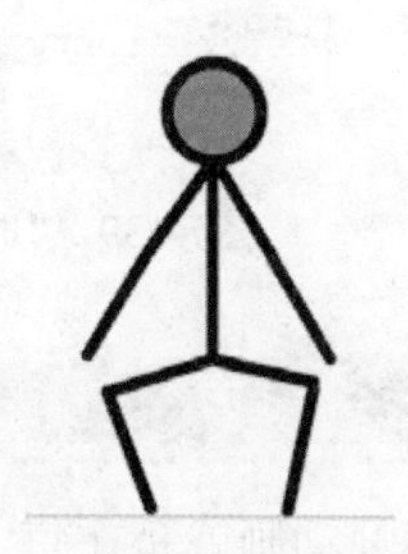

图7-137 向下移动人物

STEP 12 按照第9～11步的方法，分别在第8、15和20帧调整人物的状态，如图7-138所示，此时的“时间轴”面板如图7-139所示。

（a）跳起状态

（b）落下时的半蹲状态

（c）恢复初始的站立状态

图7-138 第8、15和20帧调整人物的状态

提示：

（1）在调整的过程中，人物的各部分元件很可能会发生错位的现象，因此要特别注意使用任意变形工具进行调整。人物关节位置的变化不太理想，也可以使用任意变形工具调整一下控制中心点的位置。

（2）在本例中，为了更好地模拟人物跳跃的动感效果，因此在落到地面上时，特意模拟了一个半蹲的状态。

（3）对于第20帧的内容，可以按住Ctrl键单击第1帧右击，在弹出的菜单中选择“复制姿势”命令，然后同样的方法在第20帧右击，在弹出的菜单中选择“粘贴姿势”命令即可。

STEP 13 到此为止，就完成了人物跳跃动画的处理，按Ctrl+Enter键可以预览其效果。图7-140所示是分别设置不同的视图模式时的预览效果。

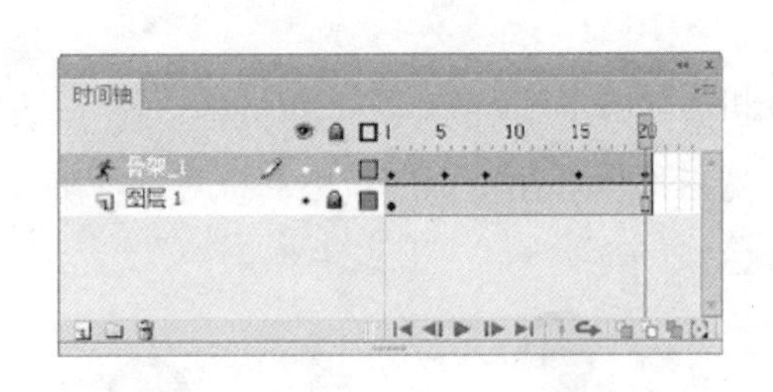

图7-139 “时间轴”面板

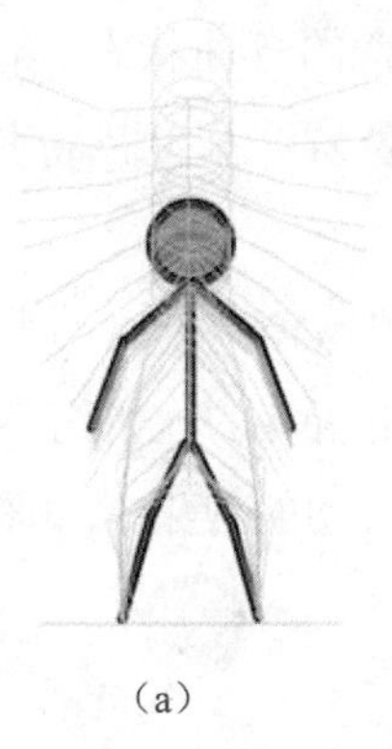

（a）

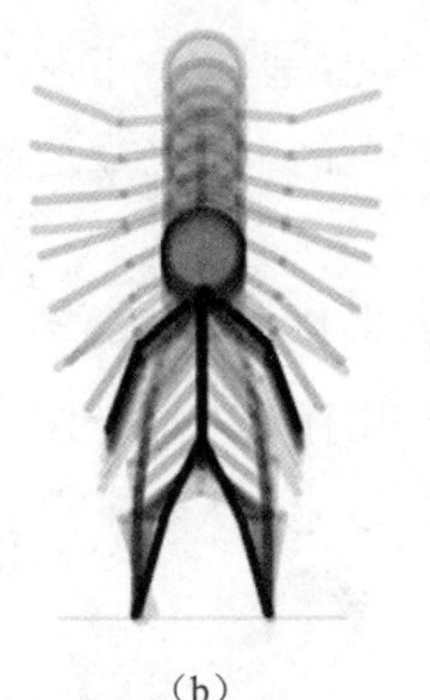

（b）

图7-140 预览效果

7.11 逐帧动画

逐帧动画就是在每一帧中插入不同的图片或在每一帧中改变一幅图片的部分元素。它是Flash动画制作过程中最为麻烦但动画效果最好的一种，类似于传统动画。它要求制作者很好地掌握事物的运

动规律。使用逐帧动画生成的文件要比补间动画大得多。图7-141所示为一个逐帧动画。

（a）左脚落下右脚准备抬起

（b）左脚完全落下右脚抬起

（c）右脚迈出

（d）右脚落下左脚准备抬起

（e）右脚完全落下左脚准备抬起

（f）左脚迈出

图7-141 逐帧动画

实例10：制作行走中的人物

下面通过一个乞丐走路的动画，帮助读者理解、掌握逐帧动画的制作。其制作步骤如下。

STEP 01 打开随书所附光盘中的文件“第7章\实例10：制作行走中的人物-素材1.fla”，如图7-142所示。

STEP 02 单击“插入”|“新建元件”命令或按Ctrl+F8键，弹出“创建新元件”对话框，如图7-143所示，单击“确定”按钮。

图7-142 素材效果　　图7-143 “创建新元件”对话框

STEP 03 在该元件“图层1”的第1帧处，使用直线工具、选择工具绘制出乞丐左脚刚落地的动作并用颜料桶填充工具填充颜色，乞丐的头发、衣服、肤色的颜色值分别为“#76543F”、“#A39A32”、“#ECD2B7”，绘制效果如图7-144所示。

提示：

（1）人物的一个循环走动作，可以是3格、6格、9格、18格、36格等，格数越多，制作越烦琐，动作也就越流畅。此例中制作的是6格的人物走动画。

（2）此动画中的乞丐是用压杆笔在手绘板上绘制的，使用了刷子工具、颜料桶工具和填充工具，如果读者也备有手绘板，可以用刷子工具代替直线工具，因为使用刷子工具绘制出来的线条更为自然、流畅。如果读者无法绘制乞丐图形，可以打开随书所附光盘中的文件“第7章\实例10：制作行走中的人物-素材2.fla”中的图形，然后在此基础上进行编辑。

01 chapter P1—P12
02 chapter P13—P18
03 chapter P19—P44
04 chapter P45—P70
05 chapter P71—P86
06 chapter P87—P120
07 chapter P121—P166
08 chapter P167—P180
09 chapter P181—P188
10 chapter P189—P224
11 chapter P225—P250

STEP 04 使用选择工具将绘制好的乞丐全部选中，按快捷键F8，弹出“转换为元件”对话框，设置该对话框如图7-145示，单击“确定”。

STEP 05 选择“图层1”的第2帧，按快捷键F6插入关键帧，选中图中绘制的乞丐，单击“修改”|“分离”命令或按Ctrl+B键，将其打散，使用橡皮擦工具、直线工具、颜料桶工具和选择工具修改绘制出乞丐左脚落地，右脚抬起的动作，然后将其选中，按快捷键F8，将形状转换为图形元件并命名为“shape 4”，效果如图7-146所示。

图7-144 绘制第1帧中的乞丐动作

图7-145 “转换为元件”对话框

图7-146 绘制第2帧中的乞丐动作

STEP 06 按照步骤（4）、（5）中所讲述的方法分别在“图层1”的3、4、5、6关键帧中绘制出乞丐迈脚、脚落地等动作并将其分别命名为“shape 5”、“shape 6”、“shape 7”、“shape 8”，如图7-147所示。

提示：物体都有自身的运动规律，当人脚抬起时身体会跟着上升，当脚落下时身体又会随着下降，因此，抬脚动作中的人物要比落脚动作中的人物略高，可参考上图中人物上下的绿色参照线。在此，制作的人物动画是“原地循环”即人物身体的位置几乎是原地重叠的，只有上下的运动而没有前后的移动。

图7-147 乞丐在3、4、5、6关键帧中的相关动作

STEP 07 此时人物动作已经绘制完成，此时“时间轴”面板的状态如图7-148所示，按键盘中的Enter键，观察一下动作效果，如果有视觉上不舒服的地方可以再做一下修改、调整。

STEP 08 单击“场景1”标签回到场景中，新建“图层2”并将“库”面板中的“元件1”拖至到该场景中。使用任意变形工具调整好乞丐的大小，将其放置在画面中两铁轨的中间位置，如图7-149所示。

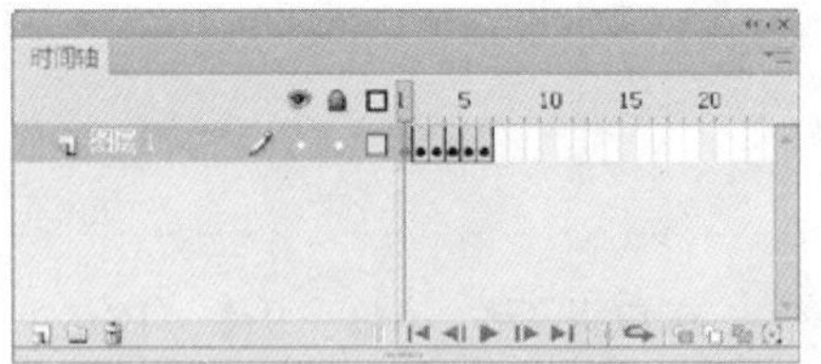

图7-148 “时间轴”面板

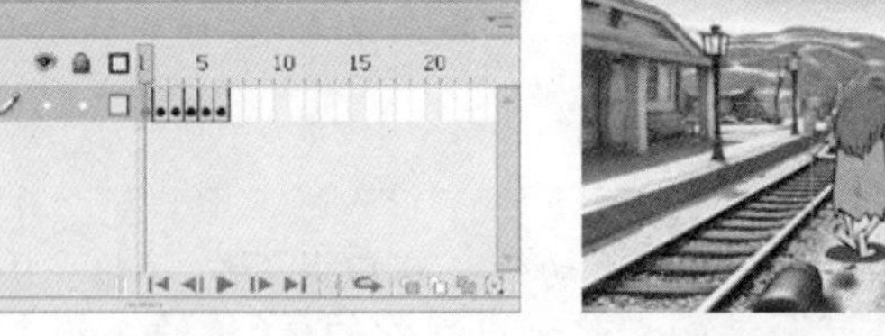

图7-149 将绘制好的乞丐拖至到场景中

STEP 09 现在将制作乞丐慢慢远去的效果。在“图层1”的第80帧处，按快捷键F5插入帧，使第1帧的内容延伸至该帧；在“图层2”的第80帧处，按快捷键F6插入关键帧，使第1帧的内容延伸至该帧，并将乞丐移至铁轨的尽头，用任意变形工具将其缩小至合适的大小，如图7-150所示。

（a）

（b）

图7-150 缩小并调整乞丐的位置及对应的“时间轴”面板

STEP 10 在“图层2”的第1～80帧之间的任意一帧上右击，在弹出的菜单中选择“创建传统补间”命令，此时乞丐慢慢远去的效果已经制作完成，此时的“时间轴”面板如图7-151所示。

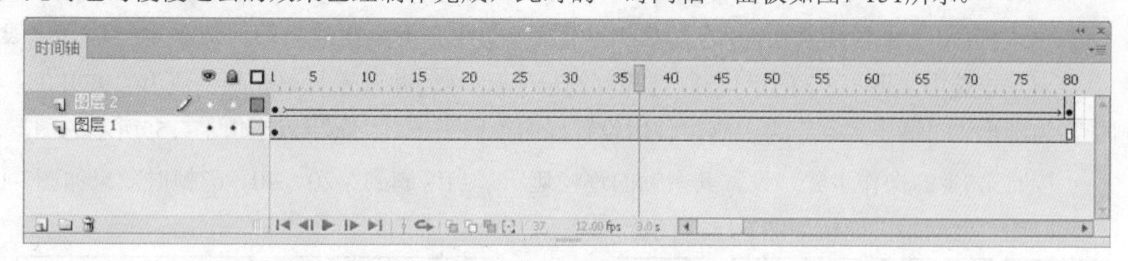

图7-151 “时间轴”面板

STEP 11 按Ctrl+Enter键，测试影片，最终效果如图7-152所示。

图7-152 乞丐走路动画的动作最终效果

总结：

在本章中，讲解了flash中最为重要的各类动画设计知识。通过本章的学习，读者应熟悉动画的基本工作原理，并掌握补间形状动画、传统补间动画、传统运动引导动画、遮罩动画、补间动画及逐帧动画的设置与使用方法，并能够结合“动画编辑器”面板，对补间动画进行按需设置。对于3D动画、骨骼动画，也能够根据需要，进行适当的运用。

7.12 拓展训练——网页片头动画设计

在本例中，将制作一个网页片头的动画，其主要技术是使用逐帧动画的方式，制作一个遮罩效果，其操作步骤如下。

STEP 01 选择“文件”→“打开”命令，在弹出的“打开”对话框中打开随书所附光盘中的文件“第7章\7.12 拓展训练——网页片头动画设计-素材.fla”，如图7-153所示。

图7-153 素材

图7-154 拖入元件“pic1”

STEP 02 按Ctrl+F8键，在弹出的“创建新元件”对话框中设置“名称”为“花纹1”、“类型”为“影片剪辑”。选中“图层1”的第1帧，从“库”面板中将名为“pic1”的位图拖至舞台上，如图7-154所示，在“图层1”的第63帧按F5键插入关键帧。

STEP 03 在“图层1”上新建“图层2”，选中“图层2”并右击，在弹出的快捷菜单中选择“遮罩层”命令，单击选中“图层2”的第1帧，选择“刷子工具”并设置其填充颜色值为“9F9F09”、“刷子”为圆形、“刷子大小”为中等。使用设置好的“刷子工具”绘制如图7-155所示的图形。

STEP 04 按照第3步的操作步骤，设置其余帧的逐帧遮罩，当绘制到第20、40、63帧时效果如图7-156所示，此时的“时间轴”面板如图7-157所示。

（a）

（b）

图7-155 绘制第1帧的遮罩图形

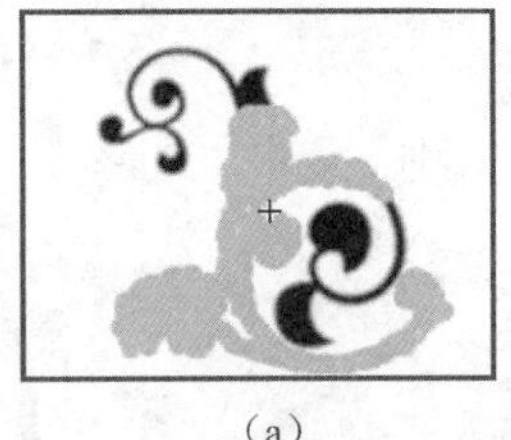

（a）

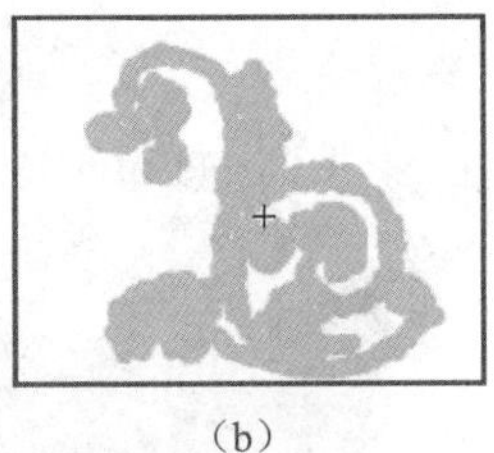

（b）

图7-156 绘制第20、40、63帧的遮罩图形

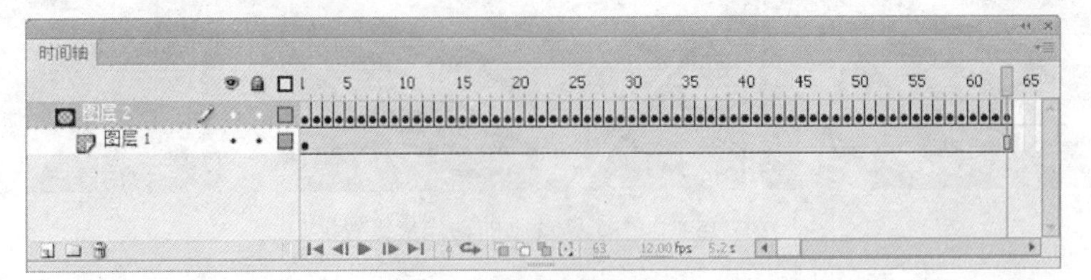

图7-157 “时间轴”面板

STEP 05 在“图层2”的第63帧上右击，在弹出的快捷菜单中选择“动作”命令，然后在弹出“动作”面板的左侧列表框中双击Stop命令，以添加停止动作，如图7-158所示。

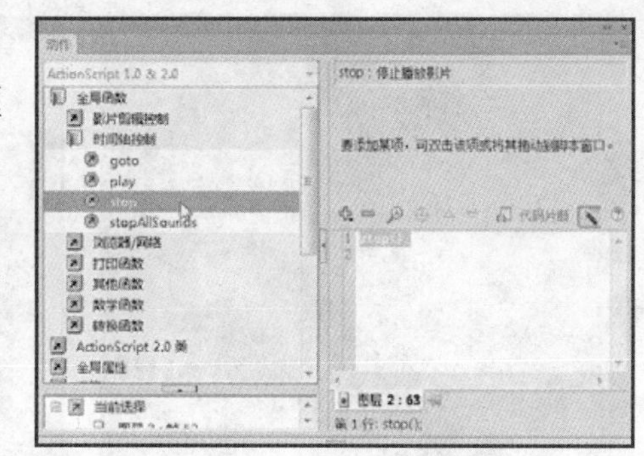

图7-158 添加动作

STEP 06 按照本例第2~5步的方法，结合“库”面板中名为“pic2”的位图图像，制作影片剪辑元件“花纹2”。如图7-159所示是该元件在播放过程中的效果。

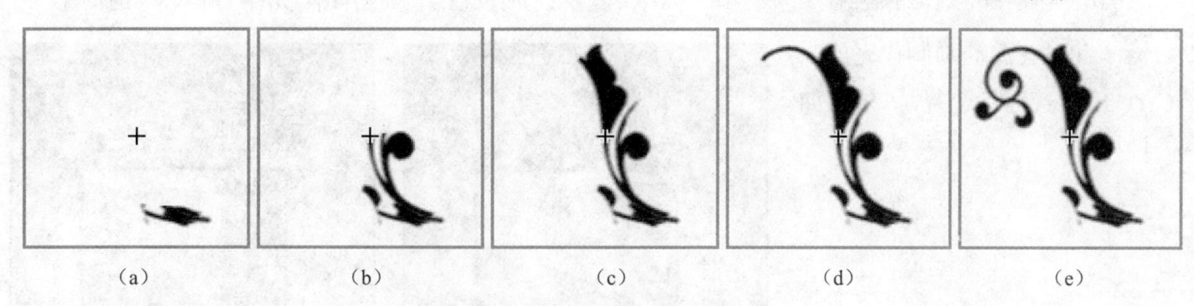

(a) (b) (c) (d) (e)

图7-159 元件“花纹2”的动画效果

STEP 07 按Ctrl+F8键创建一个名为“花纹3”的影片剪辑元件，选中“图层1”的第1帧，从“库”面板中将名为“pic3”的位图拖放到舞台上。

STEP 08 在“图层1”上新建“图层2”，单击选中“图层2”并右击，在弹出的快捷菜单中选择“遮罩层”命令，使用“矩形工具”绘制矩形，如图7-160所示，选择“选择工具”，调整矩形的底线为弧线，如图7-161所示。

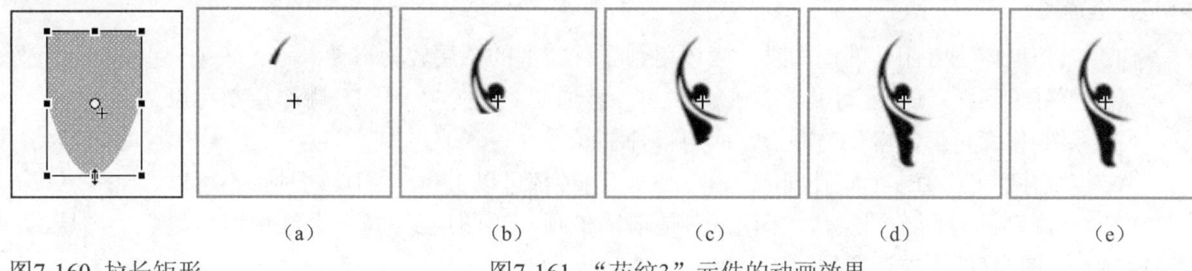

(a) (b) (c) (d) (e)

图7-160 拉长矩形

图7-161 “花纹3”元件的动画效果

STEP 09 选中“图层2”的第20帧，按F6键插入关键帧，使用“任意变形工具”选中图形，拉长图形直至盖住花藤。选中“图层2”的第1帧并右击，在弹出的快捷菜单中选择“创建补间形状”命令，并在最后一帧上添加Stop动作。

STEP 10 单击编辑栏上的“场景1”按钮返回主场景。新建一个图层并重命名为“花纹”，然后将影片剪辑元件“花纹1”拖至舞台中，置于如图7-162所示的位置。

STEP 11 按照上一步的方法，再将元件“花纹2”和“花纹3”拖至舞台中，并置于合适的位置，如图7-163和图7-164所示。

图7-162 元件“花纹1”的位置

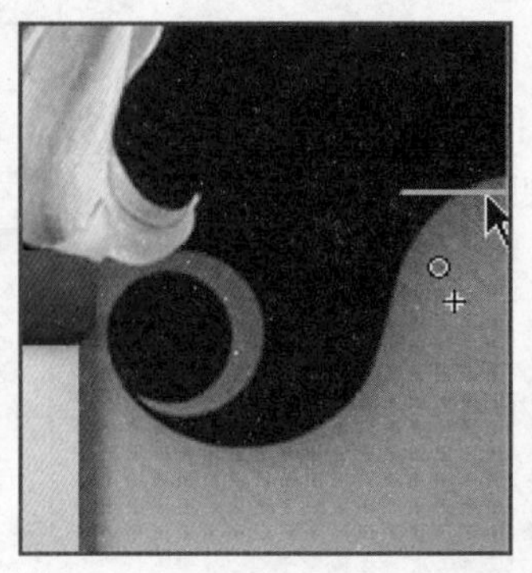

图7-163 元件“花纹2”的位置

图7-164 元件“花纹3”的位置

STEP 12 此时花藤动画制作完成，按Ctrl+Enter键测试影片，效果如图7-165所示。

（a）

（b）

图7-165 动画效果

7.13 课后练习

1. 选择题

（1）制作地球绕太阳转的动画时，应该用到哪种类型的图层较为方便？（　　）

A. 遮罩层　　B. 运动引导层　　C. 普通层　　D. 哪个层都可以

（2）要制作三角形慢慢变为心形，应用哪种补间？（　　）

A. 传统补间　　B. 形状补间　　C. 两种都可以　　D. 两种都不可以

（3）一个动画有两个图层，“图层1”是幅风景画，“图层2”是一个红色五角星，“图层2”为遮罩层，“图层1”为被遮罩层，则最终看到的效果是？（　　）

A. 看到红色的五角星　　B. 看到里边是风景画的五角星

C. 看到整个风景画　　D. 看到整个风景画与红色五角星

（4）在遮罩层中，可用于遮罩的对象包括哪些？（　　）

A. 形状　　B. 文本对象　　C. 图形实例　　D. 影片剪辑实例

（5）下列关于补间动画的说法正确的有哪些？（　　）

A. 补间动画需要使用属性关键帧来制作动画

B. 补间动画无法制作引导动画效果

C. 补间动画可以制作3D动画

D. 补间动画可以保存为动画预设

（6）Flash中的形状补间动画和传统补间动画的区别是（　）

A. 两种动画的组成相同

B. 在现实当中两种动画都不常用

C. 形状补间动画比动作补间动画容易

D. 形状补间动画只能对打散的物体进行制作，传统补间动画能对元件的实例进行制作动画

（7）有一个花盆形状的按钮，如果需要当把鼠标放在这个按钮上没有点击时，花盆会有一朵花长出来，应该怎样设置这个按钮：（　）

A. 制作一朵花生长的影片剪辑，在编辑按钮时创建一个新层，并在第一个状态所在帧创建空关键帧，把影片剪辑放置在这个关键帧上并延迟到第四个状态

B. 制作一朵花生长的影片剪辑，在编辑按钮时创建一个新层，并在第二个状态所在帧创建空关键帧，把影片剪辑放置在这个关键帧上

C. 制作一朵花生长的影片剪辑，在编辑按钮时创建一个新层，并在第三个状态所在帧创建空关键帧，把影片剪辑放置在这个关键帧上

D. 制作一朵花生长的影片剪辑，再创建一个按钮，都放置在场景中，使用ACTION来控制这影片剪辑

2．判断题

（1）形状补间动画要求对象必须是图形对象。（　）

（2）传统补间动画是用来产生两个关键帧之间的过渡图像，用户只需要建立一个起始帧和一个结束帧，即可填充中间的过程。（　）

（3）使用“动画编辑器”面板可以调整动画的缓动以及运动引导线的形态。（　）

（4）骨骼动画可以转换为逐帧动画，但该操作无法逆向执行。（　）

3．上机题

（1）打开随书所附光盘中的文件“第7章\7.13　课后练习-1-素材.fla”，结合“库”中给出的2个元件素材，制作得到类似如图7-166所示的水滴动画。

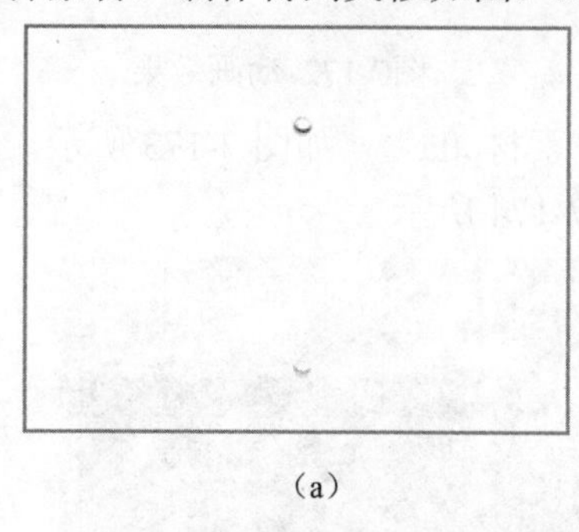
（a）

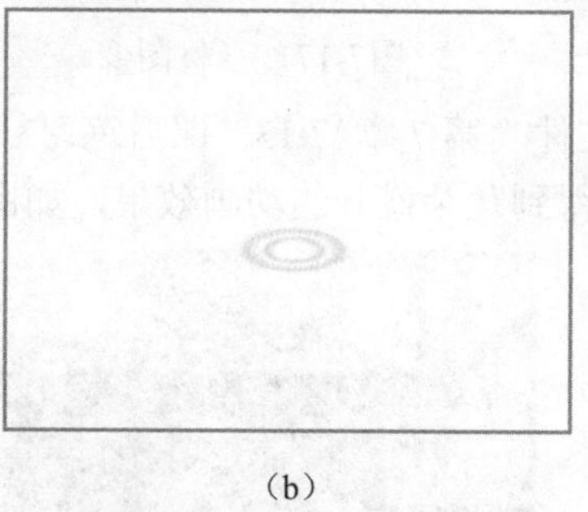
（b）

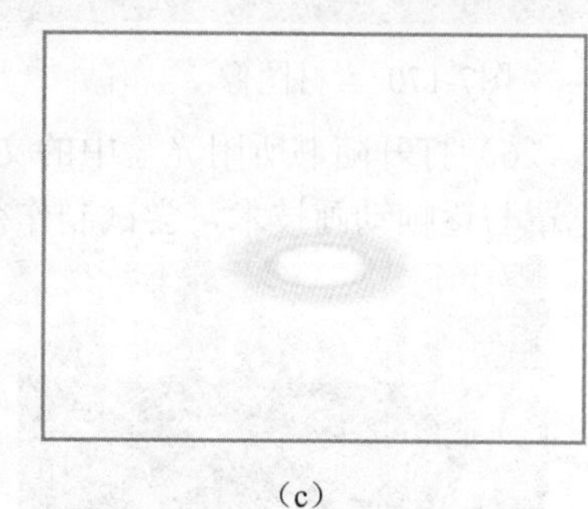
（c）

图7-166 制作水滴动画

（2）打开随书所附光盘中的文件“第7章\7.13　课后练习-2-素材.fla”，结合其中的“飞鸟”元件，以及本章讲解的传统补间动画及传统路径引导动画的操作方法，制作得到类似如图7-167所示的飞鸟动画效果。

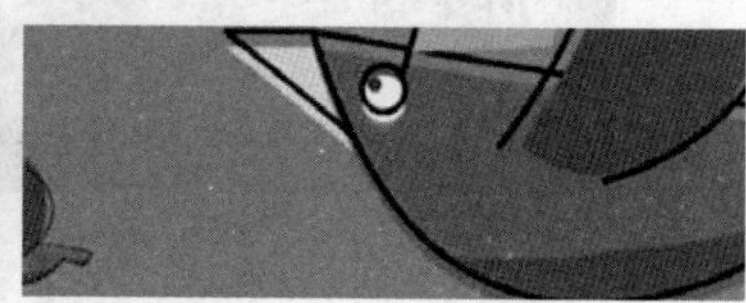

图7-167 动画效果

（3）打开随书所附光盘中的文件“第7章\7.13　课后练习-3-素材.fla”图像，如图7-168所示，结合本章讲解的遮罩动画及补间形状动画的制作方法，制作得到如图7-169所示的动画效果。

图7-168 素材图像

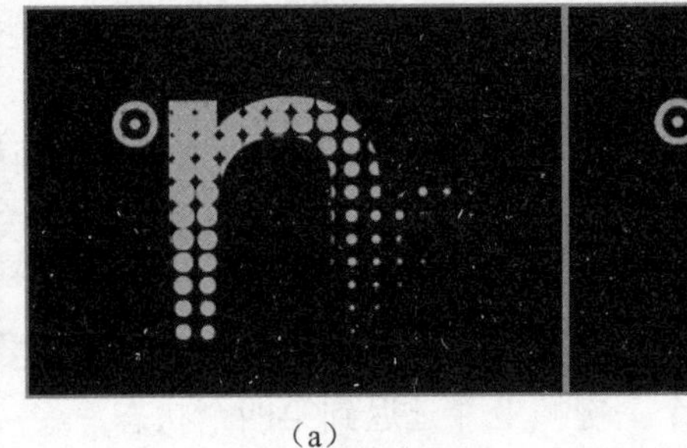

（a）

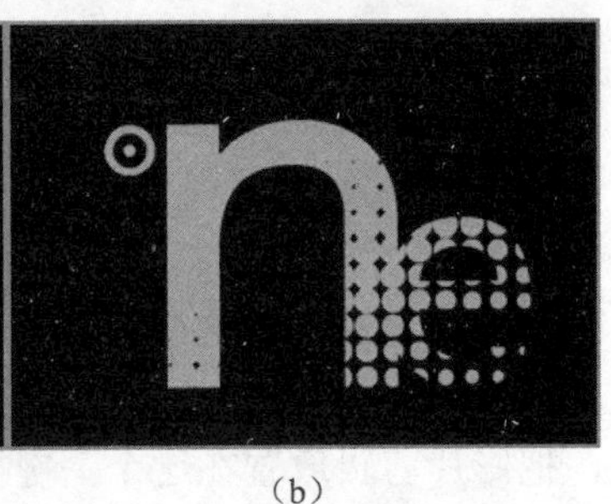

（b）

图7-169 动画效果

（4）打开随书所附光盘中的文件“第7章\7.13　课后练习-4-素材.fla”，如图7-170所示，请使用其中的绿色圆环制作一个按钮元件，当鼠标位于该图像上时，会有角度上的抖动变化，当鼠标按下时，相对于初始状态而言，角度略有一些倾斜。

（5）打开随书所附光盘中的文件“第7章\7.13　课后练习-5-素材.fla”，如图7-171所示，使用“库”面板中的dog元件，依据“图层2”中的图像，制作得到一个遮罩动画，图7-172所示是播放时的动画效果。

图7-170 素材图像

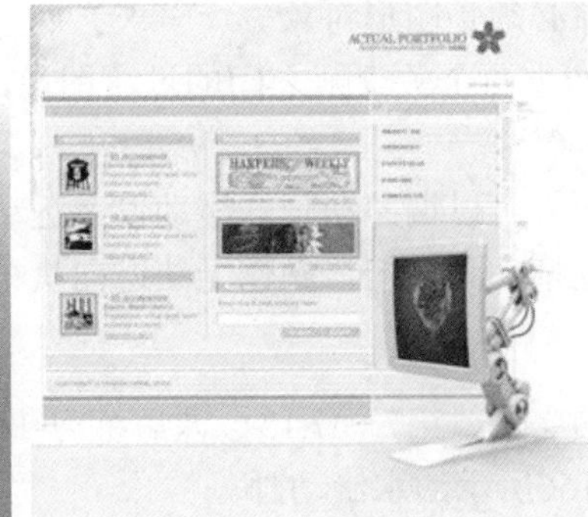

图7-171 素材图像

图7-172 动画效果

（6）打开随书所附光盘中的文件“第 7 章 \7.13　课后练习 -6 - 素材 .fla”，如图 7-173 所示，结合遮罩与逐帧动画技术，尝试制作得到花朵盛开的动画效果，如图 7-174 所示。

图7-173 素材图像

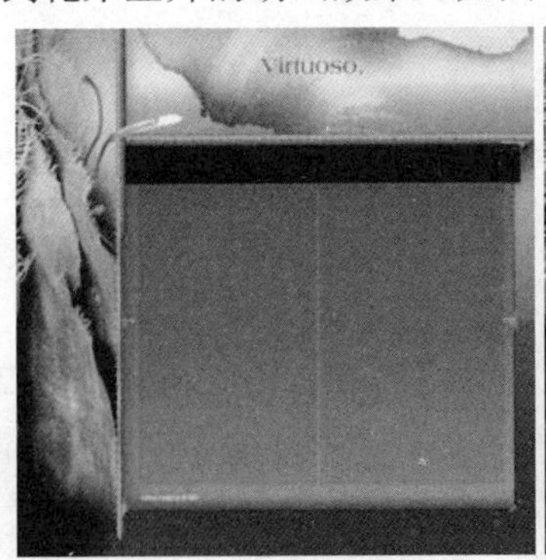

（a）

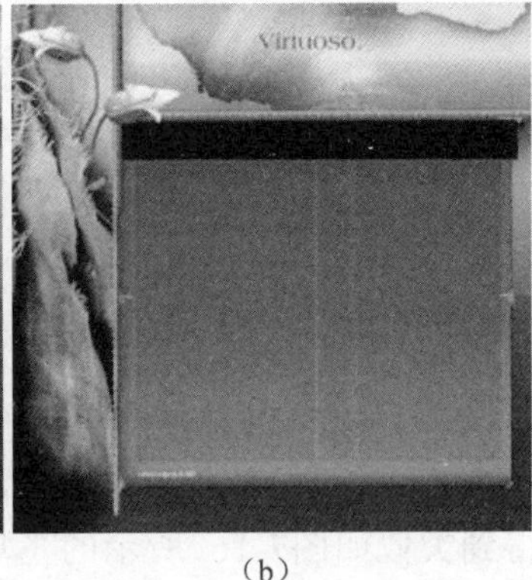

（b）

图7-174 动画效果

第8章

声音设置

8.1 Flash中的声音

声音是看不到的，也是无形的，要记录声音的高低、持续的时间，目前最普遍的方法是利用声波图，图8-1所示是一张声音波形图，它用长短不一的竖线，表示了声音的高低起伏。

图8-1 波形图

波形图中的每一条竖线都代表了一个声音采样，声音的质量正是由每秒钟声音的采样值和每个采样值的大小（位数）来决定的。

如一个11位、11.025赫兹的声音，每秒钟有11 025次采样，每个采样值在0～255，这种声音不十分清晰，但文件很小。

而16位、44.1赫兹的声音，每秒钟包含了44 100（44.1 Hz）次采样，每个采样值的范围0～65 536（2^{16}=65 536），由于有足够多的采样及足够大的数据记录声音，因此可以得到高精度的数字声音，但其文件尺寸很大。

由于在Flash中导入的声音的大小将直接决定Flash文档的大小，因此必须平衡音质和文件大小间的关系。通常对于用于网上发布的Flash作品，应该采用较低的位数及采样，以缩短其在网上下载的时间，而对于发布于光盘类用于本地浏览的媒体，则可以适当提高位数及采样。

由于Flash本身没有录制及加工编辑声音的功能，因此要使用声音只能由外部导入。这些声音可能是使用其他软件记录的声音，也可能是从因特网上下载的声音集。

8.1.1 Flash支持的声音格式

Flash 动画与声音的搭配，使动画变得更加丰富，它支持以下格式的声音文件。

- ASND（Windows 或 Macintosh 均可）。
- WAV（仅可用于 Windows）。
- MP3（可用于 Windows 及 Macintosh）。
- AIFF（仅可用于 Macintosh）。

如果系统中装有 QuickTime 4 或其更高版本，还可以导入以下更多格式的声音文件。

- AIFF（Windows 或 Macintosh 均可）。
- Sound Designer II（仅可用于 Macintosh）。
- Sun　AU（可用于 Windows 及 Macintosh）。
- Quick Time 电影中的声音（可用于 Windows 及 Macintosh）。
- System 7 声音（仅可用于 Macintosh）。
- WAV（可用于 Windows 及 Macintosh）。

8.1.2 导入与删除声音

要将声音文件导入Flash中，可按以下步骤操作。

（1）选择“文件”|“导入”|“导入到库”，图8-2所示为“导入”对话框。

（2）在对话框中选择要导入的声音文件，然后单击“打开”按钮。

（3）由于导入的声音被添加在“库”中，而不是显示在“时间轴”上。因此必须将声音文件从“库”拖至舞台中，如图8-3所示。

图8-2 “导入”对话框

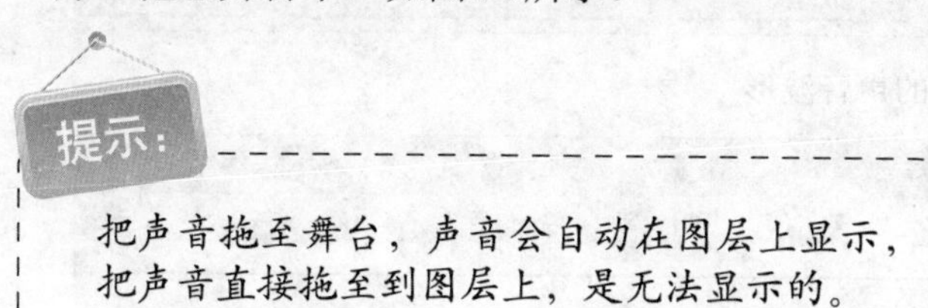

把声音拖至舞台，声音会自动在图层上显示，把声音直接拖至到图层上，是无法显示的。

（4）在时间轴上单击当前帧，显示“属性”面板。如果操作正确，“属性”面板将显示当前声音文件的名称及其大小，如图8-4所示。

（5）如果要删除已放于时间轴上的声音，可以在“属性”面板“名称”下拉菜单中选择“无”选项。

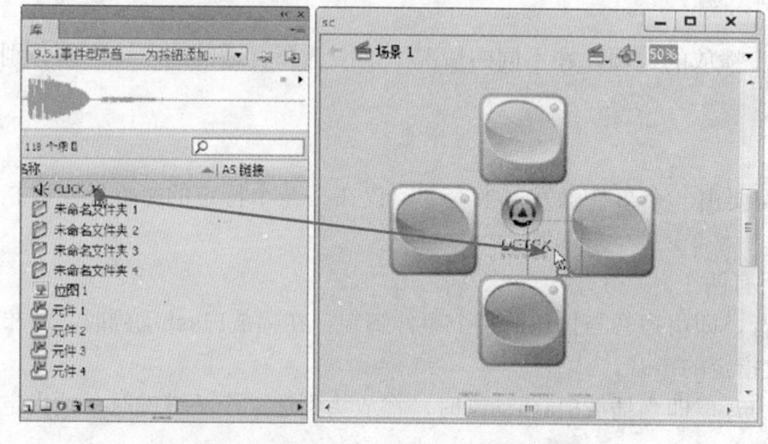

图8-3 将声音文件从“库”中拖至舞台中

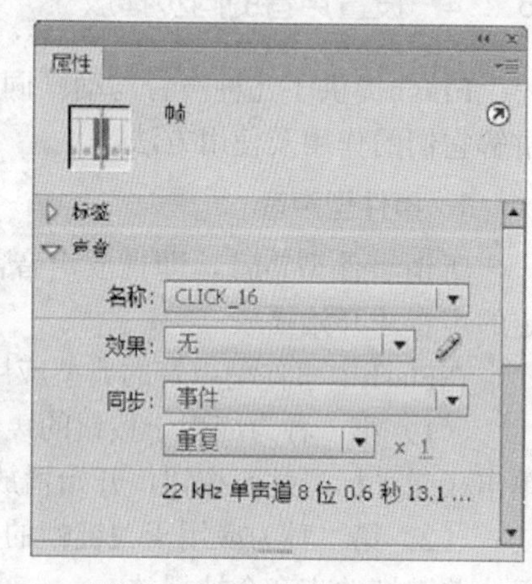

图8-4 “属性”面板

8.1.3 预估声音的长度

如果需要判断声音在时间轴上的长度（即能够占多少帧），可以按下面所讲述的方法计算。其步骤如下所示。

（1）显示“时间轴”面板，并在其底部位置查看当前文件的“帧速率”。

（2）选择声音所在帧，并显示“属性”面板。

（3）在“属性”面板中查看声音的总秒数。

（4）用“帧频×秒数”的公式即可计算出声音在时间轴上的总秒数。

另外，也可以通过在时间轴上增加帧的方法，判断声音大体在哪一帧结束。图8-5所示为增加帧后时间轴上预显的声音波形，此图表明在第45帧声音并未结束，而如果将声音所在的关键帧延长至第90帧处，则可以看到波形趋于一根直线，表明声音结束于第90帧，如图8-6所示。

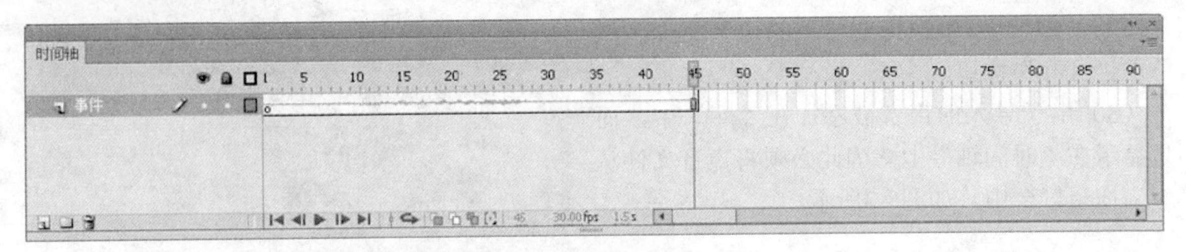

图8-5 预显的声音波形

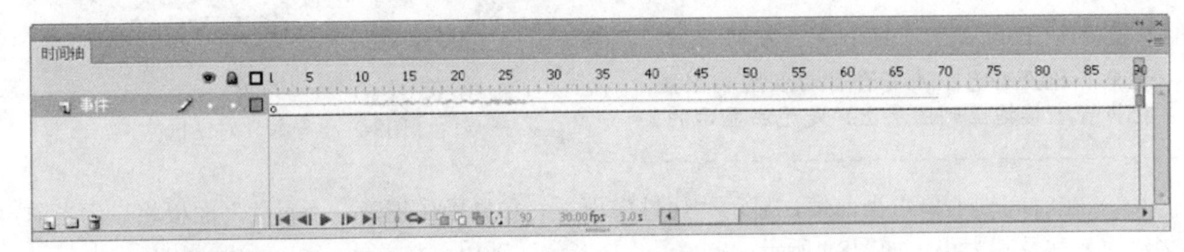

图8-6 结束于第90帧时的声音

8.1.4 设置声音的同步播放

Flash提供了几种声音与动画同步播放的选项，在不同的情况下，应选择合适的选项，下面分别讲解它们的作用及使用方法。

1. 事件型声音

所谓事件型声音，即播放声音需要由一个事件触发，换言之，仅在某一个特定的事件发生时指定的声音才开始播放。

在Flash中事件型声音的典型应用有两个。

（1）第一种为应用于按钮的声音，即将声音与按钮的某个事件绑定，在播放Flash动画时，如果单击（或光标滑过）按钮，开始播放指定的声音。

（2）第二种为应用于关键帧的声音，即当播放Flash动画时，播放头到达某个关键键时，被指定于该关键帧的声音会被播放。

如果将声音设置为这种同步方式的话，必须等全部声音全部下载之后才能开始播放，一般只适用于比较小的声音。

（1）事件型声音在播放前必须完整下载，因此过于长或大的声音不适于应用为事件型声音。

（2）由于在播放时事件型声音会从头至尾完整播放，因此如果要控制声音的起止，必须在需要声音暂停的位置添加一个关键帧，然后选择同一个声音，并设置“属性”面板的“同步”下拉列表菜单选择“停止”选项。

例如，在动画中往往需要为按钮添加触发音效以提示操作者，而且如果声音配备得当，还要起到很好的装饰作用。

2. 数据流型声音

数据流是指在动画被下载的同时播放的一类声音，常用作动画的背景音乐。此类声音与帧同步，当Flash文件被下载若干帧后，如果数据足够，则开始播放。

音频流将随着动画的结束而结束，在播放流式声音时，Flash会约束电影的长度和播放速度，以确保声音被正常播放。

音频流的优点是在网络上播放Flash动画时，无需预先下载完整的声音数据，缺点是如果网络不顺的话会出现断续现象。

实例1：为动画添加背景音乐

下面通过一个简单的实例制作，实现当动画播放时始终有背景音乐播放的效果，操作步骤如下。

STEP 01 打开随书所附光盘中的文件“第8章\实例1：为动画添加背景音乐-素材.fla”，在这段网页片头的动画中要加入三段音乐，音乐素材已经被放置在“库”面板中。动画中，建筑拔地而起，由两个围绕建筑旋转的符号将其引出。第一段音乐（“库”面板中的声音“1”）是为橙色符号“<<”出现的时候（见图8-7）所配的声音；第二段音乐（“库”面板中的声音“2”）是为橙色符号“>>”出现的时候（见图8-8）所配的声音；第三段音乐（“库”面板中的声音“3”）是动画的整体背景音乐。

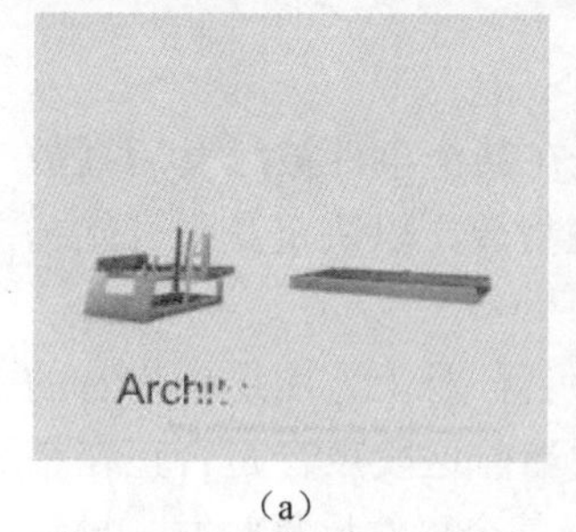

(a)

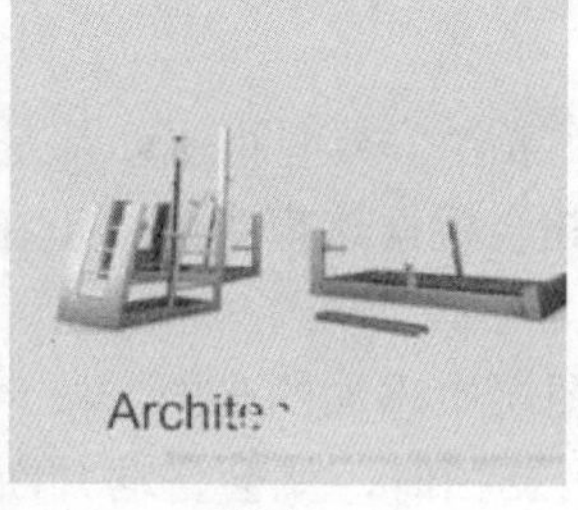

(b)

图8-7 橙色符号“<<”出现

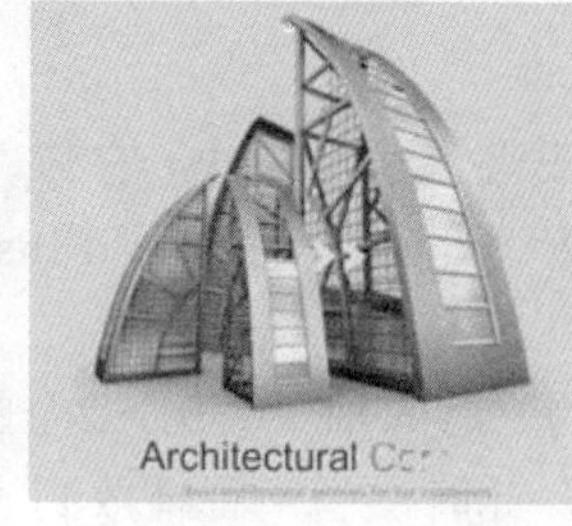

(a)

(b)

图8-8 橙色符号“>>”出现

STEP 02 单击“窗口”|“库”命令或按快捷键Ctrl+L，弹出“库”面板，选中“图层F1”中的空白关键帧，将“库”面板中的声音“1”拖至舞台中，单击“图层F1”中承载了声音“1”的任意帧，按快捷键Ctrl+F3，在弹出的声音“属性”面板中设置其参数，如图8-9所示。

STEP 03 选中“图层F2”中的第2个空白关键帧，将“库”面板中的声音“2”拖至舞台中，并按步骤（2）的方法找到并设置其“属性”面板，如图8-10所示。此时场景中对应的画面如图8-11所示。

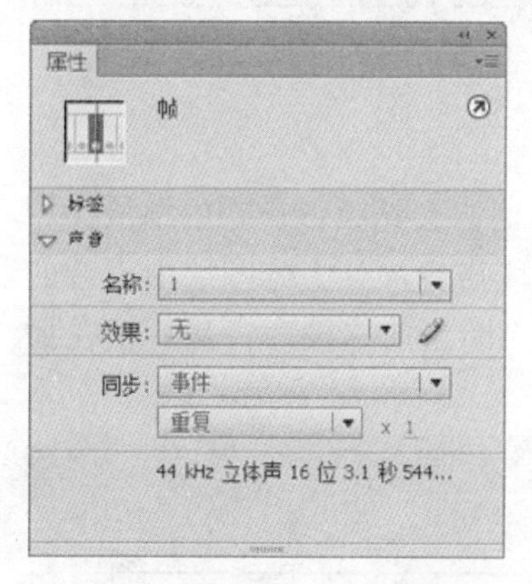

图8-9 设置声音“1”的“属性”面板

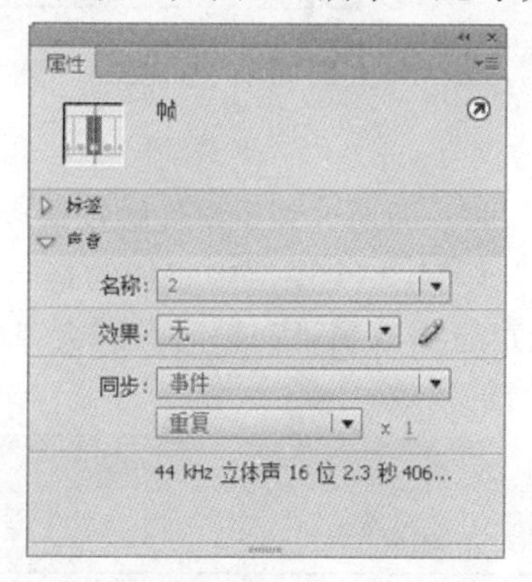

图8-10 设置声音“2”的“属性”面板

图8-11 放置声音“2”时场景中与之对应的画面

STEP 04 选中“图层F3”中的空白关键帧，将“库”面板中的声音“3”拖至舞台中，设置其“属性”面板如图8-12所示。此时，三段音乐全部设置完毕，对应的“时间轴”面板如图8-13所示。

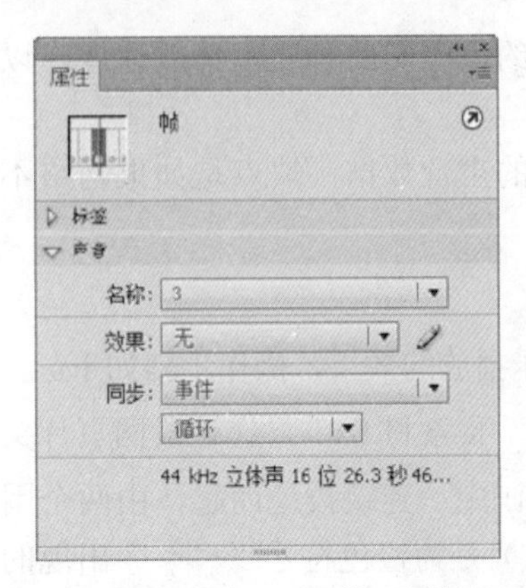

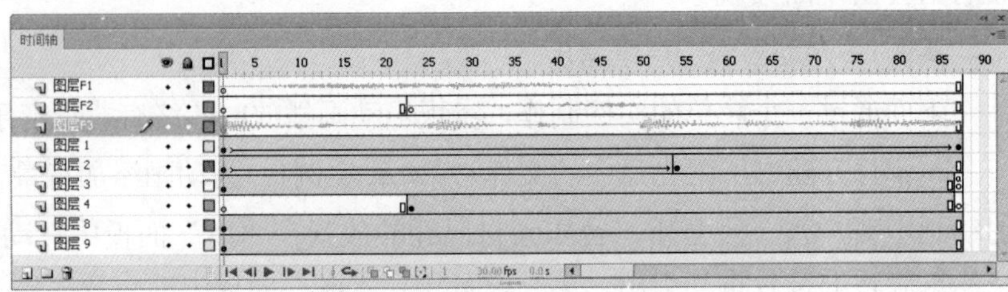

图8-12 设置声音“3”的“属性”面板　　　图8-13 “时间轴”面板

STEP 05 按Ctrl+Enter键，测试影片，此时的动画始终伴有背景音乐播放了。

3. 开始型声音

将“同步”类型设置成为“开始”时，它与“事件”类型相似，都是在某个事件被触发后播放该声音，但不同的是，设置“开始”类型时，Flash会根据该声音是否正在播放，以决定是否开始播放此处的声音。

例如，以图8-14所示的“时间轴”为例，2个图层中添加的是同一段声音，且上方图层中声音的“同步”类型为“开始”，此时，当声音播放到第25帧时，就会自动判断当前这段声音是否正在播放，如果是，则继续播放，反之才会开始播放该声音，这样就可以避免由于某个事件反复触发，导致重复播放声音的问题。

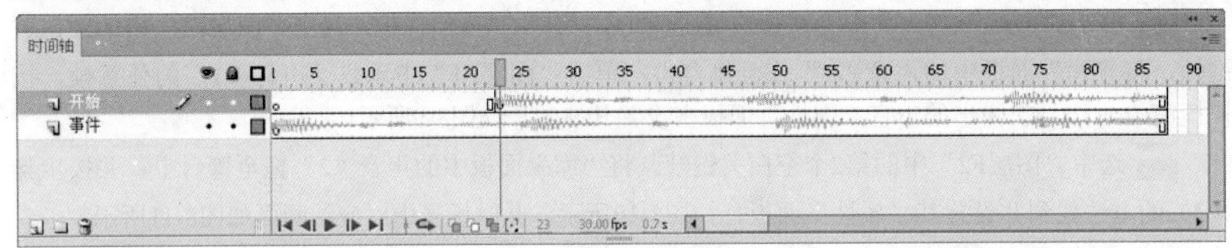

图8-14 “时间轴”面板

4. 停止型声音

将“同步”类型设置成为“停止”时，即通过某个事件触发该声音时，会结束该声音的播放。

例如，以图8-15所示的“时间轴”为例，2个图层中添加的是同一段声音，且上方图层中声音的“同步”类型为“结束”，此时，当声音播放到第25帧时，就会自动判断当前这段声音是否正在播放，如果是，那么就会自动停止该声音的播放。

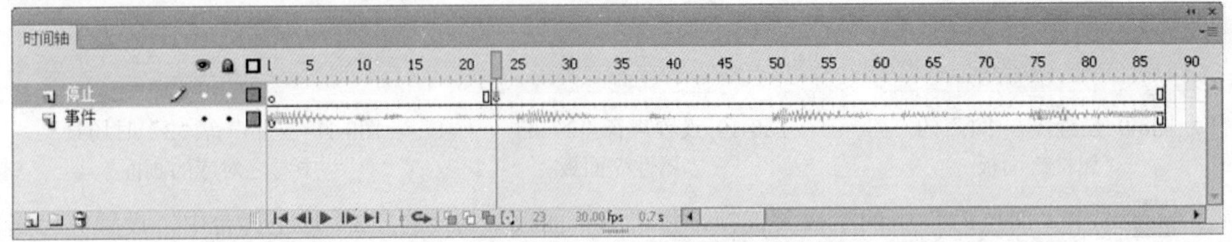

图8-15 “时间轴”面板

8.1.5 设置声音的播放次数

在“同步”参数下面的下拉菜单中，在选择“重复”选项的情况下，将重复播放该声音，在其右侧还可以通过拖动或输入数值的方式，设置重复播放的次数。如果选择“循环”选项，即代表无限次的重复播放该声音。

8.2 输出声音

由于声音的大小将影响生成的Flash文档的大小，因此必须为动画选择合适的声音格式。要设置声音的格式，可以双击“库”面板中的声音图标或右击声音图标选择“属性”，在弹出的如图8-16所示的“声音属性”对话框中进行设置。

在此对话框中除了可以设置声音的压缩格式外，还可以测试应用这些格式后的声音的效果，如果导入至Flash动画中的声音文件已在外部被编辑，还可使用此对话框对声音进行更新。

此对话框中的参数及重要按钮释义如下。

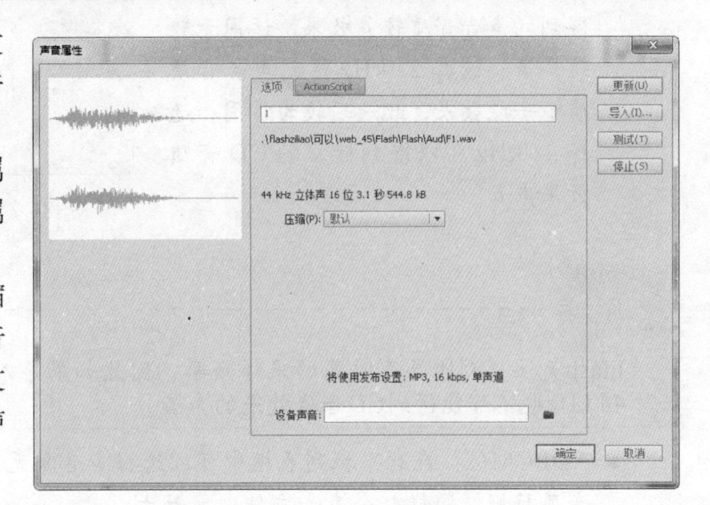

图8-16 “声音属性”对话框

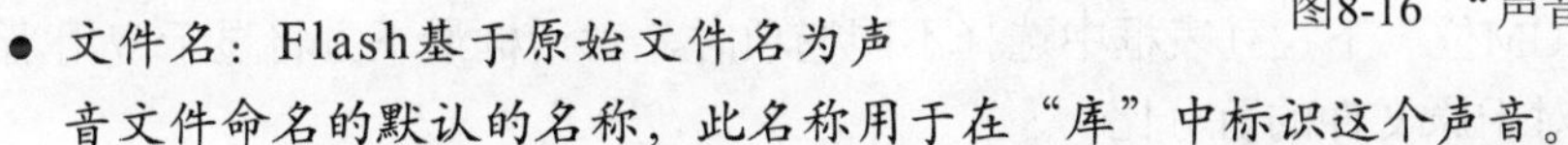

- 文件名：Flash基于原始文件名为声音文件命名的默认的名称，此名称用于在“库”中标识这个声音。
- 文件信息：在此区域可以查看声音的信息，如采样率、采样尺寸、持续时间（以秒为单位）、原始大小、上次修改时间。

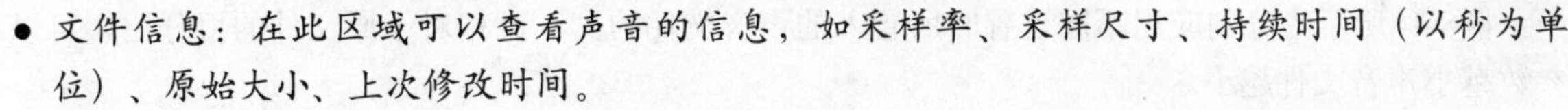

- 更新：如果在外部改变了导入至Flash的声音原文件，可以单击此按钮更新声音，以反映最新的改动。
- 导入：单击此按钮可以重新导入需要的声音文件。
- 测试：单击此按钮可以查看当前所使用的压缩设置如何影响声音。
- 停止：单击此按钮可以暂停测试。
- 压缩：在此下拉列表框中可以选择压缩声音文件的格式，可供选择的压缩方式有默认值、ADPCM、MP3、原始及语音。

下面来分别讲解一下上述压缩格式的功能。

8.2.1 默认值

选择此选项后，将使用动画在发布时所设置的声音属性。

8.2.2 ADPCM格式

如果在“压缩”下拉列表菜单中选择“ADPCM”选项，对话框将显示对此选项的补充选项，此时对话框如图 8-17 所示。

- 预处理：勾选将立体声转换为单声道，可以将混合立体声转换为单声道。
- 采样率：在此下拉列表框中可以选择合适的选项以控制声音的音质及文件的大小，数值越大则声音的音质越好，但文件也越大。其中选择 5 kHz，得到的声音的音质最差；选择 11 kHz 得到的声音音质较差效果，适用于较短声音；选择 22 kHz 得到声音音质质量一般效果，此选项较为常用；选择 44 kHz 可以得到标准的 CD 音质效果声音。

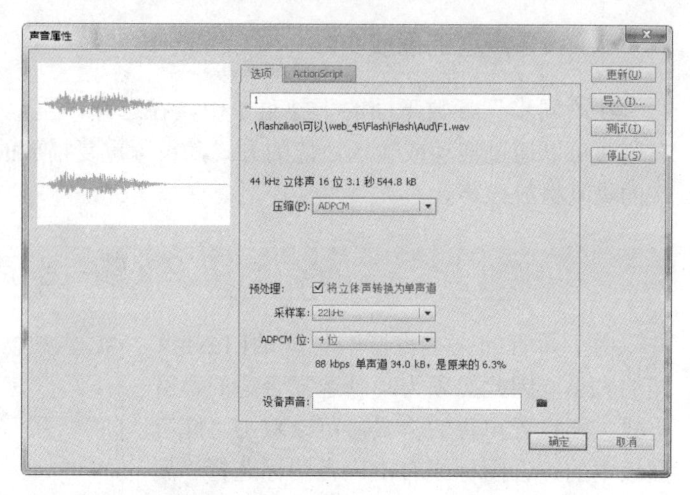

图8-17 选择ADPCM选项时的“声音属性”对话框

提示：

Flash无法得到比导入时高的采样频率，因此如果导入时声音的采样频率数值较低，即使选择44 kHz也不可能得到CD音质效果的声音。

- ADPCM位：在此下拉列表框中可以选择声音单元的存储位数，在此选择的数值越大，声音的音质越好，同样整个声音文件也就越大。

在“采样率”、“ADPCM位”下拉列表框中选择不同选项时，对话框最下方将显示应用当前选项时，声音文件的大小及相对于原文件的百分比。

图8-18所示为分别应用不同设置时所置入的声音文件的大小及相对于原文件的百分比，可以看出参数越小声音文件越小。

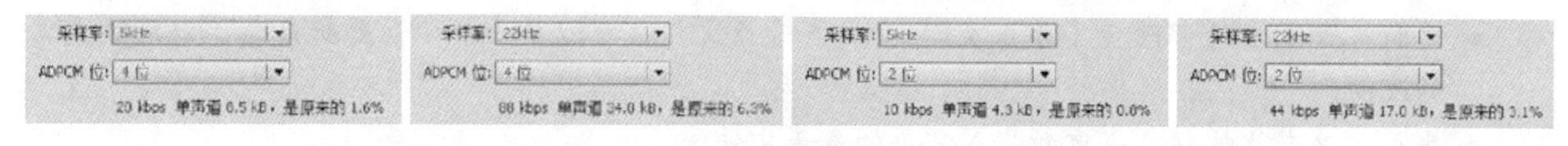

图8-18 不同参数时的声音文件大小

8.2.3 MP3格式

如果在“压缩”下拉列表菜单中选择“MP3”选项，对话框中将出现如图8-19所示的导出设置选项。

- 比特率：比特率即解码器解释一秒钟声音时所使用的字节数，此数值越高意味着声音的音质越好，此数值越小则意味着声音的音质越差，但文件将比较小，在此下拉列表框中导出音乐时选择16 kbps或更高位

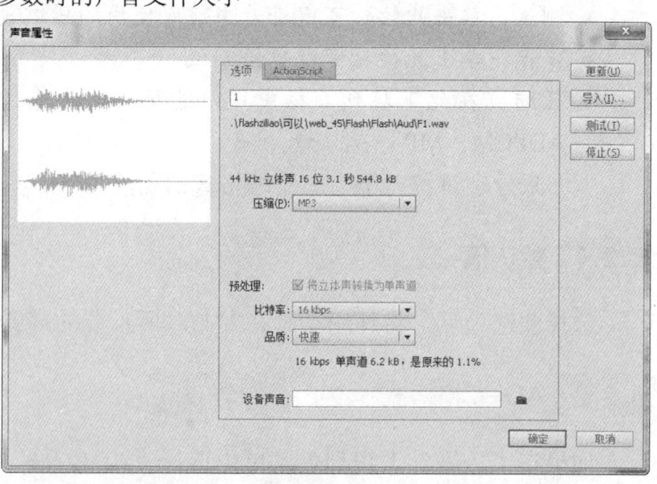

图8-19 选择MP3格式时出现的“声音属性”对话框

率以获得较好的效果。

- 品质：在此下拉列表框中选择“快速”可以得到较快的速度，但会降低声音的质量，如果选择将Flash动画应用于网页，建议选择此选项；选择“中”压缩较慢，但音质较好；选择“最佳”压缩速度最慢，但音质最好，如果动画应用于局域网或其他速度较快的介质，应选择此项。

提示：

当“比特率”数值等于或高于20 kbps时“转换立体声成单声”选项可选。

8.2.4 “原始”格式

如果在“压缩”下拉列表菜单中选择“原始”选项，可以在其下方的“预处理”处关闭“将立体声转换为单声道”，使之以立体声输出。也可在“采样率”下拉列表菜单中选择一种特别适合于语音输出的压缩标准。

8.2.5 “语音”格式

如果在“压缩”下拉列表菜单中选择“语音”选项，可以在其下方的“采样率”下拉列表菜单中选择一种特别适合于语音输出的压缩标准。对于语音而言5 kHz 是可接受标准，但对于大多数动画笔者建议使用 11 kHz 比率。如果使用 44 kHz则可以得到标准的 CD 音质。

8.3 设置音效

Flash提供了多种声音效果可供选择，如淡入、淡出以及声音播放的声道等，如图8-20所示。

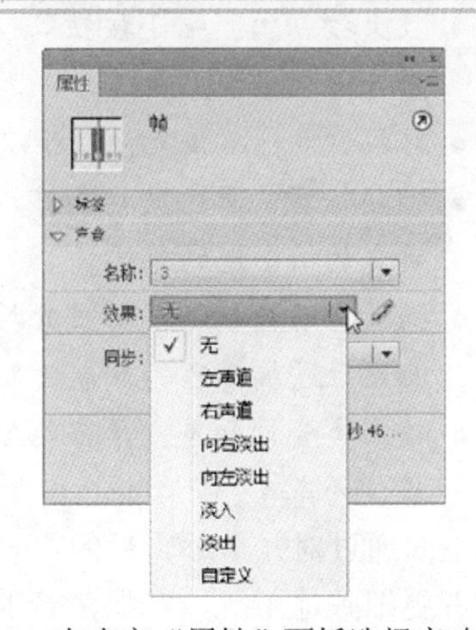

图8-20 在声音“属性”面板选择音响效果

音响效果菜单各选项的含义如下。

- 无：选择此选项，不对声音进行任何设置。
- 左声道：选择此选项，在左声道播放声音。
- 右声道：选择此选项，在右声道播放声音。
- 向右淡出：选择此选项，声音在播放时从左声道向右声道渐变。
- 向左淡出：选择此选项，声音在播放时从右声道向左声道渐变。
- 淡入：选择此选项，声音在播放时音量不断增大。
- 淡出：选择此选项，声音在播放时音量不断减小。
- 自定义：选择此选项，或单击编辑声音封套按钮，在弹出的对话框中可以自定义调整声音的变化。

要自定义调整声音的变化，可以按照下述方法进行操作。

（1）选中时间轴上的声音，在“属性”面板的“效果”菜单右侧，单击“编辑声音封套”按钮，此时将弹出如图8-21所示的“编辑封套”对话框。

01 chapter P1–P12
02 chapter P13–P18
03 chapter P19–P44
04 chapter P45–P70
05 chapter P71–P86
06 chapter P87–P120
07 chapter P121–P166
08 chapter P167–P180
09 chapter P181–P188
10 chapter P189–P224
11 chapter P225–P250

（2）拖动时间开始点及时间结束点来定义声音的起始点及终止点。

时间开始点与时间结束点只影响动画中声音的播放，与“库”面板中的原始声音无关。有些导入的声音在开始和结尾可能是空白无任何音效的，对于此类声音可以通过移动时间开始点及时间结束点来去除这些空白。

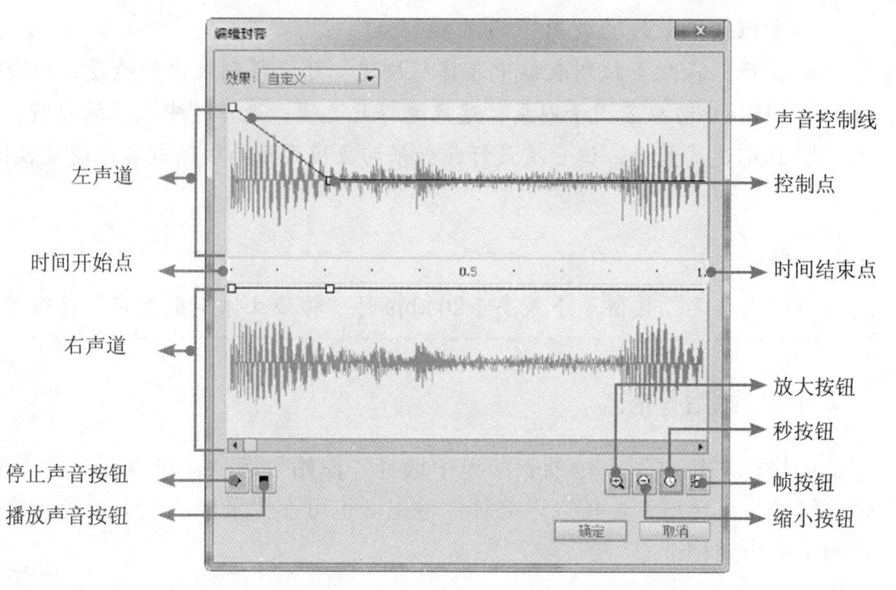

图8-21 “编辑封套”对话框

（3）如果需要增加控制点，可以直接单击控制线。

（4）拖动第（3）步添加的控制点即可改变音量，控制点越向上得到的音量越大。如果要控制左声道在上层窗口拖动控制点，如果要控制右声道在下层窗口拖动控制点。

（5）要删除控制点将控制点拖出窗口即可。

对话框中的重要按钮释义如下。

- 放大按钮、缩小按钮：单击这两个按钮，可以改变左声道或右声道的显示比例，从而对声音进行微调。
- 秒按钮：单击此按钮可以按钞数显示当前时间轴。
- 帧按钮：单击此按钮可以按帧数显示当前时间轴，这种显示格式有助于更好的控制声音在确定的帧出现的变化。
- 播放声音按钮：单击此按钮可以播放声音，以测试经过编辑后的声音效果。
- 停止声音按钮：单击此按钮可以停止当前正在播放的声音。

下面通过对几个编辑后的声音效果的具体分析，帮助读者更细致地了解、掌握声音的编辑。图8-22所示为没有进行任何编辑的原始声音效果图。

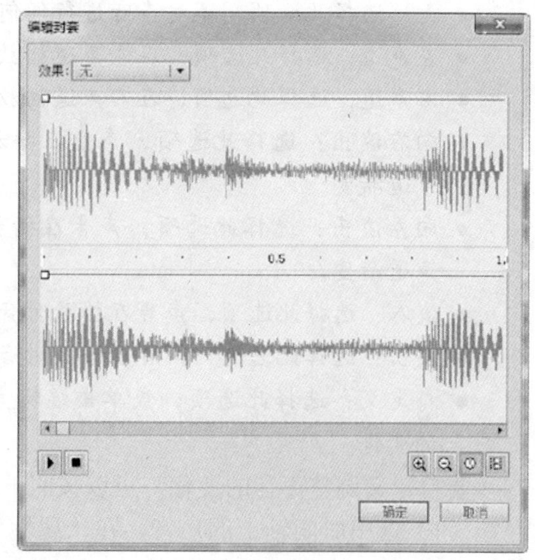

图8-22 原始声音效果

图8-23所示为左声道淡出右声道淡入的声音编辑图。上层窗口的控制点由开始的最高点到第0.5帧处降到了最低点，说明左声道的声音慢慢降低，到第0.5帧时完全消失；下层窗口的控制点由开始的最低点到第0.5帧处升到了最高点，说明右声道的声音慢慢升高。图8-24中上层窗口的控制点由开始的最低点到第0.5帧处升到了中间位置，

说明左声道的声音从第 0 帧到第 0.5 帧是慢慢升高的，但 0.5 帧以后的声音仍比原始声音小一半；右声道的声音从第 0 帧到第 0.5 帧慢慢降低，0.5 帧后的声音比原始声音小一半。

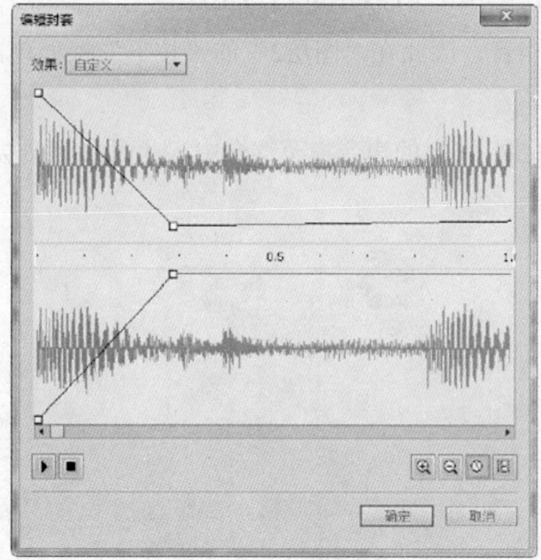

图8-23 左声道淡出右声道淡入

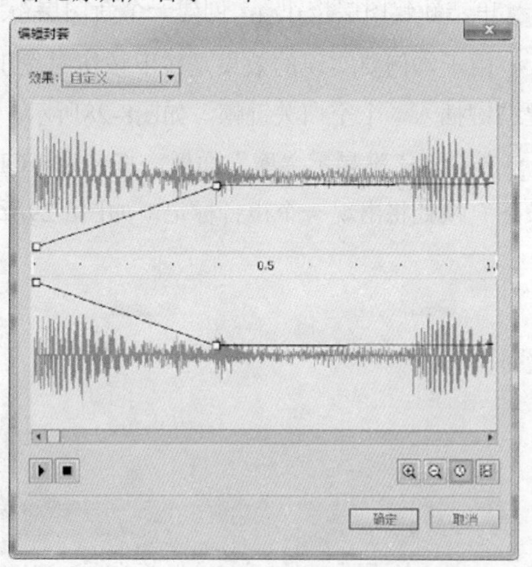

图8-24 左声道淡入右声道淡出

总结：

在本章中，主要讲解了为Flash动画添加声音及在输出时的声音设置等知识。通过本章的学习，读者应能够熟练的根据需要为动画添加背景音乐，或为事件添加响应音效等。另外，在发布动画时，也应该能够很好的针对目标需求，对声音的效果及输出参数进行恰当的设置。

8.4 拓展训练——为按钮增加事件型声音

下面通过一个具体实例，讲解如何为按钮添加声音。具体操作步骤如下。

STEP 01 打开随书所附光盘中的文件“第8章\8.4 拓展训练——为按钮增加事件型声音-素材.fla”，制作中所需的按钮、声音素材已经放置在文件中，如图8-25所示。

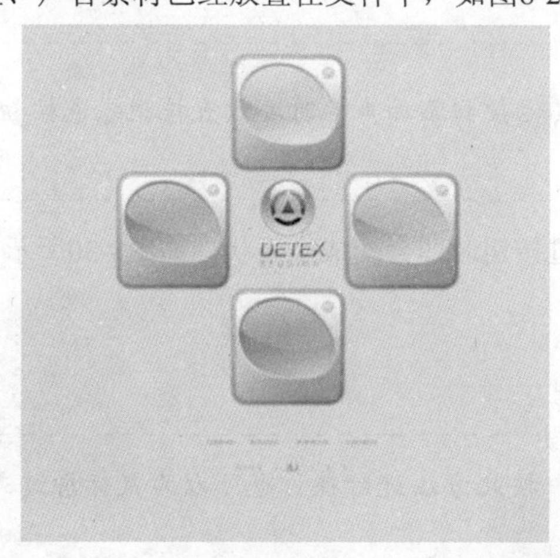

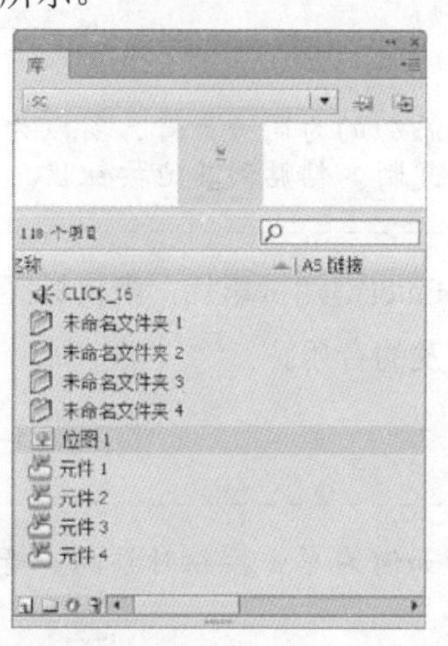

图8-25 打开素材后的Flash工作界面

STEP 02 双击绿色按钮，进入其编辑状态，如图8-26所示。

STEP 03 单击新建图层按钮，创建一个新图层得到“图层2”，如图8-27所示。

STEP 04 由于本例要实现的效果是按下按钮时发出声音，因此在“图层2”的“按下”帧处单击，按快捷键F7键插入一个空白关键帧，如图8-28所示。

STEP 05 按Ctrl+L键显示“库”面板，将名为“CLICK_16”的声音拖至舞台中，此时在“图层2”图层“按下”帧处将出现一个声音标记，如图8-29所示。

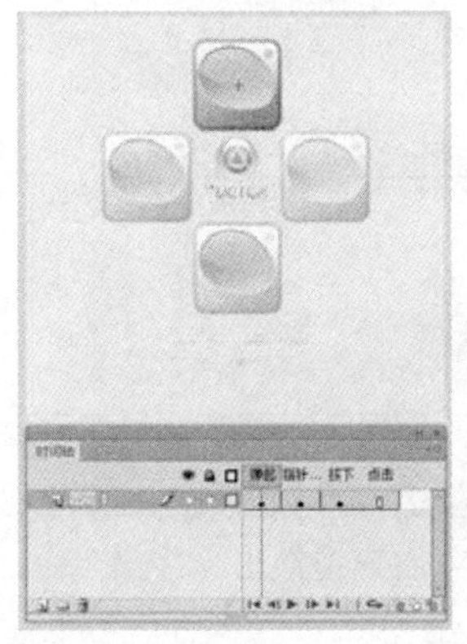

图8-26 进入按钮编辑状态

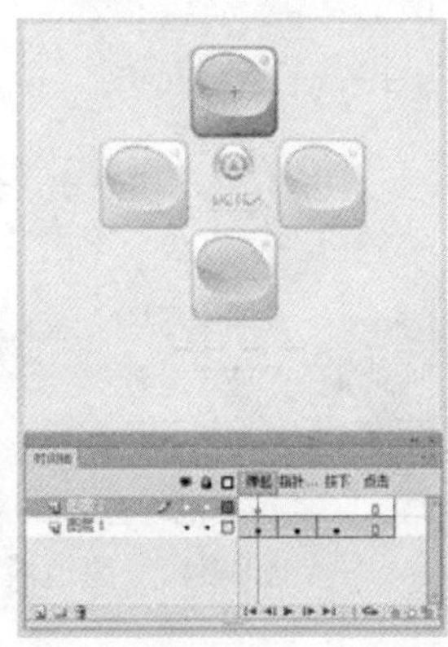

图8-27 创建一个新的图层

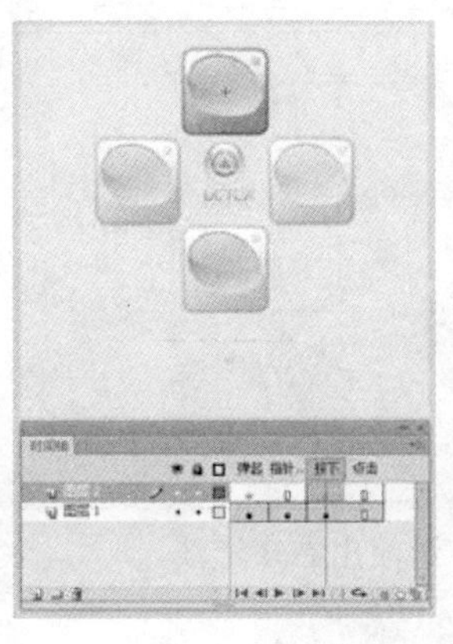

图8-28 插入一个空白关键帧

图8-29 出现声音标记

提示：

加入的声音“属性”面板中要选择“事件”，不要选择“数据流”，选择“数据流”是听不到声音的。

STEP 06 由图8-29看出，声音已延续至“点击”帧，所以单击该帧，按快捷键F7键插入一个空白关键帧，使声音只存在于“按下”帧中。

STEP 07 使用同样的方法，分别给蓝、红、橙色按钮也加入声音。

提示：

由于本例子添加的为同一声音，所以为其他按扭添加声音时可以直接把绿色按钮里“sound”图层中的帧复制、粘贴到其他按钮里。

STEP 08 按Ctrl+Enter键测试影片，当鼠标经过按钮时即会变成小手状，如图8-30所示，单击此按钮即可听见按钮被触发的音乐。

提示：

本例所述为如何为单击按钮时添加声音，按此方法进行操作也可以为鼠标滑过或单击时添加声音。

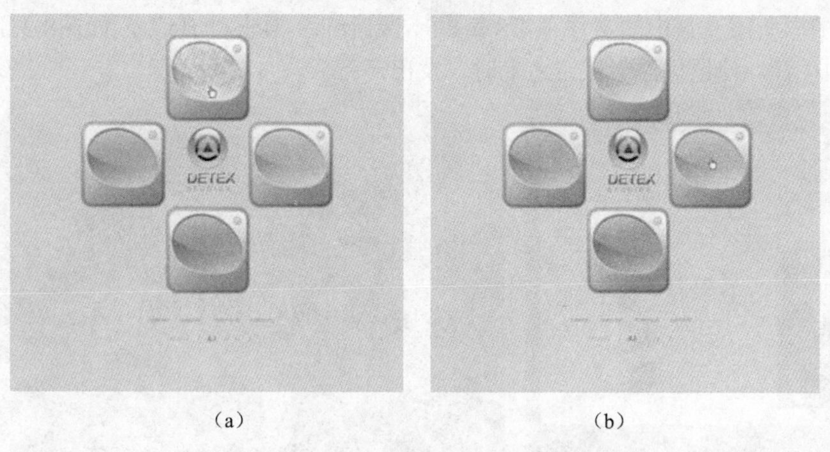

（a）　（b）

图8-30 鼠标变成小手状时单击即会发出声音

8.5 课后练习

1. 选择题

（1）给按钮元件的不同状态附加声音，要在单击时发出声音，则应该在哪个帧下创建一个关键帧（　　）。

A. 弹起

B. 指针经过

C. 按下

D. 点击

（2）在导入图像时（导入到舞台），如果有一系列的图像，Flash会弹出提示是否导入系列的图像。如果单击“是”按钮，那么这一系列的图像会以什么样的形式出现？（　　）

A. 分布在多个层上

B. 分布在帧上

C. 在同一层上并重叠

D. 第一幅图象在场景出现，其他图将导入到库中

2. 判断题

（1）数据流型声音是边下载边播放的。（　　）

（2）在Flash中，可以为声音设置淡入和淡出效果。（　　）

3. 上机题

（1）打开随书所附光盘中的文件“第8章\8.5　课后练习-1-素材.fla”，如图8-31所示，在该素材的时间轴中，有一段音频在播放，请在不使用ActionScript语言的情况下，使用至少2种方法让该声音在播放至70帧时停止。

（2）打开随书所附光盘中的文件“第8章\8.5　课后练习-2-素材.fla”（本素材即上一题的答案之一），此时按Enter键预览动画时，声音会重复不断地进行播放，请对声音的播放方式进行设置，使其始终播放同一声音。

（3）打开随书所附光盘中的文件“第8章\8.5　课后练习-3-素材.fla”，如图8-32所示，请为该动画中的按钮添加声音，使鼠标浮于按钮之上时，发出声音。

图8-31 素材图像

图8-32 按钮图像

第9章

动画的发布设置

9.1 发布参数设置

通常情况下，当要查看所编辑的动画时，可以按Ctrl+Enter键进行预览，而如果要进行更多的参数设置，则可以选择“文件”|“发布设置”命令，在弹出的对话框中进行设置，如图9-1所示。

在设置参数完毕后，单击“发布”按钮即可根据所选的文件类型、保存位置等参数，生成相应格式的文件。下面来分别讲解发布时的各种参数设置。

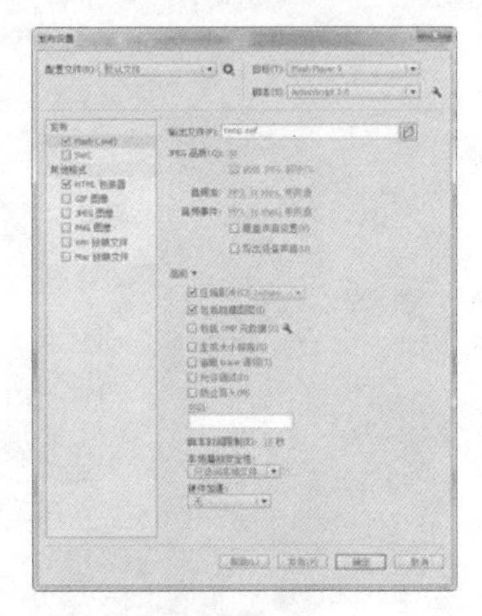

图9-1 Flash选项

9.1.1 基本参数设置

在“发布设置”对话框的顶部，可以设置一些发布时的基本参数，各选项的功能讲解如下。

- 配置文件：在此下拉菜单中，可以选择预设的或已经保存的发布设置参数预设。单击后面的配置文件选项按钮，在弹出的菜单中可以对预设进行保存、删除及复制等操作。
- 目标：在此下拉菜单中，可以选择发布动画的版本，从Flash 1 ~ Flash 11.4（需要升级Flash至最新版）、Flash Lite 1.0~ Flash Lite 4.0、Air 2.5及Air 3.2~3.4 for Android/iOS/desktop中的任何一个版本的动画。如果用户未安装高版本Flash播放器，如Flash 11.4，使用高版本发布的Flash动画将无法正确显示。但如果用低的版本格式发布Flash动画，使用Flash CS6新增特性及功能制作的动画效果可能无法正确显示。
- 脚本：在此下拉菜单中可选择发布的脚本版本。由于Flash中的ActionScript包含了1.0~3.0多个版本，且各有不同的功能，因此在发布时一定要选择正确的脚本版本。

9.1.2 发布为Flash动画

通过设置如图9-2所示的Flash选项卡，可以设定SWF文件的“音频流”、“硬件加速”、“JPEG品质”和“密码”等参数。

在选择“Flash”选项时，主要参数介绍如下。

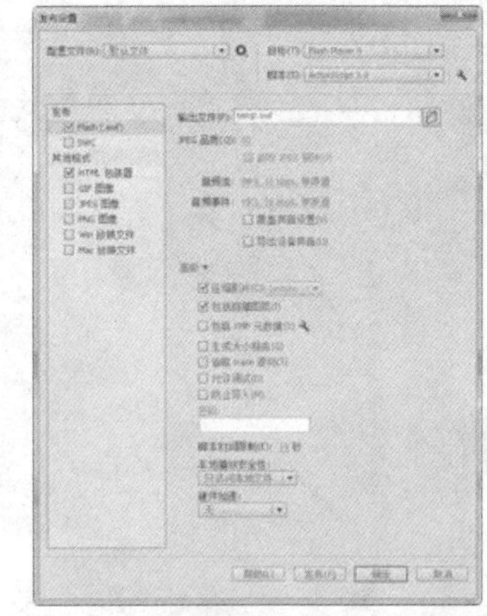

图9-2 Flash选项

- 输出文件：在此文本框中，可以输入文件输入的文件名及相应的路径。用户也可以单击后面的按钮，在弹出的对话框中选择文件输出的路径。
- JPEG品质：Flash动画中的位图是以JPEG的格式存储的，在此可以根据需要通过调整“发布设置”对话框中的JPEG滑动条，设置位图的压缩比例，从而调整文件的大小及其画面质量。其中压缩比例数值越大，JPEG图像的质量就越高，文件也越大；相反数值越小，压缩比例越低，图像质量就越差。
- 音频流/音频事件：单击这2个选项后面的蓝色字，在弹出的对话框中可以设置音频输入的属性。
- 压缩影片：选中此选项，可以让Flash对输出的文件进行压缩处理。在Flash CS6中，选择输出的“目标”为Flash Player 11.1及更高版本时，可以在后面的下拉菜单中选择压缩的选项。

- 包括隐藏图层：选中此选项后，会将隐藏图层中的内容也发布至动画中。
- 包括XMP数据：选中此选项后，可以使输出的文件包含XMP数据。单击后面的🔧按钮，在弹出的对话框中可以对XMP数据进行具体的设置。
- 防止导入：选中此选项后，可以在下面的文本框中输入防止导入的密码；或不填写密码，则完全禁止导入文件。

9.1.3 发布为SWC文件

SWC是 Flash 的组件文件，Flash 里的组件都是用这种格式存储的，当将文件导出SWC格式后，以Windows 7系统为例，可以将其置于“C:\Users\Administrator\AppData\Local\Adobe\Flash CS6\zh_CN\Configuration\Components”文件夹中，然后重新启动Flash，选择“窗口”|“组件”命令显示“组件”面板，即可在其中查看自定义的组件。

9.1.4 发布为HTML文件

根据需要可以将Flash动画直接发布为HTML文件，从而减少将Flash动画文件置入HTML文件的操作步骤，“发布设置”对话框的“HTML包装器”选项卡，如图9-3所示。

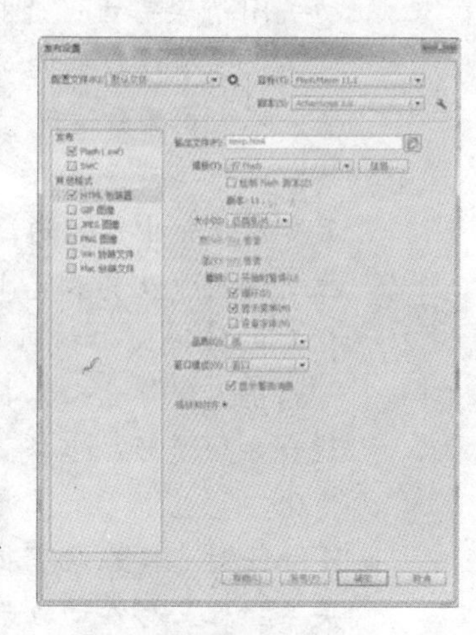

图9-3 HTML选项卡

在选择“HTML”选项时，主要参数介绍如下。

- 模板：Flash提供了数种生成HTML文件时可用的模板，在生成网页文件时，Flash可以根据模板自动建立相对应的HTML文件。如果能够选择适当的模板，可以方便后期对HTML 文件的加工。在“发布设置”对话框的“模板”下拉列表框中可以选择默认情况下模板，图9-4所示为“模板”下拉列表框。在选择模板之前，可以单击“模板”下拉列表框右侧的“信息”按钮，查看对应的模式选项信息，图9-5所示为“仅Flash”选项的“HTML模板信息”对话框。

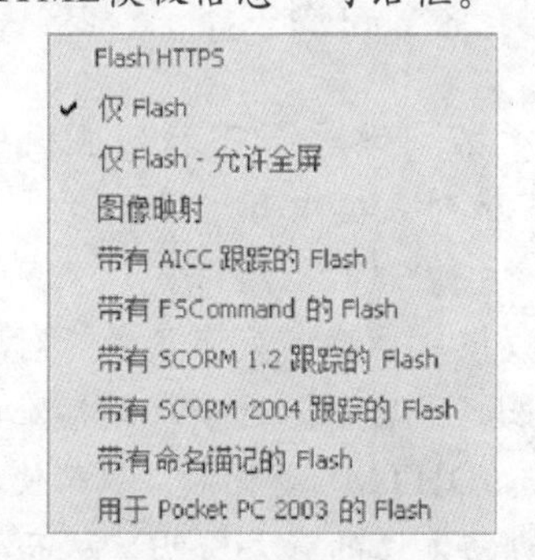

图9-4 “模板”下拉列表框

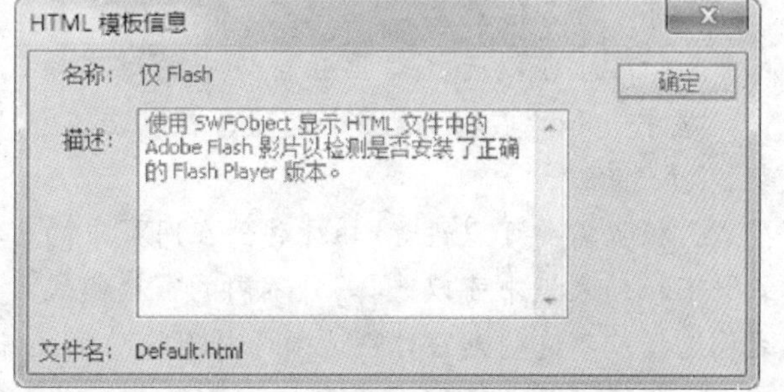

图9-5 “HTML模板信息”对话框

- 检测Flash版本：选中此选项，则在用户浏览该网页时，会自动检测用户当前所用的播放器版本，如果低于Flash文件输出的版本，则会弹出提示框提醒，并提示用户是否要下载合适的版本。
- 大小：由于Flash采用矢量技术，因此可以根据需要改变网页中Flash动画尺寸。在“发布设

置”对话框中设置“宽”和“高”数值，即可修改动画文件的尺寸。其中，可以在“尺寸”下拉列表框中选择“像素”或“百分比”选项，从而以两种不同的方式进行修改。

- 开始时暂停：使动画在播放开始时处于暂停状态，当在菜单中选择播放时动画才开始播放。默认情况下此项不被选中，动画在载入后便会自动播放。
- 循环：选中此项后动画在播完最后一帧后会自动跳转到第一帧循环播放；如果不循环，动画会在播放完最后一帧后停止。默认情况下此项被选中。
- 显示菜单：默认情况下处于选中状态。在浏览器中观看动画时右击，会弹出相应的菜单，以便控制动画的播放，包括放大、缩小、播放、快进、后退等。若不选中此项，右击弹出的菜单中就不包含对影片的控制命令。
- 设备字体：使用设备字体可以在字较小的时候使文本内容清晰显示，并且可以减小动画文件的大小。此选项只有在动画中含有静态文本的时候才有用。
- 品质：在此下拉列表框中，选择不同的选项可以设置动画的质量。选择“低”选项，以牺牲动画质量为代价提高播放速度；选择“自动降低”选项，注重动画的播放速度，在适当的时候会提高画面质量；选择“自动升高”选项，注重动画的播放速度，当播放速度下降时，自动关闭消除锯齿；选择“中”选项，得到基本消除锯齿但对位图不进行优化的效果；选择“高”选项以较低的动画播放速度来满足选择消除锯齿功能后的时间延滞；选择“最佳”选项，不考虑播放速度，画面质量最好。
- 缩放：根据需要置入网页的动画，可能必须被缩小、放大，也可能需要被裁剪。在“发布设置”对话框中可以通过设置“缩放”选项，设置动画的缩放方式。选择“默认”选项，以动画文件尺寸及其长宽比完全显示动画；选择“无边框”选项，将缩放动画文件以使其大小与指定的区域大小相同，但保持长宽比不变，因此在需要的情况下会裁剪超出的部分；选择“精确匹配”选项，将在指定的区域显示完整的动画，但不会保持原文件的长宽比，因此可能会导致变形；选择“无缩放”选项，将保持动画文件不变化，即使动画播放器的大小发生变化。
- HTML对齐：在此下拉式列表中的选项用于确定动画窗口在浏览器窗口中与其他元素的对齐关系。但只有在动画附近放置了其他元素或重新编辑网页时此项才起作用，除了这两种情况外，此选项作用不明显。选择不同选项分别可以“默认”、“左对齐”、“右对齐”、“顶部”、“底部”等各位置。
- Flash对齐：在此可以选择动画在窗口中的对齐情况，在“水平”下拉列表框中有“左对齐”、“居中”和“右对齐”3个选项，在“垂直”下拉列表框中有“顶部”、“居中”和“底部”3个选项。
- 窗口模式：根据需要可以设置Flash动画在网页中的窗口模式，在“发布设置”对话框的“窗口模式”下拉列表框中可以选择3种不同的窗口模式；选择“窗口”选项得到标准的方形的窗口模式；选择“不透明无窗口”选项，将删除动画文件的DHTML等元素，从而使动画文件显示更完全、彻底；选择“透明无窗口”选项，可以使动画文件的背景透明，从而显示网页中的文字或图像，设置以上3种选项时，Flash动画在网页中的效果如图9-6～图9-8所示；另外，在Flash CS6中，还增加了“直接”模式，在使用Flash Player 11.1及更高版本进行发布时，可支持使用Stage 3D的硬件加速内容。

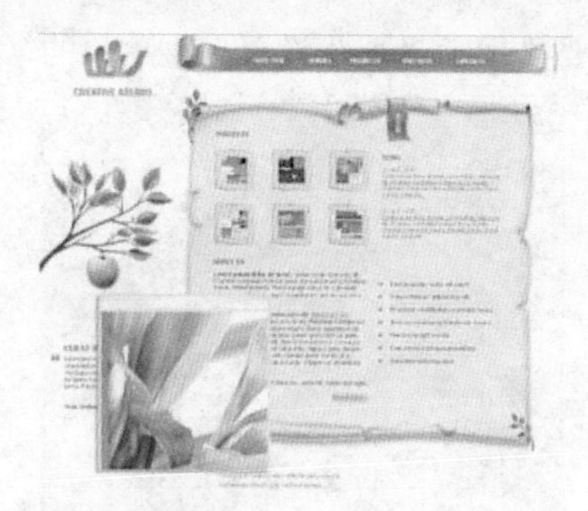

图9-6 设置“窗口”模式后的效果

图9-7 设置“不透明无窗口”模式后的效果

图9-8 设置“透明无窗口”模式后的效果

9.1.5 发布为放映文件

由于不能保证所有需要观赏Flash动画的终端浏览者都安装有Flash播放器，因此某些情况下必须将动画文件发布为放映文件。

所谓放映文件，实际上是Flash将其播放器与动画文件结合成为一个可执行的文件，因此即使未安装Flash播放器也可以直接通过放映文件欣赏Flash动画效果。

要将动画文件发布为放映文件，可以在“发布设置”对话框中选择“Windows 放映文件”或“Macintosh 放映文件”选项，从而得到分别可以运行于Windows及Macintosh两个平台上的放映文件。完成操作后，得到的文件图标如图9-9所示，图中黄色文字为Windows对此文件的解释。

图9-9 放映文件图标

对于输出GIF、PNG等格式的文件，其设置方法较为简单，通常以默认参数进行设置就能够得到较好的效果，故不再详细讲解。

9.2 自定义测试影片的下载速度

通过测试动画可以得知当前动画是否能够在网络上以流畅的速度下载，Flash允许用户以不同的调制解调器速度来测试动画在Web上的传递速度。

其具体的操作方法为在一个打开的swf文件中单击“视图”|“下载设置”命令，在弹出的选择菜单中选择所需的调制解调器速度，如图9-10所示。

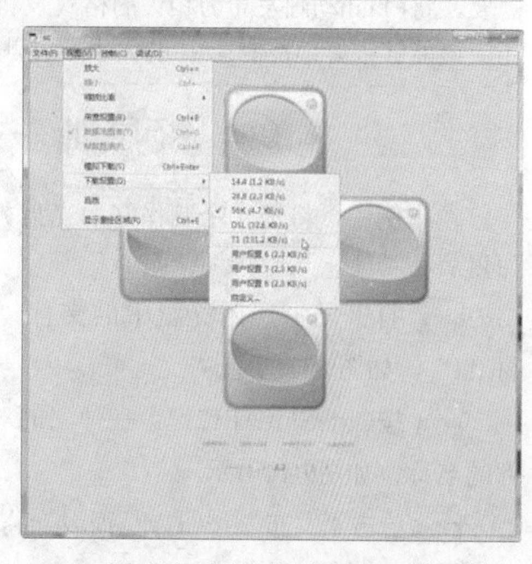

图9-10 选择调制解调器速度

虽然在“下载设置”菜单中已有数种Modem的速率，但如果在这些默认的测试速度中不包括需要的速率，则需要自定义Modem速度，并以此速度进行测试。

要自定义调制解调器的速度，可按下述步骤操作。

（1）按Ctrl+Enter键测试动画。

（2）选择“视图”|“下载设置”|“自定义”命令，弹出图9-11所示“自定义下载设置”对话框。

01 chapter P1—P12
02 chapter P13—P18
03 chapter P19—P44
04 chapter P45—P70
05 chapter P71—P86
06 chapter P87—P120
07 chapter P121—P166
08 chapter P167—P180
09 chapter P181—P188
10 chapter P189—P224
11 chapter P225—P250

（3）在对话框下方“用户设置”3个文本框中的某一个输入需要显示于“下载设置”菜单中的命令名称，在此输入了“dd”。

（4）在“比特率”文本输入框中，输入需要模拟的比特率，在此输入为2000，单击“确定”按钮。

（5）选择“视图”|“下载设置”菜单中找到第3步所定义的命令名称，如图9-12所示。选择此命令即可对自定义的速率进行测试。

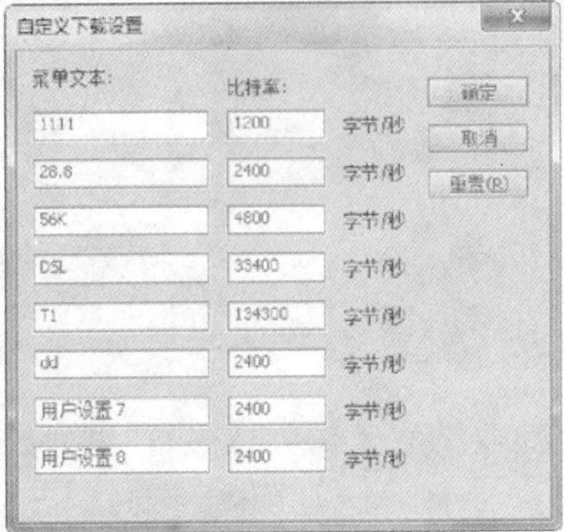

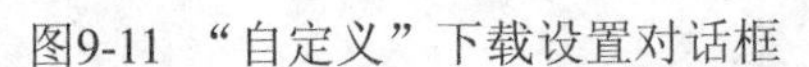
图9-11 “自定义”下载设置对话框

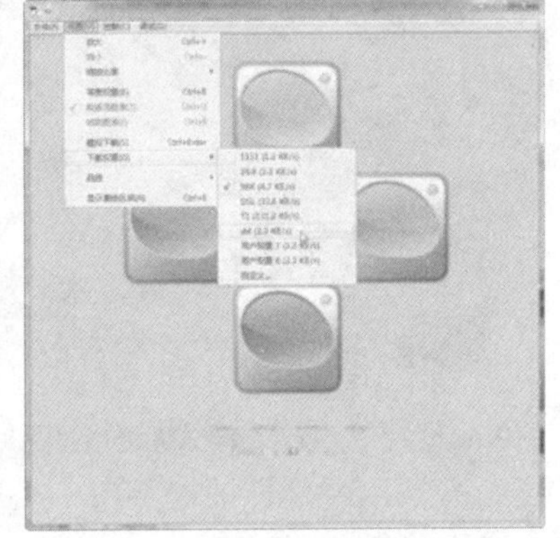
图9-12 自定义的速率

9.3 导出PNG序列

在Flash CS6中，新增了“导出PNG序列”功能，它可以将指定的元件（如影片剪辑、按钮、图形等）中动画的每一帧导出成为一张对应的PNG图片，通常是在游戏设计中较为常用，其使用方法如下。

（1）在“库”面板中或舞台上选择单个影片剪辑、按钮或图形元件。

（2）在选中的对象上右击，在弹出的菜单中选择“导出PNG序列文件”命令。

（3）在弹出的对话框中，选择PNG序列文件保存的位置，然后单击“保存”按钮。

（4）在接下来弹出的“导出 PNG序列”对话框中，设置保存的尺寸、分辨率及颜色等选项，然后单击“导出”按钮即可。

总结：

在本章中，主要讲解了Flash动画的高级发布的参数设置。通过本章的学习，读者应能够根据实际需要，将Flash动画发布为相关的格式及将元件导出为PNG序列。当发布的Flash文件是应用于网络时，还应该能够很好地控制影片的大小，并测试其下载速度，以避免实际使用时出现加载过慢的问题。

9.4 拓展训练——将动画发布为光盘启动文件

在本例中，将把一个制作好的光盘界面文件发布为一个 Windows 下的可执行文件，并将其设置为自启动功能，其操作步骤如下。

STEP 01 打开随书所附光盘中的文件“第9章\9.4 拓展训练——将动画发布为光盘启动文件-素材.fla”，如图9-13所示。

STEP 02 按Ctrl+Shift+F12键，在弹出的对话框左侧选择“Windows放映文件”选项，并在右侧设置文件的名称，如图9-14所示。

STEP 03 单击“发布”按钮，从而发布得到可执行文件。

STEP 04 在桌面的空白位置右击，在弹出的菜单中选择“新建”|“文本文档”命令，创建一个记事本文件。

图9-13 素材文件

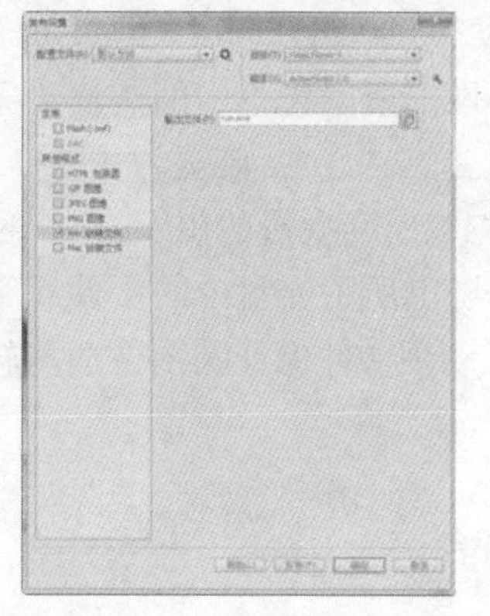

9-14 “发布设置”对话框

STEP 05 在记事本中写入如下代码：

```
[autorun]
open=run.exe
```

STEP 06 选择记事本界面中的“文件”|“另存为”命令，在弹出的对话框中选择保存的位置为run.exe文件所在的文件夹，并输入名称为autorun.ini，然后单击“保存”按钮即可。

提示：

若希望指定一个光盘盘符上的图标，可以在run.exe所在文件夹下面加入一个图标文件，并重命名为run.ico，在run.ini记事本中加入icon=run.ico代码即可。

9.5 课后练习

1．选择题

（1）要直接发布动画可以按（　　）键。要对动画发布进行高级设置，可以按（　　）键。

A. Ctrl+Enter，Ctrl+Shift+F12

B. Ctrl+Shift+F12，Ctrl+Enter

C. Ctrl+Enter，Ctrl+Shift+Enter

D. Ctrl+Shift+Enter，Ctrl+Enter

（2）要将动画发布为.exe文件，可以将其输出为（　　）。

A. SWF文件　　B. HTML文件　　C. Windwos放映文件　　D. SWC文件

2．判断题

（1）在Flash中，通过设置发布参数，可以创建SWF文件及HTML文档。（　　）。

（2）在自定义影片的下载速度时，最低不可小于50 KB，最高不可大于999 KB。（　　）

3．上机题

（1）打开随书所附光盘中的文件“第9章\9.5　课后练习-1-素材.fla”，将其发布成为HTML和SWF

格式，以便于发布到网络，同时，再发布一个PNG格式的图片，以便于浏览该动画的基本状态。

（2）打开随书所附光盘中的文件“第9章\9.5 课后练习-2-素材.fla”，结合本节的讲解，分别设置下载速度为1.2，2.3，4.7 kbps，体验一下下载速度的差异，在以后的工作过程中，避免动画文件太大，导致用户浏览速度太慢的问题。

（3）打开随书所附光盘中的文件“第9章\9.5 课后练习-3-素材.fla”，结合本章的讲解，将其发布成为GIF格式动画，并保证其图像质量较为清晰，且大小在400 KB以内。

第10章 ActionScript与交互动画

10.1 行为的使用

行为是已经编写好的的ActionScript脚本语言，用户只需要在“行为”面板中进行简单的设置，不需要自己编写脚本语言就可以为对象添加复杂的交互效果。但新建文档时需设置“脚本”语言为ActionScript 1.0或2.0， ActionScript 3.0不支持此功能。

10.1.1 “行为”面板

“行为”面板的优点就在于，用户无需手动输入大量的代码，只要在该面板中选择需要的命令，在弹出的对话框中设置适当的参数即可。选择“窗口”|“行为”命令或按快捷键Shift+F3,即可显示“行为面板”，如图10-1所示。

图10-1 “行为”面板

下面介绍“行为”面板中各个参数的含义。

- 添加行为按钮：单击这个按钮，在弹出的下拉菜单中可以选择相应的行为。
- 删除行为按钮：单击该按钮则删除当前选中的行为。
- 向上移动按钮、向下移动按钮：单击按钮可以向上或向下调整行为的顺序。
- 当前选择的对象：该处显示的是当前添加行对象的类型，如 ICON：帧1 帧、 BTN1按钮或 元件1影片剪辑。
- 行为显示区：该区域显示了当前已添加的行为的相关内容，并且被分为“事件”和“动作”两栏。“事件”栏中显示的是触发事件的条件，而“动作”栏中显示的则为事件被触发后要执行的任务。

10.1.2 行为的基本操作

1. 添加对象

并不是Flash中所有的对象都可以添加行为，只有帧、按钮和影片剪辑才可以添加行为，如果当前对象不是其中一种对象，则“行为”面板中会显示当前所选的图层和帧，如图10-2所示。

图10-2 “行为”面板

2. 添加行为

添加行为非常的简单，只需要选中需要添加行为的对象，在“行为”面板中选择需要的命令并设置参数即可。

要为对象添加行为，可以按下面的方法操作。

（1）选中要添加行为的对象，如帧、按钮或影片剪辑。

（2）选择“窗口”|“行为” 命令或按快捷键Shift+F3，以显示“行

为”面板。

（3）单击“行为”面板中添加行为按钮，在弹出的菜单中选择相应的行为命令。

（4）如果当前行为需要配置参数，在选择命令后，会弹出相应的参数配置框。

（5）设置参数完毕，单击“确定”按钮退出对话框即可。

在为帧添加行为时，如果当前选择的不是关键帧，则行为自动向左寻找最近的一个关键帧作为行为的添加对象。

3．编辑行为

为对象添加行为后，可能会因为一些原因而需要改变当前行为的参数。要编辑行为可以按下面的操作。

（1）选择需要编辑行为的对象，如帧、按钮或影片剪辑。

（2）显示“行为”面板，可以执行下面的操作。

- 编辑触发事件：要改变按钮或影片剪辑对象的事件，可以单击需要修改的行为的事件名称，则该事件名称会变为如图所示的浮起状态。单击右侧的按钮，在弹出的菜单中选择需要的事件即可。

为帧对象添加行为时，事件为无，如图10-3所示。因为只要播放至添加了行为的帧时，该帧中所有的行为都会被执行。

- 编辑动作：要改变对象的动作，只需单击需要修改的动作名称，然后单击下拉列表按钮或双击需要修改的动作名称，弹出相应的参数设置框，重新设置参数后，单击“确定”按钮即可。

（3）修改后，出现的变化会立即显示在“行为”面板中，如图10-4所示。

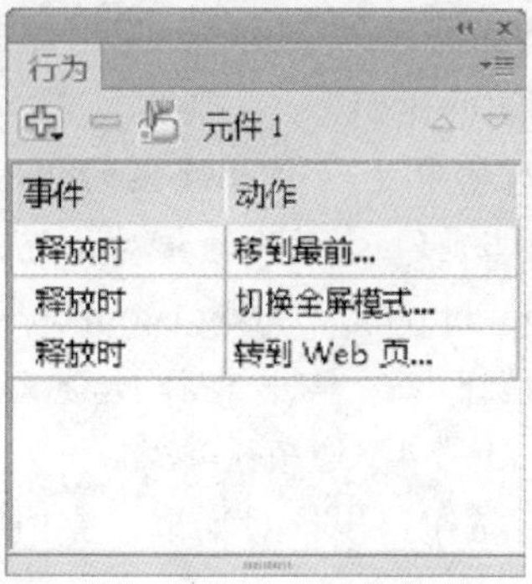

图10-3 为帧对象添加行为后的“行为”面板

图10-4 修改行为参数后的状态

4．删除行为

当一个对象上的行为已经不需要时，可以将其删除。要删除行为可以按照下面的方法操作。

（1）选择需要删除行为的对象，如帧、按钮或影片剪辑。

（2）在“行为”面板中选择需要删除的行为。

（3）选中需要删除的行为后，可以执行下面的操作之一来删除行为。

- 单击“行为”面板中的删除行为按钮。
- 按Delete键。

5. 查看由行为生成的ActionScript代码

由于行为是使用ActionScript编写的命令集，所以为对象添加行为后，相应的代码都会显示在“动作”面板中，同时，读者还能以此了解是哪些代码在控制影片，从而达到学习ActionScript语言的目的。

要查看由行为生成的ActionScript代码可以按照下面的方法操作。

（1）选择需要查看代码的对象，如帧、按钮或影片剪辑。

（2）选择“窗口”|“动作”命令或按F9键显示“动作”面板。

（3）在“动作”面板中，可以看到由行为生成的ActionScript代码，如图10-5所示。

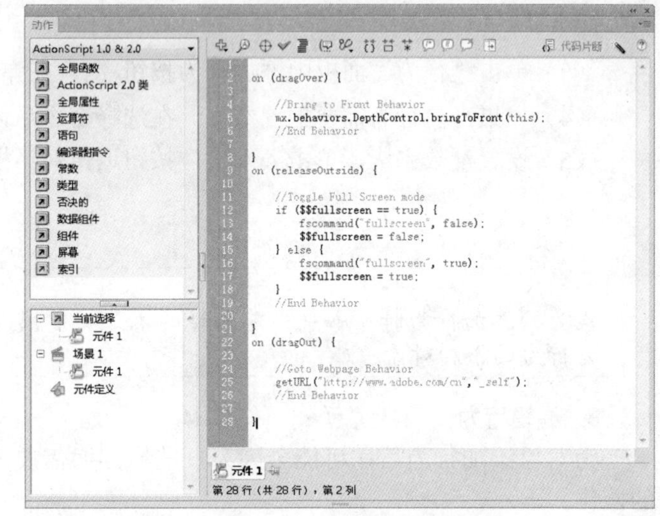

图10-5 “动作”面板

10.1.3 Web类行为

在“Web”命令下只有一个子命令，即“转到Web页”命令。利用这个行为，可以打开一个URL地址，或一个电子邮箱地址发送电子邮件。

要为对象添加该行为，可以按下面的方法操作。

（1）选择要添加该行为的对象。

（2）显示“行为”面板，单击添加行为按钮 ，在弹出的菜单中选择“Web”|“转到Web页”命令。

图10-6 “转到URL”对话框

（3）选择“转到Web页”命令后，会弹出如图10-6所示的对话框。

该对话框中各参数的解释如下。

- URL：在该输入框中可以输入链接的相对或绝对路径。相对路径表示的是在同一文件结构中，链接文件与当前Flash影片的相对位置，如“myweb1\phot.html”；绝对路径表示一个完整的URL地址，如“http://www.cogo.com.cn”。
- 打开方式：在该下拉菜单中选择链接文件打开的位置，包括“_self”、“_blank”、“parent”、“_top”4个选项。

（4）单击“确定”按钮退出该对话框，完成行为的设置。

10.1.4 声音类行为

“声音”行为组中的命令用于控制网页中声音的播放、停止及加载等操作。

1. 从库中加载声音

该命令可以加载指定的声音文件。要为对象添加该行为，可以按下面的方法操作。

（1）选择要添加该行为的对象。

（2）显示“行为”面板，单击添加行为按钮 ，在弹出的菜单中选择“声音”|“从库加载声音”命令。

（3）选择“从库中加载声音”命令后，在弹出的对话框中设置参数。例如，需要利用该行为载入一个ID为pp.mp3的声音文件，加载后的实例名称为pp_play.mp3，且加载时不播放该声音，则应该按照图10-7所示设置对话框。

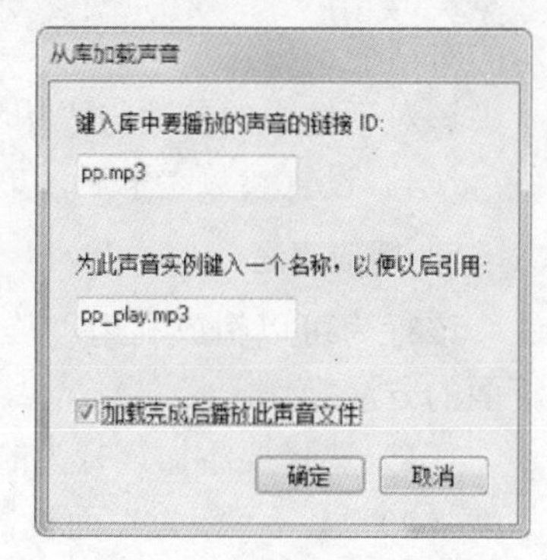

图10-7 “从库加载声音”对话框

（4）设置参数完毕后，单击“确定”按钮退出该对话框，完成行为的设置。

对话框中的参数解释如下。

- 输入链接声音ID：在该输入框中为当前库中要加载的声音文件的名称。
- 输入声音实例名称：在该输入框中输入声音被加载后的名称。
- 加载时播放此声音：选中该选项，则在加载该声音时会播放该声音一次，否则声音不会被播放。

2．停止声音

利用该行为可以停止播放指定的声音。要为对象添加该行为，可以按下面的方法操作。

（1）选择要添加该行为的对象。

（2）显示“行为”面板，单击添加行为按钮，在弹出的菜单中选择“声音”|“停止声音”命令。

（3）选择“停止声音”命令后，在弹出的对话框中设置参数。例如，需要利用该行为停止播放ID名称为eagle.mp3，实例的名称为eagle_play.mp3的声音，则应该按照图10-8所示进行设置。

（4）设置参数完毕后，单击“确定”按钮退出该对话框，完成行为的设置。

图10-8 设置对话框参数

3．停止所有声音

该行为可以停止当前播放的所有声音，直至用户再次激活声音文件为止。要为对象添加该行为，可以按下面的方法操作。

（1）选择要添加该行为的对象。

（2）显示“行为”面板，单击添加行为按钮，在弹出的菜单中选择“声音”|“停止所有声音”命令。

（3）选择“停止所有声音”命令后，会弹出如图10-9所示的提示框。

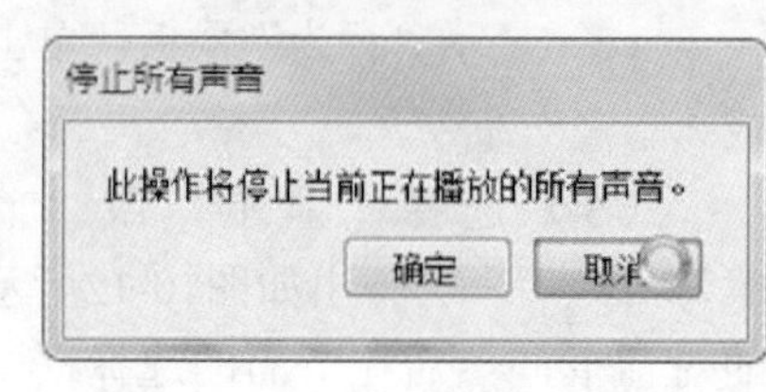

图10-9 “停止所有声音”提示框

4．加载mp3流文件

该行为可以载入外部mp3文件，并以流的方式在文件中播放。这个行为对于大型的较大的mp3非常有用，因为它们可以保留在影片的外部，从而不影响影片输出的大小，更不需要在播放前加载整个声音。要为对象添加该行为，可以按下面的方法操作。

（1）选择要添加该行为的对象。

（2）显示“行为”面板，单击添加行为按钮，在弹出的菜单中选择“声音”|“加载mp3流文件”命令。

（3）选择“加载mp3流文件”命令后，会弹出如图10-10所

图10-10 “加载mp3流文件”对话框

示的对话框。

该对话框中的参数与“从库中加载声音”对话框中的参数相同，这里不再赘述。

（4）设置参数完毕后，单击“确定”按钮退出该对话框，完成行为的设置。

5. 播放声音

该行为可以播放利用“从库中加载声音”命令载入的声音文件。要为对象添加该行为，可以按下面的方法操作。

（1）选择要添加该行为的对象。

（2）显示“行为”面板，单击添加行为按钮，在弹出的菜单中选择“声音”|“播放声音”命令。

（3）选择“播放声音”命令后，会弹出如图10-11所示的对话框。

在该对话框中只需要输入由“从库中加载声音”命令所载入的声音文件载入后的实例名称即可。

（4）设置参数完毕后，单击“确定”按钮退出该对话框，完成行为的设置。

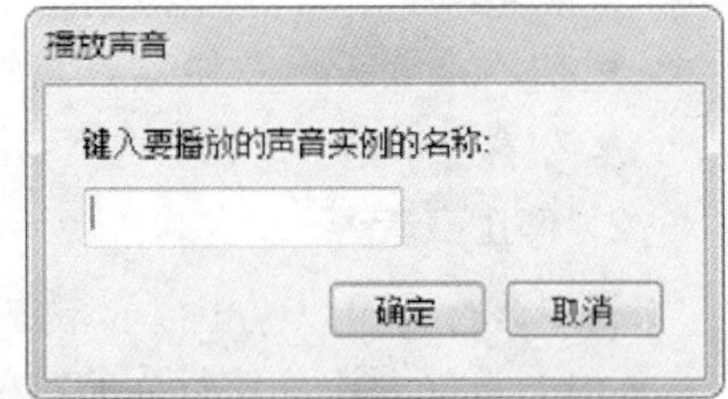

图10-11 “播放声音”对话框

10.1.5 嵌入的视频类行为

在一些网页中，视频文件起到一定的向导作用，可以根据浏览者的爱好，决定是否观看该视频，这时就需要为视频对象添加该行为，以方便浏览者随时隐藏或显示视频对象。

1. 显示与隐藏视频

要为视频对象添加该行为，可以按下面的方法操作。

（1）选择要添加该行为的对象。

（2）显示“行为”面板，单击添加行为按钮，在弹出的菜单中选择“嵌入的视频”|“显示”或“隐藏”命令。

（3）选择“显示”或“隐藏”命令后，会弹出如图10-12所示的对话框，然后在下面的选择框中选择需要显示或隐藏的视频对象。

（4）设置参数完毕后，单击“确定”按钮退出该对话框，完成行为的设置。

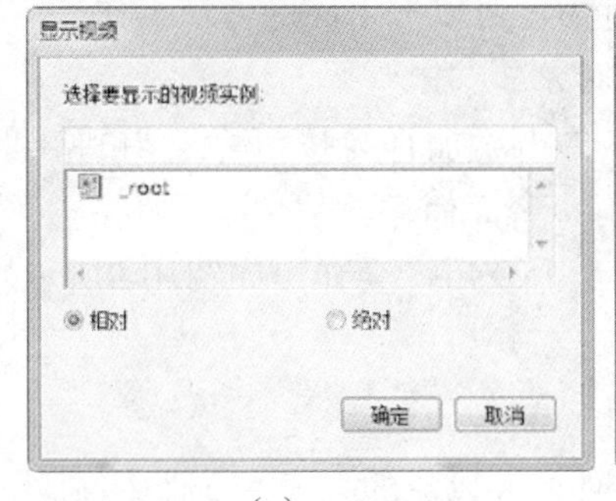

（a）

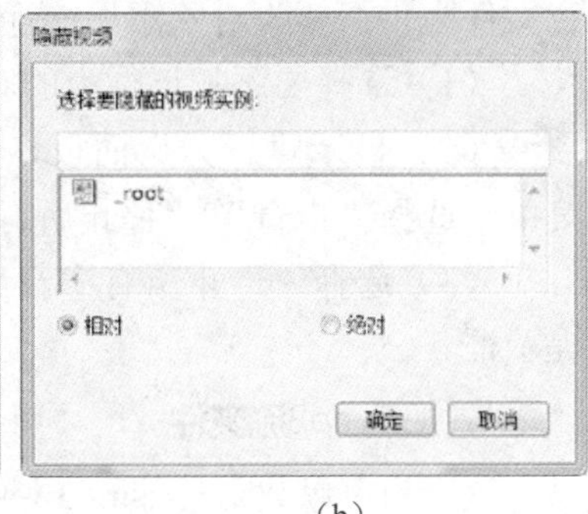

（b）

图10-12 “显示视频”对话框与“隐藏视频”对话框

2. 播放、暂停、停止视频

这3个命令分别用于控制视频对象的播放、暂停和停止状态，其添加方法及对话框与“显示”命令相同，这里不再赘述。

10.1.6 影片剪辑类视频

Flash允许用户利用Actionscript语言来限制或重新定义影片剪辑的播放方式，用户也可以利用行为这个功能达到同样的目的，这样用户就可以不必再费力编写大量的代码，也可以节省很多时间。

1. 加载图像

加载图像就是将外部图片加载到所需的影片剪辑中。这样可以避免导出文件过大，便于上传。要为对象添加该行为，可以按下面的方法操作。

（1）选择要添加该行为的对象。

（2）显示“行为”面板，单击添加行为按钮，在弹出的“影片剪辑”子菜单中选择加载图像。

（3）选择“加载图像”命令后，会弹出如图10-13所示的对话框。

（4）设置参数完毕后，单击“确定”按钮退出该对话框，完成行为的设置。

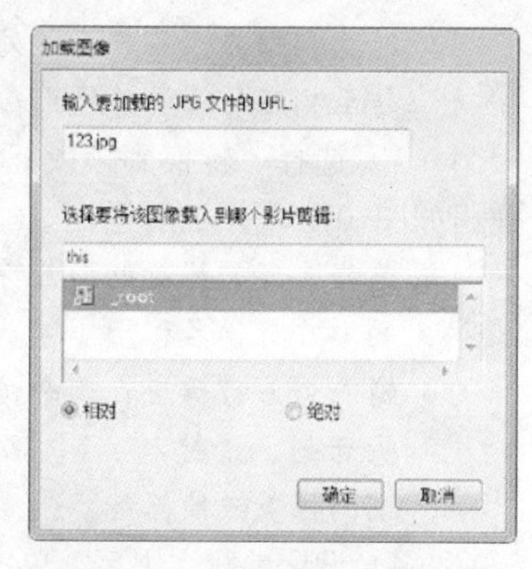

图10-13 “加载图像”对话框

2. 加载外部影片剪辑

“加载外部影片剪辑”行为与“加载mp3流文件”行为有些相似，它们都可以载入外部的.swf文件，这样就不将其嵌入至影片中，从而降低影片输出时的大小。要为对象添加该行为，可以按下面的方法操作。

（1）选择要添加该行为的对象。

（2）显示“行为”面板，单击添加行为按钮，在弹出的“影片剪辑”子菜单中选择“加载外部影片剪辑”命令，选择该命令，行为会按照设置载入外部影片剪辑对象。

（3）选择“加载外部影片剪辑”命令后，会弹出如图10-14所示的对话框。

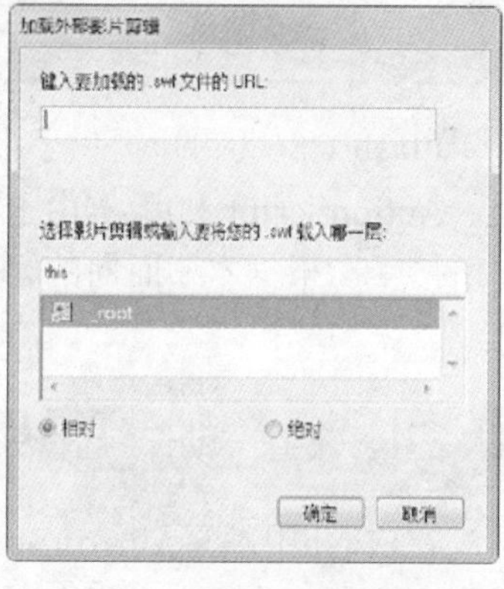

图10-14 “加载外部影片剪辑”对话框

该对话框中各参数的解释如下。

- 键入要加载的.swf文件的URL：在此输入需要载入的外部影片剪辑对象的名称。
- 选择影片剪辑或输入要将您的.swf载入哪一层：在此选择一个文档中已有的影片剪辑文件作为外部影片剪辑载入的目的地。
- 相对和绝对：该参数在上面已经讲解过，这里不再赘述。

（4）设置参数完毕后，单击“确定”按钮退出该对话框，完成行为的设置。

3. 转换到帧或标签并在该处播放/停止

有些影片剪辑的开始部分完全是一些过渡帧，为了吸引浏览者的目光，而有些浏览者是不想观看这些内容，那么就需要通过一个命令来跳过这一段影片。

本节中讲到的“转换到帧或标签并在该处播放/停止”行为就可以解决这个问题，它可以通过设置需要跳转换至的帧数或帧标签，这样在触发了这个行为后就可以跳转至所设的位置。该行为可以设置在跳转至相应的位置后，是继续播放还是停止在该位置。

要为对象添加该行为，可以按下面的方法操作。

（1）选择要添加该行为的对象。

（2）显示“行为”面板，单击添加行为按钮，在弹出的“影片剪辑”子菜单中选择下列命令之一。

- 转换到帧或标签并在该处播放：在触发该行为后，将跳转至相应的位置并继续播放影片剪辑。
- 转换到帧或标签并在该处停止：在触发该行为后，将跳转至相应的位置并停止在该位置上。

（3）选择“转换到帧或标签并在该处播放”命令后，会弹出如图10-15所示的对话框。

- 选择要开始播放的影片剪辑：在该列表中选择需要控制的影片剪辑名称。
- 输入影片剪辑应在哪个帧编号或帧标签开始播发。要从头开始，请键入“1”：在下面的输入框中输入要跳转到的帧数或帧标签。

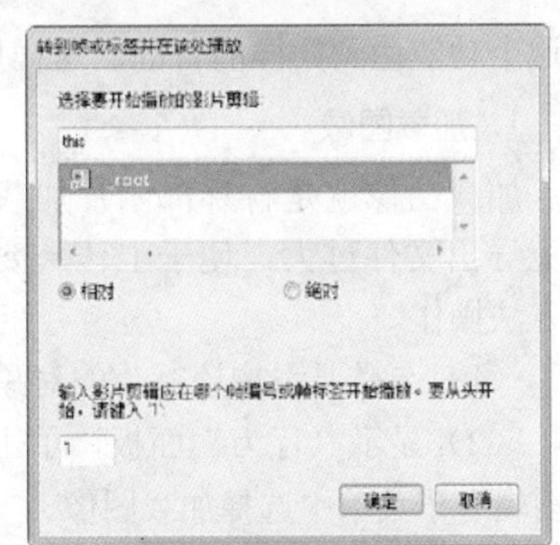

图10-15 “转换到帧或标签并在该处播放”对话框

（4）设置参数完毕后，单击“确定”按钮退出该对话框，完成行为的设置。

10.2 ActionScript的编写环境与添加方法

Flash CS6为用户提供了多个版本的ActionScript语言，ActionScript 2.0版本已经被大众熟悉和接受，ActionScript 3.0版本由于在架构和概念上与早期版本有本质上的区别，因此还不被大多数普通用户所接受。根据本书面向的客户群，将重点讲解ActionScript 2.0的使用方法，ActionScript 3.0做次要介绍。

10.2.1 掌握“动作”面板

在Flash中编写ActionScript语句，用户可以通过双击“动作工具箱”中的代码名称，或者使用“脚本窗格”左上角的添加按钮，在弹出的下拉菜单中选择代码名称，将相应的代码添加至“脚本窗格”中。这些都是在“动作”面板中完成的，因此如果要更好地编写ActionScript语句，必须先对“动作”面板有正确的了解。

选择“窗口”|“动作”命令或按快捷键F9，可以显示如图10-16所示的“动作”面板。

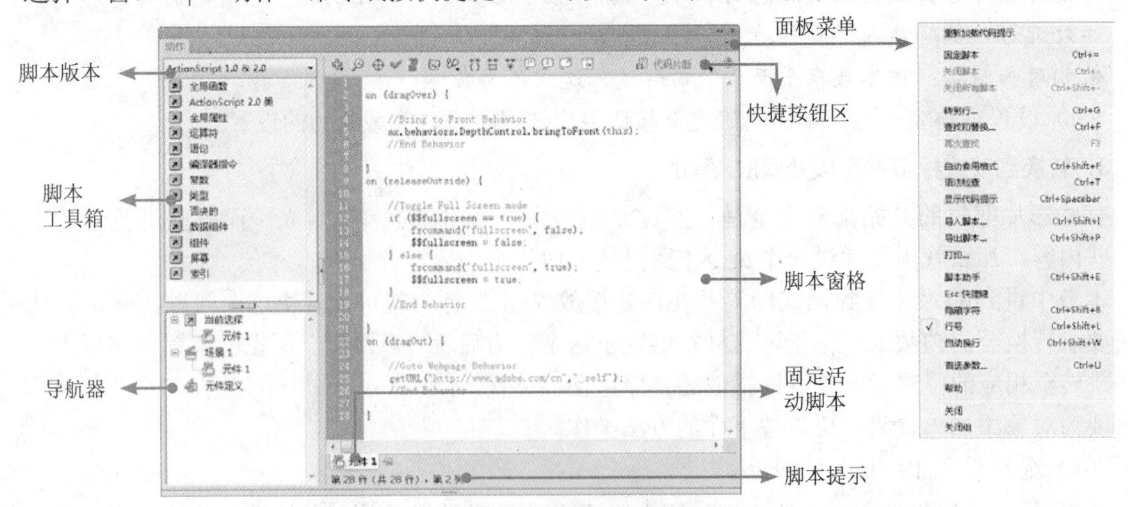

图10-16 “动作”面板

“动作”面板各部分的使用如下所述。

1. 标题区

在此显示了当前添加动作的对象，如帧、按钮或影片剪辑。

2. 工具箱

在此可以选择Flash的全部ActionScript命令，每一个命令又有其子命令，如图10-17所示。

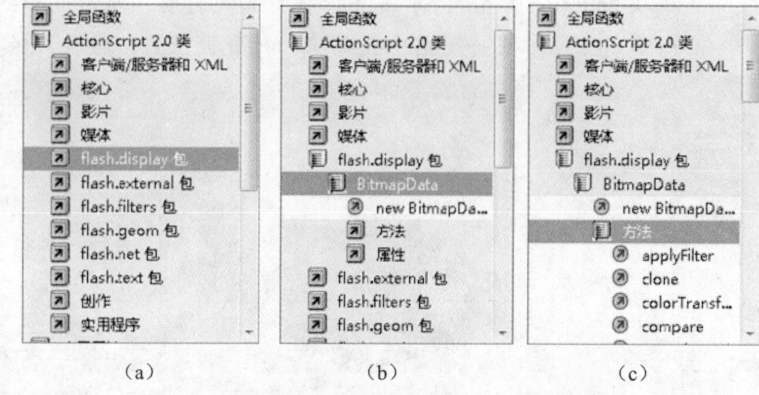

图10-17 工具箱的ActionScript命令及子命令

3. 脚本版本

在此下拉菜单中，可以选择所有Flash CS6支持的脚本版本，但在应用时需要注意，一定要在“发布设置”对话框中选择合适的脚本版本，否则可能无法添加某个版本的脚本。

4. 脚本窗格

在此输入ActionScript代码，并可以通过右击在弹出的菜单中选择命令，执行简单的“复制”、“粘贴”、“剪切”、“撤销”、“重做”及“切换断点”等操作。

还可以通过拖动命令的方法改变命令的执行顺序。

5. 快捷按钮区

在此可以通过单击各个按钮执行查找、替换等操作，下面分别讲解一下各工具的使用方法。

- 将新项目添加到脚本中：单击此按钮可弹出所有的ActionScript菜单，通过选择其中的命令可方便地添加代码到代码编辑区。
- 查找：单击此按钮将弹出“查找和替换”对话框，如图10-18所示。根据需要设置对话框内容，即可找到某命令并进行替换。

图10-18 “查找和替换”对话框

- 插入目标路径：单击此按钮，可以在弹出“插入目标路径”对话框中选择控制对象的路径。
- 语法检查：单击此按钮，Flash将自动对现在代码进行检查，如果有错误将弹出错误对话框，并由“编辑器错误”面板显示出错误信息。
- 自动套用格式：单击该按钮，则以当前代码为依据，套用特定的格式。如果当前代码有错误时，会自动弹出错误对话框，提示“自动套用格式”将不会进行。
- 显示代码提示：单击该按钮，则在相应的地方提示读者可以输入哪些类型的代码。关于代码提示的详细讲解，请参见本章第10.3节。
- 调试选项按钮：单击此按钮，可在弹出的菜单中选择“切换断点”命令或“删除所有断点”命令。
- 折叠成对大括号：很多时候会输入很长的代码，可能会造成视觉疲劳或是不好管理，这时可以选中包含插入点的成对大括号或小括号间的代码，单击此按钮，即会自动折叠在一起，作用类似于“库”面板中的文件夹。

- 折叠所选：同“折叠成对大括号”作用类似，单击此按钮后，可以选中所要存放在一起代码块如图10-19所示，单击“折叠所选”选项，所有选中内容即会自动折叠在一起，如图10-20所示（可以对比一下图中代码前的行数数值）。按住Alt键可折叠所选之外的部分。

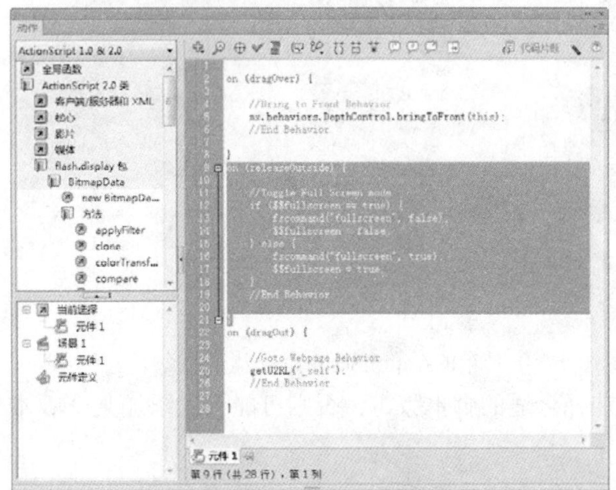

图10-19 选中所要折叠的内容

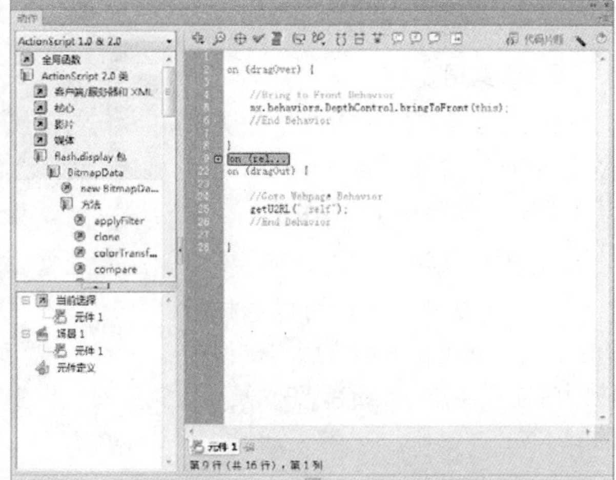

图10-20 单击“折叠所选”选项后的效果

- 展开全部：单击此按钮，则恢复到所有折叠之前的效果。
- 应用块注释：单击此按钮，将在所选代码块的开头或结尾添加注释标记。
- 应用行注释：单击此按钮，将在插入点或是在多行代码中每一行的开头或结尾处添加注释标记。
- 删除注释：单击此按钮，可以删除当前光盘所在位置的注释。
- 显示/隐藏工具箱：单击此按钮可以控制左侧脚本工具箱的显示和隐藏。
- 脚本助手：单击“脚本助手”可以切换到脚本助手模式，在帮助提示下添加脚本，此时“动作”面板将变为如图10-21所示的状态。

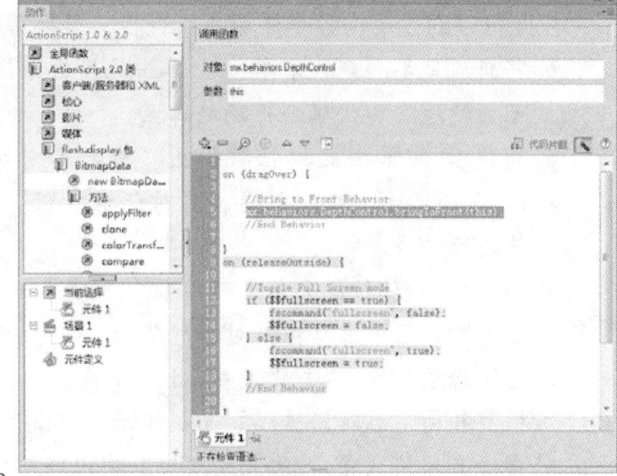

图10-21 启用了“脚本助手”的“动作”面板

提示：

如果启用了“脚本助手”，将不会显示工具栏。

- 帮助：单击“帮助”命令即可在帮助面板中选择所需ActionScript语言的参考信息。

6. 固定活动脚本

单击“固定活动脚本”中的固定脚本按钮，可以将一个或多个对象的脚本固定在“脚本窗格”面板的底部。

需要固定哪个对象的脚本内容，只需在将对象（帧、按钮或影片剪辑等）选中，在固定脚本区相对应的对象标签上右击，在弹出的菜单中选择“固定脚本”命令即可。

7. 脚本信息提示区

在此显示当前在“脚本窗格”选中的命令的行数及列数。

8. 脚本导航器

加强了“动作”面板的操作性及方便性。在该区域显示了当前动画中所有已添加ActionScript语句的对象，选择不同的对象可直接跳转到该对象，以便于观看或修改该对象中的代码，播放头也随其移动到时间轴上的相应位置。双击脚本导航器中的某一项，则可以将其固定在当前位置。

9. 面板菜单

在此菜单中，包括了一部分前面讲解过的快捷按钮区中的功能，除此之外，还有一些比较实用的功能，现讲解如下。

- 转到行：选择此命令或按Ctrl+ =键，在弹出的对话框中输入要定位的行数，即可直接中转至目标位置。
- 导出脚本：选择此命令，可以将当前“动作”面板中的脚本导出成为一个*.as格式的脚本文件，供日后使用。
- 导入脚本：选择此命令，可以将*.as格式的文件导入到当前位置。
- ESC快捷键：选择此命令后，动作工具箱中的各个脚本命令，凡是拥有快捷键的，均会显示出来，如图10-22所示。熟练操作这些快捷键对快速输入脚本非常有帮助。

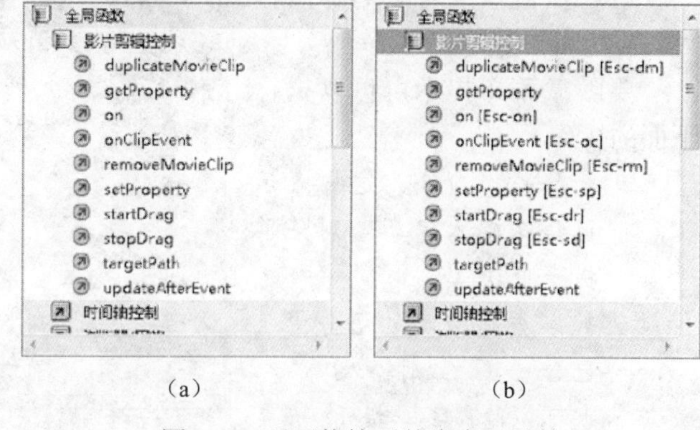

（a）　（b）

图10-22 显示快捷后的脚本工具箱

10.2.2 添加脚本的方法

根据需要在Flash中可以将ActionScrip语句添至动画的关键帧、按钮、影片剪辑及组件等对象中。总体而言，对它们添加脚本的方法是基本相同的，只不过不同的对象所能添加的脚本内容有所差异而已。

要为对象添加脚本，可以按以下步骤操作。

（1）应确认已经选中了该对象。

（2）按快捷键F9显示“动作”面板，在“脚本窗格”中输入脚本即可。

（3）如果是在“脚本助手”模式下，也可以直接在左侧的脚本工具箱中选择需要的脚本。

10.2.3 代码提示

在没有启用“脚本助手”的情况下，则自动切换为专家模式，即采用手动输入代码的方法编辑脚本，而且即使在专家模式下，Flash也提供了很多方便快捷的代码提示功能，以帮助用户快速地选择并应用代码。下面就来介绍一下Flash提供的各种代码提示功能。

1. 工具提示样式

在需要输入带有括号的元素时，如 if、do while 等命令，在这些命令后面输入“（”，则会弹出如图 10-23 中所示的提示框。

要隐藏当前的提示，可执行下面的操作。

- 输入“）”，这样表示该语句已经输入完毕，提示则自动隐藏。
- 单击提示以外的地方。
- 按下Ctrl或ESC键。

2. 菜单提示样式

在用于判断的代码后面，输入“（”后可以出现相应的菜单提示，如图 10-24 所示。

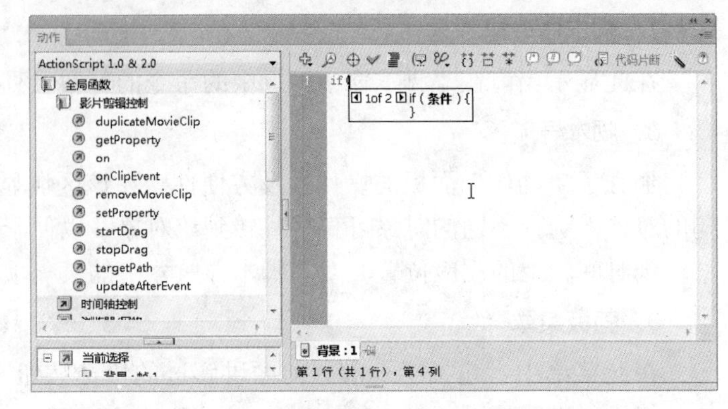

图10-23 代码提示

要选择提示菜单提示中的命令可以按向上或向下光标键，双击该命令或按 Enter 键即可完成输入代码并隐藏菜单提示的操作。

通过在变量或对象名称后输入句点也可以显示代码提示。

要隐藏菜单提示，可以执行下面的操作。

- 选择一个命令，这样表示该语句输入完毕，则菜单提示自动隐藏。
- 如果当前输入的语句中已包含“（”，则输入“）”也可以隐藏菜单提示。
- 按下 Ctrl 或 ESC 键。

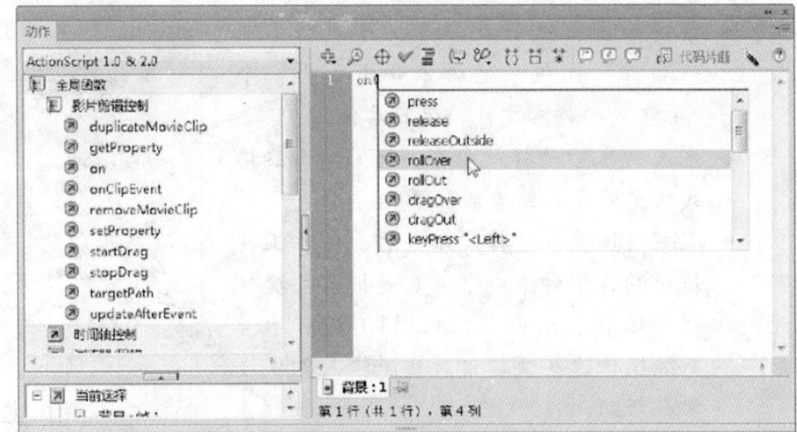

图10-24 菜单提示

3. 显示或禁用代码提示

对于ActionScrip语言高手来说，上面所述的代码提示简直就是在妨碍他们工作，每次出现代码提示都要隐藏一次，自然是一件很麻烦的事情。

如果要禁用代码提示可以按照下面的方法进行操作。

（1）选择“编辑”|“首选参数”命令或按Ctrl+U键。

（2）在弹出的“首选参数”对话框的左侧选择“ActionScript”选项卡。

（3）在当前的对话框中取消“代码提示”这个选项的选中状态即可，如图10-25所示。

如果要重新显示代码提示，可以按照上面的操作步骤，将“代码提示”选项选中即可。

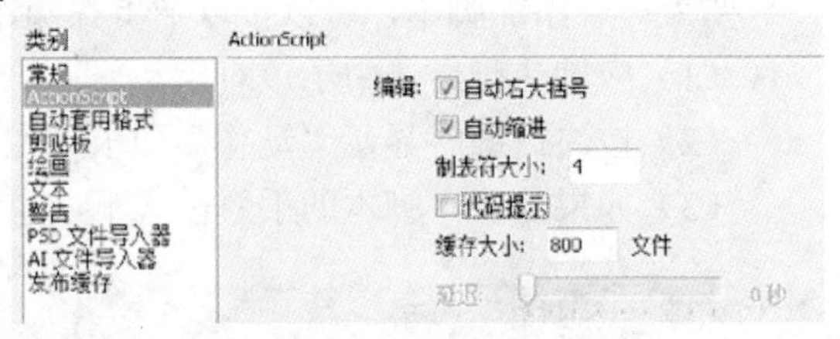

图10-25 禁用代码提示

10.3 ActionScript 2.0与时间轴控制

在 Flash 中使用最多的 ActionScript 语言就是对时间轴的控制。使用合适的 ActionScript 语言可以实现播放、暂停、返回等控制。

1. gotoAndPlay

此命令用于跳转到指定的帧并开始播放影片，双击此命令后，“动作”面板如图10-26所示，在此可以选择此命令的参数。

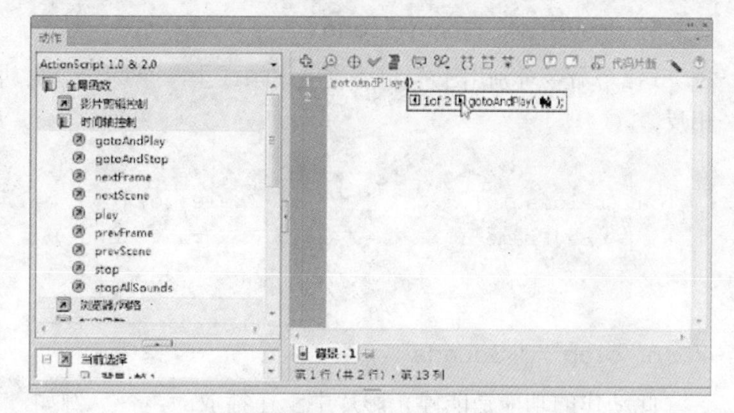

图10-26 gotoAndPlay行为参数图

该参数共有两个提示，其含义如下所述。

（1）gotoAndPlay(帧);：按照该提示，可以在括号内输入需要跳转到的帧数。例如，当播放到当前帧的时候，跳转到第20帧，则应在当前帧上添加代码gotoAndPlay（20）;。

（2）gotoAndPlay(场景，帧);：按照该提示，可以在括号内指定播放某一场景中的某一帧。例如，要在播放到当前帧的时候，自动跳转至场景“outside”的第20帧，则应在当前帧上添加代码gotoAndPlay("outside ", 20);。

2. gotoAndStop

此命令用于跳转至指定的帧并停止播放影片，双击此命令后，“动作”面板如图10-27所示。

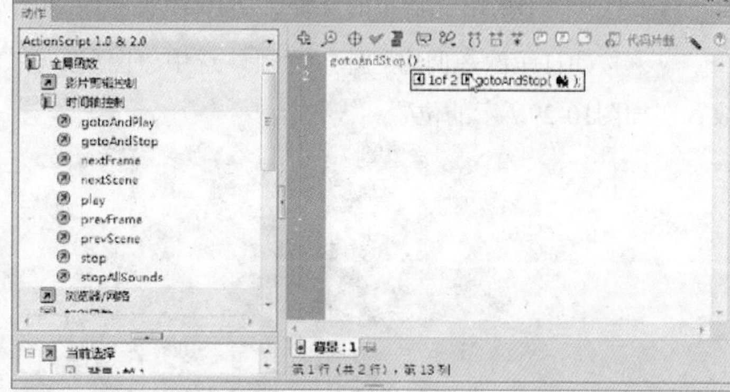

图10-27 提示对话框

该命令的用法与 gotoAndPlay 命令基本相同，这里不再赘述。

3. nextFrame与nextScene

这2个命令通常与on命令结合，并作用于按钮上，单击该按钮后，播放下一帧（nextFrame）或下一个场景（nextScene）中的内容。

```
on (release) {                on (release) {
    nextFrame();                  nextScene ();
}                  }
```

4. play与stop

这2个命令是完全相反的命令，一个是播放、另一个是停止。它们分别用于控制影片或影片剪辑的播放（play）与停止（stop）。例如，要在单击按钮时开始播放影片，则应在选中该按钮的情况下，在“动作”面板输入下面的代码。

```
on (release) {
    play();
}
```

5. prevFrame与prevScene

这2个命令分别用于控制播放上一帧或上一个场景。其功能刚好与“nextFrame”和“nextScene”相反。

```
on (release) {              on (release) {
    prevFrame ();                 prevScene ();
}              }
```

6. stop All Sounds

此动作的功能是能停止影片中正在播放的声音。例如，在某一关键帧上添加stopAllSounds();代码，可以实际当播放头播放至此帧时，停止影片中所有正在播放的声音的效果。

实例1：制作动态按钮

下面练习利用ActionScript语言控制按钮的播放状态。其操作步骤如下。

STEP 01 打开随书所附光盘中的文件“第10章\实例1：制作动态按钮-素材.fla”，如图10-28所示。

STEP 02 按Ctrl+L键，调出“库”面板，选中“图层2”，将面板中的素材“4.jpg”拖曳到舞台中，放置在如图10-29所示的位置。

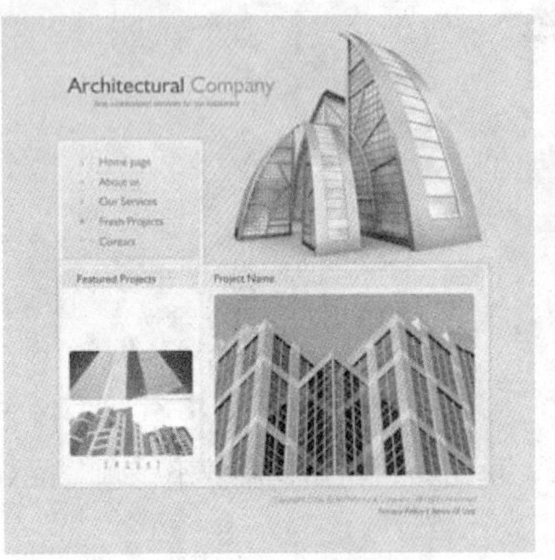

图10-28 按钮素材

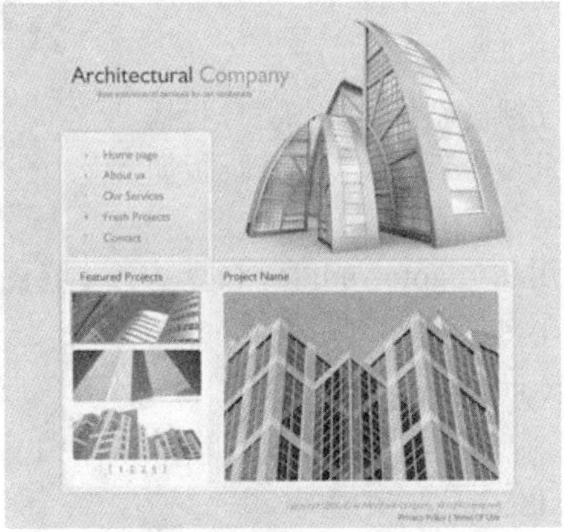

图10-29 将素材拖曳到舞台中

STEP 03 使用选择工具选中此素材，按快捷键F8，应用“转换为元件”命令，设置弹出的对话框如图10-30所示。双击所创建的影片剪辑元件进入其编辑状态。

图10-30 设置“转换为元件”对话框

STEP 04 新建图层“图层2”，选择矩形工具，设置笔触色为“无”，填充色为“黑色”，在工作区域中绘制一个高度约为40像素、宽度约为150像素的矩形。

STEP 05 使用选择工具选中上一步绘制的矩形，按Shift+F9键调出“颜色”面板，并按照如图10-31所示进行设置，得到一个透明渐变矩形。

提示：

在“颜色”面板中，3个色标均为白色，最左侧和最右侧的色标Alpha数值为0%。

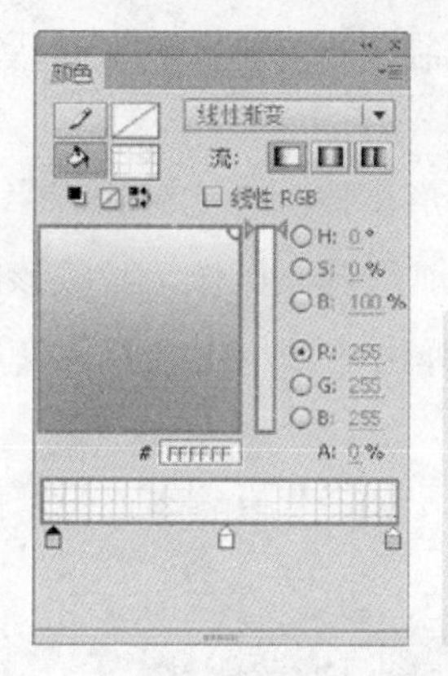

图10-31 “颜色”面板

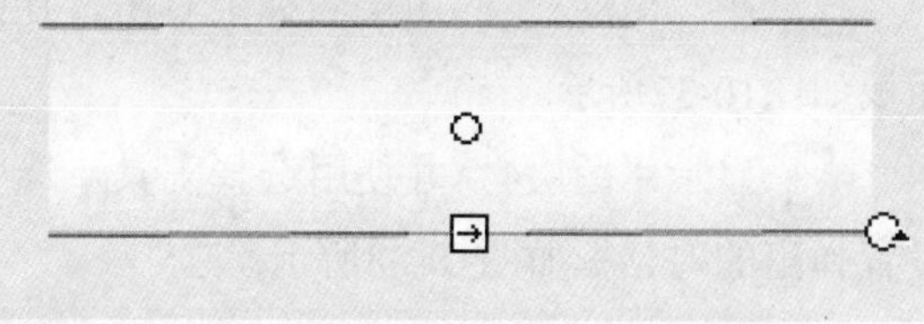

图10-32 调整渐变色方向及大小

STEP 06 使用渐变变形工具选中透明渐变矩形，将渐变的方向旋转130°并将渐变的高度缩小至与矩形的高度相同，如图10-32所示。

STEP 07 使用选择工具选中上一步中制作的渐变矩形，按快捷键F8应用“转换为元件”命令，设置弹出的对话框如图10-33所示。

STEP 08 使用任意变形工具将上一步转换为元件选中，按住Shift键将其逆时针旋转45°，并置于如图10-34所示的位置。

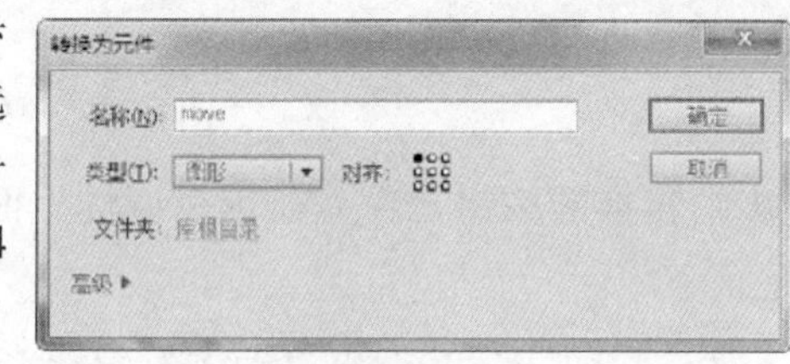

图10-33 设置“转换为元件”对话框

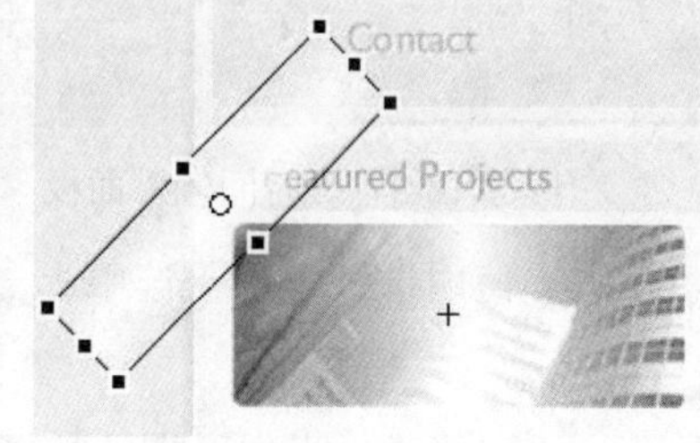

图10-34 旋转并摆放元件位置

STEP 09 单击“图层1”的第20帧，按快捷键F5延续帧。

STEP 10 单击“图层2”的第20帧，按快捷键F6插入一个关键帧，选择该图层的第1帧并右击，在弹出的子菜单中选择“创建传统补间”命令。

STEP 11 单击“图层2”的第10帧并按快捷键F6插入一个关键帧。使用选择工具将“图层2”第10帧中的透明矩形拖至文档的右下角处，如图10-35所示。

提示：

在“图层2”中，动画的播放效果应为：透明矩形从按钮的左上角移动至右下角，再从右下角返回左上角。

STEP 12 单击“图层2”的第1帧，按F9键显示“动作”面板，并输入Stop.;，然后按照同样的方法为“图层2”中的第10帧添加同样的代码，此时的“时间轴”面板如图10-36所示。

STEP 13 新建一个图层得到“图层3”，选择矩形工具，设

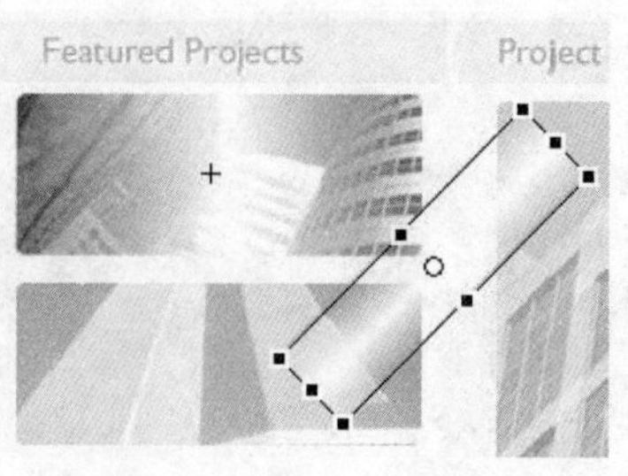

图10-35 移动元件位置

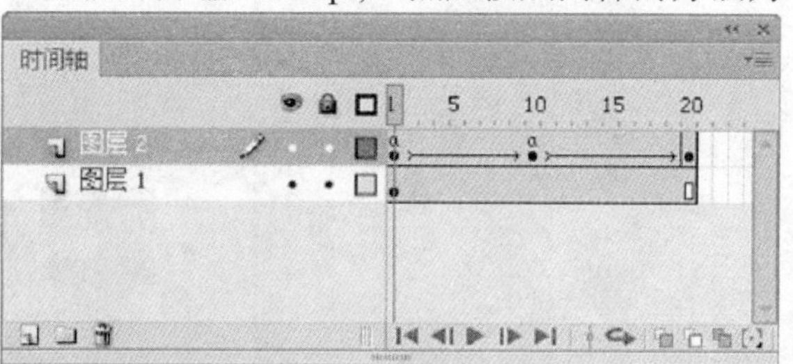

图10-36 “时间轴”面板

置笔触色为"无"，填充色为"任意色"，绘制一个与拖入的图片大小相同或略大一些的矩形，并让该矩形覆盖整个文档。

STEP 14 使用选择工具选中上一步绘制的矩形，按Ctrl+C键执行"复制"操作，新建一个图层得到"图层4"，按Ctrl+Shift+V键执行"粘贴到当前位置"操作。隐藏该图层留在后面的操作中备用。

STEP 15 在"图层3"的图层名称上右击，在弹出的菜单中选择"遮罩层"命令，此时的"时间轴"面板如图10-37所示。

STEP 16 显示"图层4"并使用选择工具选中该图层中的图形，按F8键应用"转换为元件"命令，设置弹出的对话框如图10-38所示。

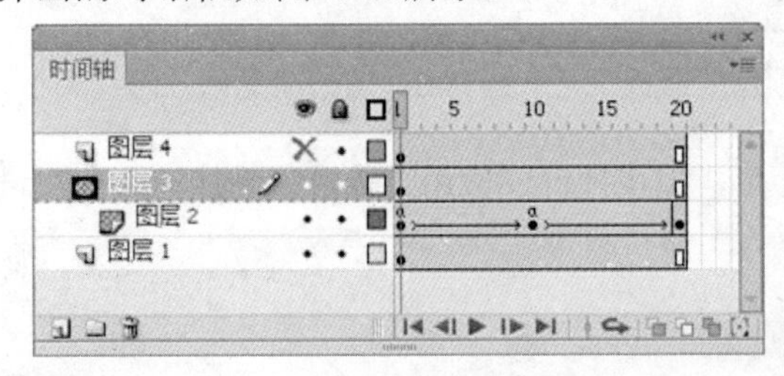

图10-37 "时间轴"面板

图10-38 "转换为元件"对话框

STEP 17 使用选择工具选中上一步中转换的按钮元件，显示"属性"面板并按照图10-39中所示进行设置。

STEP 18 选择上一步中设置的按钮元件，按快捷键F9调出"动作"面板，并在该面板中脚本编辑区输入如下代码：

```
on (rollOver) {
    gotoAndPlay (2);
}
//当鼠标置于元件上时开始播放第2帧
on (rollOut) {
    gotoAndPlay (11);
}
//当鼠标从元件上移开时开始播放第11帧
```

STEP 19 按Ctrl+Enter键测试影片，如图10-40所示。

图10-39 "属性"面板

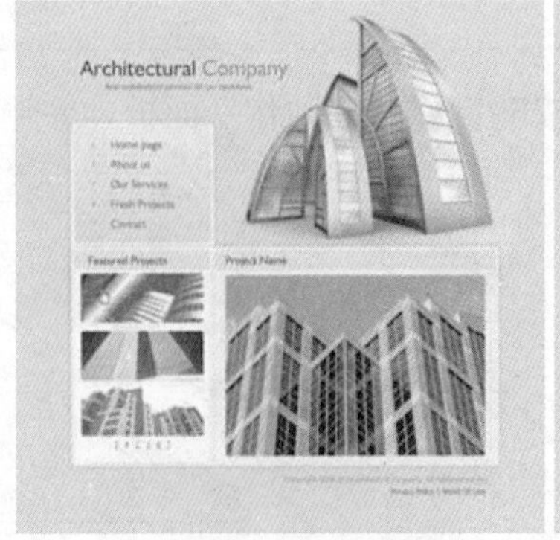

(a)

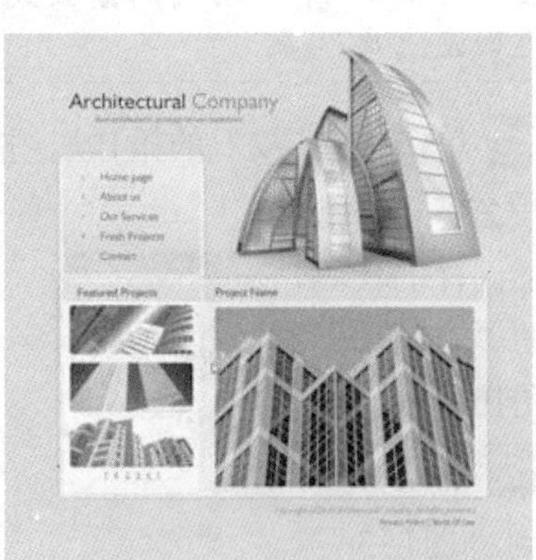

(b)

图10-40 最终效果

10.4 ActionScript 2.0与浏览器/网络

1. fscommand

该命令既可用作用于帧对象上，也可以作用于按钮或影片剪辑元件上，从而控制Flash Player的播放环境。

下面讲解与该命令相关的各个参数。

（1）fullscreen 输入此参数，则Flash以全屏方式播放动画，否则以窗口方式播放。

（2）allowscale 当此参数设置为True时，Flash动画的大小随Player窗口的大小而调整，当参数设置为False时，播放器窗口小于动画的屏幕大小时，多余画面将被切掉。

（3）showmenu 当此参数设置为True时，在播放的动画影片中右击弹出播放控制菜单，否则，不显示播放菜单。

（4）trapallkeys 当此参数设置为True时，除影片中所设置的按键值外，锁定其余所有按键。

（5）exec 利用此参数打开可执行文件。

（6）quit 利用此参数结束播放，并关闭Flash Player窗口。

例如，如果要实现影片一进入第1帧便全屏播放动画的效果，在第1帧添加代码fscommand("fullscreen", "true");。

如果要实现在播放中隐藏右键播放菜单的功能，可以在第1帧中添加代码fscommand("showmenu", "false"); 。

如果要实现播放到最后一帧关闭播放器的效果，可以在最后一帧添加代码fscommand("quit"); 。

2. getURL

此命令的作用是以指定的URL地址打开一个特定的网页，双击此命令后“动作”面板如图10-41所示。

此命令各参数意义如下所述。

（1）URL：网络上文件数据的路径，可以填入网站地址用于超链接，或者寄电子邮件。

（2）窗口：指定载入URL地址内容的窗口模式，其中有_self、_blank、_parent、_top 4种模式设置。

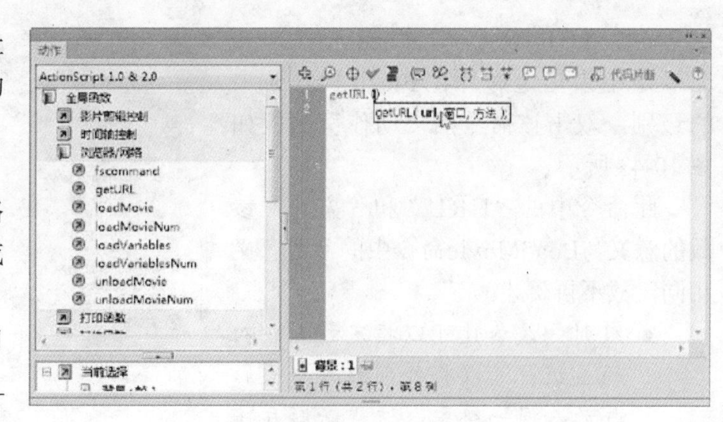

图10-41 URL参数

提示：

将窗口模式设置为_self，将链接打开在当前窗口的当前框架中，如当前无框架则直接在当前窗口中打开；将窗口模式设置为_blank，则将链接在新窗口中打开；将窗口模式设置为_parent，则在当前框架的父一级框架打开链接；将窗口模式设置为_top，则在当前框架的顶级框架中打开链接。

（3）方法：用于指定一种用来发送变量的方法，如果没有变量，则省略此参数。

3. loadMovie

使用命令可以加载外部动画文件到目前正在播放的影片中，而无须关闭播放器，双击此命令后“动作”面板如图10-42所示。

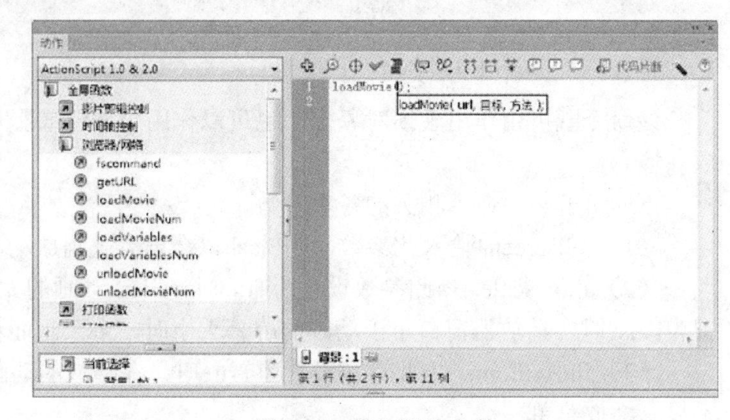

图10-42 载入影片参数

此命令各参数意义如下所述。

（1）URL：被载入的swf文件的绝对或相对路径。

（2）目标：指向目标影片剪辑的路径。目标影片剪辑将替换为加载的 SWF 文件或图像。

（3）方法：用于指定一种用来发送变量的方法，如果没有变量，则省略此参数。

例如，如果场景中存在一个实例名称为“film”的影片剪辑元件，可以通过在一个按钮上添加下面的代码，实现当单击此按钮后，调用01.swf动画替换该元件的效果。

```
on (release) {
loadMovie("01.swf", "film");
}
```

4. loadMovieNum

与 LoadMovie 不同，LoadMovieNum 命令是用来指定影片在 Flash Player 中的级别。双击该命令后“动作”面板如图 10-43 所示。

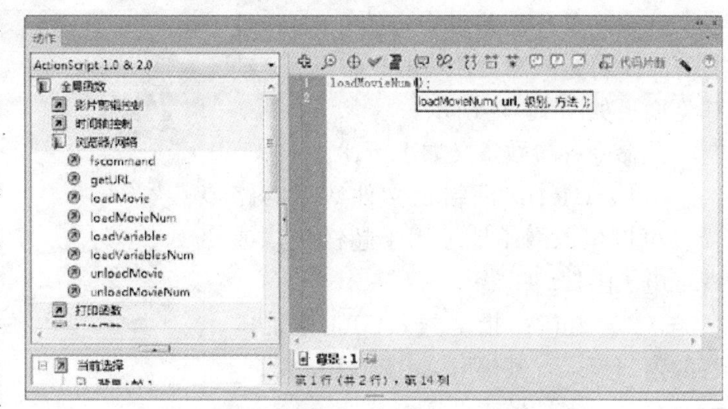

图10-43 添加LoadMovieNum命令

此命令中的“URL”和“方法”参数的意义与LoadMovie命令中的参数意义相同，故不再赘述。

- 级别：该参数可以指定影片载入的层级，可以将外部影片与原影片放入同一级中，这样新影片将替换原影片。如果将影片置入“级别0”，则所有其他级都将被卸载，同时“级别0”被新文件代替。选择“目标”选项，可以将一个影片剪辑指定为目标，新的影片根据这个目标的位置等属性载入。

例如，要将一个名为main的SWF文件加载到Flash Player的级别0中，则选中一个按钮后，在“动作”面板为其添加下面的代码：

```
on(press) {
loadMovieNum("main.swf", 0);
}
```

5. loadVariebles

loadVariebles命令的参数与loadMovie基本相同，故在此不作详述。

6. loadVarieblesNum

使用此命令可以从一个外部文件中读取数据，这个外部文件可以是一个文本文件、CGI脚本、ASP或PHP生成的文本。

提示：

变量和其值之间用等号连接，各变量之间用&相隔，不能含有任何空格，如果在一个变量中有空格，用“+”代替。

loadVarieblesNum动作的参数与loadMovieNum基本相同，故在此不作详述。

要想从一个文本文件中获得变量值，此文件中文本的格式必须符合标准的MIME格式（可以被CGI脚本使用的标准格式），并且影片和文本要存放在相同的目录下。

MIME格式规则如下。

（1）变量和其值之间用等号连接。

（2）各变量之间用&相隔。

（3）不能含有任何空格，如果变量中有空格用“+”代替。

例如，场景中存在如图10-44所示的3个动态文本框，3个文本框的名称从上至下依次为“name”、“sex”、“password”。

图10-44 3个文本框效果

在按钮“load”上添加如下代码：

```
on(release){
 // 鼠标释放事件
  loadVariablesNum("text.txt", 0);
// 载入外部变量，文本文件名称为 "text"，级别为 0。
}
```

用记事本程序编写的保存有外部变量的文本文件，如下所示，然后将其保存起来，注意文本文件中的变量名称要与场景中的文本框的实例名称相同。

```
name= 李一凡
&sex= 女
&password=203367
```

则各个文本框将自动填写变量，其效果如图10-5所示。

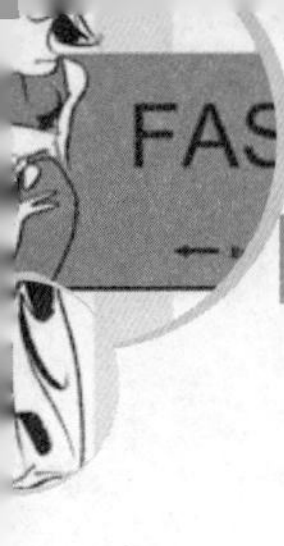

（a）

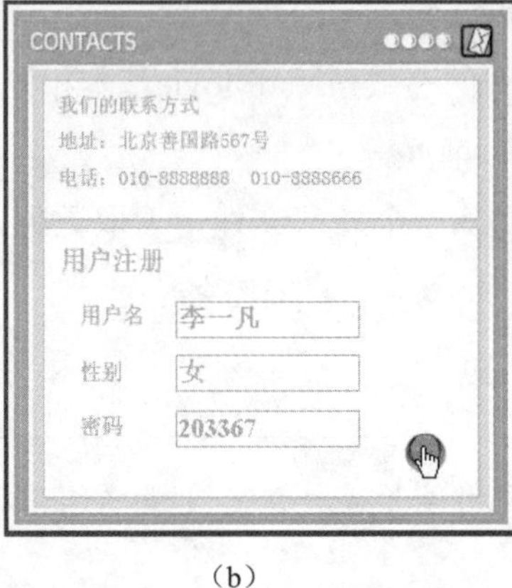

（b）

图10-45 载入变量效果图

7．unloadMovie

此命令与loadMovie命令刚好相反，使用它可以卸载一个先前用loadMovie动作载入的影片。例如，要卸载主时间轴上名为movie的影片剪辑，可以在选择相应的按钮后，在“动作”面板输入下面的代码：

```
on (release) {
    unloadMovie ("_root.movie");
}
```

8．unloadMovieNum

此命令与loadMovieNum命令刚好相反，使用它可以卸载一个先前用loadMovieNum动作载入的影片。

在卸载影片时，要注意是用哪个命令加载该影片，例如，利用loadMovie命令加载的影片就一定要用unloadMovie进行卸载；同样的，利用loadMovieNum命令加载的影片也一定要用unloadMovieNum命令进行卸载。

10.5　ActionScript 2.0与影片剪辑控制

此类中的行为与影片剪辑控制相关。

1．duplicateMovieClip与removeMovieClip

使用此命令可以复制指定的影片剪辑，与此命令相对应的是removeMovieClip命令，使用此命令可以删除指定的影片剪辑。

由于两个命令的使用方法相同，故在此仅介绍duplicateMovieClip命令的使用方法，双击此命令后“动作”面板如图10-46所示。

此对话框中的重要参数及选项如下所述。

（1）目标：用于复制的影片剪辑。

（2）新名称：经复制得到的影片剪辑的名称。

（3）深度：复制的影片剪辑的层级。

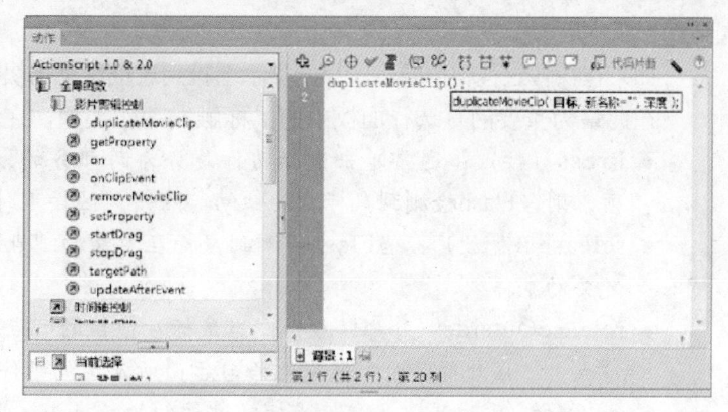

图10-46 “动作”面板

提示：

该命令通常会与on命令或onClipEvent命令结合使用，所以该命令的示例请参见关于onClipEvent的讲解。

2. getProperty

该命令是用来获取影片剪辑属性的，例如，当前影片剪辑所在的X轴坐标，双击该命令后的“动作”面板如图10-47所示。

下面介绍getProperty命令中的参数。

（1）目标：在此输入需要获得其属性的影片剪辑的名称。

（2）属性：在此输入需要获得影片剪辑的哪些属性。

如果要获得一个名为“main”的影片剪辑的X轴信息，则该命令应按下列代码进行输入：

```
main_x = getProperty(_root.main, _x);
```

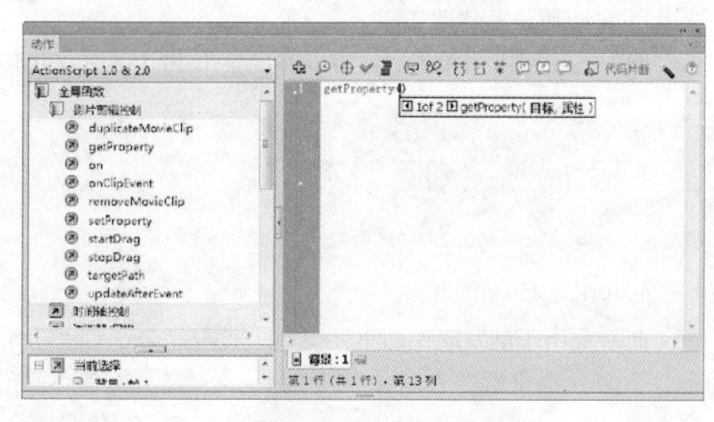

图10-47 “动作”面板

3. on

On命令用于按钮对象，使用此命令可以让按钮判断各种鼠标动作，以完成交互控制。双击On命令后，在右侧的“脚本窗格”会出现如图10-48中所示的提示下拉列表框，在该列表框中可以选

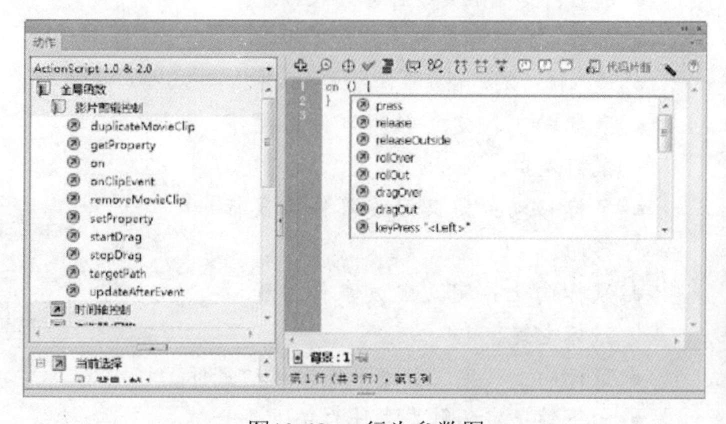

图10-48 on行为参数图

择相应的鼠标动作。

如果在操作过程中需要重新显示提示下拉列表框，单击快捷按钮区中的显示代码提示按钮即可。

在此最为重要的是选择面板中的鼠标触发动作类型，在此详细解释这些动作。

- Press（按）：通常单击鼠标动作是分为两部分的，即按下鼠标与释放鼠标。如果选择此选项，则当Flash检测到鼠标在按钮的“点击”区按下时，触发此语句后面所定义的事件。
- release（释放）：当Flash检测到鼠标在按钮的“点击”区按下并释放时，触发此语句后面所定义的事件。
- releaseOutside（外部释放）：当鼠标在按钮的“点击”区按下鼠标不放，然后移动到按钮的“点击”区外释放时，触发此语句后面所定义的事件。
- rollOver（滑过）：当鼠标光标经过按钮的“点击”区时，触发此语句后面所定义的事件。
- rollOut（滑离）：当鼠标从按钮的“点击”区移动到“点击”区外时，触发此语句后面所定义的事件。
- dragOver（拖过）：鼠标进入按钮的“点击”区时按下鼠标不放，移出“点击”区并移回“点击”区，触发此语句后面所定义的事件。
- dragOut（拖离）：鼠标进入“点击”区时按住鼠标按钮，然后移出“点击”区，触发此语句后面所定义的事件。
- keyPress”<：>”按键：此动作用于判断键盘上动作，其添加方法为选择此选项后，直接需要定义的相关键即可。

例如，使用下面的代码，可以实现单击 End 键时，跳转至第 22 帧开始播放影片的功能。

```
on (keyPress "<End>") {
  gotoAndPlay(22);
}
```

4. onClipEvent

此命令用于触发动作的事件类型，双击此命令后“动作”面板如图10-49所示。

下面分别讲解各个“事件”的具体含义。

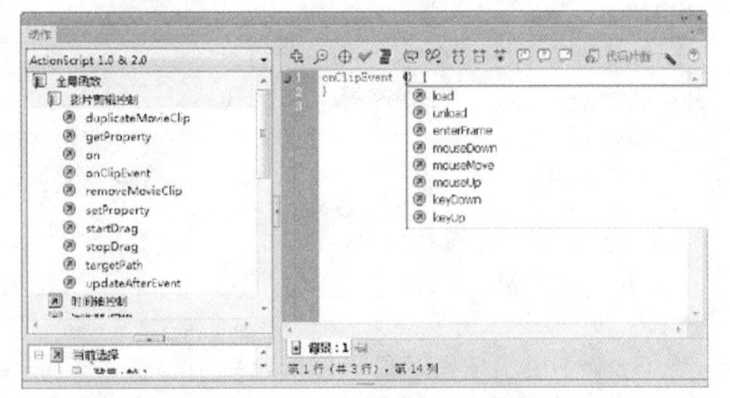

图10-49 onClipEvent命令参数

- 加载：定义触发事件为载入影片。
- 卸载：定义触发事件为影片卸载。
- 进入帧：定义触发事件为播放影片。
- 鼠标向下：定义触发事件为按下鼠标左键。
- 鼠标移动：定义触发事件为鼠标移动。
- 鼠标向上：定义触发事件为释放鼠标左键。
- 鼠标向上：定义触发事件为移动鼠标。
- 向下键：定义触发事件为按下某一键。

- 向上键：定义触发事件为放开键盘按键。
- 数据：定义触发事件为数据在loadVariables或loadMove 动作中被接受。

如果要在影片已加载的情况下，复制名为“movie”的影片剪辑文件，将复制到的新影片剪辑命名为“film”，并设置其深度为2，则应在“动作”面板中输入下面的代码：

```
onClipEvent (load) {
  duplicateMovieClip("movie","film",2);
}
```

5. setProperty

此命令设置电影断片在屏幕中的属性。电影片断在屏幕中称为instance，Flash以instance名称识别电影断片，双击此命令后“动作”面板如图10-50所示。

此对话框中的重要参数及选项如下所述。

- 目标：用于指定设置属性的影片。
- 属性：需要设置的对象属性。
- 值：此参数用于设置属性的参数值。

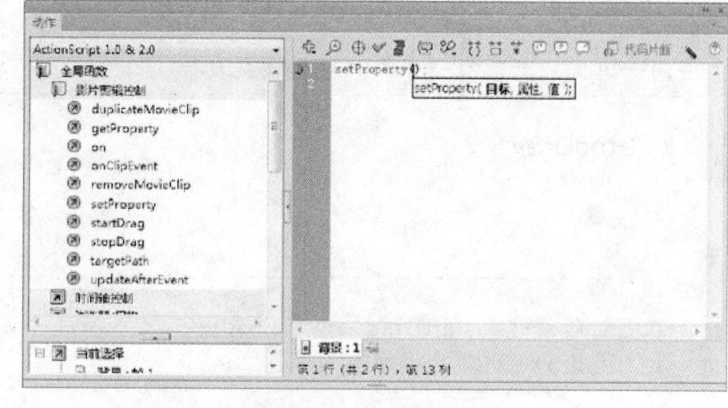

图10-50 setProperty参数

例如，要通过单击一个按钮将舞台中一个名为“movie”的影片剪辑的透明度设置为30%，则在选择了这个按钮后，在“动作”面板中输入下面所示的代码：

```
on (release) {
  setProperty("movie", _alpha, "30");
}
```

6. startDrag

此动作用来拖曳场景中影片剪辑，常常应用于一些鼠标特效。与此命令相对应的是stopDrag命令，用于停止拖动，双击此startDrag命令后“动作”面板如图10-51所示。

此对话框中的重要参数及选项如下所述。

- 目标：此参数用于指定要拖动的影片的路径。
- 固定：在此输入true则将鼠标锁定在影片剪辑元件的中心位置；输入false则不限制鼠标的位置。

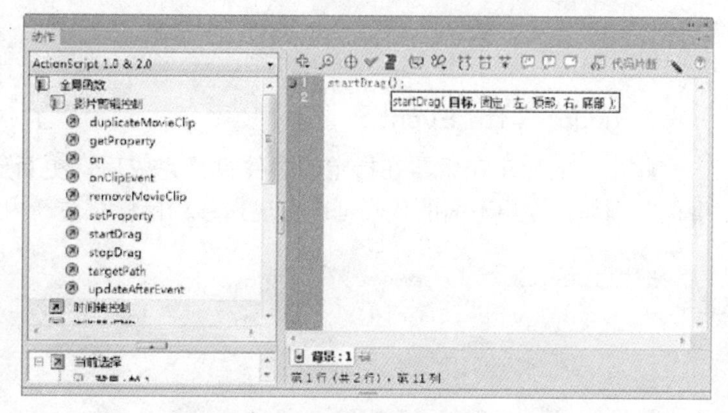

图10-51 startDrag参数

- 左、顶部、右、底部：如果要限制影片剪辑元件的移动范围，则可以按照左、上、右、下的顺序分别设置数值即可。

例如，要拖动舞台中的一个影片剪辑，就可以在选中该影片剪辑元件后，在“动作”面板中输入下面的代码：

```
on(press) {
  startDrag(this, true);
}
```

同一时间内只能有一个影片剪辑被拖动。

7. stopDrag

由上面所讲述的startDrag命令可以看出，只添加这个命令后，影片剪辑元件会一直粘在鼠标上，无论如何也不会与鼠标脱离。

如果需要在释放鼠标左键时，使鼠标与影片剪辑元件脱离，要就用到本节中要讲的stopDrag命令。

在上一节中输入的代码基础上，再加入一段用于控制鼠标与影片剪辑元件脱离的代码，此时“动作”面板中的代码如下所示：

```
on(press) {
  startDrag(this, true);
}
on (release) {
  stopDrag();
}
```

8. updateAfterEvent

此命令的作用在于，在指定的事件执行完成后，更新显示内容。此命令对应于相应的影片剪辑事件，例如，使用下面的代码可以实现当移动鼠标时更新内容的效果。

```
onClipEvent (mouseMove) {
    updateAfterEvent();
}
```

实例2：随机播放的动态水珠

下面通过一个在网页界面中添加水珠效果的例子，帮助读者加深对语言知识的理解和运用。其具体制作步骤如下所示。

STEP 01 新建一个Flash文档ActionScript 2.0.。

STEP 02 将“图层1”重命名为“背景”，按Ctrl+R键，导入舞台，打开随书所附光盘中的文件“第10章\实例2：随机播放的动态水珠-素材.jpg”导入到舞台中。

STEP 03 按Ctrl+J键弹出“文档属性”对话框，按图10-52所示设置该对话框。

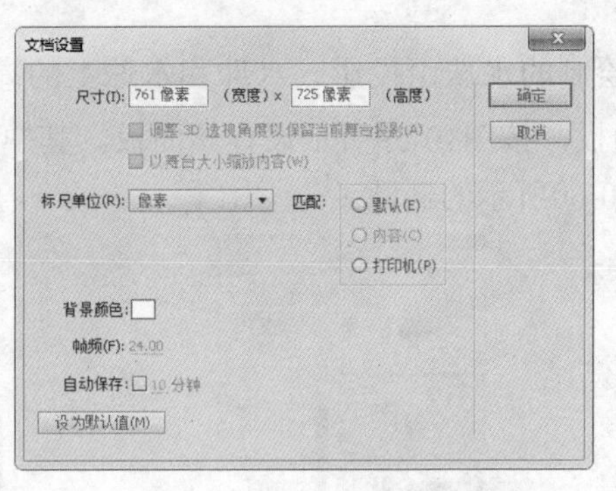
图10-52 设置“文档属性”对话框

图10-53 导入后的舞台效果

STEP 04 双击手形工具，此时的舞台效果如 图10-53所示。

STEP 05 插入新图层，重命名为“水珠”，使用椭圆工具绘制一个椭圆，选中该椭圆，按快捷键F8，将其转换为影片剪辑元件，按 图10-54所示设置弹出的“转换为元件”对话框。

图10-54 设置“转换为元件”对话框

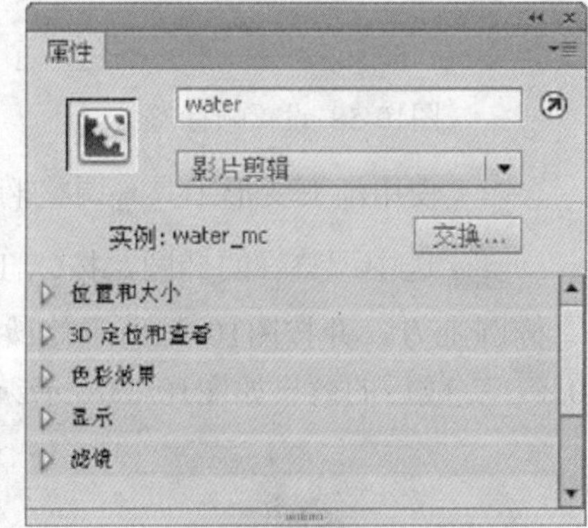
图10-55 设置实例名称

STEP 06 显示“属性”面板，设置该影片剪辑的实例名称为“water”，如 图10-55所示。

STEP 07 双击此影片剪辑元件进入其编辑状态，选中椭圆并按快捷键F8，将其转换为按钮元件，按图10-56所示设置弹出的“转换为元件”对话框。

STEP 08 双击椭圆，进入按钮的编辑状态，将“弹起”帧拖曳到“点击”帧处，此时的图层效果如图10-57所示。

图10-56 设置“转换为元件”对话框

图10-57 拖曳帧

STEP 09 到影片剪辑“water_mc”中，在按钮图层的第17帧处按快捷键F7，插入空白关键帧，并在此帧的“属性”面板中设置帧标签，效果如图10-58所示。按快捷键F5将此空白关键帧延续到第35帧处。

STEP 10 插入新图层，重命名为“水珠”，按Ctrl+F8键，创建一个名为“water”的图形元件。将在此实例中绘制水珠。

STEP 11 用椭圆工具绘制水珠，绘制的水珠由投影、水珠和水珠上的高光3部分组成。选中椭圆工具，按Shift+F9键调出“颜色”面板，按图10-59所示设置该面板。其中结束渐变色标处的颜色为白色，“Alpha”值为0%，绘制如图10-60所示的椭圆。

图10-58 设置帧标签

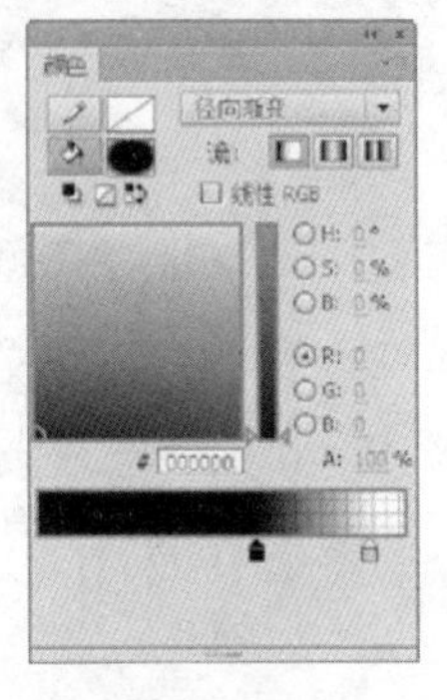

图10-59 设置“颜色”面板

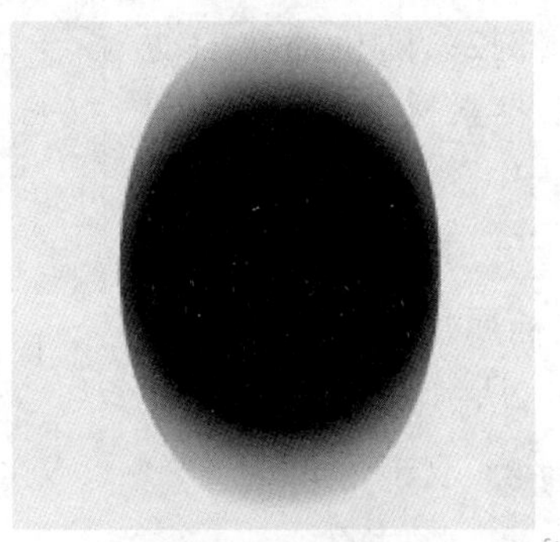

图10-60 绘制椭圆

STEP 12 使用渐变变形工具调整椭圆的渐变，完成后的效果如图10-61所示。

STEP 13 选中调整好的椭圆，按Ctrl+D键复制一个新的椭圆，使用任意变形工具将其缩小，放置在原椭圆上方，并按图10-62所示修改其填充颜色，其中开始渐变色标和结束渐变色标处的Alpha值为0%。完成后的效果如图10-63所示。

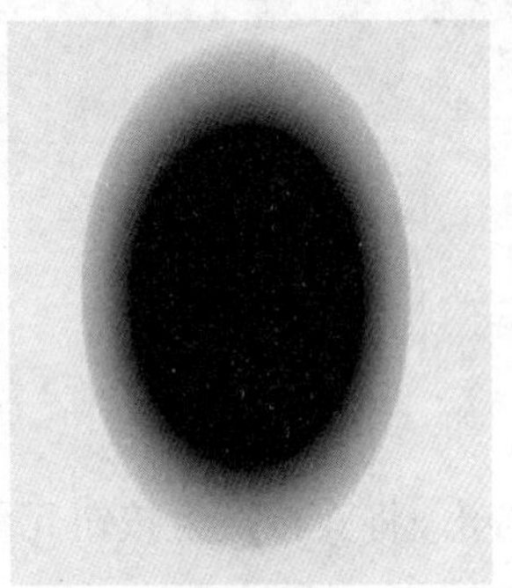

图10-61 调整椭圆渐变

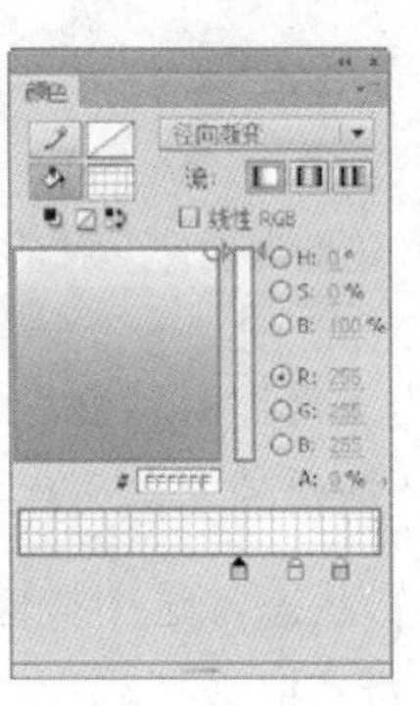

图10-62 设置“颜色”面板

图10-63 完成后的效果

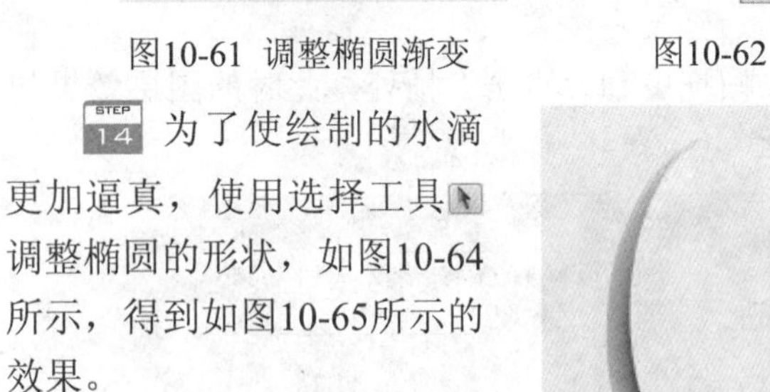

STEP 14 为了使绘制的水滴更加逼真，使用选择工具调整椭圆的形状，如图10-64所示，得到如图10-65所示的效果。

STEP 15 再次使用椭圆工具，按图10-66所示的“颜色”面板设置，在水珠的上方绘制其高光部分，完成后的效果如图10-67所示。

图10-64 调整水滴的形状

图10-65 调整后的效果

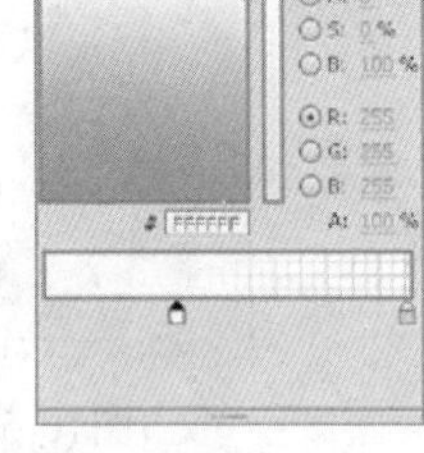

图10-66 设置“颜色”面板

STEP 16 此时的水珠已经全部绘制完成，选中影片剪辑元件“water_mc”中的图层“水珠”，将“库”面板中的水珠拖曳到舞台中。

STEP 17 使用任意变形工具，调整水珠的大小并使其呈45°旋转，效果如图10-68所示。

STEP 18 在“水珠”图层的第16帧处按快捷键F6，插入关键帧，并将第1帧处的水珠元件缩小，选中第1～16帧中的任意一帧，创建传统补间动画，按图10-69所示设置其“属性”面板，制作出水珠由小到大出现的效果，如图10-70所示。

图10-67 绘制水珠的高光

图10-68 编辑水珠元件

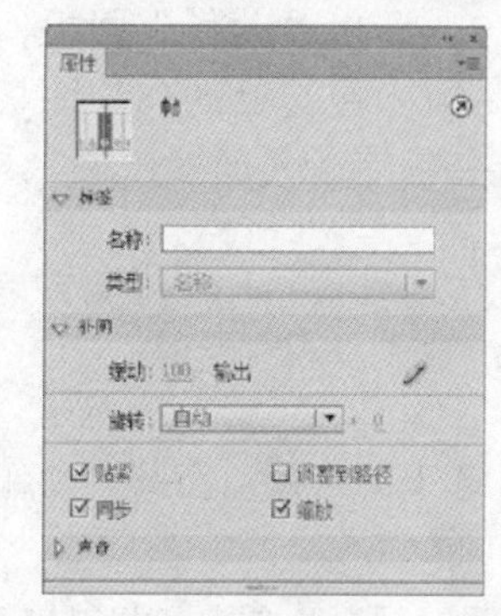

图10-69 设置“属性”面板

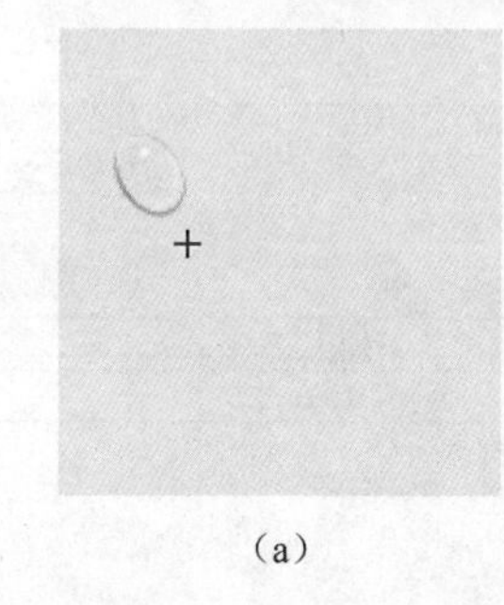

(a)

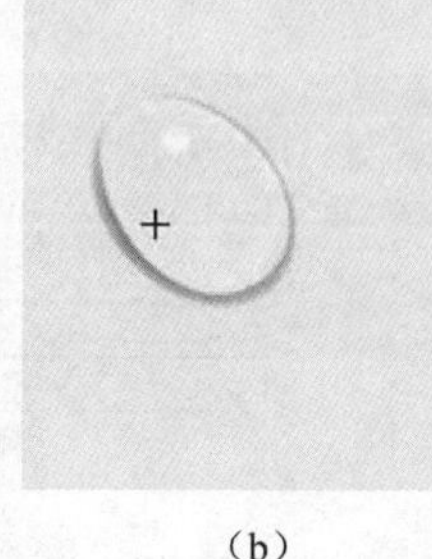

(b)

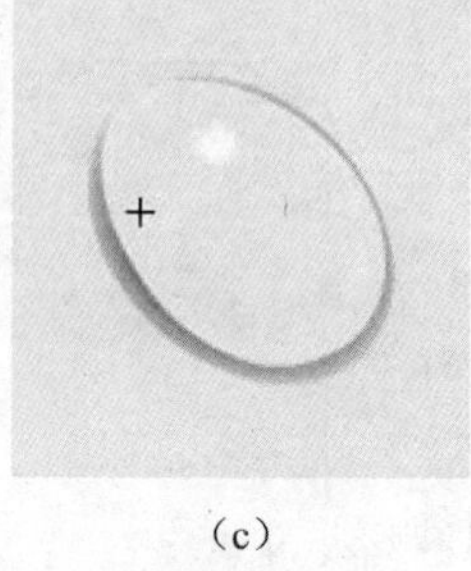

(c)

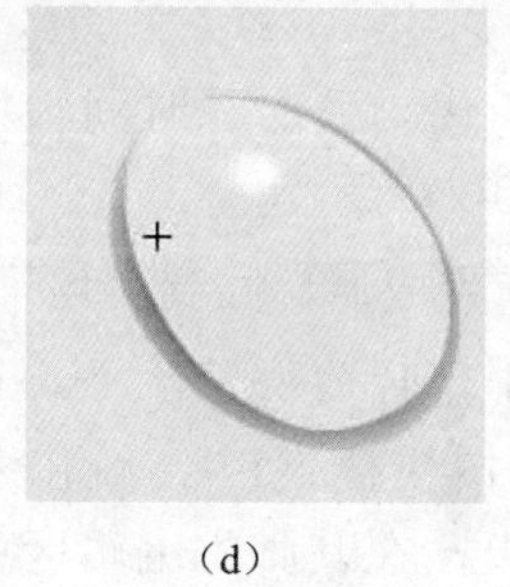

(d)

图10-70 水珠由小变大的效果

STEP 19 在此图层的第18帧处，按快捷键F6，插入关键帧，使用任意变形工具，将水珠元件向上旋转，在19帧处使用同样的方法将其向下旋转，此时两帧的效果如图10-71和图10-72所示。将18和19帧复制粘贴到第20和21帧上。

STEP 20 在第25帧处按快捷键F6插入关键帧，将此帧中的水珠向下移动至舞台外，选中第21～35帧中的任意一帧，创建传统补间动画，按图10-73所示设置其“属性”面板，制作出水滴落下的动画效果。

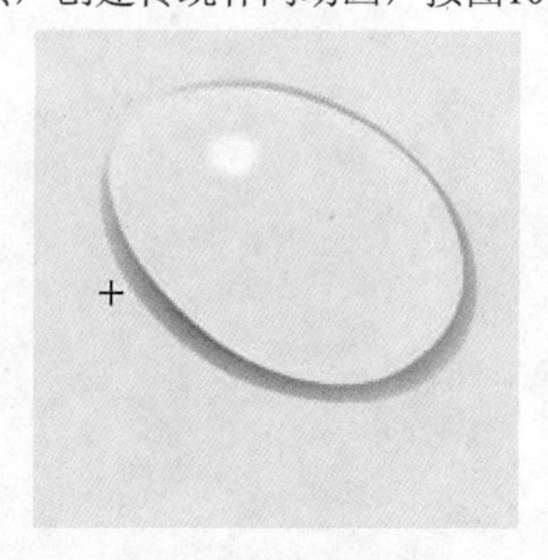

图10-71 第18帧

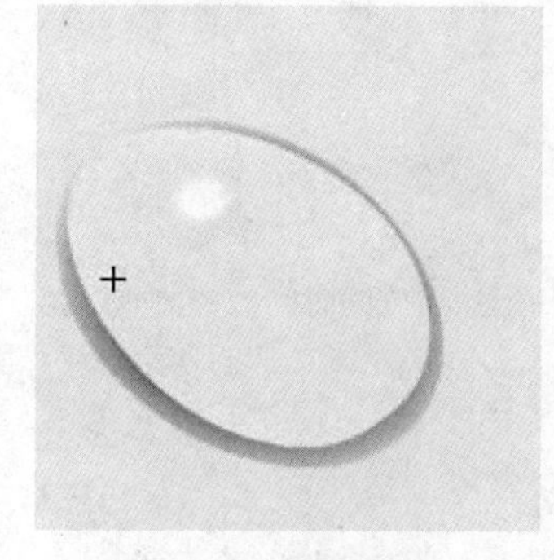

图10-72 第19帧

图10-73 设置“属性”面板

STEP 21 将制作的按钮放置在与水珠重合的位置，效果如图10-74所示。

STEP 22 插入新图层，重命名为“AS”，在第16和17帧处按快捷键F7，分别插入空白关键帧，按快捷键F9，调出“动作”面板，选中第16帧，在其“动作”面板的脚本编辑区中输入如下代码：

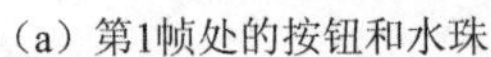
（a）第1帧处的按钮和水珠

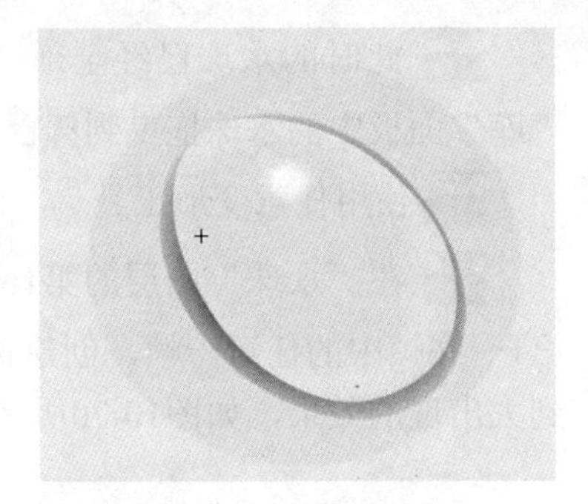
（b）第15帧处的按钮和水珠

图10-74 将按钮与水珠重合

```
stop();
```

STEP 23 选中第17帧，在其“动作”面板的脚本编辑区中输入如下代码：

```
appeartime = getTimer()+6000+randomtime;
//为变量 appeartime 赋值
```

添加代码后的“时间轴”面板如图10-75所示。

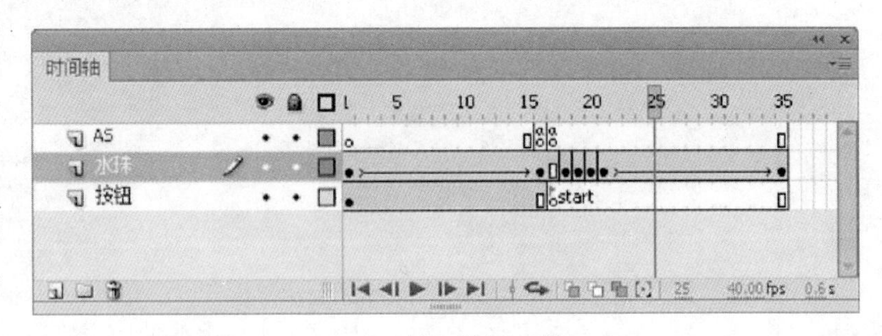

10-75 时间“轴”面板

STEP 24 完成后，回到“场景1”中，选中影片剪辑元件“water_mc”，按快捷键F9，调出“动作”面板，在其脚本编辑区中输入如下代码：

```
onClipEvent (load) {
//当发生特定影片剪辑时加载帧
randomtime = random(6000);
//赋值随机变量
appeartime = getTimer()+6000+randomtime;
}
//赋值变量 appeartime
onClipEvent (enterFrame) {
//当发生特定影片剪辑时进入帧
timercheck = appeartime-getTimer();
//赋值变量，appeartime 变量和影片播放的时间差控制水下落
if (timercheck<=0) {
//如果变量的值小于等于 0
    this.gotoAndPlay("start");
//则跳转到 "start" 帧播放
```

```
    }
}
```

STEP 25 插入新图层，重命名为“AS”，在图层的第2和第3帧处按快捷键F7，插入空白关键帧，按快捷键F9，调出“动作”面板，在第1帧“动作”面板的脚本编辑区中输入如下代码：

```
i = 1;
//变量 i 赋值为 1
```

STEP 26 在第2帧“动作”面板的脚本编辑区中输入如下代码：

```
duplicateMovieClip("water", "water"+i, i);
//复制“water”实例，定义复制的对象的名称和深度
setProperty("water"+i, _x, random(700)+50);
setProperty("water"+i, _y, random(750));
//利用随机函数指定复制对象的坐标
randomscale = (random(6)+3)*20;
//定义随机变量
setProperty("water"+i, _xscale, randomscale);
setProperty("water"+i, _yscale, randomscale);
//使用变量 randomscale 指定复制对象的比例
i++;
//变量 i 值递增
```

STEP 27 在第3帧“动作”面板的脚本编辑区中输入如下代码：

```
if (i<=15) {
//如果变量小于等于 15,
  gotoAndPlay(2);
//跳转并播放第 2 帧
} else {
  stop();
//否则，影片停止在改帧
}
```

STEP 28 按Ctrl+Enter键，测试影片，当鼠标经过水珠时，水珠即会自动落下，如不动鼠标，在一定时间内水珠也会自行落下，如图10-76所示。

(a)

(b)

图10-76 最终效果

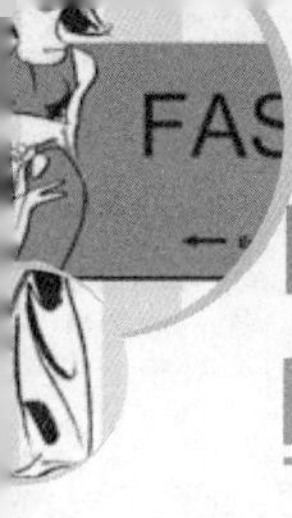

10.6 ActionScript 3.0核心语言的新特色

ActionScript 3.0语言于2006年推出，不久ActionScript 2.0 和ActionScript 1.0在性能上没有本质的区别，ActionScript 3.0基本上是ActionScript引擎的完全重写。它的代码执行速度最多可以比原有ActionScrip代码快10倍。

ActionScript 3.0语言的一致性、标准性及新增的功能也使开发者对内容和应用程序有了更好的控制。

ActionScript 3.0核心语言与ECMAScript标准兼容，并引入了一些新功能，主要有以下8种。

1. Runtime Exceptions

Runtime Exceptions为运行时异常。ActionScript 2.0及之前版本中许多运行时错误都是静默失败，这样虽然可以保证用户不被打扰，但却没有了错误反馈，使得调试程序非常困难。ActionScript 3.0引入了运行时异常处理机制，当发生运行时异常的时候，就会提供含有批注的堆栈跟踪，批注中包含源文件和行号信息，帮助开发人员快速找出错误，改进了调试效率。

2. Runtime Types

Runtime Types为运行时类型。ActionScript 2.0中运行时是没有信息类型的，类型检查只停留在编译阶段。ActionScript 3.0中类型信息在运行时依然存在，增强了系统的类型安全性，而且它还可用于以本机形式表变量，提高了性能，减少了内存使用量。

3. Sealed Classes

Sealed Classes为密封类。ActionScript 3.0支持密封类的概念，密封类不可在运行时添加其他属性和方法，只拥有在编译时定义的固定属性和方法集。ActionScript 3.0对密封类的支持使得严格的编译时检查成为可能，帮助开发人员写出更为周密可靠的程序。

4. Method Closure

Method Closure 为闭包方法。它对事件处理非常有用，因为 ActionScript 2.0 及之前版本中 this 关键字无法记住自身指向的原始对象，给时间运行带来了不便，只能通过 mx.utils.Delegate 类来解决，ActionScript 3.0 使用闭包方法就可以自动记起自身的原始对象了。

5. 使用E4X理论处理XML数据

ActionScript 3.0使用E4X理论处理XML数据。由于ActionScript 3.0完全支持ECMAScript for XML即支持E4X，这就使得XML就像ActionScript 3.0自身的数据类型一样，不再需要任何解析步骤，降低了代码数量，提高了开发效率。

6. 正则表达式

ActionScript 3.0拥有强大的字符串处理功能，从内部支持正则表达式，可以帮助开发人员快速地搜索和处理字符串。

7. 命名空间

ActionScript 3.0中命名空间是其特有的一种访问控制机制，用户可以自定义命名空间，定义不同的访问控制权限。

8. 新基元数据类型

ActionScript 2.0中只有一种双精度的浮点型数字（Number），ActionScript 3.0中有3种，int型、uint型、Number型。int型和uint型为整数型数字，用于整数值时，涉及小数点时则用Number。

总结：

在本章中，主要讲解了Flash中用于控制动画播放与制作特效的行为及ActionScript语言等知识。通过本章的学习，读者应能够熟练使用行为功能及“动作”面板中添加ActionScript语言等方式，控制动画的播放，同时，也可以使用ActionScript语言进行一些简单的特效处理。

10.7 拓展训练——制作随机遮罩效果

下面通过一个随机遮照的实例帮助大家掌握ActionScript语言的使用，其制作步骤如下所示。

STEP 01 新建一个名为“随机遮照”的Flash文档ActionScript 2.0.。

STEP 02 将“图层1”重命名为“背景”，打开随书所附光盘中的文件“第10章\10.7 拓展训练——制作随机遮罩效果-素材.jpg”，将其导入到舞台。

STEP 03 按Ctrl+J键，弹出“文档属性”对话框，按图10-77所示设置该对话框，其中背景颜色的色值为“#ECCADB”。

STEP 04 选中图片素材按快捷键F8，弹出“转换为元件”对话框，将图片转换为影片剪辑元件，按图10-78所示设置该对话框。

STEP 05 完成后，在此元件的“属性”面板中输入元件的实例名称为“img”。

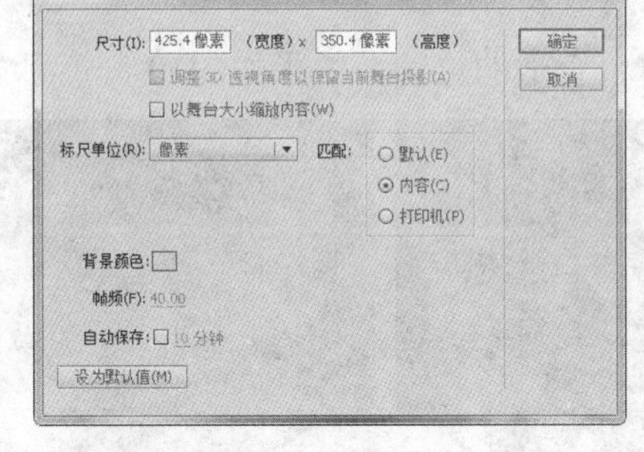

图10-77 设置“文档属性”对话框

图10-78 设置“转换为元件”对话框

STEP 06 插入新图层，重命名为“遮照”。按Ctrl+F8键创建一个名为“maskm”的影片剪辑元件。

STEP 07 在“maskm”影片剪辑元件的图层1的第2帧处，按快捷键F7，插入空白关键帧。

STEP 08 选择多角星形工具，绘制一个极小的星星图像，如图10-79所示，选中该图象，按快捷键F8，将其转换为图形元件。

STEP 09 在“图层1”的第20帧处按快捷键F6，插入关键帧，并使用任意变形工具将此帧中的图像拉大，效果如 图10-80所示。

STEP 10 在2～20帧之间右击，在弹出的子菜单中选择“创建传统补间”命令，完成元件从小变大的动画效果。

图10-79 绘制图象

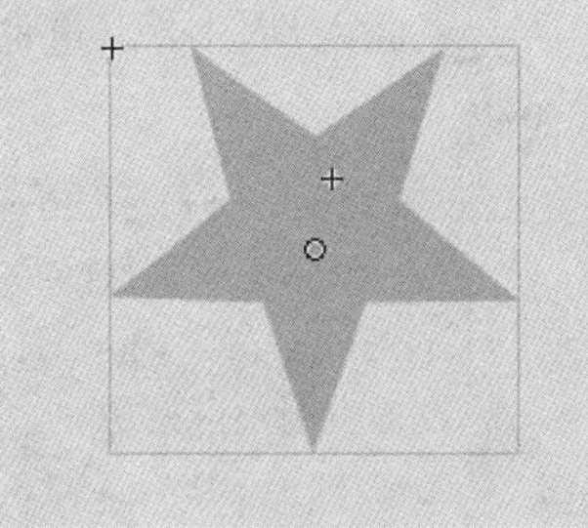

图10-80 编辑元件

STEP 11 插入新图层，在20帧处右击，插入关键帧，并分别在第1和第20帧的“动作”面板的脚本编辑区中输入如下代码：

```
stop();
```

STEP 12 回到场景1中，按Ctrl+L键调出“库”面板，将面板中的影片剪辑元件maskm拖放到舞台中，置于人物左上方位置，如图10-81所示。

STEP 13 选中该影片剪辑元件，显示“属性”面板，输入实例名称为“mask1”如图10-82所示。

图10-81 将元件拖曳到舞台

图10-82 输入实例名称

STEP 14 按Ctrl+D键复制该影片剪辑元件，如图10-83所示。将最后一个复制得到的元件放置在人物右上角的位置，如图10-84所示。

STEP 15 选中所有影片剪辑元件，按Ctrl+K键调出“对齐”面板，单击顶对齐按钮和水平居中分布按钮，得到如图10-85所示的排列效果。

STEP 16 再次复制元件，并排列在舞台合适的位置，效果如图10-86所示。

图10-83 复制元件

图10-84 调整元件位置

图10-85 对齐分布元件

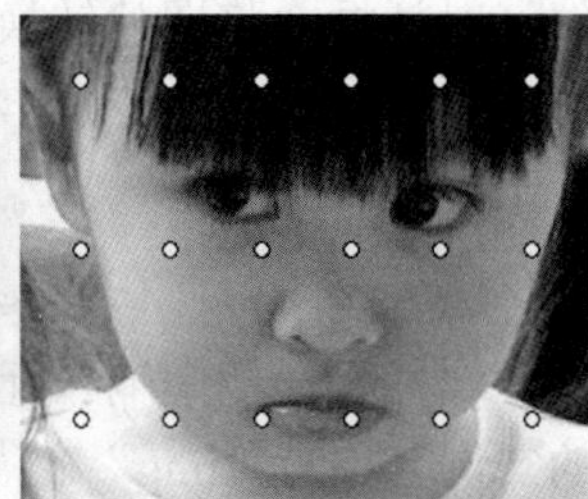

图10-86 复制排列元件

STEP 17 依次在每个元件的属性面板中输入实例名称“mask2”、“mask3”、“mask4”、“mask5”、“mask6”、“mask7”、“mask8”、“mask9”、“mask10”、“mask11”、“mask12”、“mask13”、“mask14”、“mask15”、“mask16”、“mask17”、“mask18”。

STEP 18 插入新图层，重命名为“AS”，按快捷键F9，调出“动作”面板，在其脚本编辑区输入如下代码：

```
_root.onEnterFrame = function() {
//影片帧频不断执行函数
  _root.img._visible = false;
//设置实例不可见
  for (i = 1; i<=18; i++) {
//变量i小于等于18的时候，递增
  duplicateMovieClip("img", "img"+i, i);
//复制实例，其名称为“img”+i，深度为i
  _root["img"+i].setMask(_root["mask"+i]);
//使用一个影片剪辑遮罩另一个影片剪辑
```

```
  if (_root["mask"+i]._currentframe == 1 && random(6) == 0) {
// 如果实例的当前帧等于 1，并且随机数等于 0

_root["mask"+i].gotoAndPlay(2);
// 该实例跳转到第 2 帧并播放
      }
    }
};
```

STEP 19 按Ctrl+Enter键测试影片，其最终效果如图10-87所示。

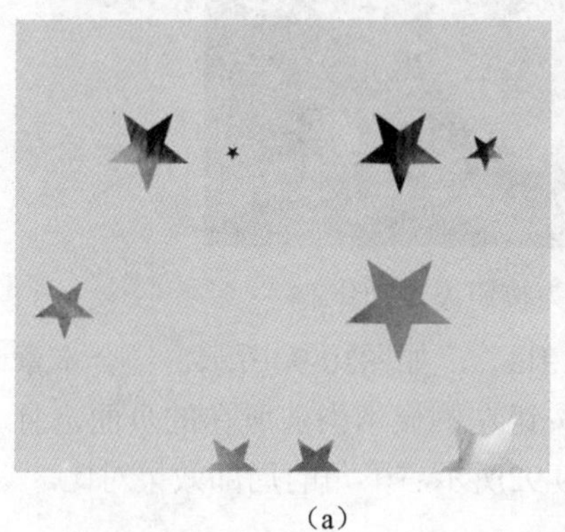
(a)

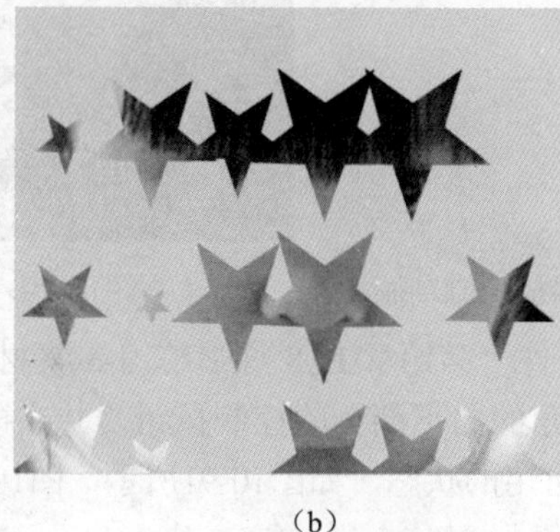
(b)

(c)

图10-87 最终效果

10.8 课后练习

1. 选择题

（1）Flash 中go to 代码代表（　　）。

A. 转到　　B. 变幻　　C. 播放　　D. stop

（2）当为某按钮添加“转到Web页”行为时，下列网址正确的是（　　）。

A. www.dzwh.com.cn

B. www.dzwh.com

C. http://www.dzwh.com.cn

D. http://www.dzwh.com

（3）要显示“动作”面板，可以按（　　）。

A. F9键　　B. F10键　　C. Ctrl+L键　　D. F12键

2. 判断题

（1）不可以为按钮添加2个或更多的行为，否则新的行为会自动替换旧的行为。（　　）

（2）在为按钮实例添加gotoAndPlay代码前，应先添加on代码，以定义相应的动作。（　　）

3. 上机题

（1）打开随书所附光盘中的文件“第10章\10.8 课后练习-1-素材.fla”，如图10-88所示，跳转至第155帧，在其中制作一个透明的按钮，并为其添加代码，使单击该按钮时继续下一帧进行播放。

（2）打开随书所附光盘中的文件“第10章\10.8 课后练习-2-素材.fla”，如图10-89所示，选择最顶部4个图层中的按钮元件，并为其添加代码。首先，当光标置于按钮上时，触发第1～9帧的动画，当光标移出时，播放10～20帧的动画。

图10-88 添加动画播放控制动画

图10-89 为按钮添加动作

（3）打开随书所附光盘中的文件“第10章\10.8 课后练习-3-素材.fla”，如图10-90所示，结合本章讲解的动作功能等功能，制作右下角的向下翻页的控制按钮，并在按钮左侧显示当前所在的页面，且无法继续使用的按钮应呈现灰色不可用的状态，如图10-91所示，图10-92所示右下角的局部效果对比。

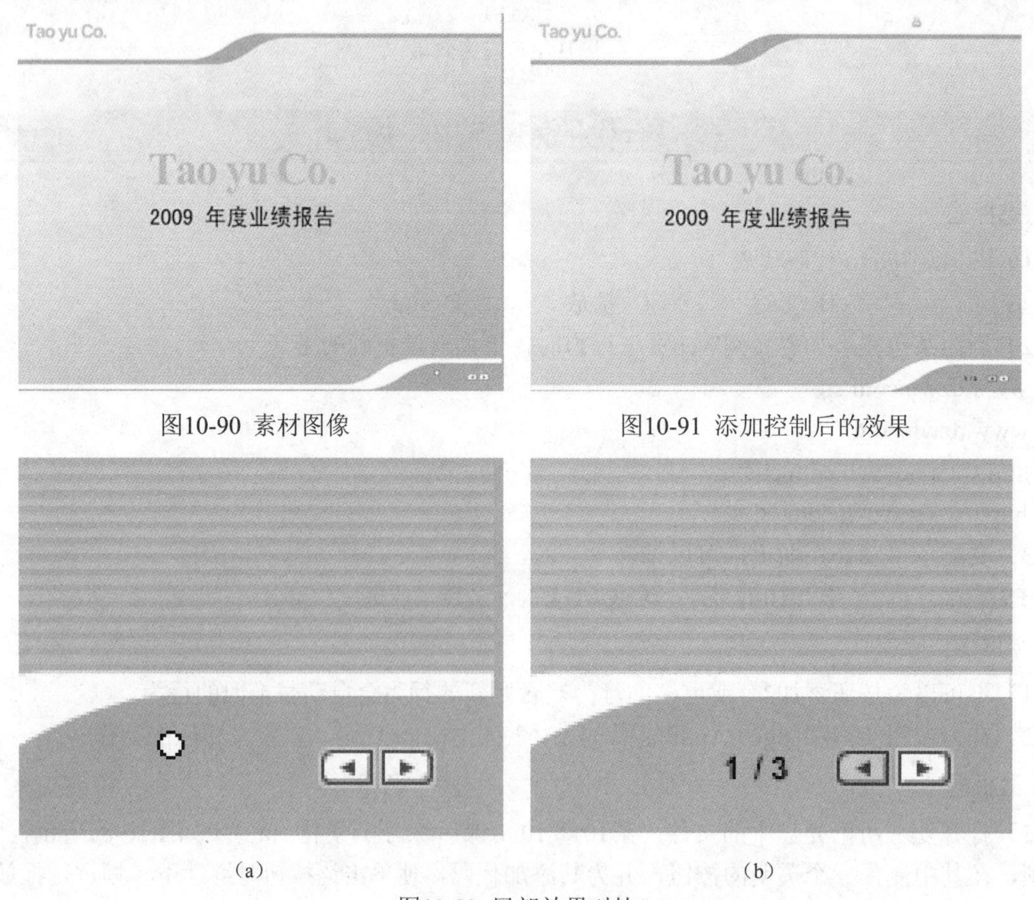

图10-90 素材图像

图10-91 添加控制后的效果

(a)　　(b)

图10-92 局部效果对比

（4）打开随书所附光盘中的文件“第10章\10.8 课后练习-4-素材.fla”，如图10-93所示，请在顶部的导航栏上添加文字，并制作成为按钮，当单击不同的按钮时，可以中转至不同的内部链接，且在“图书出版”、“设计制作”、“设计理念”、“资源下载”等菜单上，要求具有下拉菜单式的按钮效果，如图10-94所示。

图10-93 素材图像

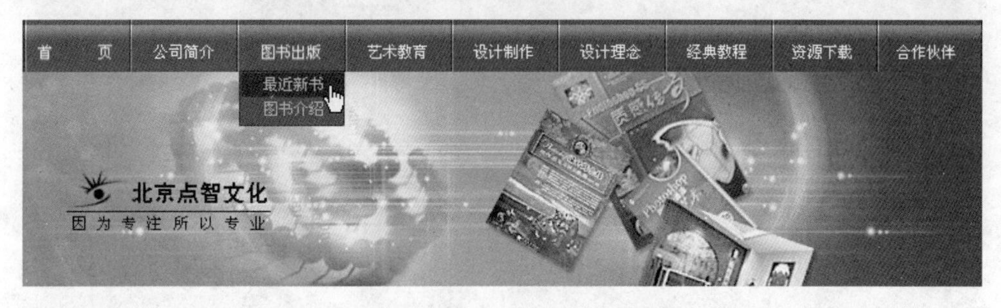

（a）

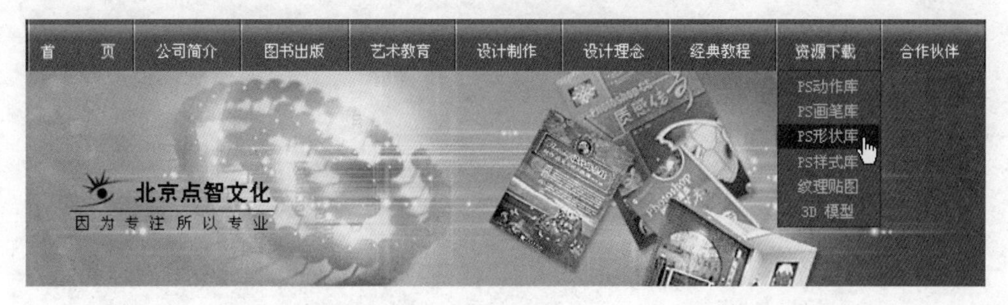

（b）

图10-94 动画效果

（5）打开随书所附光盘中的文件“第10章\10.8 课后练习-5-素材.fla”，如图10-95所示，在导航栏的各个按钮上创建透明按钮，并为其添加行为。假设与该文件保存的同级目录下，包含一个名为mypage的文件夹，其中包括了home.htm、travel.htm、garrery.htm、training.htm和community.htm，然后让各个导航按钮的链接设置为与网页名称相对应的文件。

图10-95 素材图像

（6）打开随书所附光盘中的文件“第10章\10.8 课后练习-6-素材.fla”，如图10-96所示，使用动作在其中的按钮上添加一个在新窗口中打开点智文化网站（http://www.dzwh.com.cn）的链接，然后再使用“行为”添加一个相同地址的链接，然

后在“动作”面板中对比二者的不同。

（7）打开随书所附光盘中的文件“第10章\10.8 课后练习-7-素材.fla”，如图10-97所示。在第1帧的位置添加代码，使其在播放时载入并播放动画素材“003.swf”。

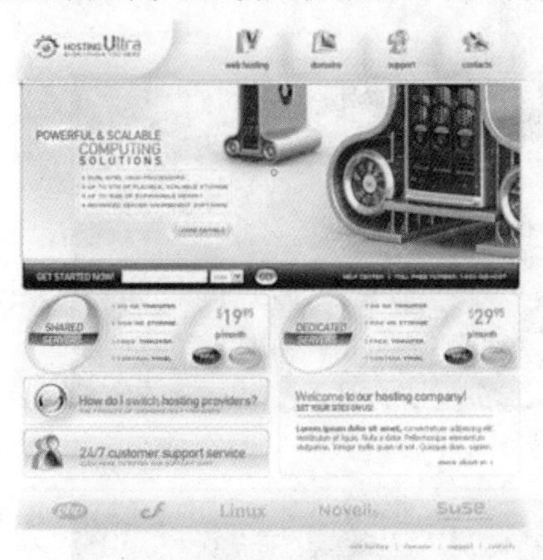

图10-96 素材图像

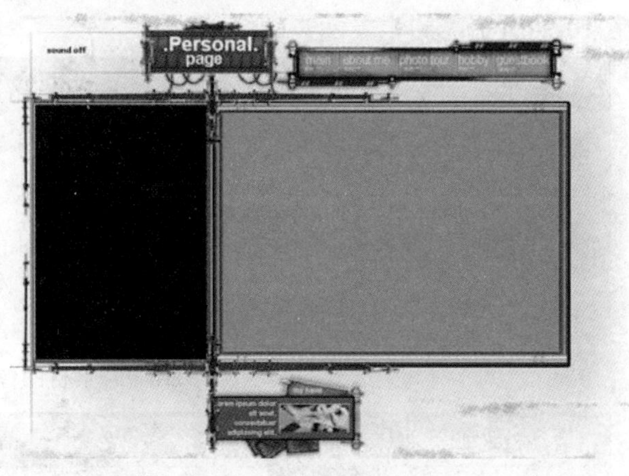

图10-97 素材图像

第11章 综合案例

11.1 游戏设计——快来找找看

11.1.1 游戏制作基本流程

Flash游戏的体积小，使用的是浏览器可以直接播放的文件格式，适合网络上的发布和传播。而且Flash游戏可以很方便地被嵌入到网络广告和网站片头的内部，具有很强的传媒色彩。

Flash游戏的制作主要通过Flash软件完成，制作方法相对单一，在Flash中制作好游戏素材并通过编写相应的程序来完成游戏的制作。使用Flash软件可以制作出很多类型的Flash游戏，目前常用的几种类型有益智类游戏、体育运动类游戏、射击类游戏、动作类游戏和角色扮演类游戏。

根据不同的需求制作不同类型的游戏，下面通过对一个具体Flash游戏实例的制作讲解，帮助读者掌握Flash游戏的制作流程。

1. 确定游戏框架

制作游戏之前要先确定游戏的框架，包括游戏的主题、类型、玩法和风格。有个大体思路后可在绘图纸上手绘出轮廓，检查一下效果。本实例是益智类中的找不同游戏，玩家通过使用鼠标将两幅图中的5处不同点找到，即可获得游戏的胜利，游戏的风格定格为卡通、可爱型。

2. 制作游戏素材

确定完游戏框架后，就要着手制作游戏中所需的素材，如角色、道具和场景等。本实例中所准备的素材主要是游戏中用于找差异的图片。

如果设计的是以位图为主体的游戏，那么还要求用户对于Photoshop软件也有一定的掌握，以便于在制作游戏的过程中，调整图像的色彩、亮度等变化。

3. 编写动作脚本

根据需要为Flash中的帧和元件添加动作代码，以实现预期的动作。这是游戏制作中至关重要的一个阶段，没有此阶段就实现不了游戏的交互性，失去游戏的意义。

4. 优化发布游戏

测试游戏，更改程序中可能会出现的错误，若发现动作不流畅等制作问题也要及时更改优化，确定无误后才可将其发布。

当然，在网络极端发达的今天，也可以将测试版的游戏发布在网络上，让大家来帮忙挑出游戏中的问题，这样做远比小范围的测试更有效率，也更容易测试出更多的问题。

11.1.2 制作开始界面

根据上节所讲的Flash游戏的制作流程，首先确定了游戏的框架，下面将制作游戏中的素材。其具体的操作步骤如下。

（1）启动Flash，新建一个Flash文档（ActionScripth2.0），按Ctrl+J键调出“文档属性”对话框，按图11-1所示设置，其中背景颜色值为“#663366”，单击“确定”按钮进入该文档。

（2）首先来制作游戏的开始界面。将“图层1”重命名为“装饰”，由于此装饰将出现在每一个界面中，所以将其单独绘制在一个图层中。使用椭圆工具和选择工具制作一个如图11-2所示的彩环，并将其放在舞台的左上角。其中按从上到下的顺序，彩环的颜色值分别为

“#FFFFCC”、“#BE7EBE”和“#9A4E9A”。

（3）按Ctrl+D键复制多个彩环（由于每一位读者绘制的彩环的大小不同，所以所需的彩环个数也会不同）如图11-3所示，将最后一个彩环按图11-4所示放在舞台的右上角。

图11-1 设置文档属性对话框

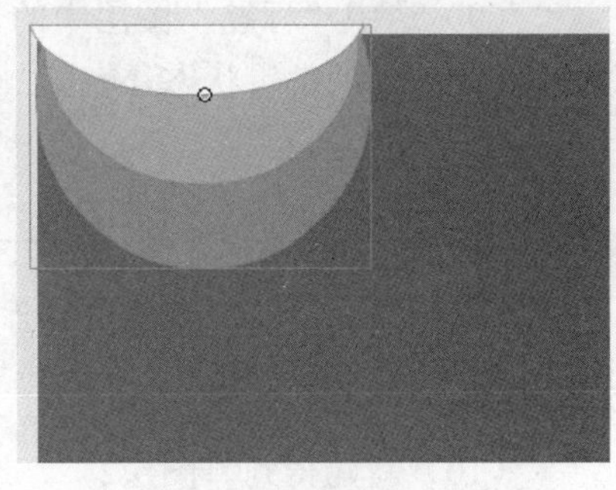

图11-2 制作彩环

（4）将所有彩环全部选中，按Ctrl+K键调出“对齐”面板，单击顶对齐和水平居中分布，得到如图11-5所示效果。

（5）将所有彩环选中，使用选择工具按住Alt+Shift键向下拖动并复制，保持复制得到的对象为选中状态，再选择“修改”|“变形”|“垂直翻转”命令，然后调整对象至画布的底部，如图11-6所示。

图11-3 复制彩环

图11-4 移动彩环至右上角

图11-5 编辑彩环

图11-6 复制翻转彩环

（6）插入新图层，重命名为“标题”，输入文字“快来找找看”，输入后的效果及其对应的属性如图11-7所示。

（7）选中输入的文字，按Ctrl+B键两次将其打散，使用任意变形工具和选择工具按图11-8所示编辑打散后的文字。

（8）使用颜料桶工具将文字按图11-9所示填充，色值为“#FBFA65”、“#FBFAC9”。

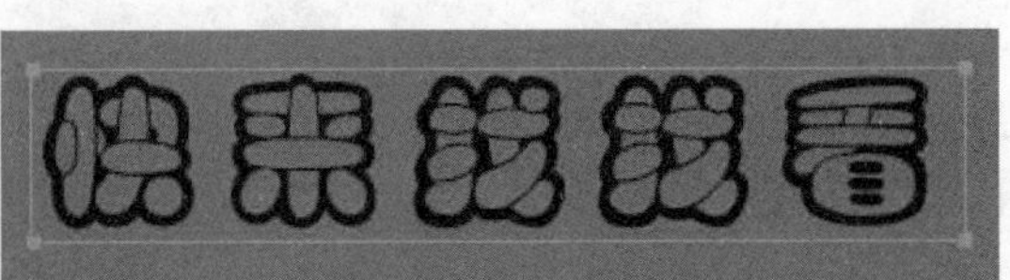

（a）　　（b）

图11-7 输入的文字及其对应的属性

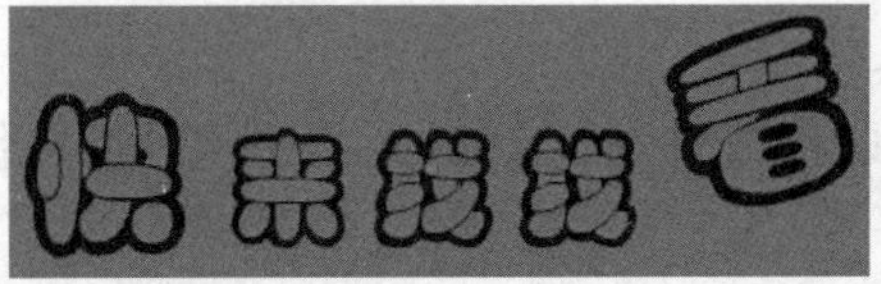

图11-8 编辑打散后的文字

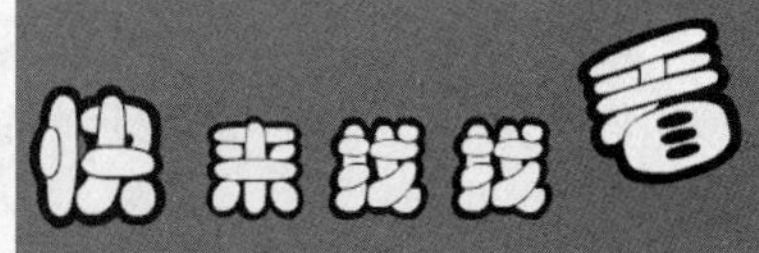

图11-9 填充文字

提示：

若读者制作的标题不理想，可直接使用随书所附光盘中的文件“第11章\11.1 游戏设计——快来找找看-文字.fla”。

01 chapter P1—P12
02 chapter P13—P18
03 chapter P19—P44
04 chapter P45—P70
05 chapter P71—P86
06 chapter P87—P120
07 chapter P121—P166
08 chapter P167—P180
09 chapter P181—P188
10 chapter P189—P224
11 chapter P225—P250

（9）选中“标题”图层中的文字，按F8键将其转换成名称为“title”的影片剪辑元件，双击进入该影片剪辑的编辑状态，在第2帧的位置按F5键，以将帧延长至此。

下面将在title影片剪辑中制作游戏的提示文字，在后面添加控制脚本时，当鼠标移至“图层1”中的内容上时，会自动弹出该说明文字。

（10）新建得到“图层2”，选中其第2帧并按F6键插入关键帧。使用椭圆工具和矩形工具，绘制一个如图11-10所示的提示框，笔触颜色值为“#ACA899”，填充颜色值为“ #FFFFCC”。

（11）按图11-11所示设置文本“属性”面板，在提示框中输入文字，文字的颜色值为“#BE7EBE”，效果如图11-12所示。

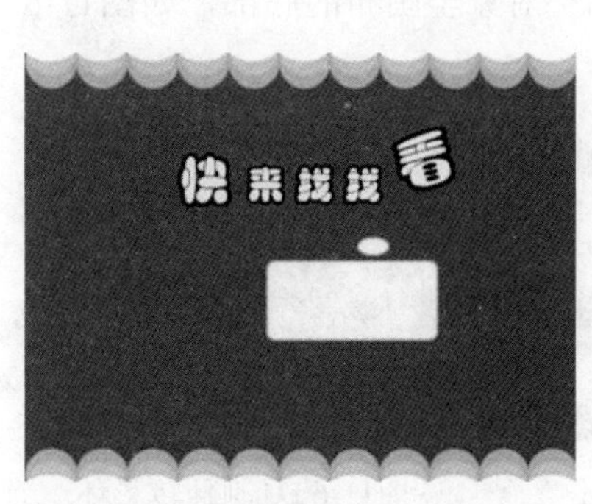

图11-10 绘制提示框

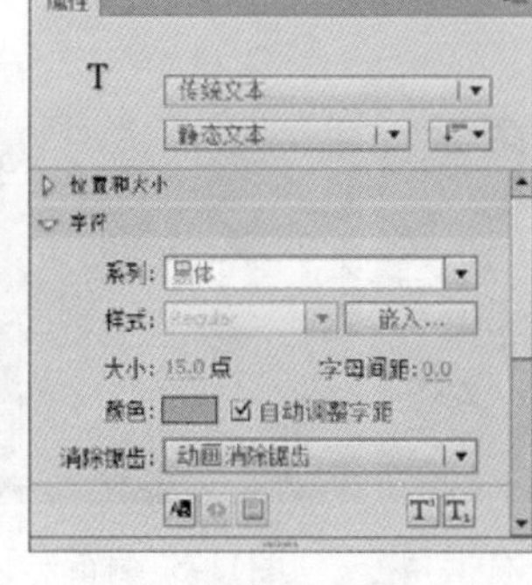

图11-11 文本“属性”面板

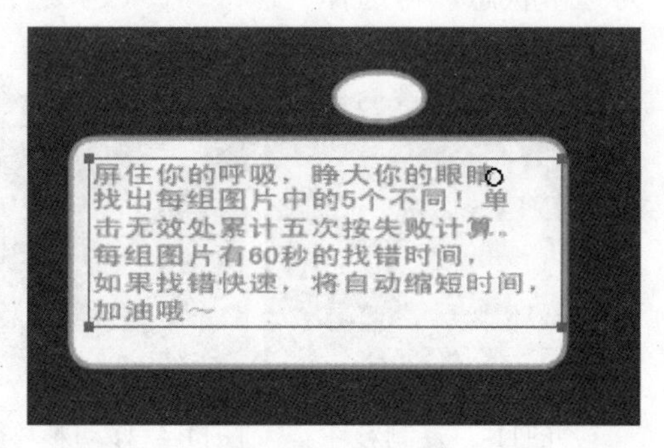

图11-12 在提示框中输入文本

（12）选择“图层2”的第1帧，显示“动作”面板并输入“stop();”，使当前动画停止于第1帧的位置。返回“场景1”。

（13）选择title影片剪辑，选中其中的文字，在“属性”面板中为其添加“发光”滤镜，按图11-13所示设置滤镜参数，制作出如图11-14所示的发光效果。

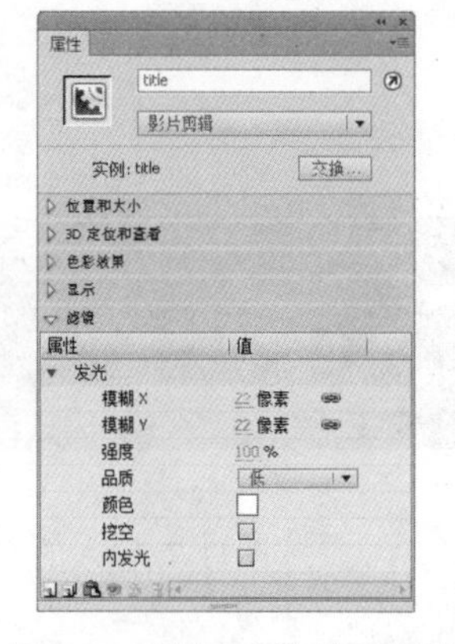

图11-13 设置“滤镜”面板

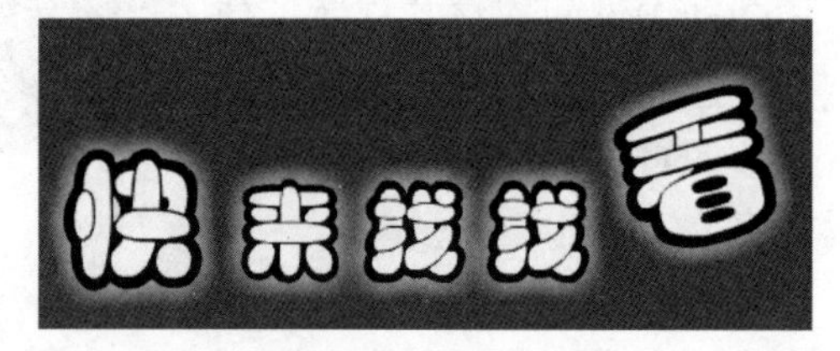

图11-14 对应的发光效果

（14）选中上一步添加了“发光”滤镜后的文字，按F8键将其转换成名称为“cover”的影片剪辑元件，然后双击该元件进入其编辑状态。下面将在文字的左下方添加2个装饰图像。

（15）在“库”中将名为“a1”的位图拖至当前舞台中，按F8键将其转换成名称为“coverpic”的影片剪辑，在“属性”面板中设置元件的透明属性，如图11-15所示，再为其添加“投影”滤镜，设置其参数如图11-16所示，然后使用任意变形工具调整其大小及位置，直至得到如图11-17所示的效果。

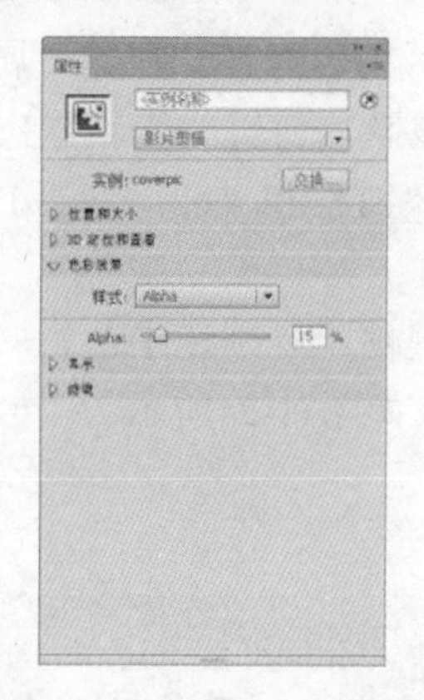

图11-15 设置Alpha属性

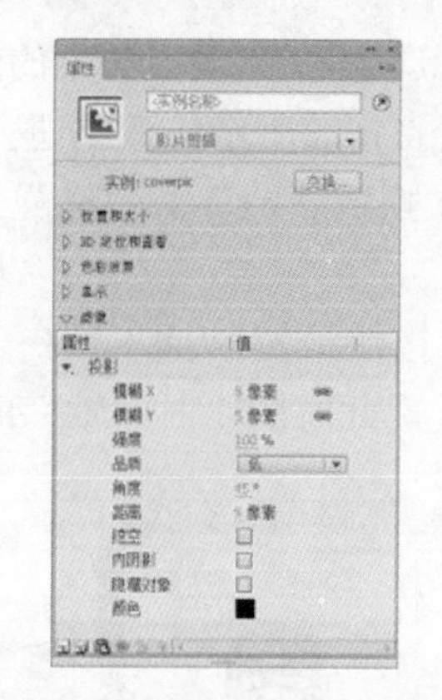

图11-16 设置“投影”滤镜

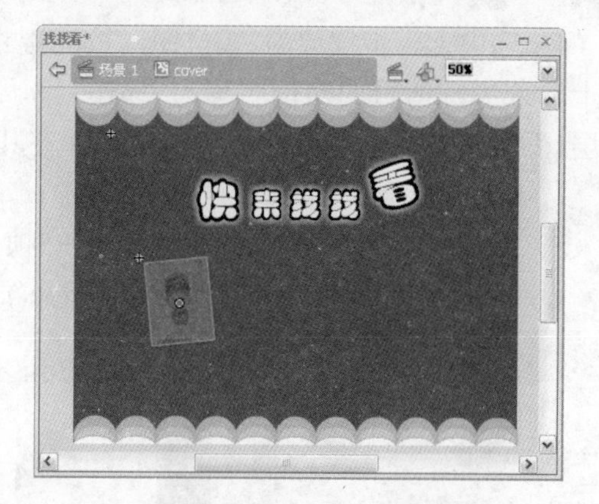

图11-17 调整后的效果

（16）复制上一步操作的影片剪辑，重新调整其Alpha属性及角度，向右侧调整一下对象的位置，直至得到如图11-18所示的效果。返回“场景1”。

（17）按Ctrl+Shift+O键或选择“文件”|“导入”|“打开外部库”命令，在弹出的对话框中打开随书所附光盘中的文件“第11章/11.1 游戏设计——快来找找看-素材.fla”，以调出其中的库文件，此时显示“库-素材”面板。

（18）将“库－素材”中的按钮“beginBtn”拖至“场景1”中，此时开始界面的动画部分已经制作完成，效果如图11-19所示。

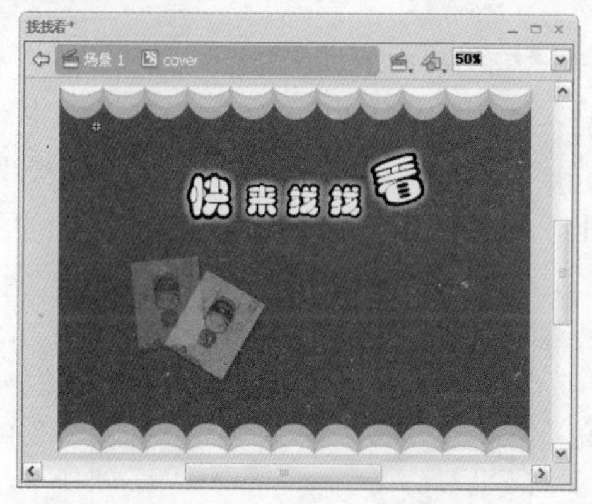

图11-18 制作另外一个对象后的效果

图11-19 制作完成的开始界面

11.1.3 制作游戏内容部分

（1）插入图层，重命名为“图片”，在第2帧处按快捷键F7，插入空白关键帧，在此图层和“装饰”图层的第4帧处按快捷键F5将帧延长至此。

（2）使用矩形工具并在“属性”面板中设置适当的颜色、笔触及圆角参数，在图层“图片”的第2帧中绘制如图11-20所示的圆角矩形，作为找茬图片的背景。选中该圆角矩形，按Ctrl+G键将其编组。

（3）从库中将图片“a1”和图片“a2”拖至舞台，并将其置于圆角矩形的内部，如图11-21所示。

图11-20 绘制找茬图片的背景

图11-21 摆放图片

（4）选中上一步摆放的2幅位图，按F8键将其转换成名称为pics的影片剪辑元件，在其“属性”面板上输入影片剪辑的实例名称为“pic”，如图11-22所示。双击进入该影片剪辑的编辑状态，在“图层1”的第2～5帧位置插入关键帧，并在其中摆放“b1”和“b2”，“c1”和“c2”，“d1”和“d2”，“e1”和“e2”，如图11-23所示。

（5）新建得到“图层2”，在其第2～5帧上按快捷键F7插入空白关键帧，分别选中从1～5的关键帧，显示“动作”面板，并输入代码“stop();”，此时的“时间轴”面板如图11-24所示。

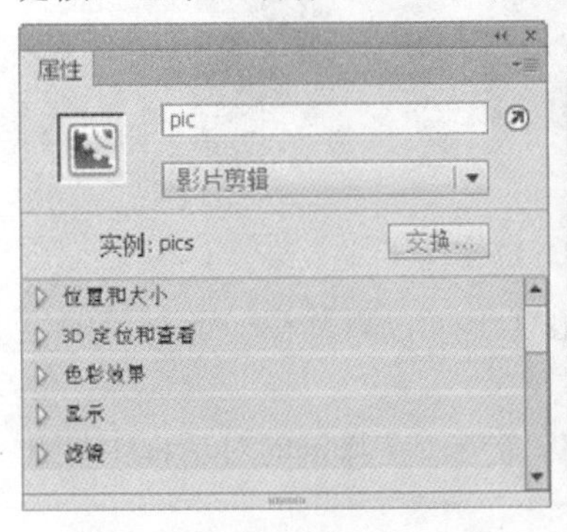

图11-22 设置实例属性

图11-23 摆放图片

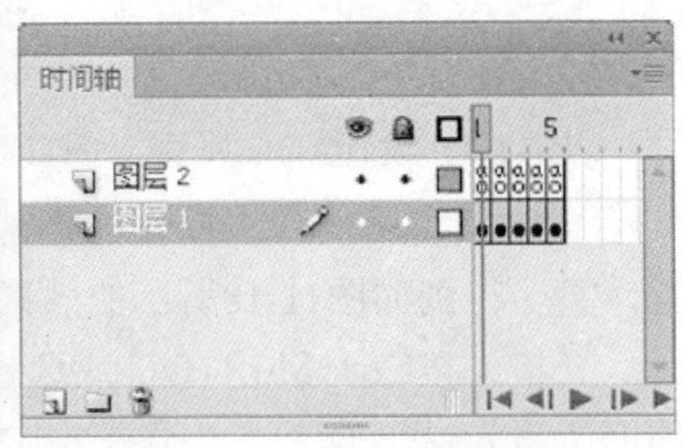

图11-24 “时间轴”面板

（6）插入“图层3”，在第2～5帧上分别按快捷键F7插入空白关键帧，选中第1帧将“库－素材”面板中的影片剪辑元件“click”拖至舞台中，在其“属性”面板上输入影片剪辑的实例名称为“a1”，将其放置在图片“a1”上，此位置必须是“a1”与“a2”不同的地方，如图11-25所示。

（7）从库中重新拖出影片剪辑“click”至舞台中，将其实例名称改为“b1”，放置在图片“a2”上，此位置必须要与步骤（6）中的位置相对应，如图11-26所示。

（8）“a1”与“a2”另一处不同的地方，效果如图11-27和图11-28所示。

图11-25 影片剪辑“a1”的放置位置

图11-26 影片剪辑“b1”的放置位置

（9）使用同样的方法再次复制出3组实例名称为“c1”和“c2”，“d1”和“d2”，“e1”和“e2”的影片剪辑元件“click”，并将它们分别对应放置在两幅图中不同的地方，完成后的效果如图11-29所示。

图11-27 影片剪辑“a2”的放置位置

图11-28 影片剪辑“b2”的放置位置

图11-29 标记出图片“a1”和图片“a2”的5组不同

（10）使用同样的方法分别在“图层3”的第2、3、4、5帧上为其他四组图片标记出不同，效果如图11-30所示。

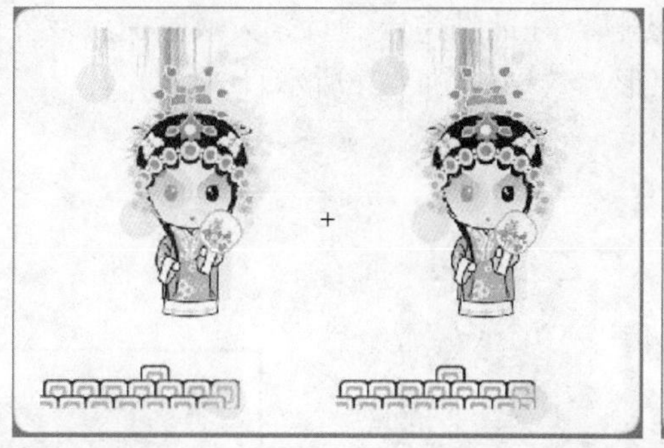

（a）标记出图片“b1”和图片“b2”的5组不同

（b）标记出图片“c1”和图片“c2”的5组不同

（c）标记出图片“d1”和图片“d2”的5组不同

（d）标记出图片“e1”和图片“e2”的5组不同

图11-30 标记出其余四组图片的不同

（11）进入影片剪辑“pics”的编辑状态，将“图层3”的所有帧复制后删除该图层，返回到“场景1”中，在“图片”图层上插入新图层，重命名为“按钮”，在此按钮的第2帧处按快捷键F7插入空白关键帧。

（12）按Ctrl+F8键创建影片剪辑元件“buttons”，在“图层1”中右击，在弹出的菜单中选择“粘贴帧”命令。插入“图层2”，使用与步骤（5）同样的方法为每个空白关键帧添加代码。返回“场景1”，选中元件“buttons”，在其“属性”面板中将输入实例名称为“button”。

（13）返回“场景1”，将影片剪辑“buttons”拖曳到“按钮”图层的第2帧上，参考图片“a1”和“a2”调整其位置，保证标记位置正确。此时舞台与“时间轴”面板如图11-31所示。

（14）在“标题”图层的第2帧按快捷键F7插入空白关键帧，将“库－找找看”中的影片剪辑元件“timer”拖入到舞台中，放置在舞台左上角，如图11-32所示，在其“属性”面板中输入实例名称为“timer”。

图11-31 舞台与对应的“时间轴”面板

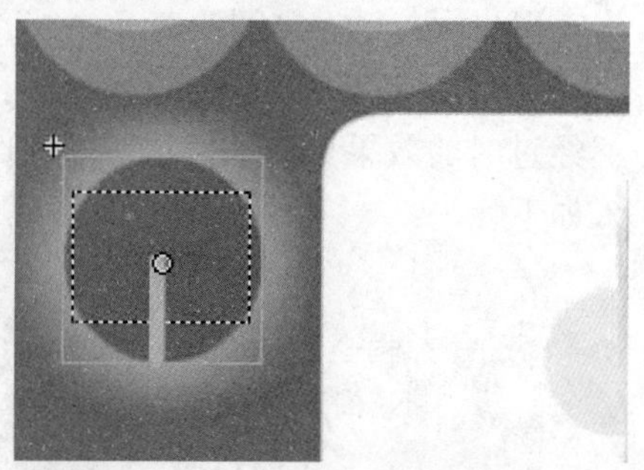

图11-32 拖入影片剪辑元件“timer”

（15）将“库－素材”中的按钮元件“naviBtn”拖入到舞台中，放置在舞台右下角，并复制一个做水平翻转，效果如图11-33所示。最终的界面效果如图11-34所示。

（16）在“按钮”图层的第3帧处插入空白关键帧，在此帧中绘制玩家失败时的游戏界面。按如图11-35所示的“颜色”面板设置，绘制一个圆角矩形，效果如图11-36所示。

图11-33 拖入按钮元件“naviBtn”

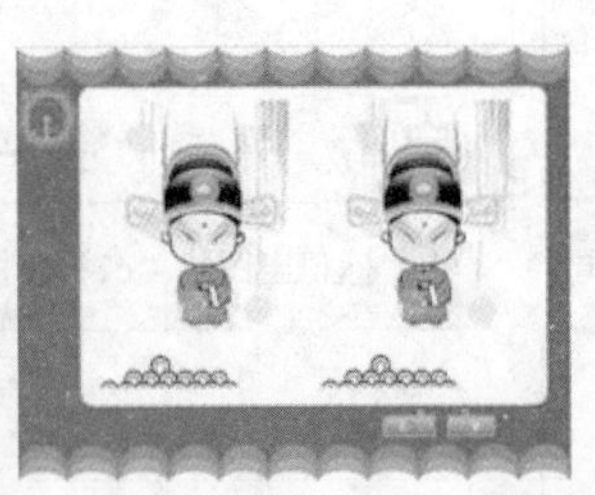

图11-34 整体的界面效果

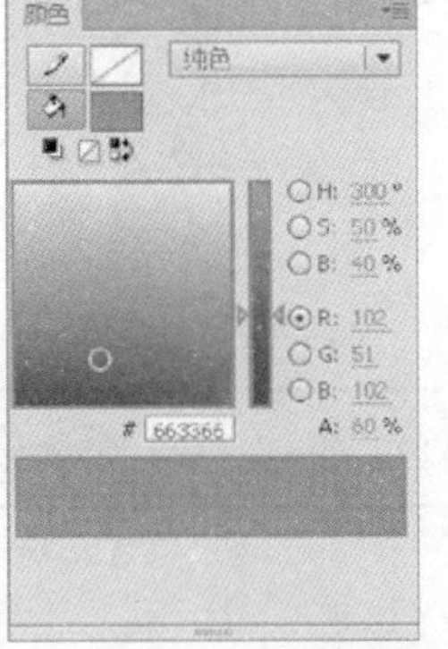

图11-35 设置“颜色”面板

图11-36 绘制圆角矩形

（17）绘制圆角矩形提示框，填充色值为“#FCFCA9”，输入如图11-37所示的文字。

（18）将“库－素材”中的按钮元件“restartBtn”拖曳到场景中，效果如图11-38所示。

（19）使用同样的方法，在“按钮”图层的第4帧制作玩家成功时的游戏界面，效果如图11-39所示。

图11-37 制作失败提示

图11-38 拖入按钮元件“restartBtn”

图11-39 玩家成功时的游戏界面

11.1.4 添加控制代码

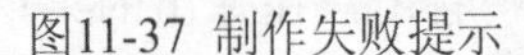

此时游戏中的所有元素都已经制作完成，下面将要对游戏中的影片剪辑、按钮、帧添加代码，来实现界面与玩家之间的交互。

（1）在开始界面为影片剪辑元件“cover”添加代码如图11-40所示，制作出如图11-41所示的鼠标经过时的效果。选中影片剪辑元件“cover”，按快捷键F9，调出“动作”面板，在脚本编辑区输入如下代码：

```
on (rollOver) {
  this.title.gotoAndStop(2);
  //当鼠标滑过时，影片剪辑"title"跳转到第2帧
}
on (rollOut) {
  this.title.gotoAndStop(1);
```

```
    //当鼠标滑离时，影片剪辑“title”跳转到第 1 帧
}
```

图11-40 “cover”影片剪辑

图11-41 鼠标滑过时出现文字提示

（2）选中开始界面中的按钮元件“beginBtn”，如图11-42所示，在其“动作”面板的脚本编辑区输入如下代码：

```
on (release) {
  nextFrame();
  当鼠标释放时跳转到下一帧；
}
```

图11-42 “beginBtn”按钮

（3）选中影片剪辑的“buttons”，如图11-43所示，在其“动作”面板的脚本编辑区输入如下代码：

图11-43 “buttons”影片剪辑

```
onClipEvent (load) {
// 定义影片剪辑载入时的函数
  if (count == undefined) {
// 如果变量未定义
    count = 0;
// 变量赋值为 0
  }
  for (i=1; i<6; i++) {
// 执行 for 循环
    this["a"+i].onRelease = function() {
// 定义影片剪辑在鼠标释放时的函数
      this.gotoAndStop(2);
// 影片剪辑跳转到第 2 帧
      temp = eval("b"+this._name.substr(1, 1));
// 获取对象的引用
      temp.gotoAndStop(2);
// 对象跳转到第 2 帧
      count += 1;
```

01 chapter P1–P12
02 chapter P13–P18
03 chapter P19–P44
04 chapter P45–P70
05 chapter P71–P86
06 chapter P87–P120
07 chapter P121–P166
08 chapter P167–P180
09 chapter P181–P188
10 chapter P189–P224
11 chapter P225–P250

```
// 变量值增加 1
    };
  }
  for (i=1; i<6; i++) {
// 执行 for 循环
    this["b"+i].onRelease = function() {
// 定义影片剪辑在鼠标释放时的函数
      this.gotoAndStop(2);
// 影片剪辑跳转到第 2 帧
      temp = eval("a"+this._name.substr(1, 1));
// 获得对象的引用
      temp.gotoAndStop(2);
// 引用对象跳转到第 2 帧
      count += 1;
// 变量值加 1
    };
  }
}
```

（4）选中游戏中左边的按钮，如图11-44所示，在其“动作”面板的脚本编辑区输入如下代码：

```
on (release) {
  for (i=1; i<6; i++) {
    //当鼠标释放时执行 for 循环
    _root.button["a"+i].gotoAndStop(1);
    //影片剪辑“button”跳转到第 1 帧
    _root.button["b"+i].gotoAndStop(1);
    //影片剪辑“button”跳转到第 1 帧
  }
  _root.pic.prevFrame();
  //影片剪辑“pic”跳转到前 1 帧
  _root.button.prevFrame();
  //影片剪辑“button”跳转到前 1 帧
  _root.timer.timeleft = intertime;
  //变量赋值
}
```

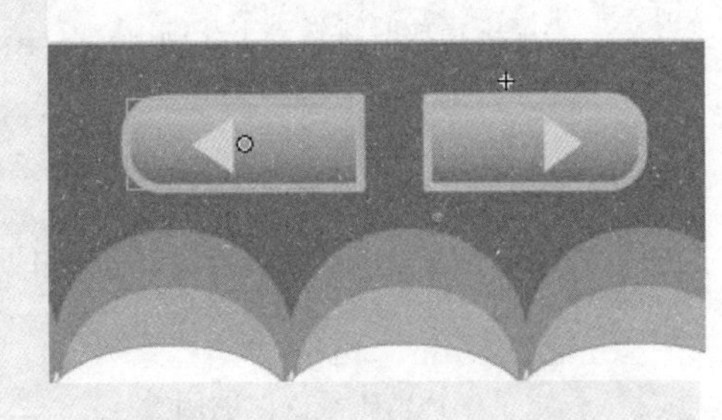

图11-44 “naviBtn”按钮复本

（5）选中游戏中右边的按钮，如图11-45所示，在其“动作”面板的脚本编辑区输入如下代码：

```
on (release) {
  for (i=1; i<6; i++) {
    //当鼠标释放时执行 for 循环
    _root.button["a"+i].gotoAndStop(1);
    //影片剪辑“button”跳转到第 1 帧
```

图11-45 “naviBtn”按钮

```
      _root.button["b"+i].gotoAndStop(1);
      //影片剪辑“button”跳转到第1帧
    }
    _root.pic.nextFrame();
    //影片剪辑“pic”跳转到下1帧
    _root.button.nextFrame();
    //影片剪辑“button”跳转到下1帧
    _root.timer.timeleft = intertime;
    //变量赋值
}
```

（6）返回到“场景1”中，插入新图层，重命名为“AS”，按快捷键F7在此图层的第2、3、4帧上插入关键帧，选中第1帧，按F9调出“动作”面板，在其脚本编辑区输入如下代码：

```
stop();
```

（7）使用同样的方法在为第2帧输入如下代码：

```
stop();
//停止
if (unfunction == undefined) {
  //如果变量未定义
  unfunction = 0;
  //赋值为0
}
if (pics == undefined) {
  //如果变量未定义
  pics = 0;
  //赋值为0
}
intertime = 60;
//赋值为60
_root.time = intertime;
//变量赋值
_root.pic.onEnterFrame = function() {
  //定义影片剪辑“pic”的“EnterFrame”函数
  if (_root.button.count == 5) {
    //如果变量为5
    _root.button.count = 0;
    //赋值为0
    if (_root.button._currentframe != 5) {
      //如果影片剪辑“button”当前帧不为5
      this.nextFrame();
      //跳转到下一帧
      _root.button.nextFrame();
      //影片剪辑跳转到下一帧
```

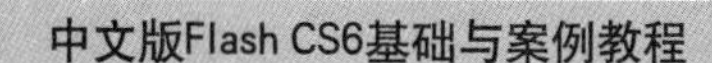

```
    } else {
      // 否则
      _root.gotoAndStop(1);
      // 主时间轴跳转到第 1 帧
    }
    if (_root.timer.timeleft>25) {
      // 如果变量大于 25
      _root.timer.timeleft = intertime-20;
      // 变量赋值
    } else if (_root.timer.timeleft>20) {
      // 如果变量大于 20
      _root.timer.timeleft = intertime-15;
      // 变量赋值
    } else if (_root.timer.timeleft>15) {
      // 如果变量大于 15
      _root.timer.timeleft = intertime-10;
      // 变量赋值
    } else if (_root.timer.timeleft>10) {
      // 如果变量大于 10
      _root.timer.timeleft = intertime-5;
      // 变量赋值
    } else {
      // 否则
      _root.timer.timeleft = intertime;
      // 变量赋值
    }
    _root.time = _root.timer.timeleft;
    // 变量赋值
    _root.timer.gotoAndPlay(1);
    // 影片剪辑“timer”跳转播放第 1 帧
    unfunction = 0;
    // 赋值为 0
    pics += 1;
    // 相加并赋值
    for (i=1; i<6; i++) {
      // 执行 for 循环
      _root.button["a"+i].gotoAndStop(1);
      // 影片剪辑“button”跳转到第 1 帧
      _root.button["b"+i].gotoAndStop(1);
      // 影片剪辑“button”跳转到第 1 帧
    }
  }
  if (pics == 5) {
    // 如果变量等于 5
    _root.gotoAndStop("win");
```

```
      // 跳转到胜利帧
    }
    if (unfunction == 5) {
      // 如果变量等于 5
      _root.gotoAndStop("error");
      // 跳转到失败帧
    }
  };
  _root.pic.onRelease = function() {
    // 定义影片剪辑单击时的函数
    unfunction += 1;
    // 变量值加 1
  };
```

（8）为第3和4帧添加相同的代码，如下所示：

```
delete pics;
// 删除变量
delete unfunction;
// 删除变量
```

（9）按Ctrl+Enter键测试影片，在开始界面中单击”开始“按钮，会进入游戏界面，玩家失败会进入失败界面，反之则会进入成功界面，5组找错全部找出又会自动进入开始界面，游戏效果如图11-46所示。

（a）查看游戏规则

（b）单击开始

（c）进入游戏

（d） 游戏失败

（e） 进入游戏

（f） 游戏成功

图11-46 游戏效果

（10）测试确认无误后，即可将其发布成为EXE格式的文件了。

11.2 广告设计——色影杯模特大赛广告

本例是为色影杯模特大赛设计的宣传广告，该动画以紫色为主色调，配合白色的文字、华丽的花纹及唯美的人物剪影图形作为装饰，使整体效果非常具有观赏性。具体操作步骤如下。

（1）打开随书所附光盘中的文件“第11章\11.2 广告设计——色影杯模特大赛广告-素材.fla”，在该文件的“库”面板中包括了一些后面将用到的素材，如图11-47所示。

（2）从“库”面板中将“图像1”和“图像2”拖至舞台中，分别置于左、右两侧，如图11-48所示。

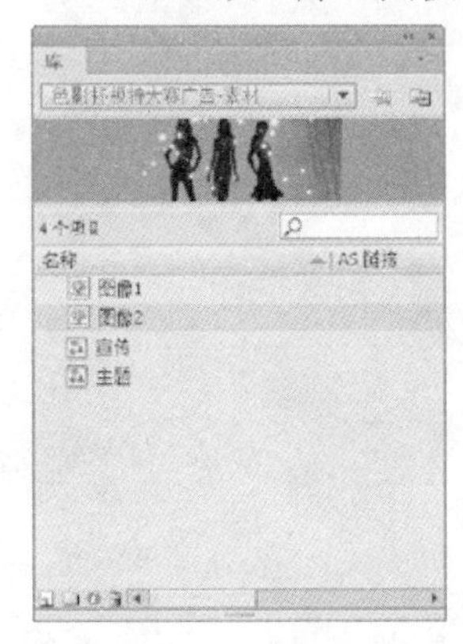

图11-47 “库”面板

图11-48 摆放对象位置

（3）使用“选择工具”选中舞台中的两幅图像，按F8键将其转换成为元件，“转换为元件”对话框中的选项设置相应的选项。在图层“背景”的第170帧按F5键从而将帧延长至此。

（4）在图层“背景”的第9帧按F6键插入关键帧，然后选择第1帧中的对象，“属性”面板中的参数设置如图11-49所示。

（5）在第1~9帧之间的任意一帧上右击，在弹出的快捷菜单中选择“创建传统补间”命令，以创建背景图像从无到有的动画效果，此时的“时间轴”面板如图11-50所示。

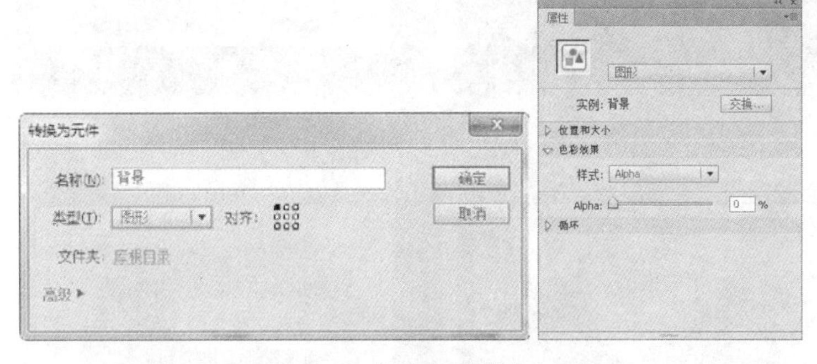

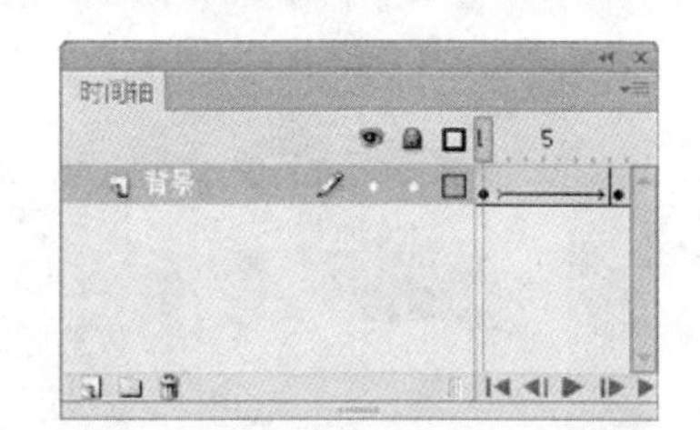

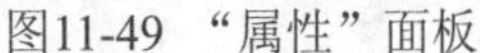
图11-49 “属性”面板

图11-50 “时间轴”面板

（6）新建一个图层并重命名为“主题”，在第15帧按F7键插入空白关键帧，从“库”面板中将元件“主题”拖至舞台中，如图11-51所示。

（7）在图层“主题”的第20帧按F6键插入关键帧，然后返回第15帧并使用“任意变形工具”选中其中的对象，按住Shift键放大对象，直至得到如图11-52所示的效果。

图11-51 拖入元件"主题"

图11-52 放大对象

（8）下面来制作主题文字逐渐消失的效果。首先在图层"主题"的第69、79帧按F6键插入关键帧，并按照本例第（5）步的方法在第69~79帧之间创建传统补间动画，此时的"时间轴"面板如图11-53所示。

（9）按照本例第（7）步的方法，使用"任意变形工具"选中第79帧中的对象并将其缩小，如图11-54所示。

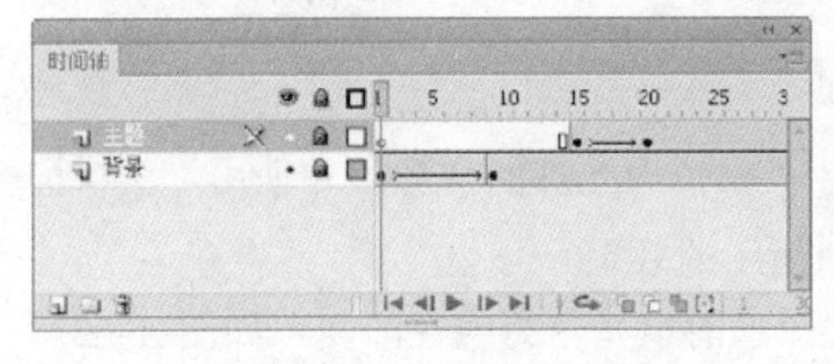

图11-53 "时间轴"面板

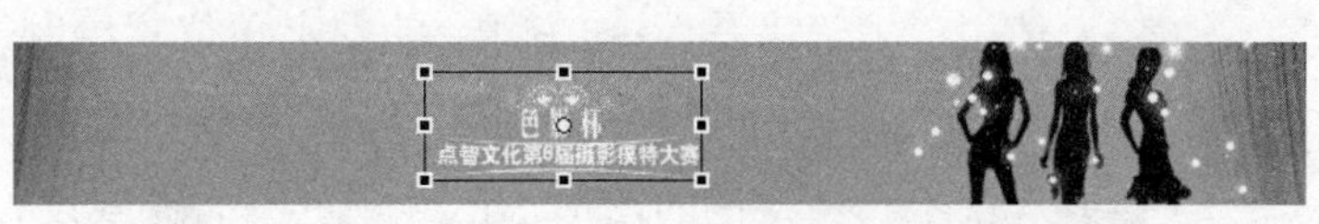

图11-54 缩小对象

（10）选中上一步缩小后的对象，"属性"面板中的参数设置如图11-55所示，以制作对象渐隐的效果，此时的"时间轴"面板如图11-56所示。

图11-55 "属性"面板

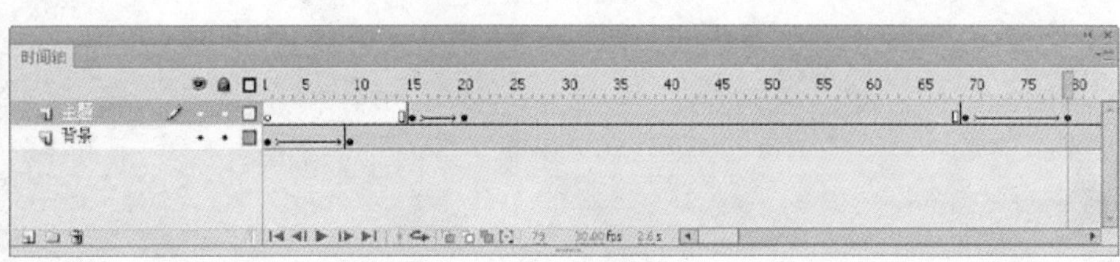

图11-56 "时间轴"面板

（11）新建一个图层并重命名为"宣传"，按照第6步和第7步的方法，在第84~90帧制作动画效果，使宣传文字从无到有地显示出来，并向右侧略微移动，如图11-57所示，此时的"时间轴"面板如图11-58所示。

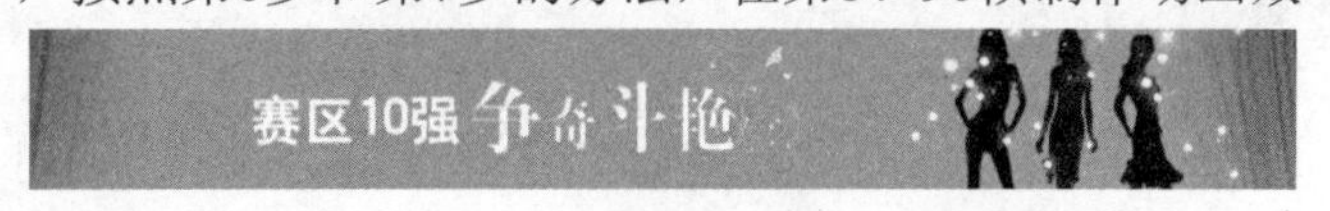

图11-57 制作宣传文字的动画

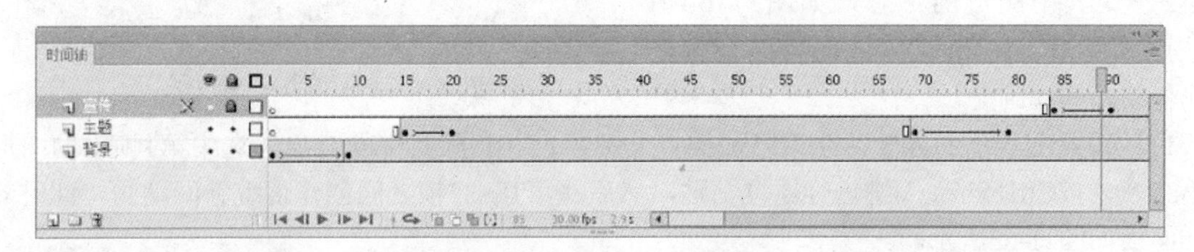

图11-58 "时间轴"面板

（12）按照上一步的方法，在图层"宣传"的第157~163帧中制作文字继续向右侧移动的效果，如图11-59所示，此时的"时间轴"面板如图11-60所示。

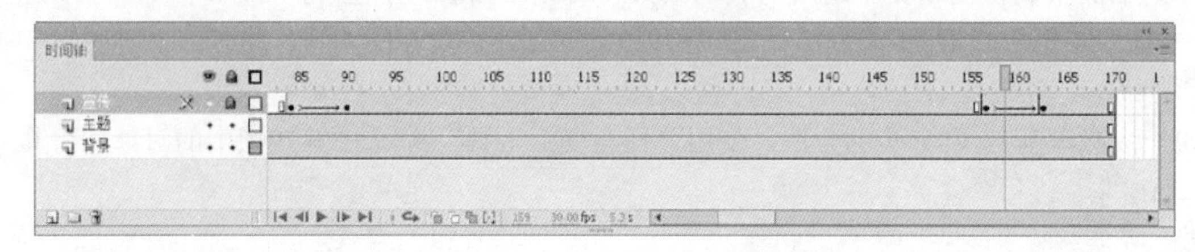

图11-59 制作第2段动画

图11-60 “时间轴”面板

（13）使用“钢笔工具”在舞台的左上角位置绘制一个模拟聚光灯的梯形，并使用“颜料桶工具”为其填充黑色，设置其笔触色为无，得到如图11-61所示的效果。

（14）选中上一步绘制的图形，在“颜色”面板中设置图形的填充色为线性渐变，如图11-62所示，然后使用“渐变变形工具”将渐变逆时针旋转90°，得到如图11-63所示的效果。

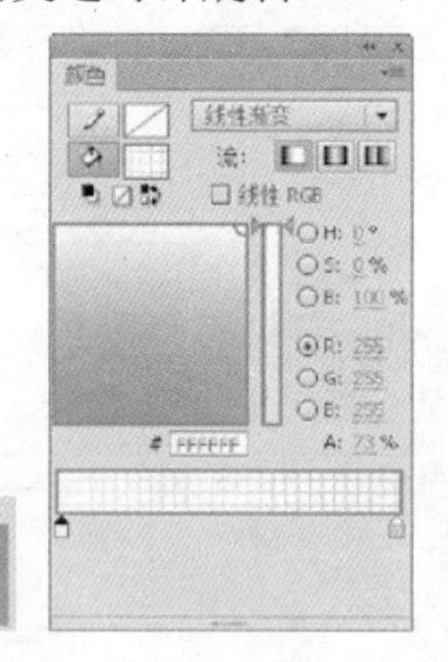

图11-61 绘制梯形　　图11.62 “颜色”面板　　图11-63 图形的渐变效果

（15）选中上一步设置的渐变图形，按F8键将其转换成名为“元件1”的图形元件，然后再次按F8键将其转换成名为“聚光灯”的影片剪辑元件。

（16）选择“选择工具”，双击上一步转换的元件“聚光灯”以进入其编辑状态。在第18帧按F6键插入关键帧，并使用“任意变形工具”改变其中图形的形态，如图11-64所示。按照本例第（5）步的方法在第1~18帧之间创建传统补间动画。

图11-64 变形对象

（17）按照上一步的方法，在第35帧插入关键帧，并删除其中的对象。选中第1帧中的图形，并返回第35帧，按Ctrl+Shift+V键进行原位粘贴，然后在第18~35帧之间创建传统补间动画，此时的“时间轴”面板如图11-65所示。

（18）单击编辑栏中的“场景1”以返回主场景，从“库”面板中将元件“聚光灯”拖至舞台的右上角，得到如图11-66所示的效果。

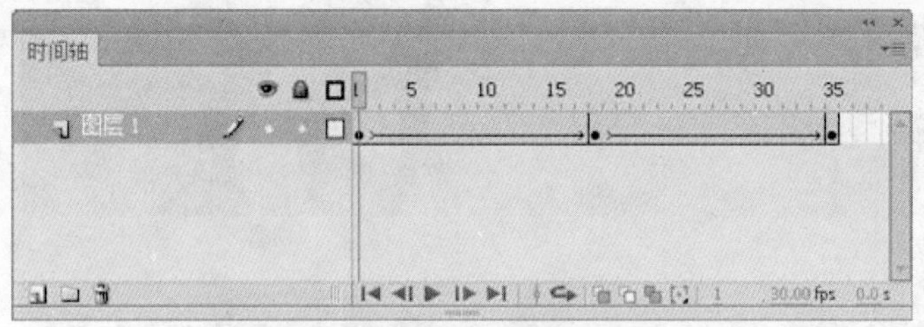

图11-65 “时间轴”面板

图11-66 拖入元件“聚光灯”

（19）下面将在所有对象的上方增加一个渐隐效果，使当前所有的对象渐渐消失在背景色中。首先新建一个图层并重命名为“渐隐”，然后在第157帧上插入空白关键帧，绘制一个颜色及大小与舞台背景完全相同的矩形。

（20）在图层“渐隐”的第163帧插入关键帧，并选择第157帧中的图形，在“颜色”面板中设置其Alpha值为0%，如图11-67所示，然后在第157~163帧之间创建补间形状动画，此时的“时间轴”面板如图11-68所示。

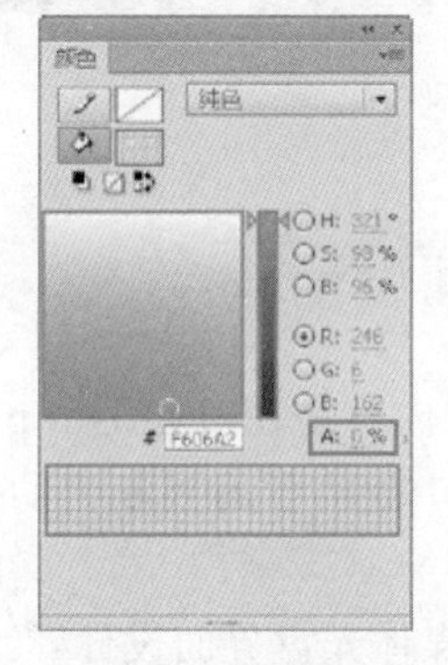

图11-67 “颜色”面板

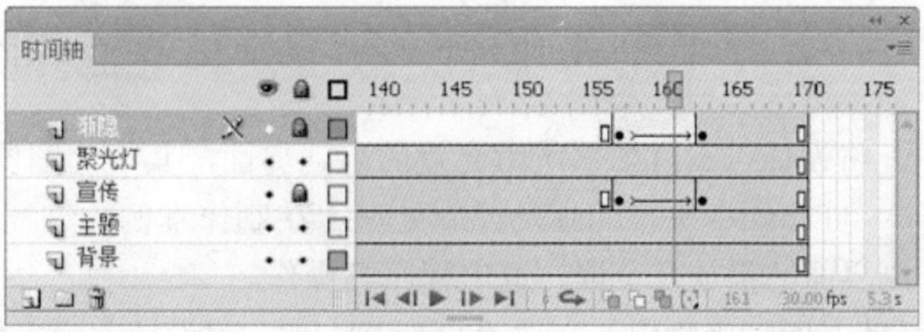

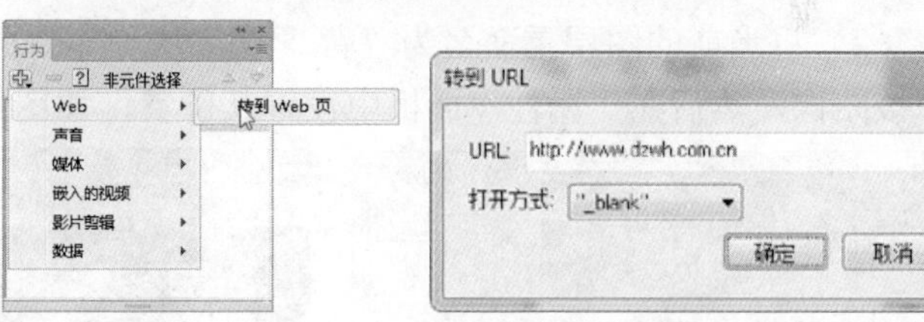

图11-68 “时间轴”面板

（21）选中图层“渐隐”第157帧的图形，按Ctrl+C键进行复制。新建一个图层并重命名为“URL”，然后按Ctrl+Shift+V键进行粘贴。

（22）选中上一步粘贴的图形，按F8键将其转换成名为“热点”的按钮元件，然后选中该元件，在“行为”面板中为其添加“转到Web页”的行为，如图11-69所示，在弹出的“转到URL”对话框中设置Web页的URL和打开方式，如图11-70所示。添加行为后的“行为”面板如图11-71所示，此时的“时间轴”面板如图11-72所示。

图11-69 “行为”面板

图11-70 “转到URL”对话框

图11-71 添加行为后的“行为”面板

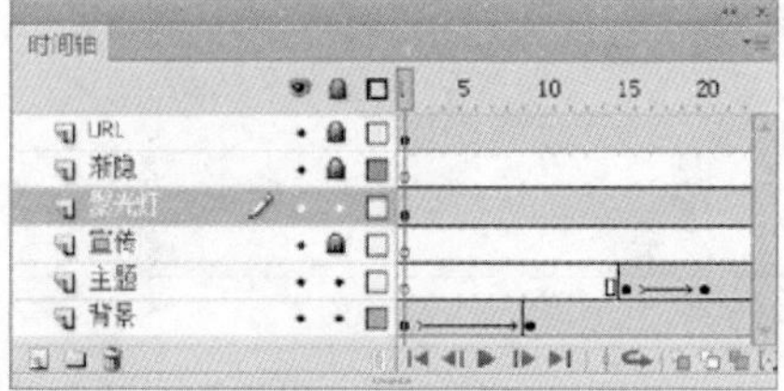

图11-72 “时间轴”面板

如图11-73所示是按Ctrl+Enter键预览动画时的部分效果。

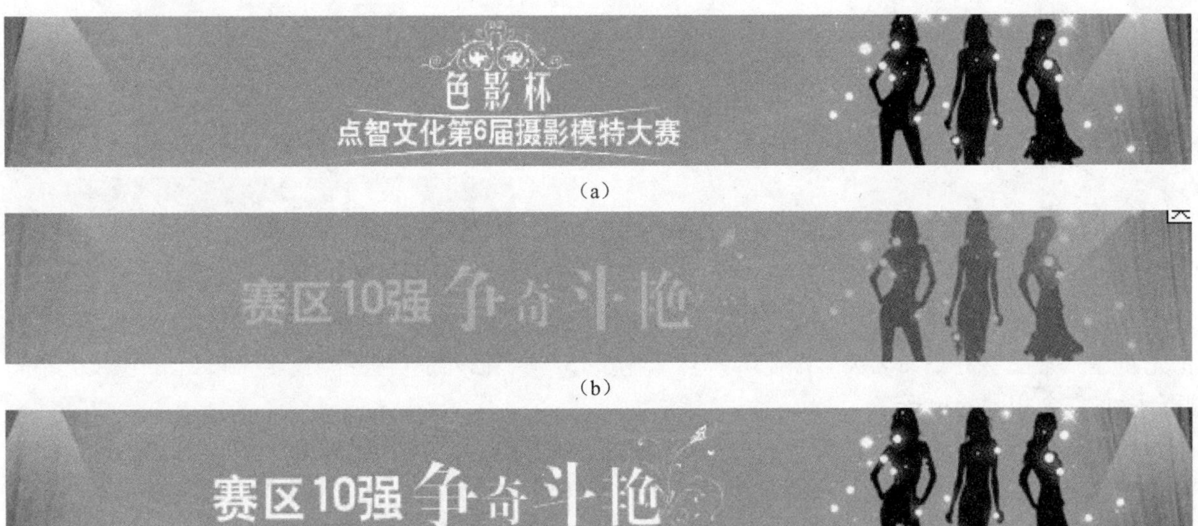

（a）

（b）

（c）

图11-73 预览动画效果

11.3 UI设计——多媒体光盘界面设计

在本例中，将设计一款IT图书所附光盘的启动界面，其中的图像内容是在Photoshop中制作并修饰的，然后导入到Flash中进行动画及控制处理。在制作本例的过程中，将学习到制作动态的控制按钮、用按钮控制界面的播放及全屏、退出程序等操作。

（1）打开随书所附光盘中的文件“第11章\11.3 UI设计——多媒体光盘界面设计-素材1.fla”，该素材的文档属性及对应的“库”面板如图11-74所示。

（2）将当前的图层重命名为“背景”，从“库”面板中将名为“主界面”的位图拖至舞台中，选中该图像，然后在“属性”面板中设置其位置，如图11-75所示，此时图像的状态如图11-76所示。

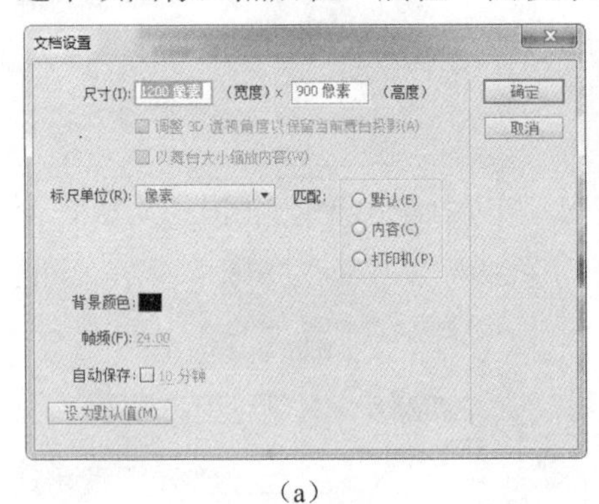

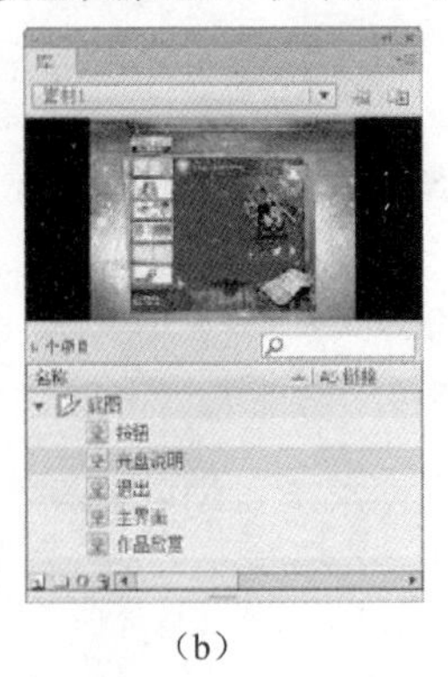

（a）（b）

图11-74 “文档属性”对话框及“库”面板

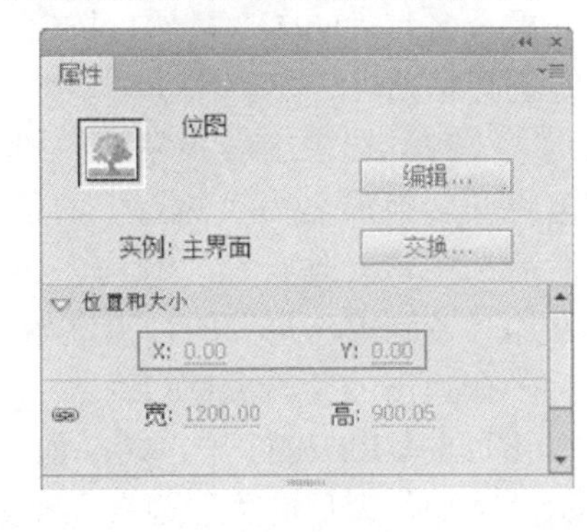

图11-75 “属性”面板

（3）按照上一步的方法，分别在第2~4帧按F7键插入空白关键帧，然后从“库”面板中依次将名为“作品欣赏”、“光盘说明”和“退出”3个位图拖至舞台中，效果如图11-77~图11-79所示。

图11-76 第1帧中的图像

图11-77 第2帧中的图像

图11-78 第3帧中的图像

（4）选择“背景”图层的第1帧，在“动作”面板添加以下代码：

```
fscommand("fullscreen", true);
//进入界面时，自动变为全屏状态
fscommand("allowscale", "false");
//控制界面内容不会随着显示器分辨率的变化而自动放大或缩小，以保证界面图像的清晰化显示
stop()
//播放到此帧时停止
```

（5）按照上一步的方法，选择第2帧和第3帧，分别在其“动作”面板中添加代码stop();，此时的“时间轴”面板如图11-80所示。

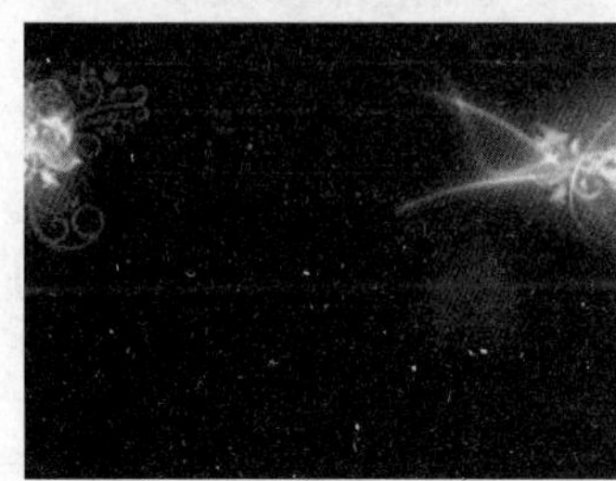
图11-79 第4帧中的图像

图11-80 “时间轴”面板

11.3.1 制作浏览按钮

（1）锁定“背景”图层，新建图层并重命名为“按钮”。选择“基本矩形工具”，在左侧顶部第1幅图像上绘制一个略宽于该区域图像的黑色矩形，并在“颜色”面板中设置其填充色的Alpha值为70%，然后使用“选择工具”拖动左上角的控制点，将其转换成为圆角矩形，如图11-81所示。

（2）按Ctrl+B键将圆角矩形转换成为普通的图形对象，使用“选择工具”将右侧多余的圆角区域选中，再按Delete键删除，得到如图11-82所示的效果。

图11-81 绘制图形

图11-82 删除部分图形

（3）选中上一步编辑的图形，按F8键将其转换成名为“按钮1”的按钮元件，然后双击该图形进入其编辑状态。

（4）选择“文本工具”，设置适当的文字属性，并设置颜色值为“FF9900”，在矩形的左下角位置输入文字“作品欣赏”，如图11-83所示。

（5）单击“指针经过”帧，按F6键插入一个关键帧，选中此帧中的对象，按F8键将其转换成名为“按钮1_动画”的影片剪辑元件，双击该元件进入其编辑状态，如图11-84所示。

（6）使用“选择工具”选中文字“作品欣赏”，按Ctrl+X键进行剪切，新建图层“图层2”，按Ctrl+Shift+V键进行原位粘贴。

（7）首先，制作图形的动画效果。在“图层1”的第6帧按F6键插入关键帧，并在“颜色”面板中将其填充色的Alpha值设置为0%，得到如图11-85所示的效果。

图11-83 输入文字

图11-84 进入元件编辑状态

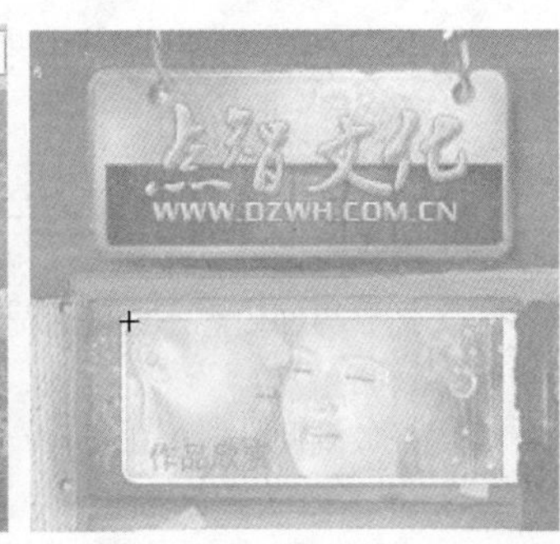

图11-85 设置图形的Alpha值

（8）在“图层1”的第1帧右击，在弹出的快捷菜单中选择“创建补间形状”命令，以制作二者之间的动画效果。

（9）下面来制作文字的运动效果。在“图层2”的第6帧按F6键插入关键帧，使用“选择工具”按住Shift键向右侧拖动，置于图形的右侧，如图11-86所示。

（10）在“图层2”的第1帧右击，在弹出的菜单中选择“创建传统补间”命令，以制作二者之间的动画效果，此时的“时间轴”面板如图11-87所示。

（11）选中“图层2”的最后一帧，在“动作”面板中添加代码stop();，使动画播放到此帧后停止。单击编辑栏上的“按钮1”，以退出当前元件的编辑状态，如图11-88所示。

图11-86 移动文字位置

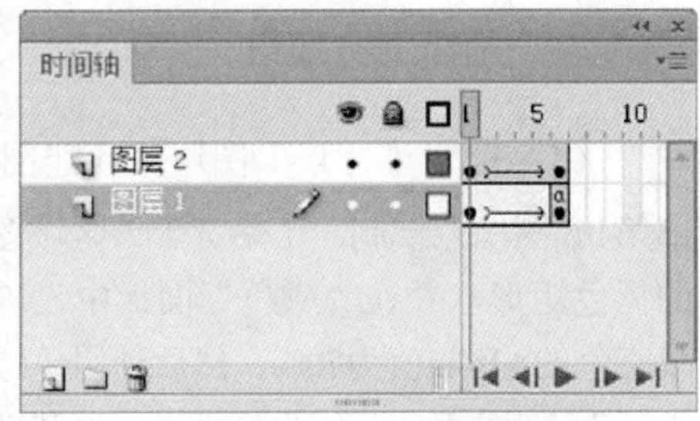

图11-87 “时间轴”面板

（12）在本例中，可以直接在“单击”帧中按F6键，以定义按钮的激活范围。此时，按Ctrl+Enter键预览动画，并将光标置于该按钮上时，图像将变深变亮，且文字向右侧移动，如图11-89所示。

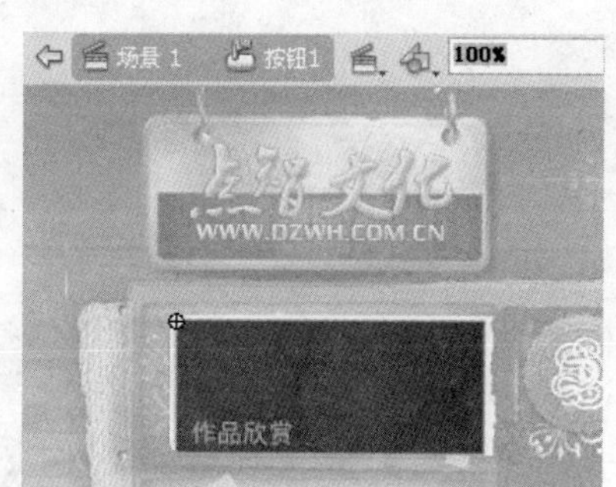

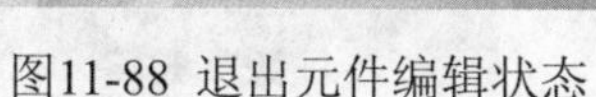
图11-88 退出元件编辑状态　　图11-89 预览按钮效果

（13）单击编辑栏上的“场景1”，以退出当前元件的编辑状态，返回主场景。选中舞台中的元件“按钮1”，在“动作”面板中添加以下代码：

```
on (release) {
   gotoAndPlay(2);
}
// 当鼠标单击时，跳转至第 2 帧
```

（14）选择舞台中制作好的“按钮1”，按住Alt+Shift键向下拖动并复制，直至将其他按钮区域覆盖为止，如图11-90所示。

（15）右击“库”面板中的“按钮1”元件，在弹出的快捷菜单中选择“直接复制”命令，弹出“直接复制元件”对话框，各选项设置如图11-91所示，单击“确定”按钮退出对话框，以复制得到“按钮2”。按照同样的方法，复制“按钮1_动画”得到“按钮2_动画”。

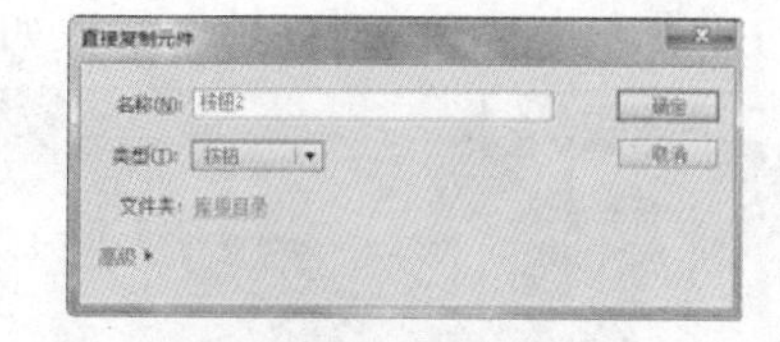

图11-90 向下复制元件　　图11-91 “直接复制元件”对话框

（16）双击“库”面板中的元件“按钮2”以进入其编辑状态，然后将其中“弹起”帧中的文字修改为“浏览视频”。按照同样的方法，将元件“按钮2_动画”中的文字也改为“浏览视频”。

（17）在舞台中选中左侧顶部第2个按钮，右击，在弹出的快捷菜单中选择“交换元件”命令，在弹出的“交换元件”对话框中选择“按钮2”元件。

（18）选中舞台中的元件“按钮2”，将“动作”面板中的已有代码删除，然后输入下列代码：

```
on (release) {
    getURL("案例视频教学", "_blank");
}
//通常情况下，光盘界面文件是位于光盘的根目录
//因此，此处的代表即代表了
//鼠标单击时，打开文件夹“光盘：\案例视频教学”
```

（19）按照第15步~第18步的操作方法，继续复制并编辑其他按钮，直至得到如图11-92所示的效果。

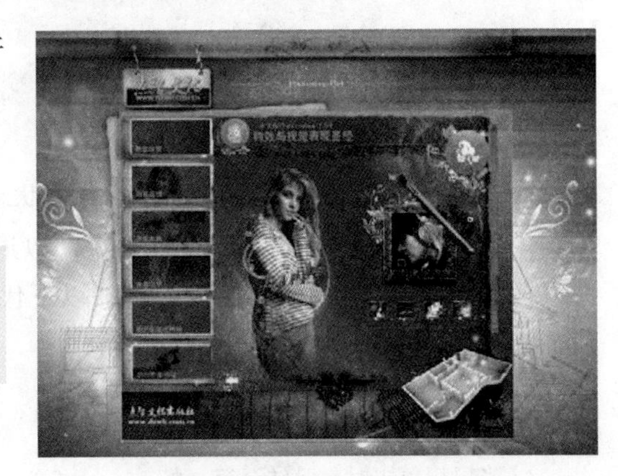

图11-92 制作其他按钮

各按钮上添加的代码如下。

按钮3（浏览光盘）：

```
on (release) {
    getURL("", "_blank");
}
```

按钮4（光盘说明）：

```
on (release) {
    gotoAndPlay(3);
}
```

按钮5（访问出版社网站）和按钮6（访问作者网站）：

```
on (release) {
    getURL("http://www.dzwh.com.cn", "_blank");
}
```

（20）在图层“按钮”的第1帧上右击，在弹出的快捷菜单中选择“复制帧”命令，按F7键在第2帧插入空白关键帧，然后在第3帧上右击，在弹出的快捷菜单中选择“粘贴帧”命令，得到如图11-93所示的效果，此时的“时间轴”面板如图11-94所示。

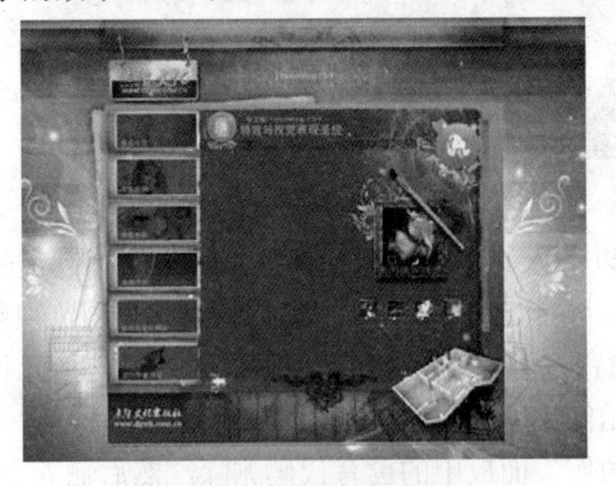

图11-93 粘贴帧后的状态

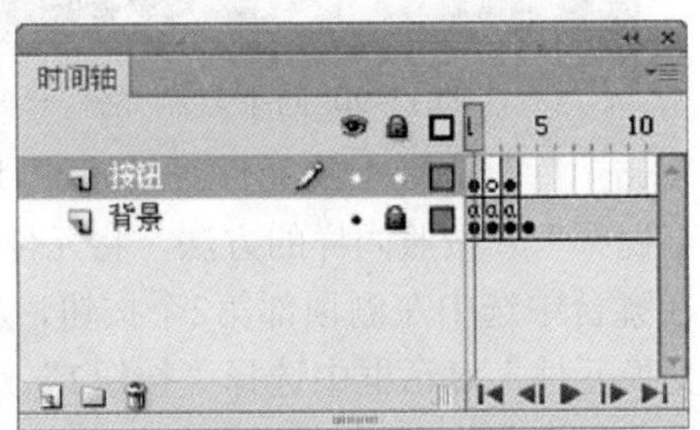

图11-94 “时间轴”面板

11.3.2 制作光盘说明文字

（1）在图层“按钮”的上方新建一个图层，并重命名为“光盘说明”，在第3帧上按F7键插入空白关键帧，打开随书所附光盘中的文件“第11章\11.3 UI设计——多媒体光盘界面设计-素材2.txt”，按Ctrl+A键全选其中的文字，按Ctrl+C键进行复制。

（2）返回Flash中，使用“文本工具” T 在中间的空白区域创建一个适当宽度的文本框，如图11-95所示，按Ctrl+V键进行粘贴，设置适当的文字属性后得到如图11-96所示的效果。

（3）选中上一步输入的文字，按F8键将其转换成名为“Readme”的影片剪辑元件，双击该元件进入其编辑状态。

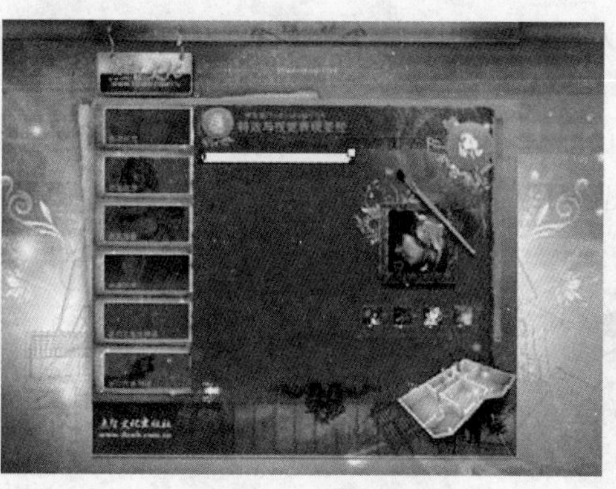

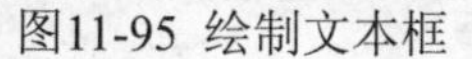

图11-95 绘制文本框

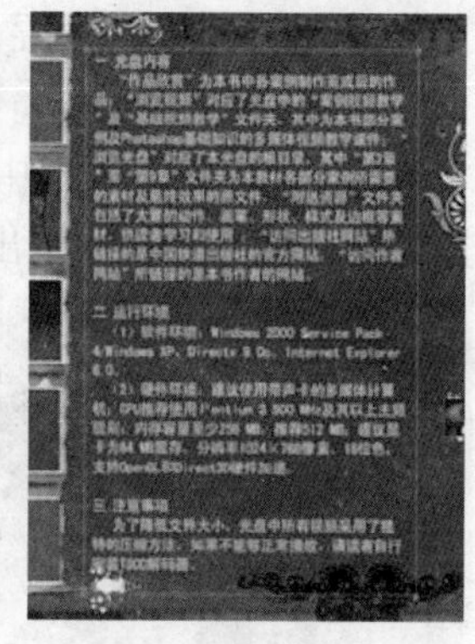

图11-96 输入文本

（4）选中当前元件中的文本对象，按F8键将其转换成名为“readme_text”的图形元件。在第10帧按F6键插入关键帧，然后返回第1帧并选中其中的文本元件，在“属性”面板中设置其Alpha值为0%。

（5）在第1帧上右击，在弹出的快捷菜单中选择“创建传统补间”命令。选中“图层1”的最后一帧，在“动作”面板中添加代码stop();，使动画播放到此帧后停止，此时的“时间轴”面板如图11-97所示。

（6）单击编辑栏中的“场景1”返回主场景，此时按Ctrl+Enter键预览动画，单击左侧的“光盘说明”按钮，即可显示此处设置的文本内容，如图11-98所示。

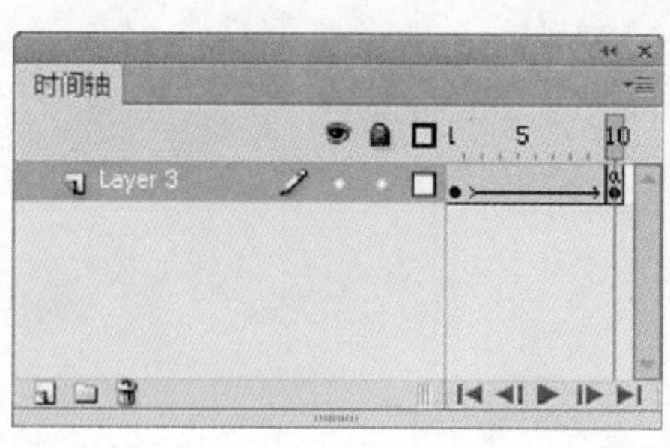

图11-97 “时间轴”面板

图11-98 预览动画效果

11.3.3 制作退出与返回按钮

（1）新建一个图层并重命名为“退出/返回”，从“库”面板中将名为“按钮”的位图拖至舞台中，并按照本例第1部分第2步的方法，在“属性”面板中将其位置设置成为X：0、Y：0。

（2）选中上一步摆放的图像，按F8键将其转换成名为“退出”的按钮元件，双击该元件以进入其编辑状态。

（3）在按钮元件“退出”的编辑状态中，将“弹起”帧向后拖动至“指针经过”帧，然后在“按下”帧中按F5键，从而将帧延长至此。

01 chapter P1—P12
02 chapter P13—P18
03 chapter P19—P44
04 chapter P45—P70
05 chapter P71—P86
06 chapter P87—P120
07 chapter P121—P166
08 chapter P167—P180
09 chapter P181—P188
10 chapter P189—P224
11 chapter P225—P250

（4）下面为“退出”按钮增加说明文字。新建“图层2”，在“指针经过”帧按F7键插入空白关键帧，然后选择“文本工具”T并设置适当的文字属性，在按钮的左侧输入文字“退出”，如图11-99所示。

图11-99 输入文字

（5）下面来制作按钮的激活区域。在“图层2”的“指针经过”区按F7键插入空白关键帧，使用“钢笔工具”沿按钮的轮廓绘制图形，然后将其填充设置为黑色，如图11-100所示，此时的“时间轴”面板如图11-101所示。

（6）单击编辑框中的“场景1”返回主场景，此时图像的状态如图11-102所示。在“退出/返回”图层的第2、3帧中按F6键插入关键帧。

图11-100 绘制按钮的激活区域

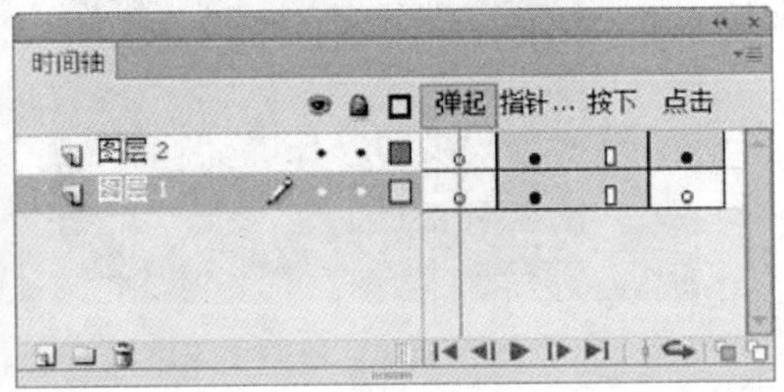

图11-101 “时间轴”面板

图11-102 制作“退出”按钮后的效果

（7）分别选中图层“退出/返回”第1~3帧中的按钮，按F9键显示“动作”面板，分别在其中添加以下代码。

第1、3帧中的按钮：

```
on (release) {
   gotoAndPlay(4);
}
// 鼠标单击此按钮时，跳转至第 4 帧并继续播放
```

第2帧中的按钮：

```
on (release) {
   gotoAndStop(1);
}
```

（8）参考本例第2部分第（14）~（17）步中的方法，复制元件“退出”得到元件“返回”，双击“返回”元件进入其编辑状态，将其中的文字“退出”改为“返回”。然后将图层“退出/返回”第2帧中的“退出”按钮替换为“返回”按钮即可。

（9）至此，已经完成了“退出”及“返回”按钮的设置，此时按Ctrl+Enter键预览动画，可以先单击“作品欣赏”按钮，以跳转至第2帧，然后再单击“返回”按钮，如图11-103所示，即可重新返回第1帧的主界面。

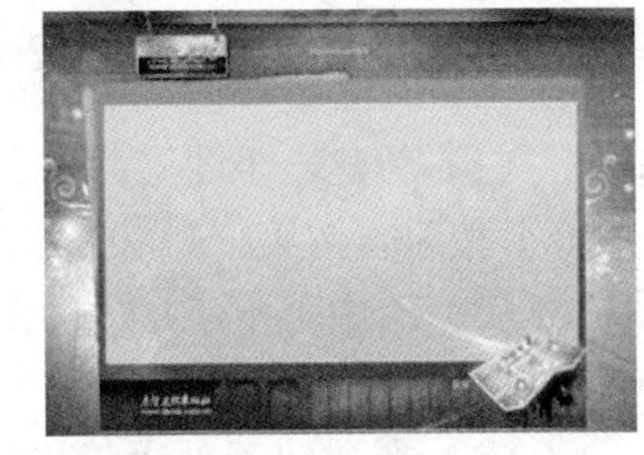
图11-103 预览动画效果

11.3.4 制作退出效果与版权内容

（1）新建一个图层并重命名为“版权”，然后在第4帧插入关键帧，在其中输入相关的版权文字，得到如图11-104所示的效果。

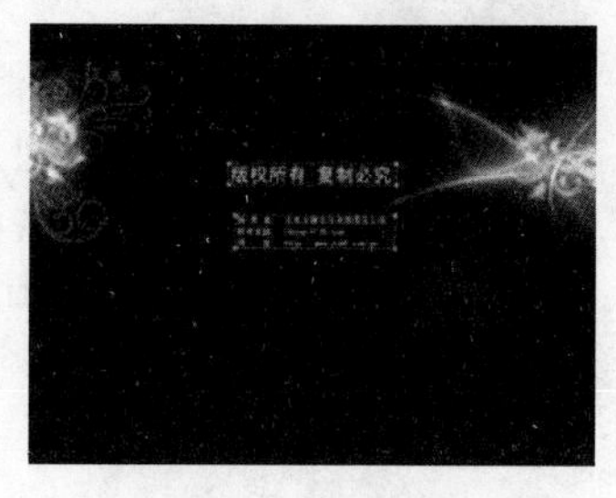

图11-104 输入版权文字

（2）在图层“版权”的第124帧按F6键插入关键帧，然后选择此帧，并在“动作”面板中添加如下代码。

```
fscommand("quit");
```

（3）在图层“背景”的第124帧按F5键，从而将帧延长至此。

11.3.5 输出并设置自动启动

（1）在完成所有的界面处理后，需要对其进行具体的输出设置。按Ctrl+shift+F12键调出“发布设置}对话框，分别进行如图11-105所示的设置。

（2）参数设置完毕后，单击“发布”按钮即可得到光盘中使用的可执行程序文件。

（3）要让该程序在光盘插入光驱自动启动，需要在记事本中添加如下代码：

```
[autorun]
OPEN=run.exe
ICON=logo.ico
```

（4）代码编写完成后，将记事本保存成为Autorun.inf即可。如图11-106所示是根据本例的设置，在光盘根目录中必须存在的对象，即自动启动文件、光盘程序、标志及界面中指定的“案例视频文件夹”。

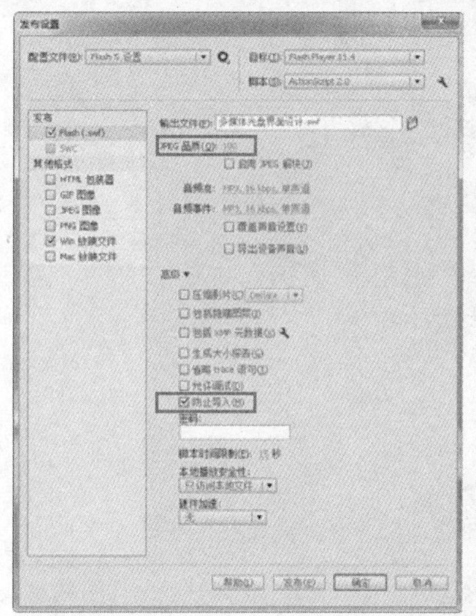

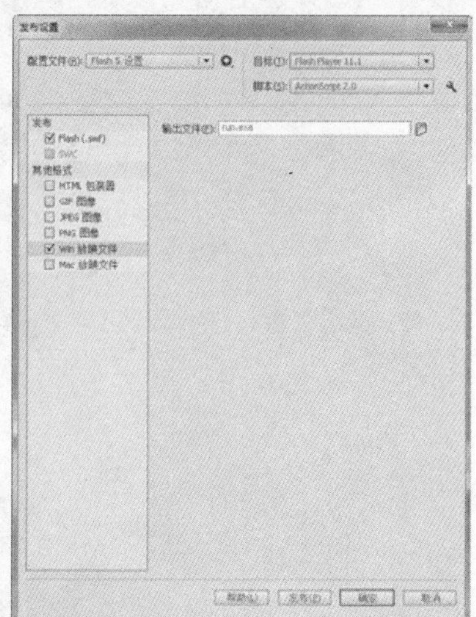

图11-105 设置发布参数

图11-106 发布后的文件

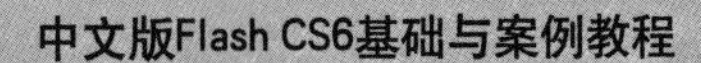

在本章中，主要是通过游戏设计、广告设计及UI设计3个实例，讲解了一些常见Flash应用领域的典型案例。通过本章的学习，读者应能够对这些领域的动画设计方法有一定的了解，并巩固前面所学的Flash各项知识，从而在以后的实际工作过程中，能够更好地充分运用Flash知识，完成相应的设计工作。